AUS DEN TIEFEN DES ALLS

»Fertige Wissenschaften gibt es nicht –
Wissenschaft vollzieht sich nicht in der
Aufstellung von Wahrheiten, sondern
in der Überwindung von Irrtümern.«

B. Ejchenbaum

»Unser Planet ist – meiner Meinung nach –
nicht das biologische Zentrum des Universums,
sondern nur eine Art Treffpunkt.«

Sir F. Hoyle

»Wir leben in einer einmaligen Phase
der Menschheitsgeschichte. Wissenschaft und
Technik ermöglichen uns die Suche nach
hochentwickelten Zivilisationen, ein Traum,
den Menschen seit Jahrtausenden geträumt haben.
Laßt uns das große Werk beginnen.«

M. Papagiannis

Johannes und Peter Fiebag
(Hrsg.)

AUS DEN TIEFEN DES ALLS

Handbuch zur Prä-Astronautik

Wissenschaftler auf den Spuren
extraterrestrischer Eingriffe

Nachwort von
Erich von Däniken

HOHENRAIN-VERLAG
Tübingen–Zürich–Paris

Gesamtherstellung: Wilhelm Röck, Weinsberg
Schutzumschlag: Creativ GmbH, Stuttgart

CIP-Kurztitelaufnahme der Deutschen Bibliothek

Aus den Tiefen des Alls
Handbuch zur Prä-Astronautik. Wissenschaftler auf d. Spuren
extraterrestr. Eingriffe / Johannes u. Peter Fiebag (Hrsg.). –
Tübingen; Zürich; Paris: Hohenrain-Verlag, 1985.
ISBN 3-89180-002-9
NE: Fiebag, Johannes [Hrsg.]

Inhaltsverzeichnis

5

Teil III – Kritische Überlegungen

Teil IV – Ausblicke und Möglichkeiten

Teil V – Anhang

Vorwort

Die Idee der Prä-Astronautik, der Gedanke, unser Planet könne im Laufe seiner Geschichte mehrmals und seit dem Auftreten des Menschen zumindest einmal von Vertretern einer oder mehrerer außerirdischer Zivilisationen besucht worden sein, wird seit nunmehr fünfzehn Jahren diskutiert. Popularisiert durch die Bücher des Schweizer Schriftstellers Erich von Däniken, ist sie seither zum spekulativen Gedankengut zahlreicher Autoren rund um die Welt geworden. Besitzt diese Theorie aber auch eine über eine bloße Spekulation hinausgehende Wahrscheinlichkeit, d. h. ist es möglich, sie mit wissenschaftlichen Methoden zu überprüfen, zu testen und eine Entscheidung – positiv oder negativ – vorzunehmen? Oder ist die Idee vom Besuch außerirdischer Intelligenzen nichts weiter als eine reizvolle, aber eben doch nur »phantastische« Überlegung, die ihren Platz in der Science-Fiction-Literatur hat und nicht Objekt einer wissenschaftlichen Analyse sein kann?

Dieses Buch soll deutlich machen, daß dem nicht so ist. Nach über fünfzehn Jahren des Suchens und Forschens kann nunmehr gezeigt werden, daß die Theorie der Prä-Astronautik sehr wohl dazu in der Lage ist, kritischen Überprüfungen standzuhalten. Im Gegenteil: Wir erhalten durch die Einführung dieser neuartigen Gedanken in das wissenschaftliche Weltbild eine Fülle von Lösungsansätzen für Probleme, deren Beantwortung bisher nicht oder nur unvollständig und unbefriedigend ausgefallen ist. Einige der hier veröffentlichten Beiträge geben dafür recht anschauliche Beispiele.

In den letzten Jahren ist die Diskussion um die im Zentrum stehende Hypothese häufig sehr unsachlich geführt worden – zugegebenermaßen von beiden Seiten. Dem aufmerksamen Beobachter wird jedoch eine gewisse Intoleranz (insbesondere was die öffentlichen Medien betrifft) gegenüber den Themen der Prä-Astronautik nicht entgangen sein. Diese meist auf Fehlinformationen beruhenden Publikationen in Zeitschriften, Fernseh- und Rundfunksendungen geben ein unseres Ermessens zuweilen völlig falsches Bild wieder. Auch dazu wird in einem Beitrag Stellung genommen werden.

Andererseits haben die derzeitigen Raumfahrtaktivitäten, insbeson dere der USA und Europas, aber sicherlich auch die bemannten Langzeitprogramme der UdSSR, zu einem verstärkten »Weltraumbewußtsein« sowohl der Öffentlichkeit als auch vieler akademischer Kreise geführt. Eng damit verbunden dürften die – bisher leider nur in den USA, der Sowjetunion und Kanada zu verzeichnenden – Projekte und Diskussionen sein, die sich zum Teil auf Radioteleskope beschränkten, zum Teil aber auch auf unmittelbare Maßnahmen zur Suche nach außerirdischen Artefakten (SETI bzw. SETA) beziehen. Wir werden im vierten Teil dieses Buches darauf zurückkommen. Insbesondere sollen hier vier Punkte deutlich gemacht werden:

☐ Der Lebensbeginn und die Evolution der Organismen – insbesondere im frühen Stadium ihrer Entwicklung – werden neu überdacht. Kosmisch beeinflußte Ereignisse scheinen dabei eine weit größere Rolle zu spielen, als man bislang annahm.

☐ Die Frage, ob Abgesandte einer außerirdischen Zivilisation uns im Laufe der Geschichte ein oder mehrmals besucht haben, wird heute an Universitäten, Instituten und Forschungsstätten der ganzen Welt diskutiert und ist somit dem Bereich des vormals rein »Phantastisch-Utopischen« entzogen worden.

☐ Konkrete Forschungen in Richtung auf die oben dargelegte Hypothese haben bereits begonnen und erste Ergebnisse erbracht.

☐ Die Suche nach außerirdischen Intelligenzen beschränkt sich nicht mehr nur auf die schon in den sechziger Jahren in Angriff genommenen Forschungen mit Hilfe von Radioteleskopen (SETI). Es existieren bereits Vorstellungen darüber, diese Suche auch auf das Sonnensystem und die Erde selbst auszudehnen (SETA). Eigens zu diesem Zweck wurde auf dem 35. Kongreß der »International Astronautical Federation« 1984 in Lausanne (Schweiz) eine eigene Kommission (Kommission Nr. 51) gebildet.

Wir haben uns bemüht, in diesem Buch Wissenschaftler aus allen Bereichen (oder doch zumindest den wichtigsten) zu Wort kommen zu lassen, aus Bereichen, die Verbindungen zur Prä-Astronautik aufzeigen. Dennoch soll diese Sammlung von Beiträgen – unseres Wissens die erste derart umfassende Dokumentation zum Thema Prä-Astronautik überhaupt – nicht nur in Forschungsinstituten gelesen werden oder (was weniger schmeichelhaft wäre) in Universitätsbibliotheken verstauben, sondern auch interessante und nachdenklich stimmende Informationen an eine breite Öffentlichkeit weitergeben. Es war deshalb ein wichtiges Ziel dieses Buches, die wissenschaftlich erarbeiteten und entsprechend dargestellten neuen Erkenntnisse gemeinverständlich zu formulieren und dem Leser zugänglich zu machen.

Freilich ist es nicht immer ganz einfach, komplexe wissenschaftliche Datensammlungen und -interpretationen ohne Verzicht auf wesentliche Inhalte aufzubereiten, so wie es andererseits den einen oder anderen »Studierten« ärgern mag, wenn für ihn längst Bekanntes erneut dargelegt wird. Die Tatsache aber, daß hier Wissenschaftler ganz unterschiedlicher und – von der Prä-Astronautik abgesehen – nur selten miteinander in Berührung kommender Disziplinen das Wort ergreifen, wird wohl jedem unserer Leser die Wichtigkeit einer allgemeinverständlichen Darstellungsweise begreiflich machen.

10

Es gibt zahlreiche Spekulationen darüber, wie viele extraterrestrische Zivilisationen es in unserer Galaxis geben könnte. Selbst pessimistische Einschätzungen gehen noch immer von einigen hunderttausend bis zu etwa einer Milliarde unabhängig voneinander entstandener Kulturen aus. Der Astronom und SETI-Forscher Prof. Michael Papagiannis (Universität Boston) schreibt dazu:»Es ist nur schwer einzusehen, wie eine Milliarde hochentwickelter technischer Zivilisationen mit einer Lebensdauer von einer Million Jahren in der Milchstraße gelebt haben könnten, ohne sie vollständig zu kolonisieren. Immerhin ist unsere technische Zivilisation erst etwa hundert Jahre alt, und wir sind schon auf dem Mond gelandet.«

Wenn dem so ist, wenn die Galaxis also – vielleicht schon vor Jahrmillionen – von zumindest einer kosmischen Zivilisation besicdclt und kolonisiert wurde: Warum bemerken wir dann nichts davon? Diese Frage beschäftigt Astronomen und Astrophysiker seit Ende der siebziger Jahre, obwohl sie eigentlich auf den berühmten Physiker Enrico Fermi zurückgeht, der sich bereits vor vierzig Jahren Gedanken darüber gemacht hatte. Das sogenannte »Fermi-Paradoxon« ist aber nur so lange unauflösbar, wie wir nicht bereit sind, nach Spuren dieser außerirdischen Kolonisten auf unserer Erde selbst zu suchen. Wurde dieser Planet also einst von Vertretern einer extraterrestrischen Kultur betreten? – Das vorliegende Buch stellt einen ersten, rein wissenschaftlich orientierten und zielgerichteten Versuch dar, diese Frage einer Antwort näher kommen zu lassen.

Die endgültige Entscheidung wird die zukünftige Forschung erbringen müssen. Wann dies geschehen kann, ist schwer zu beurteilen und hängt von zahlreichen Faktoren ab. Im ungünstigsten aller Fälle wird eine Antwort nie gefunden werden. Aber warum pessimistisch sein? Dieses Buch zeigt, daß es dafür keinen Grund gibt.

Johannes und Peter Fiebag
Northeim, im Juni 1985

Teil I
Theoretische Grundlagen

Prä-Astronautik – Definition, Struktur und Methodologie

von Peter und Johannes Fiebag, Northeim und Würzburg
(BR Deutschland)

Was ist Prä-Astronautik eigentlich? Welche Inhalte und Ziele hat und verfolgt sie? Welche Arbeitsweisen bieten sich an, um die These vom Besuch außerirdischer Intelligenzen auf unserem Planeten einer umfassenden Prüfung zu unterziehen?

In diesem ersten Beitrag sollen derartige grundsätzliche Fragen im Mittelpunkt stehen. Sie sind wichtig für das spätere Verständnis ins einzelne gehender Untersuchungen.

15

In diesem ersten Beitrag sollen zunächst grundsätzliche Probleme der Prä-Astronautik aufgezeigt und diskutiert werden. Dabei wird es insbesondere um folgende Fragestellungen gehen:
1. Was ist Prä-Astronautik?
2. Wie läßt sich Prä-Astronautik von anderen Forschungsgebieten abgrenzen?
3. Wird Prä-Astronautik den Zielsetzungen der Wissenschaft gerecht?
4. Welchen Platz könnte Prä-Astronautik im Gefüge der Wissenschaft einnehmen?

Für jede weitere wissenschaftlich ausgerichtete Arbeit auf dem Gebiet der Prä-Astronautik sowie für das Verständnis des Lesers dieses Buches ist es zunächst vonnöten zu definieren, was mit dem Terminus »Prä-Astronautik« überhaupt ausgesagt werden soll.

Eine erste wirklich ernst zu nehmende Eingrenzung erfolgte 1976 durch Prof. Luis Navia, USA, indem er die Prä-Astronautik »als die Masse wissenschaftlicher Aussagen, die auf der Hypothese beruhen, daß die Erde von Bewohnern anderer Planeten, wahrscheinlich aus Regionen außerhalb unseres Sonnensystems, besucht worden ist«[1], kennzeichnete. Doch scheint dieser Ansatz zu kurz gefaßt.

Einen weiteren Zugriff könnte die Zielsetzung der »Ancient Astronaut Society« liefern. Sie will nach eigenen Aussagen eine Theorie beweisen, die beinhaltet, die Erde sei in prähistorischen Zeiten aus dem Weltall besucht worden und/oder die gegenwärtige technische Zivilisation auf unserem Planten sei nicht die erste[2]. Doch auch diese Aussage greift zur Beschreibung des Forschungsgebietes der »Prä-Astronautik« nicht weit genug. Zum einen ist nämlich zu kritisieren, daß der Begriff des »Besuchs« nicht umfassend genug ist: Eingriffe beispielsweise sind in ihm nicht enthalten. Ferner müßte die Zeitangabe prähistorisch (vorhistorisch) ergänzt werden um den Zeitabschnitt der frühgeschichtlichen und historischen Epochen, sowie um den erdgeschichtlichen (geologischen) Zeitraum. Denn auch dort dürfte ein Betätigungsfeld der hypothetischen »Besucher« gelegen haben.

Es kristallisiert sich an diesem Punkt die grundsätzliche Schwierigkeit einer zeitlichen Begrenzung heraus. Folgt man der Auffassung, Prä-Astronautik stehe unmittelbar im Zusammenhang mit unserer Erde, setzt dies zunächst – auch wenn es banal klingen mag – die Existenz unseres Planeten als solchen voraus. Entfernteste (untere Grenze) wäre also der Zeitpunkt der Entstehung der Erde (Begrenzung im weitesten Sinne). Da Hinweise auf Besuche Außerirdischer beziehungsweise Eingriffe erst mit der Verfestigung der Erdoberfläche anzutreffen sein dürften, könnte hier eine zweite zeitliche Begrenzung vorgenommen werden (Begrenzung in einem weiten Sinne). Eine Grenzziehung in einem engeren Sinne könnte beispielsweise mit der Entstehung des Lebens auf der Erde ansetzen, da hier möglicherweise überhaupt erst früheste Spuren ersichtlich werden könnten. Für welche Zeitgrenze man sich entscheidet, müßte noch gemeinsam diskutiert und begründet werden. Die zweite Frage betrifft die zeitliche Begrenzung nach »vorn«, auf die Gegenwart zu. Aufgrund der bereits vorhandenen Literatur zu diesem Thema eine solche Grenze finden zu wollen, scheint ein hoffnungsloses Unterfangen. Rein logisch jedoch würde eine Begrenzung nur durch die Gegenwart zu finden sein (der historische Bereich endet/beginnt mit der Gegenwart). Dies würde aber somit auch die sogenannte »UFO-Forschung« miteinschließen. Und in der Tat zeigt zum Beispiel das »Lexikon der Prä-Astronautik« solche Grenzen kaum auf. Es werden beispielsweise UFOs unter dem Stichwort »UFO, historische« abgehandelt und UFO-Sichtungen des Mittelalters in die Prä-Astronautik miteinbezogen. Andererseits wird UFO-Forschung als Randgebiet bezeichnet, welches Prä-Astronautik nicht berühre. Der Intention nach ließe sich somit allenfalls eine variable Grenze einführen, die nicht an ein bestimmtes historisches Datum gebunden wäre (z. B. – völlig willkürlich – Daten wie das Jahr Null, wobei ja dann die Maya-Kultur ausgeschlossen bliebe). Eine solche Grenze müßte mithin kulturindividuell angelegt werden, das heißt, Prä-Astronautik erforscht Kontakte zu außerirdischen Intelligenzen solange, bis eine bestimmte Kultur gewisse (noch zu vereinbarende) *technische* Kennzeichnungen erreicht hat. Für Kontakte nach diesem Zeitpunkt wäre dann die UFO-Forschung zuständig.

Definition des Begriffes »Prä-Astronautik«

Der Bereich der frühen technischen Zivilisationen (im Sinne der Prä-Astronautik: raumfahrtbetreibende Kulturen) auf der Erde erscheint uns in einer Definition von Prä-Astronautik nicht ganz unproblematisch. Dies hat zwei Gründe: zum einen zeigt uns die Geologie immer deutlicher, daß es sich bei solchen geforderten irdischen Zivilisationen – die vorwiegend auf »untergegangenen Kontinenten« existiert haben sollen – allenfalls um Insel-Kulturen gehandelt haben kann. Gerade aber dann erhebt sich die Frage, ob eine lokal so begrenzte Zivilisation tatsächlich schon recht früh einen sehr hohen *technischen* Stand erreicht haben konnte (bedenken wir, welche Leistungen nötig waren, um unsere heutige Raumfahrt zu verwirklichen). Zum anderen hat sich Zivilisation auf der Erde nie örtlich begrenzt gehalten. Spuren müßten dann auch an anderen Stellen in größeren Ausmaßen vorhanden sein, denn vor aktiver Raumfahrt, das heißt Erkundung anderer Planeten, wäre wohl der eigene Planet gründlich erforscht und kolonisiert worden. Und dies hätte in geschichtlichen (!) Zeiten (vgl. Plato) erfolgen müssen. Doch fehlt derzeit die entsprechende Grundlagenforschung, die uns hierfür die dringend benötigten empirischen Daten über die Ausbreitung einer technischen Zivilisation liefern könnte. Solange dies nicht geschehen ist, kann dieser Punkt wohl nicht gänzlich aus der Definition ausscheiden.

Navias Begriffseingrenzung, wir vermerkten es bereits, scheint uns ebenfalls zu knapp gefaßt. Zum einen schließt er auf der Erde entstandene technische Zivilisationen ohne entsprechende Forschungsgrundlage gänzlich aus; andererseits bezieht sich seine Aussage nur auf *Besuche* von *Bewohnern* anderer Planeten (intelligente Bewohner). Dies allerdings würde Theorien, wie sie von Crick, Hoyle u. a. vorgetragen wurden, außerhalb der Prä-Astronautik stellen, ebenso unbemannte Besuche/Kontakte.

Es erscheint uns außerdem zweckmäßig, als Raumbegrenzung das Solarsystem zu wählen, da nicht ausgeschlossen werden sollte, daß Spuren der Anwesenheit außerirdischer Besucher zum Beispiel auf dem Mond, dem Mars, einem Saturnmond oder im Raum selbst vorzufinden sind.

Aus unserer Kritik heraus schlagen wir somit als künftige Arbeitsgrundlage folgende Definition des sich »Prä-Astronautik« nennenden Forschungsgebietes vor:

> Erforschung, Nachweis und Rekonstruktion der Besuche und/oder Kontakte und/oder Eingriffe (unmittelbarer oder mittelbarer Art) auf dem Planeten Erde sowie anderer zu erforschender Bereiche unseres Sonnensystems durch Lebewesen höherer Ordnung (oder nach deren Plänen) von außerhalb der Erde oder Raumfahrt betreibender Wesen unseres Planeten in historischen, prä-, früh- und erdgeschichtlichen Zeiten.

Wenden wir uns nun, nachdem der Bereich unseres Interesses beschrieben wurde, der Frage zu, ob Prä-Astronautik wissenschaftlichen Zielsetzungen gerecht werden kann.

Im November 1983 unterzog Prof. H. O. Ruppe (Deutschland) die Prä-Astronautik einer genauen Analyse und begründete damit zum erstenmal eine entsprechende Hypothese[3]. Zuvor, im Jahr 1979, hatte schon Prof. L. Navia (New York) ähnliche Ausführungen zur Prä-Astronautik gemacht[4]. Wenngleich beim gegenwärtigen Stand nur auf Teiltheorien zurückgegriffen werden kann, stellte Navia gleichwohl fest, dieses Forschungsgebiet besitze eine den wissenschaftlichen Anforderungen genügende Theorie. Zur gleichen Auffassung gelangte 1977 auch Prof. P. Schievella (New York)[5] sowie etwa zeitgleich Prof. H. Schindler (Wien)[6]. Die Frage aber bleibt: Kann Prä-Astronautik eine Wissenschaft sein oder werden?

Definition des Begriffes »Wissenschaft«

Zunächst scheint uns eine Klärung des Wissenschaftsbegriffes erforderlich zu sein. Wissenschaft kann
a) eine Tätigkeit,
b) eine Institution,
c) das Ergebnis einer Tätigkeit

sein. Die Wissenschaften werden historisch in Universalwissenschaften (Philosophie, Theologie) und Einzelwissenschaften gegliedert. Letztere unterteilen sich in Formalwissenschaften (Logik, Mathematik) und Realwissenschaften (Naturwissenschaften, Sozial-, Geschichtswissenschaften usw.). Das erkenntnismäßige Ziel von Wissenschaft kann zum einen das »Erkennen um des Erkennens willen«, zum anderen die »Erweiterung des menschlichen Wissens« sein. Das Motiv ist hierbei unter anderem die intellektuelle Neugier, die gelegentlich zu Erkenntnisfortschritt führen kann und sich in Theorien niederschlägt[7].

Prä-Astronautik würde der Zielsetzung von Wissenschaft somit entsprechen, da Forschungen in den oben bezeichneten Grenzen zweifelsohne der Erweiterung des menschlichen Wissens dienen würden. Navia[1] stellte hierzu bereits fest, daß die Theorie von den Astronauten in vergangenen Zeiten nichts fordere, »was selbst die strengsten Prinzipien der wissenschaftlichen Methodologien übertrete«, und »Astro-Archäologie« (heute: Prä-Astronautik) »eine Wissenschaft (sei), die die Möglichkeiten und die Theorie von den ›Ancient Astronauts‹ erforscht und erläutert«.

Die Theorie der Prä-Astronautik stellt wie jede Theorie einen Rekonstruktionsversuch der Zusammenhänge eines bestimmten Objektbereiches oder Wirklichkeitsausschnittes dar. In ihre Theoriebildung (dies ist nichts Ungewöhnliches) gingen und gehen Vorkenntnisse und ein bestimmtes Vorverständnis der Wirklichkeit, also nicht-wissenschaftliche Aussagen ein. Worum es in der Wissenschaft geht, »ist die systematische Ersetzung des Vorverständnisses durch fundierte Aussagen, durch ein kohärentes Aussagesystem, dessen Rekonstruktionsregeln expliziert, nachvollziehbar und kritisierbar sein sollen« (Friedrichs 1982[8]). Dies sollte für die Vertreter der Prä-Astronautik keine unüberwindbare Klippe sein, vielmehr sollten Rekonstruktionsregeln und Forschungsinstrumente durch einen kommunikativen Prozeß untereinander, mit anderen Wissenschaftlern und den Objekten konstituiert werden.

Die »Methode des Verstehens«

Eine Methode, historische Schriftzeugnisse, Bauten, Skulpturen, Bilder und so weiter auszudeuten, finden wir in der herkömmlichen

Geschichts- und Altertumswissenschaft. Diese Methode unterscheidet sich allerdings grundsätzlich von denen, die in der Naturwissenschaft angewendet werden: Es ist die Methode des »nachfühlenden Verstehens«, oder – anders ausgedrückt – die »Methode des Verstehens«. Wilhelm Dilthey und Max Weber können als ihre beiden wichtigsten Vertreter im deutschen Sprachraum angesehen werden, wenngleich sie auch zum Teil andere Ansatzpunkte geltend machten. Grundgedanke dieser Metaphysik ist, daß der Mensch die gesamte anorganische und nicht menschenähnliche organische Natur von außen und nur ein einziges Objekt im gesamten Universum von innen her betrachten kann: sich selbst. Nur zum Menschen hat der Mensch Zugang, zu seinen Bewußtseinszuständen und inneren Vorgängen. Und da die Annahme berechtigt erscheint, daß die inneren Geschehnisse des Menschen hinreichend ähnlich sind, hat jeder Mensch mittelbar auch Zugang zu den inneren Prozessen eines anderen Menschen.

Unter geeigneten Bedingungen, so die Annahme, könne der Mensch sich in die Lage des anderen versetzen, indem er überlegt, wie er selbst in der Situation des anderen denken und handeln würde. Dies kann zum einen auf einem »Analogieschluß«, zum anderen auf einem spontanen Erkenntnisakt (ohne logisch-rationales Zwischenglied) beruhen. Historische Ereignisse ließen sich folglich durch das Nachspüren der Motivzusammenhänge erklären. W. Stegmüller[9] faßt diese Methode modifiziert als ein Verfahren auf, »um zu geeigneten Erklärungen (für Ursachen und Gründe, Anm. d. A.) zu gelangen, d. h. um die für diese Erklärungen erforderlichen Hypothesen oder nicht-hypothetischen Einsichten zu gewinnen«. Und weiter: »Wenn ein Historiker die Handlung einer geschichtlichen Persönlichkeit oder eines Ereignisses, das durch gemeinsames Handeln mehrerer Personen hervorgerufen wurde, erklären will, so muß er versuchen, sich selbst geistig in die Lage jener Person oder Personen zu versetzen. Er muß sich dazu die gesamte damalige Situation so genau wie möglich zu verdeutlichen versuchen, er muß sich darum bemühen, in die Vorstellungswelt jener Person einzudringen, insbesondere deren faktische und normative Überzeugungen in sich zum Leben zu erwecken; und er muß danach trachten, sich alle Motive zu vergegenwärtigen, welche die Entscheidungen dieser Person hervorriefen. Es handelt sich also um ein Gedankenexperiment von bestimmter Art, eine gedankliche, vielleicht auch teilweise erlebnismäßige Identifizierung des Historikers mit seinem Helden, durch die er zu einem Verständnis von dessen Erlebnissen und somit zu einer adäquaten Erklärung von dessen Handlung gelangt.«

Wir haben es bei der Methode des Verstehens somit mit einem heuristischen Verfahren zu tun, das keineswegs eine Garantie dafür ist, daß die auf diesem Weg gewonnenen Hypothesen auch richtig sind[10]. Bereits der Versuch, sich in eine andere Person zu versetzen, kann zu schwerwiegenden Fehlern führen:»Bei der Beurteilung der Situation, der geistigen Reproduktion der Überzeugung und Ziele des anderen können wir uns gründlich irren. Wie häufig geschieht es im Alltag, daß wir meinen, eine andere Person und ihre Handlung bestens zu verstehen, während wir ihr dabei doch ganz falsche Vorstellungen und Motive unterschoben haben? Derselbe Irrtum, der uns im Alltag passiert, kann ebenso dem historischen Fachmann unterlaufen« (W. Stegmüller[9]).

Diese Irrtumswahrscheinlichkeit korreliert positiv mit wachsendem Zeitabstand, da der heute lebende Wissenschaftler sich in das Verhalten, die Gedankenwelt von Menschen einer anderen Epoche mit völlig anderen sozio-kulturellen, politischen, religiösen und wirtschaftlichen Gegebenheiten und Weltanschauungen versetzen muß, über die ihm oftmals nur äußerst dürftige, nicht selten auch überhaupt keine schriftlichen Aufzeichnungen vorliegen. Eine zweite Fehlerquelle liegt darin, daß eine allgemeine Regelmäßigkeit aus eigenen (heutigen) Erfahrungen abgeleitet werden muß, die dann als erklärende Hypothese benutzt wird. E. Zilsel[10] weist schließlich auf einen dritten Faktor hin: Die Methode des Verstehens kann zueinander widersprechende Ergebnisse hervorbringen. Selbst wenn eine in sich geschlossene Deutung vorgelegt wird, ist dies noch keine Garantie für die Richtigkeit dieser Deutung.»Wie in allen Fällen realwissenschaftlicher Erkenntnis (ist) Konsistenz eine notwendige, aber keine hinreichende Bedingung für die Wahrheit« (W. Stegmüller[9]).

Auswirkungen der »Methode des Verstehens« auf die Prä-Astronautik

Die »Methode des Verstehens« hat nun zwei ganz wesentliche Folgen für die Forschung der Prä-Astronautik und ihre Etablierung in der wissenschaftlichen Welt.
Die Methode des Verstehens ist kein sicherer Weg zur Wahrheit, sondern ein heuristischer Kunstgriff, um zu Hypothesen zu gelangen, die *möglicherweise* zutreffen.»Die Überlegung lehrt nur, daß es so gewesen sein *könnte*, aber nicht, daß es so gewesen sein *muß*« (Stegmüller[9]). Dies gilt sowohl für die herkömmliche Geschichtsforschung als auch für die historische Forschung unter dem Blickwinkel einer möglichen Beeinflussung durch außerirdische Kulturen. Es muß wieder deutlicher werden, daß Annahmen von der Entwicklung der Geschichte, von der Bedeutung historischer Bau- und Sprachdenkmäler eben immer nur Annahmen sind, daß, wie Stegmüller[9] schreibt,»auch der begnadetste Historiker die Wahrheit nicht mit Löffeln gegessen hat und über keine geheime Methode verfügt, um in das Innere anderer geistiger Wesen einzudringen«. Nur mit dem Verweis auf»die

persönliche geniale Virtuosität des Philologen« (Dilthey[11]) die Gültigkeit von Aussagen ableiten zu wollen, ist heute nicht mehr haltbar. Wenn bestimmte Erklärungen, beispielsweise über die Entstehung der Scharrbilder von Nazca oder die Darstellung eines »Gottes« auf der Grabplatte von Palenque abgegeben werden, zählt folglich nur, ob die Theorie über den Gegenstand unseres Interesses in sich stimmig ist oder nicht. Pragmatisch gesehen darf also nicht gegen die Gesetze der Logik verstoßen werden, die man wie folgt umreißen kann:

»1. In einem Satz kann das Subjekt keine zwei widersprüchlichen Prädikate haben. Man kann nicht sagen, ein bestimmter Gegenstand sei gleichzeitig blau und nicht blau. Man kann nicht sagen, die Götter-Astronauten hätten die Erde besucht und nicht besucht.

2. Zu dem Subjekt eines Satzes muß eines der beiden widersprüchlichen Prädikate gehören. Man muß also sagen, daß der Gegenstand blau oder nicht blau ist und daß die Götter-Astronauten die Erde besucht haben oder nicht.

3. Jedes Ereignis im Universum ist das Ergebnis eines ausreichenden Grundes oder einer Ursache, die für sein Auftreten verantwortlich ist. Man muß davon ausgehen, daß der Gegenstand blau oder nicht blau ist und daß die Götter-Astronauten die Erde besucht oder nicht besucht haben.« (Navia[1]; über den letzten Punkt herrscht allerdings nicht völlige Einigkeit.)

Unter diesen Voraussetzungen zeichnet sich also ab, was bereits weiter oben angeschnitten wurde: Die Methode des Verstehens kann zu einander widersprechenden Ergebnissen führen. Die Kunstlehre ist Auslegung, eben eine Interpretation. Und über ein und dasselbe Objekt können durchaus verschiedene Interpretationen bestehen. Gerade als Germanist, aber auch als Naturwissenschaftler, wird man fast täglich mit den unterschiedlichsten Interpretationen konfrontiert, mit Auslegungen, die selbstevident erscheinen und somit gleichzeitig Gültigkeit für sich beanspruchen können. Genau an dieses Nebeneinander von möglichen Interpretationen sollte sich auch die Altertumswissenschaft gewöhnen. Wenn die Prä-Astronautik – wie an anderer Stelle aufgezeigt wurde – eine schlüssige Theorie darstellt, so muß man sie, wenn man Forschung nicht im Elfenbeinturm betreiben will, genauso annehmen wie die bereits bestehenden Theorien über den geschichtlichen Verlauf der Menschheit. In der Methode des Verstehens kann nicht, wie oft irrtümlich geschehen, »eine Erkenntnisweise erblickt (werden), welche die Garantie der Wahrheit in sich trage, sozusagen eine Anwendung des Wortes Spinozas ›veritas norma est sui et falsi‹ auf den menschlich-geschichtlichen Fall« (Stegmüller[9]). Die Methode des Verstehens muß untermauert werden durch empirische Daten, auf der einen wie auf der anderen Seite.

Die Warnung des amerikanischen Philosophen Navia sollte allen Universitäten und Lehranstalten ins Stammbuch geschrieben werden:»Die Wissenschaft darf nicht riskieren, wegen ihrer Erkenntnisse arrogant zu sein. Spätere Generationen werden auf sie herabsehen, wie wir auf die Erklärungen herabsehen, die Primitive sich für das Universum zurechtgelegt hatten... Wissenschaftliche Theorien – daran müssen wir uns wieder erinnern – sind menschliche Versuche, natürliche Phänomene zu erklären. Sie werden ständig verändert, korrigiert, verbessert oder widerlegt. Aber solange es keinen Dialog unter Wissenschaftlern und zwischen Wissenschaftlern und Laien gibt, kann es keinen Fortschritt geben. Niemand hat bevorrechtigte Einsicht in die Realität, keiner besitzt den Schlüssel zur endgültigen Wahrheit. Deshalb müssen unsere Theorien, unsere Zahlen und unsere Antworten provisorisch sein« (Navia[1]).

Diese Einsicht gilt selbstverständlich auch für die Vertreter der prä-astronautischen Theorie. Sie sollten sie noch weit ernster nehmen als bislang. Denn wenn ihre Annahmen richtig sein sollten und wir einst tatsächlich Besuch von außerirdischen Intelligenzen hatten, so müssen wir uns der Probleme bewußt werden, die sich daraus ergeben, daß wir zwar zum Menschen »von innen her« Zugang haben, nicht jedoch zu nichtmenschlichen Wesen. Eine Problematik von außergewöhnlichen Folgen für die künftige Forschung.

Prä-Astronautik und ihr Platz im »Wissenschaftsgebäude«

Wo könnte die Prä-Astronautik nun innerhalb der Wissenschaften angesiedelt werden? Wie sähen ihre Verbindungen zu anderen Wissenschaften aus?

Grundsätzlich ließe sich die Prä-Astronautik den »Historischen Wissenschaften« zuordnen, da ihr Forschungsgebiet auf die Vergangenheit (prä-historische/historische Zeiten) Bezug nimmt und begrenzt wurde. Folgern ließe sich aus der Definition ferner, bei der Prä-Astronautik müsse es sich um eine Altertums- bzw. Geschichtswissenschaft handeln. Hier nun stellt sich ein weiteres Einordnungsproblem: Ist Prä-Astronautik lediglich ein Teilbereich einer anderen historischen Wissenschaft, zum Beispiel der Archäologie (die ehemalige Wortprägung »Astro-Archäologie« ließe diesen Schluß möglicherweise zu), oder ein Teilbereich der Ur- und Frühgeschichte oder einer der anderen Altertumswissenschaften[13]? Eine solche Einordnung erscheint uns sehr problematisch, ja verfehlt, da die Prä-Astronautik zum einen in die unterschiedlichsten Altertums- und Geschichtswissenschaften hineinragt, beziehungsweise diese in sie (vgl. Abb. 1), zum anderen ein durchaus *spezifisches Potential* vorliegt, eine Grundvoraussetzung für eine neue Wissenschaft. Dies spezifische Potential liegt (laut Definition) in der

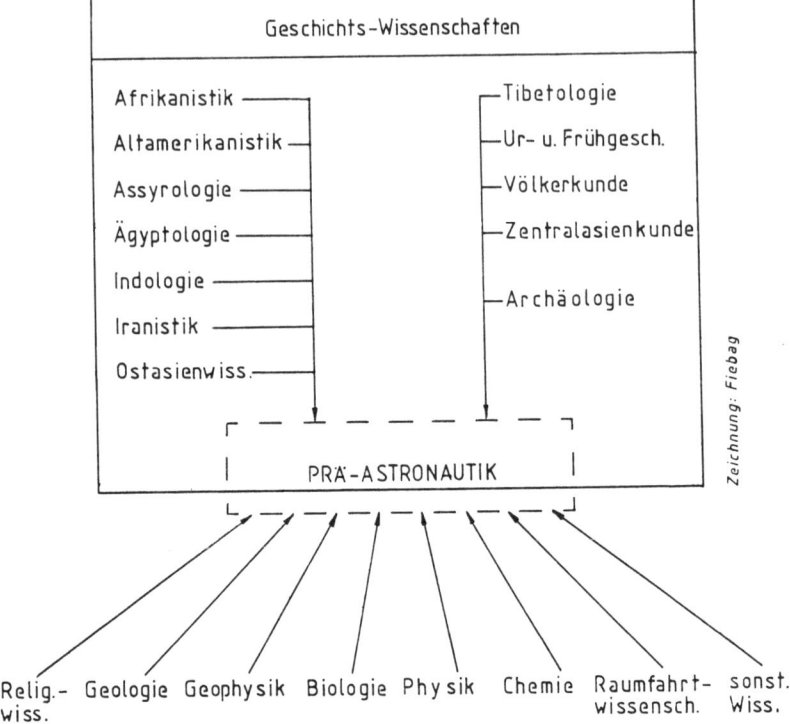

Geschichts-Wissenschaften

Afrikanistik
Altamerikanistik
Assyrologie
Ägyptologie
Indologie
Iranistik
Ostasienwiss.

Tibetologie
Ur- u. Frühgesch.
Völkerkunde
Zentralasienkunde
Archäologie

Zeichnung: Fiebag

PRÄ-ASTRONAUTIK

Relig.- Geologie Geophysik Biologie Physik Chemie Raumfahrt- sonst.
wiss.   wissensch. Wiss.

Abb. 1: Die Prä-Astronautik als Integrationswissenschaft. Interessenobjekte werden von mehreren Disziplinen kooperativ untersucht.

Erforschung und Rekonstruktion der Einflußnahme *außerirdischer* Kulturen auf die Erde und die Geschichte der Menschheit. Eine enge Zusammenarbeit mit den anderen Geschichtswissenschaften ist für die Existenz der Prä-Astronautik als Wissenschaft jedoch unerläßlich. Zudem müßte sie als eigenständige Wissenschaft enge Verbindung zu den Geowissenschaften, Religionswissenschaften, Natur- und Raumfahrtwissenschaften und anderen halten, da diese Bereiche zur Erforschung des oben genannten Aspektes ihre Forschungsergebnisse mit in die Prä-Astronautik einfließen lassen sollten, ja müssen. Zusammenfassend wäre Prä-Astronautik somit als Wissenschaft im Bereich der Einzelwissenschaften, hier im Feld der Realwissenschaften zu verstehen. Folgendes dreidimensionale Netzstrukturmodell soll die sehr komplexen Strukturen, in denen sich Prä-Astronautik als Wissenschaft künftig bewegen würde, deutlich machen (Abb. 2). (Das Modell unterliegt aus Gründen der Übersichtlichkeit einer Komplexitätsreduktion.) – Die oberste der Ebenen bildet die verschiedenen Wissenschaftsbereiche

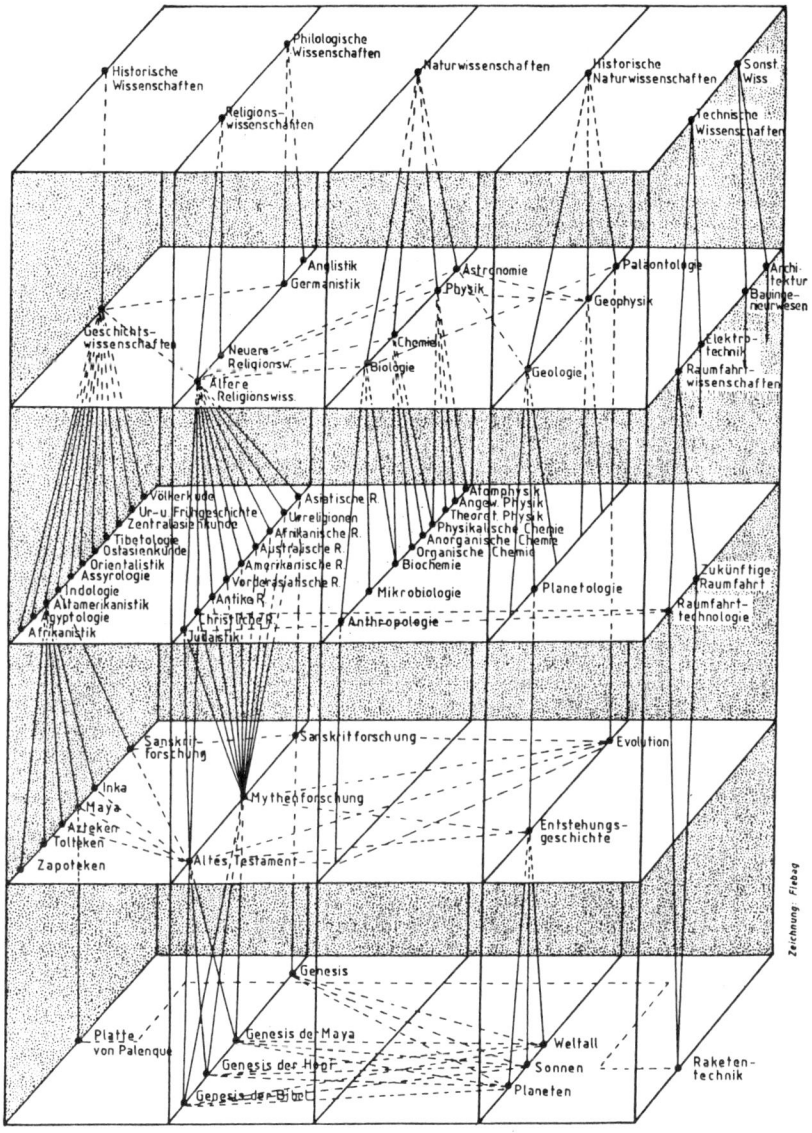

Abb. 2: Dreidimensionales Netzstrukturmodell, das die Verbindungen zu anderen Wissenschaften abbildet.

ab, mit denen die Prä-Astronautik Berührung haben würde, beziehungsweise in die sie eingebunden ist. Die zweite Ebene stellt die einzelnen Wissenschaften dar. Die Verbindungslinien zeigen auf, daß thematische Zusammenhänge zwischen Geschichtswissenschaften (hier: einschließlich Altertumswissenschaften), Geologie/Paläontologie, älterer Religion, aber auch Astronomie, Raumfahrtwissenschaften und so weiter bestehen und entsprechend genutzt werden müssen.

Gehen wir im Modell nun eine Ebene tiefer. Es zeichnet sich bereits der gesamte Kanon der Wissenschaften ab. Geschichtswissenschaften sind in die verschiedenen Bereiche gegliedert. Wichtig ist nun, daß zur Lösung eines anstehenden Problems klar erkannt wird, auf welcher Ebene im Modell sich das Interesse des Forschers offenbart, der Gegenstand der Untersuchung sich befindet. Entsprechend werden dann zu anderen Gebieten, die von dem zu behandelnden Problem betroffen sind, Verbindungen hergestellt. Folgen wir dem Modell auf die vorletzte Ebene, so ist hier andeutungsweise die Amerikanistik in die Bereiche Zapoteken, Tolteken, Azteken, Maya, Inka (aus Übersichtsgründen wurde auf weitere verzichtet) untergliedert. Loten wir nun zur letzten Ebene hinab, so kommen wir in den Bereich des bestimmten Forschungsinteresses, hier – als Beispiel – die in Bildschrift überkommene »Platte von Palenque«. Eine Interpretation im Sinne der Prä-Astronautik wird aber erst möglich durch die Raumfahrtwissenschaft, hier die Raketentechnik und Flugingenieurwissenschaft. Eine andere Verbindung wurde für die verschiedenen Schöpfungsmythen entwickelt, die den unterschiedlichen Religionswissenschaften ursächlich zugeordnet sind. Verbindungen bestehen beispielsweise auf Ebene vier global, konkret erfolgt ein Vergleich, Auswertung und so weiter in der fünften Ebene mit der Entstehungsgeschichte und der Evolutionstheorie, wie sie uns von der Paläontologie aufgezeigt wird.

Um in diesem Netzstrukturmodell Übersichtlichkeit zu gewährleisten, sind jeweils nur einige Gebiete voll abgeleitet worden. Auch ließe es sich um weitere Ebenen ergänzen (beispielsweise in einem Computer-Programm). Wichtig ist eine solche Konstruktion, um die Möglichkeiten und Wege aufzuzeigen, die Prä-Astronautik im Gefüge der verschiedenen Wissenschaften haben sollte und haben muß, sowie Muster zur Problemlösung aufzustellen, wie sie für den Wissenschaftsprozeß unerläßlich sind. Denn nur so können jederzeit die *richtigen* Teilbereiche (Fachleute) angesprochen werden und weitere Ansprechmöglichkeiten auf der jeweiligen Ebene gesehen und genutzt werden. Gerade nämlich die Zuweisung in die richtigen Fachbereiche erscheint uns als eines der schwierigsten, aber auch dringlichsten Probleme. Bei der Konzeptualisierung einer Studie muß sich künftig verstärkt auf bereits vorhandene Untersuchungen und bestehende Theorien gestützt werden können, um wissenschaftlichen Fortschritt einzubringen und zu ermöglichen.

Aus der Skizze wird ferner deutlich (Abb. 1 u. 2), daß zukünftige Studiengänge »Prä-Astronautik« sich nicht auf ein Gebiet beschränken können. (Bereits seit 1979 gibt es Bestrebungen, in den USA einen Lehrstuhl für Prä-Astronautik einzurichten.) Entsprechende »Zweifächerkombinationen«, wie sie aus anderen Studiengängen bekannt sind, müßten hinzugewählt werden (z. B. Prä-Astronautik als erstes Hauptfach, Raumfahrttechnik als zweites Hauptfach und Alt-Amerikanistik als Nebenfach; oder: Geologie als Hauptfach und Prä-Astronautik als Nebenfach).

Prä-Astronautik als Notwendigkeit

Die Erforschung unserer Vergangenheit unter dem Blickwinkel eines Kontakts mit außerirdischen Zivilisationen scheint nicht nur, wie wir darzustellen versucht haben, gerechtfertigt, sie wird – dieses Buch ist ein eindrucksvoller Beleg dafür – zu einer dringenden Notwendigkeit. Noch gibt es mannigfache Vorurteile gegen die Prä-Astronautik als neue Wissenschaft. Es ist dies eine bekannte Erscheinung: Die Beispiele für eine Strategie wider neue Ideen sind Legion. Nikolaus Kopernikus, der im 16. Jahrhundert die Sonne als Zentrum des Planetensystems erkannte; Johannes Kepler, der wenige Jahre später die Richtigkeit des heliozentrischen Weltbildes bewies; Giordano Bruno, der im Jahr 1600 für seine Behauptung, es gäbe andere Planeten bei anderen Sonnen, hingerichtet wurde; Galileo Galilei, der die zentrale Stellung der Erde endgültig widerlegte; aber auch große Geister späterer Epochen wie Johann Philipp Reis, Robert Mayer, Gregor Johann Mendel, George Stephenson, Thomas Edison, bis hin zu Hermann Oberth, der noch in unserem Jahrhundert für die Behauptung gebrandmarkt worden war, der Mensch könne mit Raumschiffen zu anderen Himmelskörpern fliegen – sie alle waren Opfer von Vertretern der Wissenschaft, die neue Theorien ohne wirkliche Reflexion ablehnten. Doch nur wenn die Wissenschaft bereit ist, eine kritische Einstellung gegenüber überlieferten Problemlösungen einzunehmen und Metaaussagen zu treffen, das heißt, über sich selbst nachzudenken, bietet sich ihr die Möglichkeit, Irrtümer zu entdecken und zu beheben, die einer theoretischen Erkenntnis zwangsläufig immer anhaften werden. Theoretisches Wissen kann nicht endgültig sein, sondern immer nur vorläufig. So werden eines Tages sowohl die Wirklichkeit als auch alternative Theorien deutlich machen, wo und weshalb bisherige Problemlösungen versagten. Der Prä-Astronautik wird dabei eine entscheidende Rolle zufallen.

Prä-Astronautik und Wissenschaft

von Prof. Dr. Luis E. Navia, New York
(USA)

Eine neue Theorie – wie z. B. die der Prä-Astronautik – bedarf bestimm-
ter Anforderungen, um als ausreichend oder genügend zur Klärung eines
besonderen Sachverhaltes betrachtet zu werden. Aber was ist eine Theo-
rie überhaupt, wie wird sie definiert, und welche Aussagen kann sie zum
hier gegebenen Problem machen? Und schließlich: Kann die Theorie der
Prä-Astronautik als »wissenschaftlich angemessen« gelten, verstößt sie
gegen irgendwelche Naturgesetze, gegen logische Überlegungen, und ist
sie dazu in der Lage, gewisse Ereignisse oder Sachverhalte ›besser‹ zu
erklären, als dies bislang der Fall gewesen ist?
Prof. Dr. Luis E. Navia, geb. 1940, studierte Philosophie an der
Universität von New York, an der er 1972 auch promovierte. Er ist
außerordentlicher Professor am New York Institute of Technology. Für
seine philosophische Forschungs- und Lehrtätigkeit wurden ihm ver-
schiedene Auszeichnungen verliehen. Zum Thema der Prä-Astronautik
liegen zwei Veröffentlichungen in deutscher Sprache vor.

Die Vorstellung von der Existenz prä-historischer Astronauten ist in den letzten Jahren stark kritisiert worden, und Autoren wie Erich von Däniken wurden von Wissenschaft und Presse heftig angegriffen. Aber diese ablehnende Haltung der amerikanischen Wissenschaftler dieser Theorie gegenüber ist nicht so absolut, wie es den Anschein erwecken soll. Viele Philosophen und Naturwissenschaftler, die ich persönlich kenne, diskutieren mit Begeisterung dieses Gedankenkonzept. Wenn sie jedoch offiziell in akademischen Veranstaltungen und Symposien um ihre Meinung befragt werden, so sind es einzig und allein persönliche Gründe, die sie zu negativen Äußerungen veranlassen.

Ich habe mich nie vor Kritik gefürchtet, denn ich bin der Meinung, daß jeder Mensch so viel Mut besitzen sollte, seine eigenen Ansichten auch vorzubringen. Lange Zeit war ich ein eifriger Schüler meines Freundes Sokrates, der nie ein Blatt vor den Mund nahm und offen sagte, was er dachte. Ich habe viel von ihm gelernt.

In dieser Welt, in der wir leben, kann niemand etwas mit absoluter Sicherheit behaupten. Denn die Weisheit, so sagt Sokrates, ist einzig und allein Gott vorbehalten. Behauptungen, die wir über unsere Welt, über unser Universum machen, bleiben immer nur bruchstückhaftes Wissen von vorläufigem Charakter. Heutige Ansichten sind mit den morgigen nicht mehr vereinbar. Die Geschichte der Wissenschaft ist es selbst, die dafür genügend Beispiele liefert.

Wer sich mit Kosmologie beschäftigt, weiß, daß kosmologische Vorstellungen und erklärende astronomische Theorien sich im Laufe der Zeit ändern und ihre Gültigkeit verlieren. Gerade in der Astronomie haben sich nur zu oft unwahrscheinliche Theorien als zutreffend erwiesen, während einleuchtende Ansichten, auch solche von Autoritäten, später häufig widerlegt wurden.

Für die Sumerer war die Erde eine flache Scheibe, die vom Zinngewölbe des Himmels gekrönt wurde. Für den Griechen Anaximander war sie der Mittelpunkt des Universums. Es dauerte lange, ehe die Sonne auf ihren majestätischen Thron gestiegen war und sich das heliozentrische Weltbild durchsetzen konnte. Nikolaus Kopernikus war es gewesen, der das geozentrische Weltbild des Ptolemäus zerschlagen hatte. Jahre später, zu Kants Zeiten, des großen deutschen Philosophen, verloren Erde und Sonne ihre bevorrechtigte Stellung und kreisten mit Millionen anderer Sterne um das Zentrum der Milchstraße. Aber selbst zu dieser Zeit wurde unsere Milchstraße mit dem Universum gleichgesetzt.

Heute wissen wir, daß das Universum aus unzähligen Galaxien zusammengesetzt ist. Es gibt keinen Mittelpunkt, keinen bevorrechtigten Ort. Kein Himmelskörper steht still: Unser Mond rast auf seiner monatlichen Bahn um die Erde, die Erde kreist mit 29,76 Kilometern je Sekunde um die Sonne, die Sonne und ihr Planetensystem kreisen mit 320 Kilometern je Sekunde um das Gravitationszentrum der Galaxis, wobei sie für einen Umlauf über 250 000 000 Jahre brauchen, und soviel wir vermuten können, ist die Galaxis ihrerseits bestimmten komplexen Bewegungsabläufen unterworfen, deren Geschwindigkeiten wir uns nicht mehr vorstellen können.

Die Konsequenz daraus ist zwingend: Die menschliche Rasse verliert dadurch ebenfalls ihre besondere und einzigartige Stellung. Erst jetzt, in der zweiten Hälfte des 20. Jahrhunderts, setzt sich mehr und mehr die Überzeugung durch, daß unsere Erde nur einer von vielen bewohnbaren Planeten ist und die Menschheit nur eine Möglichkeit von vielen intelligenten Lebensformen.

Bereits im Jahre 1277 sagte der Erzbischof von Paris:»Die Allmacht Gottes zwingt uns zu der Einsicht, daß seine Schöpfungen groß und zahlreich sind. Deshalb bewohnen andere intelligente Lebewesen andere Regionen des Universums, und andere Planeten kreisen um andere Sterne als die Sonne.«

Ein Gedankenmodell

»Es könnte im Jahr 15 000 v. Chr. geschehen sein. Der Ort des Geschehens könnte sich irgendwo auf der Erde befunden haben, wo Gruppen von Steinzeitmenschen auf der Jagd durch die Wälder streiften. An einem stillen Sommernachmittag kam plötzlich ein seltsamer Gegenstand vom Himmel herab und setzte majestätisch auf einer durch Blitzschlag entstandenen Lichtung auf. Nachdem das Ding zuerst von Feuer und Lärm umgeben gewesen war, stand es jetzt bewegungslos und drohend da.

Einige Steinzeitmenschen, die das geheimnisvolle Ding hatten landen sehen, stürzten in panischer Angst davon, um in ihren Höhlen Zuflucht zu suchen. Bald wußten Hunderte von ihnen andeutungsweise Bescheid: Etwas Schreckliches war passiert, das sie in ihrer bruchstückhaften Sprache nicht beschreiben und erst recht nicht verstehen konnten. Was konnte das sein? Was konnte es wollen? Die Stammesältesten wurden befragt, aber sie wußten es nicht. Die Priester wurden zu Rate gezogen, aber sie konnten keine Auskunft geben.

Die Berichte wurden immer detaillierter, aber auch von Mal zu Mal verandert und immer entstellter. Die Augenzeugen füllten ihre angstbedingten Erinnerungslücken durch alle möglichen Erfindungen, so daß keine Klarheit zu erreichen war. Aber einer unbesiegbaren Neugier folgend, kehrten kleine Gruppen ängstlicher Steinzeitmenschen schließlich an den Ort des schrecklichen Geschehens zurück.

Dort stand es nun vor ihnen. Sie beobachteten es aus dem Unterholz heraus, das ihnen zumindest einigen Sichtschutz bot. Sie starrten es an und warteten. Ihr primitiver Verstand versuchte weiterhin, eine Erklärung für dieses Ding zu finden, aber alle Anstrengungen waren vergebens: Es stand unerklärbar und bedrohlich vor ihnen. In ihren Herzen lagen Ängste und Hoffnungen in ständigem Widerstreit, aber ihre Besorgnis wuchs von Minute zu Minute. Was wird es tun? fragten sie sich. Was wird es sagen?

Schließlich sank die Abenddämmerung herab, aber die Steinzeitmenschen hielten Wache. In dieser Nacht gab es für sie keine Rückkehr zu den vertrauten Stammesfeuern, keine Rückkehr zu Frauen und Kindern, keine Rückkehr zu den nächtlichen Zeremonien.

Bei Tagesanbruch erreichte ihre Aufregung den Höhepunkt, als sie mit ungläubigen Augen sahen, daß eine Gruppe von Lebewesen, die ihnen ähnlich waren und ihnen doch wieder nicht glichen, aus dem Bauch des Ungeheuers kam, das vom Himmel gefallen war. Auch diesmal liefen die Steinzeitmenschen durcheinander, versteckten sich, schrien vor Angst und weinten sogar. Aber ihre Neugier führte sie wieder an den Ort des Schreckens zurück.«

So habe ich ein Kapitel in meinem Buch»Das Abenteuer Universum« (1977) begonnen. Die darauf folgenden Ereignisse lassen sich auf hunderterlei Art und Weise darstellen. Vielleicht kam es sogar nach einiger Zeit zu Kontakten zwischen diesen Steinzeitmenschen und den außerirdischen Besuchern?

Trotz der Vielfalt der möglichen Geschehnisabläufe bleiben zwei Faktorenbündel im allgemeinen unverändert: Einerseits die Soziologie des ursprünglichen Ereignisses und seine Folgen und andererseits die philosophische und wissenschaftliche Streitfrage um die Faktizität des Ereignisses, welches ich eingangs wie eine Science-fiction-Erzählung schilderte. Kombiniert man diese beiden Faktorenbündel, so liefern sie eine brauchbare Entscheidungsgrundlage, ob die Theorie der Prä-Astronautik einer wissenschaftlichen Behandlung wert ist oder nicht.

Der inhaltliche Verlauf des Zusammentreffens zweier Gesellschaften, also die Soziologie eines kosmischen Ereignisses, ist durchaus zu verstehen. Wir können uns vorstellen, wie es in den kleinen, primitiven Gehirnen der Steinzeitmenschen gearbeitet haben muß, als das außerirdische Raumschiff zur Landung ansetzte. In Gegenwart des Unbekannten und Unerwarteten reagieren alle Menschen mit einer Mischung aus Angst und Neugier, wobei letztere meistens die Oberhand behält. Die Primitiven *mußten* also zum Ort des Geschehens zurückkehren. Als sie unmittelbar dem Unbekannten und Erschreckenden gegenübergestellt wurden, suchte ihr Verstand nach einer Lösung, die mehr oder weniger gut in den Rahmen der alltäglichen Gedankenwelt paßte. In unserem Beispiel wurden die Besucher aus dem All bald zu Gottheiten umfunktioniert, und die kosmische Begegnung nahm eine religiöse Bedeutung an. Die Art der Begegnung und die Verhaltensweise der Gäste aus dem Kosmos mußten nach ihrer Abreise zu einer vielfachen Verformung der Erinnerung geführt haben. Mit dem Tod des letzten Augenzeugen verwandelt sich das ursprünglich wirkliche Ereignis schließlich im Laufe der Generationen in einen Mythos. Jahrzehnte später erzählen die Nachkommen jener Augenzeugen, die einst ängstlich zitternd vor dem unbekannten Ding aus dem Weltall standen, von einem Ereignis, welches das primäre Geschehen nur mehr bruchstückhaft und verklärt wiedergibt. Die Überlieferung berichtet bald von geheimnisvollen und mystischen Wesen, die sich im Gedächtnis der Steinzeitmenschen festgesetzt hatten. Tausend Jahre später ist es praktisch unmöglich, das einstige Ereignis auch nur annähernd wahrheitsgetreu zu rekonstruieren – es kommt vielmehr zu einem bitteren Streitfall, ob ein solcher Vorfall in Wirklichkeit überhaupt stattgefunden hat.

Cargo-Kulte von heute

Heute stehen uns dank der geduldigen Arbeit von Wissenschaftlern wie Dr. Karl Muller bestimmte aufschlußreiche und faszinierende anthropologische Entdeckungen zur Verfügung, die uns den Vorgang besser verstehen lassen, durch den der Glaube an Götter oder gottähnliche Wesen in einer menschlichen Gemeinschaft entsteht. Ich möchte hier nur an den sogenannten »Cargo-Kult« erinnern:
Ein Schiffbrüchiger wird an den Strand der Südseeinsel Tanna angeschwemmt. Die primitiven Eingeborenen begrüßen ihn ängstlich, aber respektvoll, und bald entwickelte er sich zu ihrer Gottheit. Er lehrte sie einiges, kannte die Geheimnisse der Natur und Heilmittel gegen einige ihrer Krankheiten. Seine Heimat war ihrer Auffassung nach das ›gelobte Land‹, von dem er oft als USA sprach. Nach seiner Abreise bleibt die Erinnerung an diesen Mann erhalten, aber im Laufe der Zeit (im Falle Tanna sind das nur wenige Jahrzehnte) entwickelt sich daraus eine eigene Wirklichkeit.
Mehrere Beispiele dieses Cargo-Kults sind heute bekannt. Die daraus gewonnenen Ergebnisse können wir für die Untersuchung einer möglichen prä-historischen Begegnung mit außerirdischen Intelligenzen unmittelbar verwerten.
Wir können daher vernünftigerweise zu dem Schluß kommen, daß die Theorie der Prä-Astronautik eine durchaus verständliche Theorie ist, die uns keinesfalls dazu zwingt, an das Undenkbare zu glauben, wie einige Kritiker spitz bemerken. Aber dennoch, eine wissenschaftliche Theorie kann keine Beachtung beanspruchen, wenn sie lediglich »verständlich« ist.

Theorien und Hypothesen

Im Laufe der letzten 25 Jahre hat die Wissenschaft eine Reihe von methodologischen Grundsätzen und Normen entwickelt, die bis heute einen ausgereiften Grad an Genauigkeit und Klarheit erreicht haben. Der gewöhnliche Mann auf der Straße ist mit diesen Normen kaum vertraut, und wenn dann eine Zeitung von einer Idee als »wissenschaftliche« spricht, weiß er nicht, was damit ausgedrückt werden soll. Das Problem jedoch ist hier wie auch anderswo, daß ein bloß vages Verständnis nicht ausreichend ist. In vielen Fällen mag das sogar zu einem mangelhaften Verständnis führen.

So glauben zum Beispiel viele, daß man mit wissenschaftlichen Theorien die Wahrheit oder Unwahrheit beweisen kann. Tatsachen werden mit Hypothesen verwechselt und Hypothesen mit Theorien. So finden wir etwa in der Encyclopedia Britannica, daß die Evolution eine Tatsache sei, lesen wir, daß die Urknall-Theorie eine Tatsache ist, daß die Entwicklung des Lebens aus der Ursuppe eine weitere Tatsache ist und so weiter. Solche Behauptungen sind genauso unsinnig wie: Behaviorismus in der Soziologie sei wahr, und die Psychoanalyse Freuds sei falsch.

Alle diese Behauptungen sind durch ein mangelhaftes Verstehen dessen gekennzeichnet, was wissenschaftliche Theorien wirklich sind und welche philosophische Rolle sie zu spielen haben. Eine wissenschaftliche Theorie ist eine Sammlung von Behauptungen, mit deren Hilfe wir eine Kette von Ereignissen verstehen können; werden diese verketteten Ereignisse gesammelt und klassifiziert, so heißen sie Tatsachen. Die Theorie erklärt die Tatsachen, und je nach Erfolg ist sie ausreichend oder unzulänglich.

In ihrer ursprünglichen griechischen Bedeutung ist eine Theorie so etwas wie eine Vision, eine Schau. Wenn Sie ein Puzzle mit sehr vielen Einzelteilen haben, kommen Sie einmal zu einem Punkt, an dem Sie bereits etwas erkennen können – die einzelnen Bruchstücke ergeben einen ersten Sinn. Die menschliche Wahrnehmung ist dann in der Lage, die Teile im Geist zu einem Ganzen zu verbinden, und dann sagt man: Das ist ein Pferd oder ein Haus. Sie haben also eine Vision von dem fertigen Bild. Und genau das haben die Griechen unter einer »Theorie« verstanden. Meiner Ansicht nach hat dieses Wort auch heute noch diese Bedeutung.

Je nachdem, wie sich eine einzelne Tatsache mit unserer alltäglichen Erfahrung vereinbaren läßt, kann man sagen, sie ist wahr oder falsch. Eine Theorie hingegen kann nur ausreichend oder unzulänglich sein. Und aus diesem Grund können wir die Theorie der Prä-Astronautik nur als ausreichend oder nicht bewerten. Die Frage nach der absoluten Wahrheit oder Falschheit ist dabei gänzlich unangebracht. Nur jede einzelne Tatsache, die die Theorie der Prä-Astronautik zu erklären versucht, kann mit dem Prädikat »wahr« oder »falsch« versehen werden. So zum Beispiel die Linien von Nazca, gibt es sie, oder gibt es sie nicht? Die Grabplatte von Palenque, gibt es sie, oder gibt es sie nicht? Gewisse biblische Passagen, sind sie in der Bibel enthalten oder nicht? Nur von diesem Standpunkt können wir etwas als wahr oder falsch bezeichnen.

Es gibt viele Gegner dieser Theorie, und ihre Kritiken sind oftmals unfreundlich bis feindlich. Sie verwenden dabei Bezeichnungen wie »kindisch«, »absurd«, »pseudowissenschaftlich«, »unmöglich«. Angesehene Wissenschaftler gingen sogar so weit und forderten ihre Kollegen und Assistenten auf, diese Theorie als Ganzes zu ignorieren. Aber mein alter Lehrmeister Schopenhauer sagte schon: »Ignorieren kommt von Unwissenheit.«

Zukünftige Historiker und Anthropologen werden eines Tages mit Schrecken und vielleicht sogar mit ein wenig Humor die Gründe für die wütende Abwehrreaktion aus dem wissenschaftlichen Lager auf diese Theorie untersuchen. Und bis dahin wird auch hoffentlich der mysteriöse Stimulus ausgerottet worden sein, der Wissenschaftler gegen neue Ideen immer wieder kopflos Sturm laufen läßt. Aber es ist vielfach keine Frage des Verstehens; eine wesentlich größere Rolle spielen politische, finanzielle und soziale Einflüsse, die automatische Abwehrreaktionen gegen jede neue Idee in Gang bringen.

Es ist zwar kein großer Trost, aber neuartige und revolutionierende Gedankenmodelle begegneten schon immer einer großen Opposition. Das war bereits im alten Griechenland so. Als der große Mathematiker und Philosoph Aristarchos von Samos um 250 v. Chr. die Bewegung der Erde um die Sonne lehrte und somit unseren Planeten zu einem unter vielen machte, fand er keinen Glauben. Der bekannte Philosoph Kleanthes von Assos war damals in Athen und ging sogar so weit, daß er vor den Senat trat und die Bestrafung Aristarchos wegen Blasphemie verlangte. Sollte der Mathematiker jemals einen Fuß auf athenischen Boden setzen, so würde ihm das gleiche Schicksal widerfahren wie Sokrates, der ja bekanntlich aus dem Schierlingsbecher trinken mußte. Weise, wie Aristarchos war, ging er niemals nach Athen.

So erging es jeder neuen Idee – sofort war sie mit Opposition konfrontiert. Zum Glück gibt es heute keine Inquisition mehr, und die Verbrennungen sind schon längst abgeschafft. Aber es haben sich wesentlich feinere Unterdrückungsmethoden ausgebreitet: Spott und Verunglimpfung, die manchmal so wirksam sind wie Schafotte und Inquisitionstribunale.

In einer Welt, die sich immer wieder der Offenheit und Liberalität rühmt, mußten wir schmerzhaft erkennen, daß wissenschaftlicher Dogmatismus und akademische Arroganz mit Sicherheit Anzeichen einer geistigen Sterilität sind. Keine schöne Erkenntnis! Anstatt zu verurteilen, sagte ich meinen Kollegen, sollten wir im weiten Feld der Forschung Toleranz walten lassen, anstatt sich päpstlich zu gebärden und sich für unfehlbar zu halten, sollten wir uns eifrig um neue Visionen, sprich Theorien, bemühen; neue Theorien über die Welt, über die Menschheit und über unsere Vergangenheit.

Besitzt Prä-Astronautik eine Existenzberechtigung?

Das grundlegende Anliegen der Prä-Astronautik ist daher nicht die dogmatische Forderung einer vorgegebenen Theorie, sondern die geduldige und aufgeschlossene Suche nach neuen Wegen zum Verständnis unserer Vergangenheit. Daß dabei jene Arbeit übernommen wird, die eigentlich schon seit langem andere, besser eingeführte wissenschaftliche Gesellschaften tun sollten, muß auch einmal gesagt werden.

Bevor wir uns näher damit auseinandersetzen, möchte ich definieren, wann eine Theorie als wissenschaftlich angemessen gilt. Folgende Voraussetzungen müssen erfüllt sein:

1. Die Art und Weise, wie eine Reihe von Erscheinungen erklärt wird, darf nicht gegen die Grundsätze logischen Denkens verstoßen.

2. Die Theorie darf den allgemein anerkannten Naturgesetzen nicht widersprechen.

3. Es darf sich um keine Ad-hoc-Hypothese handeln, die ja nur Einzelaspekte zu erklären vermag, jedoch nicht verallgemeinernd wirken kann. In wissenschaftlicher Methodologie funktioniert eine Ad-hoc-Hypothese nur für einen ganz bestimmten Fall und kann deshalb nicht verallgemeinert werden.

4. Die Art und Weise, wie gesammelte Tatsachen erklärt werden, die von konkurrierenden Theorien unerklärt bleiben, muß wissenschaftlich sein.

5. Durch die Theorie werden auch andere, nicht unmittelbar damit verbundene Phänomene erklärt. (In unserem Fall werden eine Reihe von ungelösten Erscheinungen der Frühzeit erklärt, wie etwa gewisse religiöse Bräuche, bestimmte archäologische Funde usw.)

Natürlich erhebe ich für meine Definition nicht den Anspruch auf Vollständigkeit, da man bei »Angemessenheit« theoretische Wahrheit meint, und diese wiederum gibt es nicht auf der Ebene der Theorie. Ich möchte Ihnen nun gern einige Fragen stellen, auf die ich nicht sofort eine Antwort erwarte. Denken Sie vielmehr in den nächsten Tagen einmal darüber nach.

Fangen wir also an:

1. Verstößt die Annahme eines kosmischen Besuches in der irdischen

Frühgeschichte in irgendeiner Weise gegen die Grundsätze der Logik oder gegen die Naturgesetze? Ist an dieser Vorstellung irgend etwas unmöglich? Ist es unmöglich, Entfernungen zwischen den Planeten und Sternen zu überwinden?

2. Gibt es wirklich unerklärliche Erscheinungen, die mit Hilfe der Theorie der Prä-Astronautik erfolgreich erklärt werden können?

3. Gibt es Tatsachen, die zwar nicht unmittelbar mit der Theorie der Prä-Astronautik verbunden sind, aber erst dadurch verständlich werden?

Ich habe mir diese Fragen lange durch den Kopf gehen lassen und bin zu dem Schluß gekommen, daß die Theorie der prähistorischen Astronauten in genügendem Ausmaß den wissenschaftlichen Bedingungen entspricht. Ich sage sogar: Die Theorie der Prä-Astronautik wirft mehr Licht auf die gesammelten Unterlagen menschlicher Frühgeschichte als manche andere erklärende Hypothese.

Mit dieser Theorie haben wir ein außergewöhnliches Werkzeug in Händen und können so den roten Faden durch das verwirrende Labyrinth der menschlichen Entwicklung auf diesem Planeten erkennen.

Teil II
Konkrete Forschung

Planeten jenseits unseres Sonnensystems

von Prof. Dr. Philip A. Ianna, Charlottesville (USA)

Wenn wir uns mit der Problematik eines außerirdischen Besuches und der Frage nach extraterrestrischen Intelligenzen, das heißt intelligenten biologischen Systemen in unserem Sinne, beschäftigen, müssen wir zunächst die Frage beantworten, ob es überhaupt die entscheidenden Voraussetzungen dafür im Weltall gibt. Leben in unserem Sinne scheint primär planetengebunden zu sein, das heißt, es verdankt seine Entwicklung einer bestimmten Gesetzmäßigkeiten unterliegenden Planetenoberfläche. Wir kennen bislang nur die neun Planeten unseres Sonnensystems und ihre Monde. Einzig auf der Erde hat sich intelligentes Leben entwickelt. Wie aber sieht es mit entfernten Sternen aus, insbesondere mit jenen in unserer näheren galaktischen Nachbarschaft? Gibt es dort Anzeichen für Planetensysteme ähnlich dem unseren? Welche neueren Forschungen wurden hier gemacht, welche Hinweise hat man gefunden?

Dr. Philip A. Ianna ist Professor für Astronomie am McCormick Observatorium (USA) und am Mt. Stromolo-Observatorium (Australien). Er ist Spezialist für Astrometrie, insbesondere auf dem Gebiet der Messung stellarer Parallaxen und Doppelsternbewegungen und beschäftigt sich in seinen Arbeiten darüber hinaus mit dem Studium offener Sternhaufen. Prof. Ianna ist seit 1968 an der Universität von Virginia (USA) tätig. Von ihm liegen über 50 Veröffentlichungen in verschiedenen astronomischen Zeitschriften vor. Zusammen mit Dr. Roger Culver ist er Verfasser des Buches »The Gemini Syndrom«, einer kritischen Auseinandersetzung mit der Astrologie.

Vor vielen Jahrhunderten richteten einige unabhängige Denker zum erstenmal ihren Blick zum Himmel und erkannten, daß die Myriaden von Sternen Sonnen wie unsere eigene Sonne sind. Sie schlossen daraus, daß analog zu unserer Erde auch andere Welten und auf ihnen anderes Leben und andere intelligente Geschöpfe existieren müßten. Der römische Philosoph und Dichter Lucretius schrieb: »Es ist im höchsten Grade unwahrscheinlich, daß diese Erde und dieser Himmel als einzige erschaffen wurden... Nichts im Universum ist nur ein einziges Mal vorhanden, einzigartig und einsam von seiner Geburt an, in seinem Wachstum und seiner Blüte... Du mußt daher anerkennen, daß es in anderen Regionen andere Erden und unterschiedliche Menschenstämme und Tierrassen gibt.«

Solch radikale Ansichten waren nicht immer unbedingt erwünscht. Der Dominikanermönch Giordano Bruno trat für das kopernikanische Weltbild mit einer sich um die Sonne drehenden Erde ein, und er beschrieb ein Universum, das mit Planeten und fremdartigen Wesen gefüllt war. Nach einer achtjährigen Gefangenschaft wurde er auf dem Scheiterhaufen verbrannt.

In jüngerer Zeit nannte Percival Lovell den Mars einen »Hort des Lebens« und glaubte an eine sterbende Zivilisation, die verzweifelt um ihr Überleben kämpfte und ein ausgedehntes Netz von Kanälen auf der Oberfläche des roten Planeten angelegt hatte. Wir wissen heute, daß es keine Kanäle und keinerlei Beweise für Zivilisationen auf dem Mars gibt. Dennoch ist das Interesse an außerirdischem Leben größer als jemals zuvor. Und ich kann mir keine größere Entdeckung als die anderer intelligenter Wesen vorstellen. Kein anderes Ereignis würde sich jemals so folgenschwer auf irdisches Leben auswirken wie dieses.

Die wissenschaftliche Gesellschaft nimmt die Suche nach extrasolaren Planeten und außerirdischen Intelligenzen (SETI) sehr ernst. Auf Konferenzen der Internationalen Astronomischen Union (IAU) sind eingehende Diskussionen über die Strategie einer solchen Suche geführt worden. Sowohl die amerikanischen als auch die sowjetischen Akademien der Wissenschaften haben SETI als eine wissenschaftliche Priorität anerkannt. Die NASA ist inzwischen sogar vom US-Kongreß dazu ermächtigt worden, 1,5 Millionen Dollar für die SETI-Forschung zur Verfügung zu stellen. 1982 organisierte sich in der IAU eine neue Kommission, die sich mit der SETI-Frage beschäftigt. Die Gründung dieser »IAU-Kommission 51« zeigt, daß Vorhaben wie die Suche nach Planetensystemen oder nach Radiosignalen hochentwickelter Zivilisationen durchaus berechtigte wissenschaftliche Zielsetzungen darstellen.

Gegenwärtig sind eine ganze Reihe von Anstrengungen auf dieses Problem hin ausgerichtet. Das Hubble-Weltraumteleskop wird vom Weltraum aus verschiedenste Beobachtungen vornehmen, um nach

Planeten Ausschau zu halten, und andere zukünftige Raumfahrtprojekte werden unter diesem Gesichtspunkt geplant. Bei verschiedenen astronomischen Observatorien laufen derzeit Programme, um andere Planeten aufzufinden. Die Entdeckung außerirdischer Intelligenzen mag in mancher Hinsicht vielleicht einfacher sein als die Entdeckung anderer Planeten. Wenn es uns gelingt, zur richtigen Zeit, in der richtigen Richtung und auf der richtigen Frequenz ins All zu lauschen, müßten wir ein interessantes Radiosignal finden. Inzwischen sind sehr komplexe Aufzeichnungsgeräte entwickelt worden, die eine simultane Abtastung auf 65000 verschiedenen Frequenzen erlauben, und andere Geräte sind in Planung, die 8 Millionen Kanäle gleichzeitig untersuchen können. In diesen Fällen wird eine Bearbeitungsgrenze durch die Geschwindigkeit gegeben, in der ein Computer die ungeheure Masse an hereinkommenden Daten analysieren kann, um schließlich ein mögliches interessantes Signal herauszufiltern.

Planeten- und Lebensentstehung

Unser gegenwärtiges Wissen stützt die Annahme einer Existenz von Planetensystemen um andere Sterne. Die meisten Astronomen sind davon überzeugt, daß wir inzwischen über eine qualitativ richtige Beschreibung der Bildungsprozesse von Sternen und des Ursprungs unseres Sonnensystems verfügen. Ein beträchtlicher Fortschritt in dieser Richtung konnte über Computersimulationen gewonnen werden, die auf realistischen Modellen und neuesten Beobachtungsdaten basieren. Sterne formen sich demnach aus kondensierenden Wolken dichten interstellaren Staubes und Gases, die ursprünglich einen Durchmesser von einigen Lichtjahren besitzen. Langsam rotierende Wolken scheinen dabei in einzelne Sterne und nicht in Mehrfachsterne zu kollabieren. Staub in den äußeren Regionen der kollabierenden Wolke neigt dazu, eine abgeflachte Scheibe zu bilden. Aus diesem Prozeß übriggebliebene Trümmer häufen sich langsam zu Wolkenklumpen an und diese schließlich zu Planeten. Einige wenige dieser kondensierten Planeten dürften sich in einer Entfernung bilden, die der Distanz Erde–Sonne entspricht. Wieder ein Teil davon dürfte über eine chemische Zusammensetzung verfügen, die der der frühen Erde ähnelt und die Bildung organischer Bausteine und die Entwicklung lebender Organismen einleitet und fördert.
Wie ist Leben auf der Erde entstanden? Leider gab es damals keine hochentwickelte Zivilisation, die uns Proben aus dieser Zeit zur Verfügung stellen könnte. Folglich ist es auch nicht möglich, den biologischen Werdegang vollständig zu beschreiben. Die experimentellen Ergebnisse sind noch lückenhaft, aber sie deuten auf die Annahme hin, daß

Leben auf der jungfräulichen Erde infolge der spontanen Bildung komplexer Moleküle entstand. Andere Alternativen erscheinen mir wenig wahrscheinlich. Einer der ältesten Beweise für Leben auf der Erde liegt in Form fossilisierter Algenkolonien, sogenannter Stromatholithen, vor. Ihr Alter, etwa aus den Fundorten in Australien, wird aufgrund radioaktiver Datierungen auf etwa 3,5 Milliarden Jahre geschätzt. Diese Organismen waren bereits verhältnismäßig hochentwickelt, was darauf hindeutet, daß der chemische Prozeß, der zum Ursprung des Lebens führte, bereits in der kurzen Zeit von 500 Millionen Jahren nach der Bildung der Erde selbst abgeschlossen war.

Wir kennen die wahrscheinlichen atmosphärischen Zusammensetzungen der frühen Erde, das heißt eine Mischung aus Kohlendioxyd, Kohlenmonoxyd, Stickstoff, Wasserdampf, Methan und einigen anderen Komponenten. Ozeane und Seen enthielten wahrscheinlich gelöstes Ammoniak, Wasserstoffsulfide und andere einfache organische Bestandteile. Wir wissen heute, was geschieht, wenn solche Bestandteile elektrischen Entladungen – beispielsweise Blitze in der frühen irdischen Atmosphäre – ausgesetzt werden. Sie bilden dann Formaldehyd, Wasserstoffcyanid und Aminosäuren, sowie Purin und Pyrimidin, Basen für die DNS und RNS, also Zucker wie etwa Ribose. Der weitere Ablauf der Entwicklung, das heißt die Bildung komplexerer und selbstreplizierfähiger Biopolymere, ist einigermaßen klar, und die Regeneration eines intakten biologischen Systems, das in seine molekularen Bestandteile aufgeteilt wurde, ist zwischenzeitlich in den Laboratorien weltweit beobachtet worden. Wir haben organische Komponenten als interstellare Moleküle gefunden und in Meteoriten entdeckt. Es erscheint mir sehr wahrscheinlich, daß gleiche Prozesse ebenso in anderen Ecken unserer Galaxis abgelaufen sind.

Die Drake-Formel und ihre Unsicherheit

Gibt es einen Grad der Wahrscheinlichkeit, der uns sagt, ob da draußen noch andere Planeten und Lebewesen existieren (schließlich gibt es einige hundert Milliarden Sterne allein in unserer Galaxis)? Können wir in etwa abwägen, wie viele extraterrestrische Zivilisationen sich entwickelt haben könnten? Derartige Schätzungen sind anhand der sogenannten Greenbank- oder Drake-Formel vorgenommen worden. Die variablen Faktoren der Gleichung – der Anteil der Sterne mit Planeten, der Anteil solcher Planeten, auf denen sich Leben gebildet hat, der Anteil jener, die eine hohe Zivilisation tragen – führt zur Zahl N, einer Abschätzung für die Anzahl von entwickelten Planeten in der Galaxis. Das Problem besteht darin, die richtigen Werte für die Variablen zu finden.

Es gibt natürlich keine Übereinstimmung hinsichtlich der möglichen Anzahl technologischer Gesellschaften. Und es sieht so aus, als ob jede Zahl denkbar wäre, das heißt jede Zahl zwischen eins und einer Million. So vertraten beispielsweise auf einer Sitzung der IAU-Konferenz im August 1979 in Montreal verschiedene Autoren auch verschiedene Werte für N. Da Leben dazu neigt, sich zu vermehren und auszubreiten, nahm Thomas Kuiper einen sehr hohen Wert an. Michael Hart vertrat das entgegengesetzte Extrem: würde es zahlreiche galaktische Zivilisationen geben, sollten sie jetzt hier sein, aber das scheint nicht der Fall zu sein. Einige seiner anderen Arbeiten liefern Ansätze für seine Gedanken. Hart hat die Bildung der irdischen Atmosphäre im Computermodell nachvollzogen und konnte dabei zeigen, daß die Zonen um einen Stern, die Leben ermöglichen, offensichtlich viel kleiner sind als ursprünglich angenommen; bereits eine Veränderung in der planetaren Stellung um nur wenige Prozent führt entweder zu einer dauernden Vereisung oder zu einem durchgehenden Treibhauseffekt, so daß für Leben geeignete Planeten sehr selten sein würden. Frank Drake unterstützt die Ansicht, daß N entweder sehr groß oder – aus ökonomischen Gründen – sehr klein ist, weil interstellare Reisen unerschwinglich teuer wären. Michael Papagiannis ist ebenfalls der Auffassung, daß N entweder sehr groß oder sehr klein ist. Folglich kann N jeden Wert annehmen, der einem beliebt, und für jeden dieser angenommenen Werte sprechen offensichtlich plausible Gründe. Dies illustriert wohl am besten den Spielraum möglicher Spekulationen, denn für keinen der angenommenen Werte ist ein zwingender Beweis vorhanden. Dennoch ist die Abschätzung der Anzahl entwickelter technischer Zivilisationen kein völlig unsinniges Bemühen. Es *scheint* nur so zu sein, einfach, weil wir noch über ungenügende Informationen verfügen. Das Nachdenken über diese Frage hat durchaus auch praktische Bedeutung: Die verschiedenen Einflußgrößen lassen uns jene Plätze bestimmen, an denen wir nach Leben Ausschau halten können, zum Beispiel Umlaufbahnen um stabile, sonnenähnliche Einzelsterne; und die zunehmende Transparenz der ganzen Angelegenheit ergibt auch einen politischen Nutzen. Hoffentlich wird daraufhin die notwendige finanzielle Unterstützung folgen und vielleicht schließlich auch die wissenschaftliche Entdeckung. Freilich – was wir wirklich besitzen wollen ist ein eindeutiger, unanfechtbarer Beweis für andere Planetensysteme und extraterrestrische Intelligenzen. Es gibt grundsätzlich drei Bereiche, in denen sich diese interessanten Ergebnisse zeigen könnten: 1. Beweise eines historischen Besuches; 2. die Existenz von Außerirdischen auf der Erde heute; 3. die Entdeckung von anderen Planeten von der Erde aus, insbesondere von Welten mit technologischen Gesellschaften, entweder unmittelbar oder über eine interstellare Kommunikation.

Die Hypothese der Prä-Astronautik schlägt Besuche intelligenter Wesen aus dem All in der frühen Geschichte der Menschheit vor. Wenn wir einen Hinweis auf ein unleugbares technisches Artefakt finden, das sich vollständig vom umgebenden archäologischen Zusammenhang abhebt, wäre dies ein sehr ergiebiger Fall für die Prä-Astronautik. Was wir im Augenblick haben, sind steinerne Monumente, goldene Artefakte und Legenden von Himmelsgöttern, insgesamt sicherlich interessant, aber nicht unbedingt überzeugend. Das heißt nicht, es könne keinen solchen Beweis geben, denn zweifellos *könnte* dies der Fall sein, und auch nicht, daß wir nicht danach suchen sollten, denn jemand *sollte* danach suchen.

Die Antwort auf die Frage »Werden wir heute besucht« ist meiner Meinung nach mit »Nein« zu beantworten. Ich glaube dies aufgrund meines Studiums der »Beweise« sagen zu können. Es sind offensichtlich keine Fremden unter uns. Andererseits: selbst wenn wir ein solches Individuum träfen, das uns sogar erregende Informationen über Reisen schneller als das Licht vermittelte, das aber eine vollkommene Maske trüge – wahrscheinlich würde niemand seine Ausführung ernst nehmen. Es gibt zweifellos interessante UFO-Sichtungen, auch ein oder zwei ernst zu nehmende Bilder, aber die Anzahl harter Fakten scheint in einem umgekehrt proportionalen Verhältnis zur Anzahl der Betrügereien auf diesem Gebiet zu stehen. Wenn wir in einem bestimmten UFO-Fall über eine große Menge an ins einzelne gehenden Informationen verfügen, ist er meist mit natürlichen Faktoren erklärbar. Es gibt keinen ausreichend dokumentierten Fall, der uns dazu zwingt, UFOs als intelligent kontrollierte außerirdische Fahrzeuge zu interpretieren. Darüber hinaus gibt es hinreichende Beweise, die uns zeigen, daß Zeugen von Nahbegegnungen unwahrhaftig sind.

Die Abwesenheit fremder Besucher wirft natürlich die Frage auf: »Wo sind sie?« und »Sind wir allein?«. Ein Problem dabei soll hier kurz angerissen werden: Angenommen, wir finden keinen Beweis für einen Besuch in diesem Moment, so kann man doch abschätzen, daß bei genügend großem N die Galaxis bereits vollständig erforscht und kolonisiert sein müßte. Man kann bei diesem Prozeß von einer Zeitdauer von etwa 10 Millionen Jahren ausgehen – das ist ein Bruchteil der 10 Milliarden Jahre, die unsere Galaxis alt ist. Wenn »sie« da waren, sollten sie es eigentlich auch jetzt sein. Aber man kann darauf natürlich einwenden, daß sie vielleicht tatsächlich hier waren, irgendwann, vielleicht vor zwei Milliarden Jahren, nur Meeresalgen vorfanden und ihre Reise fortsetzten.

Einige andere Schwierigkeiten ergeben sich bei sehr kleinem N. So könnte die Anzahl von Sternen mit Planeten tatsächlich äußerst gering sein. Vielleicht handelt es sich bei 80 bis 95 Prozent aller Sterne um Doppel- oder Mehrfachsterne, bei denen planetare Umlaufbahnen nur sehr schwer vorstellbar sind. Ein großer Anteil von Einzelsternen aber könnte zwar Planeten haben, aber nicht in der »richtigen« Entfernung. Damit kommen wir auf die Ergebnisse Michael Harts zurück, wonach die für die Entwicklung bewohnbarer Planeten geeigneten Zonen um einen Stern offensichtlich viel begrenzter sind, als man früher angenommen hat.

Sternbegleiter

Wir müssen aber zunächst noch einmal einen Schritt zurückgehen und die Frage ansprechen, wie häufig planetare Systeme überhaupt auftreten. Besitzt jeder sonnenähnliche Einzelstern Planeten oder nur einer von hundert? Obwohl sich dieses Problem jeden Moment, ja bereits in diesem Augenblick, auflösen könnte, haben wir zur Zeit keinen Beweis, daß es auch nur einen einzigen Planeten irgendwo jenseits des Sonnensystems gibt. Es existieren zwar einige Ansatzpunkte, aber keine eindeutigen Beweise.

Aufgrund des Kontrastes zwischen einem strahlenden Stern und seinem möglichen dunklen Planetenbegleiter gibt es nur wenig Hoffnung, einen solchen Körper – selbst wenn er um den nächsten Nachbarstern kreist – mit konventionellen optischen Methoden von der Erde aus zu erfassen. Genauso gut könnte man versuchen, aus einem Kilometer Entfernung eine um eine sehr helle Straßenlaterne schwirrende Mücke zu beobachten. Daneben lassen Turbulenzen in der irdischen Atmosphäre das Bild eines Sternes verschwimmen und vermindern dadurch die Möglichkeiten, es optisch stark genug aufzulösen, um brauchbare Fotografien gewinnen zu können. Vielleicht wird das Weltraumteleskop dazu in der Lage sein, solche Planeten zu beobachten, aber bis dahin müssen wir weiterhin versuchen, mit indirekten Methoden und/ oder neuen Beobachtungstechniken weiterzukommen.

Eine solche Beobachtungstechnik hängt im wesentlichen von der Meßgenauigkeit ab, mit der wir die Bahn eines Sternes am Himmel verfolgen können. Der schweremäßige Einfluß eines stellaren Begleiters oder Planeten bewirkt ein »Schwanken« des Hauptsternes, der sich normalerweise völlig linear bewegen würde. Auch der Begleiter des Sirius (der weiße Zwergstern Sirius-B) war vor hundert Jahren zunächst auf diese Weise entdeckt und erst viel später visuell bestätigt worden. Im allgemeinen ist dieser Effekt aber sehr schwach ausgeprägt, und um sinnvolle Ergebnisse zu erhalten, ist größte Sorgfalt erforderlich. Man kann davon ausgehen, daß man etwa zehn Jahre benötigt, um Daten und Hunderte von Fotos eines bestimmten Sterns zu erhalten, Messungen bis zu einer Genauigkeit von 0,001 mm, die es uns dann erlauben, die Bahn eines Sterns genau genug zu rekonstruieren, um schließlich jene kleinen Abweichungen zu entdecken, die auf die Anwesenheit eines sehr schweren, massiven Begleitsterns oder Planeten hinweisen könnten. Mit Hilfe derartiger Methoden hat man bis heute kleinere, visuell nicht sichtbare Begleiter bei etwa 30 benachbarten Sternen entdecken können.

Ein solches Programm wird zum Beispiel zur Zeit von Geoffry Marcy mit dem 100-inch-Spiegelteleskop des Mount-Wilson-Observatoriums durchgeführt. Es geht bei diesem Vorhaben darum, kleine periodische Veränderungen in der radialen Geschwindigkeit festzustellen, die durch orbitale Bewegungen nicht sichtbarer Komponenten an Nachbarsternen hervorgerufen werden. Da noch Geschwindigkeitsänderungen von 250 m/sec beobachtet werden können, wäre es möglich, ein Objekt von 5 bis 10 Jupitermassen zu entdecken, falls dieses einen der benachbarten, geringmassigen kühlen Zwergsterne umläuft. Etwa 50 Sterne werden derzeit einer Prüfung unterzogen.

Der wohl am häufigsten veröffentlichte Fall in dieser Hinsicht ist jener des zweitnächsten Nachbarsterns unserer Sonne, Barnards Stern. Eine große Anzahl an Daten, die insbesondere am Sproul-Observatorium gewonnen wurden, ist analysiert und nochmals analysiert, und problematische, instrumentell bedingte Fehler sind korrigiert worden. Nach P. van de Kamp beweisen die vorliegenden Informationen die Existenz von zwei jupitergroßen planetaren Begleitern. Wegen des sehr geringen Wertes der Schwankung und der Instabilität des Teleskops wurden inzwischen aber mehrere unabhängige Beobachtungen vorgenommen. Daten des McCormick-Observatoriums, von dem aus man mit einem 67-cm-Refraktor Barnards Stern über viele Jahre hinweg fotografiert hat, haben noch keine endgültige Entscheidung bringen können. Auch das US-Naval-Observatorium hat diesen Stern mit seinem 61-inch-Reflektor verfolgt. Das bisher letzte Wort in dieser Hinsicht scheint negativ auszufallen, denn bis heute liegt kein eindeutiger Beweis für eine tatsächliche Schwankung vor.

Eine der Schwierigkeiten dieser Beobachtungstechnik liegt darin, daß die Analysen einer solchen Schwankung jeweils nur eine untere Grenze für die Masse eines möglichen Begleiters angeben können. Stellen wir uns für einen Moment zwei Sterne von gleicher Masse und Helligkeit vor. Sie kreisen zusammen um ihr gemeinsames Massezentrum wie zwei Tänzer, die in einer gravitativen Umarmung aneinandergekettet sind. Aber dieses Umeinanderkreisen führt zu keinerlei Schwankungen, die in irgendeiner Weise feststellbar wären. Wenn wir uns nun jedoch vorstellen, daß einer dieser Sterne nur ein wenig kleiner und von wenig geringerer Masse ist, so ändert sich das Verhalten beider Körper merklich. Wir vermögen nun eine Schwankung zu messen, die sich durch die Periode des Umlaufes des kleineren um den größeren Körper ergibt. Allerdings ruft sowohl ein Begleiter mit sehr geringer Masse als auch ein solcher mit nahezu identischer Masse des Hauptsternes jeweils eine nur kleine Schwankung hervor, so daß wir auf einen unmittelbaren Indikator zur Messung des Helligkeitsunterschiedes zwischen beiden Sternen angewiesen sind, um die astrometrische Beobachtung sinnvoll deuten zu können.

Die Möglichkeiten der Infrarot-Beobachtung

Die jüngst entwickelte Infrarote Spektral-Interferometrie ist eine solche Technik zur unmittelbaren Sichtbarmachung und verspricht eine Methode zum Aufspüren kleiner stellarer Begleiter zu werden. Zwar ist die Analyse sehr kompliziert, aber wir werden durch sie dazu in die Lage versetzt, Bilder sehr hoch aufzulösen. Damit wird es sogar möglich, noch Sterne, die sich nur in einer Entfernung wie die Erde von der Sonne zueinander befinden, zu trennen, und dies sogar noch in einer Entfernung bis zu 50 Lichtjahren.

Das stark vergrößerte Bild eines Sterns, den man durch ein Spektralteleskop beobachtet und fotografiert, besitzt immer eine »körnige« Struktur, die sich rasch verändert. Man kann dieses »Muster« fotografieren, wenn die Belichtungszeit sehr kurz ist, etwa um 1/100stel Sekunde. Diese körnige Struktur ergibt sich aus der Interferenz der Lichtstrahlen, die, bei der Durchquerung durch die Atmosphäre verzerrt, dann verschiedene Wege durch das Teleskop beschreiten und schließlich an einem einzigen Punkt wieder gesammelt werden. Da die Informationen, die in dieser Struktur stecken, vom Umfang der gesamten Teleskopapparatur abhängen, sind die einzelnen Feinheiten immer nur so gut wie die theoretische Auflösungsgrenze des Fernrohres, das heißt etwa einige Hundertstel Bogensekunden bei einem großen Teleskop. In der Analyse werden dann viele dieser Muster miteinander kombiniert und führen so letztlich zur Sternfotografie. Während des letzten Jahrzehnts konnten mit Hilfe der Spektralinterferometrie etliche bemerkenswerte Ergebnisse erzielt werden, einschließlich der Messung sehr nah beieinander stehender Doppelsterne und der Entdeckung einer scheibenförmigen Struktur mancher Sterne.

Ein besonders vielversprechendes Ergebnis ergab sich aus den infraroten Spektralbeobachtungen D. McCarthys am Steward-Observatorium. In diesem Beispiel ergibt sich der Vorteil von Infrarot-Beobachtungen aufgrund der zunehmenden Helligkeit dieser thermischen Wellenlänge (um 2 Microns) bei astronomisch sehr kalten Sternen mit Oberflächentemperaturen von nur zwei- bis dreitausend Grad Kelvin (Grad Celsius über dem absoluten Nullpunkt). Primärer Zielpunkt dieses Forschungsvorhabens war die Überprüfung von Schwankungen bei einigen Nachbarsternen, die bislang als unsichere Doppelsternsysteme galten. Interessanterweise sind bei einer ganzen Reihe »verdächtiger« Sterne keine Begleiter aufgespürt worden, insbesondere nicht bei Barnards Stern, das heißt weder ein dunkler Begleiter (Planet) noch ein Begleiter überhaupt.

Das interessanteste Ergebnis war jedoch die Entdeckung eines Begleiters und möglichen Planeten bei »von Bisbroeck 8« (VB8). Im Juli 1983 legten R. Harrington, V. Kallarakal und C. Dahn vom U.S. Naval Observatorium erstmals eine vorsichtige Einschätzung vor. Sie schreiben: »Es scheint grundsätzlich richtig, daß wir es mit einem signifikanten, nichtlinearen Trend zu tun haben... Eine gesamte Periode der Schwankung ist bereits beobachtet worden, aber eine Interpretation ist noch nicht möglich.« Diese Deutung konnte nun durch verschiedene Spektralbeobachtungen vorgenommen werden. McCarthy und seine Kollegen R. Probst und F. Low schrieben über die Entdeckung eines kleinen dunklen Begleiters, dies sei »der erste direkte Nachweis eines extra-solaren Planeten«. Den Beobachtungen zufolge hat der Begleiter mit dem Namen VB8B eine Oberflächentemperatur von 1360 Grad Kelvin und eine Masse vom 30- bis 80fachen des Jupiters. Da die Umlaufperiode aber noch nicht bekannt ist, dürften diese Schätzungen noch eine Veränderung erfahren.

»Braune Zwerge« und prä-planetare Wolken

Das Objekt ist jedoch beinahe sicher substellar, das heißt nicht massiv genug, um den normalen stellaren thermonuklearen Energieerzeugungsprozeß einzuleiten. Es kann somit nicht als das aufgefaßt werden, was wir normalerweise unter »Planet« verstehen. Man hat sich daher auf den Begriff »Brauner Zwerg« geeinigt, ein Fachausdruck, der bereits in vergangenen theoretischen Diskussionen für ein solches substellares Objekt geprägt worden war. Durch diese Entdeckung konnte VB8 einem jetzt Sechsfach-Sternsystem zugeordnet werden, zu dem zwei andere Doppelsterne, nämlich Wolf 629 und Wolf 630, gehören.

Infrarote Beobachtungen sind von der Erde aus nur sehr schwierig durchzuführen, weil die Atmosphäre viele infrarote Wellenlängen herausfiltert, ein Nachteil, der sogar bei sehr hochgelegenen Observatorien oder Messungen von Beobachtungsflugzeugen aus auftritt. Um trotzdem verbesserte Daten zu erhalten, wurde Anfang 1983 der Infrarot-Astronomie-Satellit (IRAS) gestartet, der ein Detektor-System an Bord hat, das etwa 90mal empfindlicher auf infrarote Strahlung von Staubwolken und kalten Sternen ansprechen kann als dies bislang durch Instrumente von der Erde aus der Fall gewesen ist. Der Satellit, in Holland gebaut und mit einem US-Teleskop ausgerüstet, sollte eine Reihe astronomischer Probleme lösen helfen und u. a. Hinweise auf die Geburtenrate von Sternen in unserer Galaxis liefern. Innerhalb weniger Monate entdeckte IRAS aber das, was »der erste direkte Beweis, daß solide Objekte substantieller Größe um andere Sterne als die Sonne existieren«, genannt wurde. Da derartige Objekte offensichtlich sogar sehr häufig sind, war dies eine folgenschwere Beobachtung. Die Untersuchung von Wega, einem der hellsten Sterne am Fixsternhimmel, war eigentlich nur geplant, weil Wega einen der häufigsten Peilpunkte am Firmament darstellt. Als die Messungen vorgenommen worden waren, ließ man den Satelliten auch die Umgebung von Wega abtasten und fand dabei Material mit einer Temperatur von 88 Grad Kelvin, das sich in einer Region von etwa der doppelten Größe unseres Sonnensystems ausdehnt. Zunächst schätzte man die einzelnen Teilchen auf einen Durchmesser von wenigen Millimetern, da feinerer Staub durch die Sternenstrahlung hätte fortgeblasen werden müssen. Folgende Beobachtungen ergaben jedoch, daß die Körner tatsächlich etwa 10mal kleiner sind als zunächst angenommen und insgesamt nur etwa ein Prozent der Erdmasse ausmachen. Das schließt die Anwesenheit größerer Objekte jedoch nicht aus.

Fomalhaut war der zweite Stern, bei dem man einen solchen Staubring fand, in den der Stern eingebettet scheint und den er aufheizt. Auch Fomalhaut ist ein sehr heller Stern, viel heißer als unsere Sonne, und liegt in einer Entfernung von 22 Lichtjahren. Aber auch hier zeigen die IRAS-Beobachtungen nur das Material in der Nähe des Sterns und liefern keine Informationen über mögliche planetengroße Körper.

Ein weiterer Nachteil der IRAS-Beobachtungen war bislang die Unmöglichkeit zu entscheiden, ob sich der Staub kugelförmig oder in Form einer flachen Scheibe, vergleichbar einem Planetensystem, um den jeweiligen Stern anordnet. Neueste Beobachtungen von Beta Pictoris zeigen jedoch, daß es sich offensichtlich um eine scheibenförmige Struktur handelt, in die der 50 Lichtjahre entfernte Stern eingebettet ist. B. Smith und R. Terrile vom Las Campanas Observatorium erhielten ein computerverstärktes Bild von Beta Pictoris, indem sie den hellen Stern und seine Streustrahlung während der Beobachtung ausblendeten. Auf dem so erhaltenen Foto kann der Staub bis in eine Entfernung vom zehnfachen des Radius unseres Sonnensystems verfolgt werden, wobei sich das Material in diesem Bereich durchaus nicht völlig gleichmäßig verteilt. Im Inneren gibt es eine »zentrale Leere« vom Durchmesser unseres Sonnensystems, in der sich kaum Material angesammelt hat. Obwohl auch dies kein Beweis für die Existenz von Planeten darstellt, haben wir hier doch eine unmittelbare Beobachtung genau von der Art, wie man sich protoplanetare Scheiben, aus denen später Planeten kondensieren, bislang vorstellte. Können Planeten dann noch weit sein?

Wir leben, was die Frage nach extrasolaren Planeten betrifft, in einer aufregenden Zeit. Es existiert inzwischen eine ganze Reihe von Forschungsvorhaben – sowohl was Beobachtungsmöglichkeiten von der Erde als auch vom Weltraum aus einschließt –, die Staubscheiben und dunkle, substellare Begleiter anderer Sterne entdeckt haben und weiter erforschen. Mit diesen Entdeckungen liegen wir bereits quälend nahe an der wirklichen Auffindung von Planeten jenseits des Sonnensystems. Wir wollen hoffen, daß wir darauf nicht mehr allzu lange werden warten müssen.

Zwischenbericht 1

LEBEN AUF DEN EISMONDEN?

In den äußeren Bereichen unseres Sonnensystems kreisen die großen Gasplaneten Jupiter, Saturn, Uranus und Neptun um die Sonne. Sie sind von etlichen Monden umgeben, die sich im wesentlichen aus Wasser (in gefrorenem Zustand) und Gesteinsmaterial zusammensetzen. Bei einigen dieser Monde (Europa und Ganymed bei Jupiter und Titan und Enceladus bei Saturn) ist die Existenz eines den gesamten Mond umspannenden Meeres unterhalb des zum Teil mehrere hundert Kilometer dicken Eismantels sehr wahrscheinlich. Dies ergibt sich anhand von Berechnungen über die Wirkung der Gezeitenkräfte, die Jupiter und Saturn auf ihre Begleiter ausüben, sowie über den Druck, den das Eis selbst auf tieferliegende Schichten bewirkt. Diese heizen sich dadurch auf und schmelzen.

Von der Erde her kennen wir Lebensformen (insbesondere Würmer, Muscheln, aber auch Arthropoden, die, etwa in den ozeanischen Tiefseegräben, bei absoluter Dunkelheit zu existieren vermögen. Solche Organismen sind auch auf den Eismonden des Sonnensystems vorstellbar. Unterdessen wurden bei der NASA bereits erste Überlegungen angestellt, wie man solches Leben mit den uns zur Verfügung stehenden Möglichkeiten nachweisen könnte. Gedacht ist unter anderem an eine Hubschraubersonde für Titan und eine Bohrsonde für Europa. Vielleicht könnte man dort sogar Delphine, die wohl intelligenteste bekannte Spezies neben dem Menschen, zur Suche einsetzen. Sollte sich zeigen, daß die Eiswelten tatsächlich belebt sind, wäre es auch denkbar, daß die meisten Organismen im Universum innerhalb solcher Eismonde oder -planeten existieren und wir als planetare Oberflächenbewohner nur eine verschwindend geringe Minderheit darstellen. Prof. C. Pellegrino schreibt dazu: »*Wir haben die Muster unserer eigenen Welt als Norm auf alle Welten übertragen. Die neuen Perspektiven, mit denen Europa und Titan uns konfrontieren, könnten eine Neuorientierung unseres bisherigen Verständnisses des Universums notwendig machen.*«

Zur Möglichkeit interstellarer Raumfahrt

von Prof. Dr. Harry O. Ruppe, München
(BR Deutschland)

Eine bedeutende Frage im Hinblick auf einen außerirdischen Besuch im Laufe der Erd- und Menschheitsgeschichte ist die der Verwirklichung interstellarer Raumflüge. Unsere derzeitigen Aktivitäten beschränken sich ja nur auf den allernächsten, unmittelbaren Raum um die Erde. Lediglich unbemannte Sonden sind bereits zu den Planeten aufgebrochen. Auch dies aber sind – kosmisch gesehen – nur sehr winzige und unbedeutende Entfernungen, und die Pioneer- und Voyager-Sonden, die sich anschicken, unser Sonnensystem zu verlassen, werden erst in vielen Jahrtausenden andere Sterne erreichen.
Wäre es bei einer weiter fortgeschrittenen Raumfahrttechnologie aber dennoch vorstellbar, auch diese gewaltigen Entfernungen in einer annehmbaren Zeit zu überbrücken – oder wird dies für immer ein Wunschtraum bleiben?
Prof. Dr. Harry O. Ruppe, geb. 1929, studierte an der Universität Leipzig, der TU Berlin und der Freien Universität Berlin. Abschlußdiplom in Theoretischer Physik (Dr.-Ing. 1963). Beratungsverträge mit verschiedenen Firmen auf dem Gebiet der Super-Aerodynamik. 1959 ging Ruppe in die USA, um dort unter Leitung von Wernher von Braun in der Raketenentwicklung mitzuarbeiten. Zuletzt war er Direktor des »Mission and Vehicle Analysis Office NASA«. 1966 nahm er einen Ruf als Ordinarius für Raumfahrttechnik an der Technischen Hochschule in München an. Prof. Dr. Ruppe veröffentlichte eine Vielzahl von Fachaufsätzen und Artikeln zum Thema Raumfahrttechnik.

Mir wird des öfteren die Frage gestellt, wieso gerade ich – allgemein als nüchterner Wissenschaftler eingeschätzt – mich positiv für die doch auf den ersten Blick fragwürdige Sache der Prä-Astronautik einsetze. Sowohl Freunde wie Gegner derartiger Aktivitäten (letztere gar nicht so selten aus dem Kreis meiner Kollegen) drücken ihre Verwunderung über mein Verhalten aus. Nicht zuletzt deshalb scheint mir dieser persönliche Fragenkreis einer gründlichen Erörterung wert; das soll hier geschehen.

Das Problem ist klar: Es wird von der Arbeitshypothese ausgegangen, daß zumindest eine extraterrestrische Zivilisation in ferner Vergangenheit den Planeten Erde besucht und dabei in die irdische (biologische) Entwicklung in bedeutsamer Weise eingegriffen hat. Die Prä-Astronautik will diese Hypothese bewiesen oder widerlegt sehen; für mich ist weder das eine noch das andere bisher überzeugend gelungen. Wohl aber scheinen mir Hinweise aufgedeckt zu sein, die mit der Arbeitshypothese im Einklang sein könnten.

Natürlich steht der raumfahrttechnische Aspekt dieser Angelegenheit im Vordergrund meines Interesses: Können interstellare Entfernungen raumfahrttechnisch überbrückt werden? Das ist keine Frage mehr, wenn wir lange Flugdauern (rund 10000 Jahre Flug je Lichtjahr Entfernung) in Kauf nehmen, denn solche Geräte sind bereits unterwegs (Pioneer, Voyager – beide Typen USA). Das erlaubt bereits »interstellare Archen«, wohlbekannt aus der SF-Literatur (Generationenreisen, »eingefrorenes« Leben u. a.). Aber wie steht es damit, diese Reisedauern erheblich abzukürzen? Noch vor etwa zehn Jahren hätte und habe ich dazu »hoffnungslos« gesagt; inzwischen sehe ich das durch intensive Beschäftigung mit diesem Thema viel optimistischer. Ich kenne inzwischen zwei technisch glaubhafte Wege, Reisezeiten auf rund zehn Jahre pro Lichtjahr abzukürzen.

Da der interstellare Flug technisch aber trotzdem extrem schwierig ist, wollen wir nur eine »bescheidene« unbemannte Sonde betrachten. Die beste verfügbare Information darüber hat die Britische Interplanetare Gesellschaft BIS im Rahmen der Daedalus-Studie erarbeitet.

Die besten chemisch angetriebenen Stufenraketen wie Saturn V erreichen eine Höchstgeschwindigkeit von um die 30 km/s; es läßt sich zeigen, daß für solche Geräte dieser Wert nicht nennenswert zu steigern ist. Das ist nur 1/10000 der Lichtgeschwindigkeit oder andersrum: Die Reisezeit wird 10000mal so lang wie die Entfernung des Zieles in Lichtjahren groß ist. Bis zum nächsten Stern sind wir also ungefähr 43000 Jahre unterwegs – das sieht nicht rosig aus, und wir müssen uns nach besseren Werkzeugen umsehen.

Sofort denken wir an die Nuklearenergie. Wie wir wissen, gibt es davon zwei Abarten: Spaltung und Verschmelzung (Fusion). Spaltung ist sowohl als Bombe verwirklicht als auch in der gezähmten Version, als Reaktor. Kernfusion hingegen kann man gegenwärtig nur in der »wilden Form« der Bombe haben, aber derzeit werden große internationale Anstrengungen unternommen, das »wilde Tier« Fusionsreaktor zu zähmen. Die Arbeiten sind weit gediehen, um Kernspaltung für Antriebszwecke in der Raumfahrt zu benutzen. Dabei kann der Zwischenschritt über die elektrische Energie gegangen werden. Allerdings wird dann die Schubbeschleunigung sehr niedrig, und es ergeben sich lange Antriebsdauern (um die 10 Jahre), ehe die Endgeschwindigkeit von bis zu 100 km/s erreicht werden kann. Leider ist auch dieser Wert für interstellaren Flug noch zu niedrig. Vielleicht kann die Geschwindigkeit durch heute noch nicht verfügbare Kunstgriffe (fortschrittliche Reaktoren, mehrere Brennstoffladungen je Reaktor, Stufung usw.) bei 100jähriger Antriebsdauer auf 1000 km/s erhöht werden. Aber selbst damit liegen 1200 Jahre Freiflug bis zum nächsten Stern vor uns. Fazit: Zwar viel besser als das chemische System, aber nicht gut genug.

Verbleibt also die kontrollierte Fusion; sie ist noch nicht verfügbar, aber zwei erfolgversprechende Entwicklungsrichtungen zeichnen sich bereits ab:

☐ Der Brennstoff wird in ein magnetisch zusammengehaltenes, sehr heißes Plasma verwandelt, in dem die Fusion stattfindet. Das mag zu sehr günstigen Energieversorgungsanlagen hier auf der Erde führen; es ist jedoch unwahrscheinlich, daß interstellare Raumfahrt dadurch ermöglicht wird.

☐ Ein Brennstoffkügelchen wird durch starke Bestrahlung enorm komprimiert und zündet dadurch explosiv. Dieser Prozeß kann Raumschiffe vom Orion-Typ unmittelbar antreiben. Eine Gruppe von Forschern der Britischen Interplanetaren Gesellschaft hat das unter der Leitung meines Freundes Allan Bond in einer Studie näher untersucht. Sie tauften ihr Fahrzeug »Daedalus«.

Das »Daedalus«-Projekt

Dieser Studie liegt folgende Annahme zugrunde: Ein unbemanntes Raumfluggerät soll zu Barnards Stern in eine Vorbeiflugmission (Flyby-mission) geschickt werden. Dieser Stern ist 5,91 Lichtjahre von der Erde entfernt und besitzt mit großer Wahrscheinlichkeit einige Planeten. Um die Reisezeit gering zu halten, werden alle Treibstoffe in einem anfänglichen Beschleunigungsmanöver aufgebracht. Kleine nukleare Fusionsexplosionen – Helium 3 und Deuterium werden durch hochenergetische Laser- oder Teilchenstrahlen gezündet – treiben den Zweistufer an. Die Strahlgeschwindigkeit ist ungefähr 10 000 km/s. Eine magneto-hydrodynamische (MHD) Düse formt den Abgasstrahl und

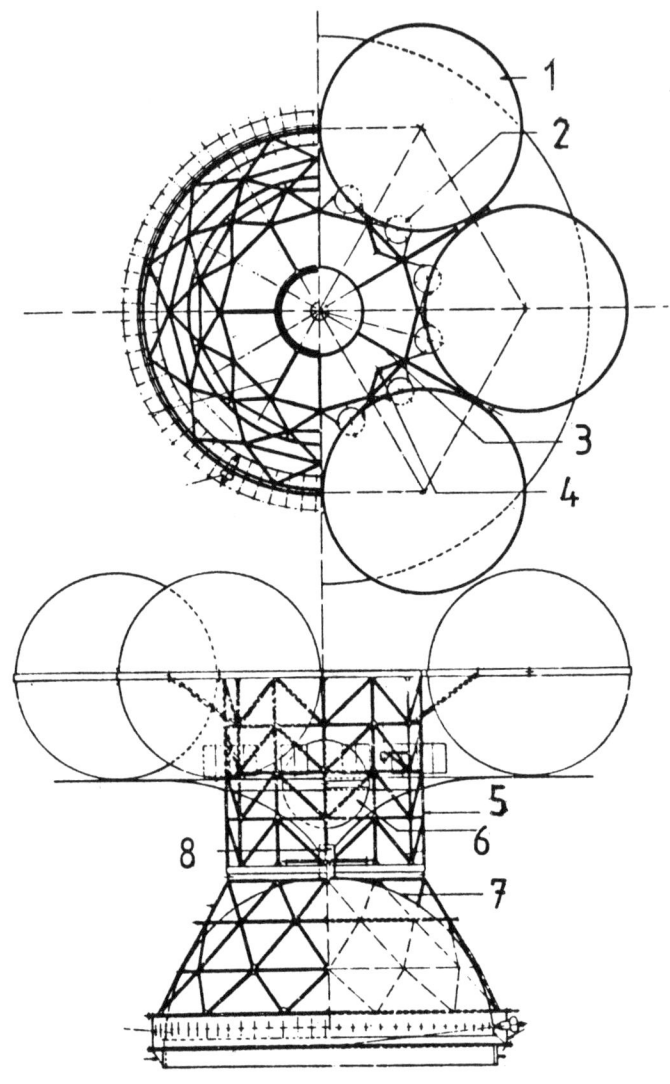

Abb. 3: Raumschiff »Daedalus« – 1. Stufe (Höhe: 150 m). 1) Haupttreibstofftanks, 2) Fünf Speicherkondensatoren und ein Nuklearreaktor, 3) Unterstützungsstruktur für Wasserstoff-Tank, 4) Stufentrennungssystem, 5) Hauptstruktur, 6) Wasserstofftank, 7) Reaktionskammer, 8) Pelletinjektor

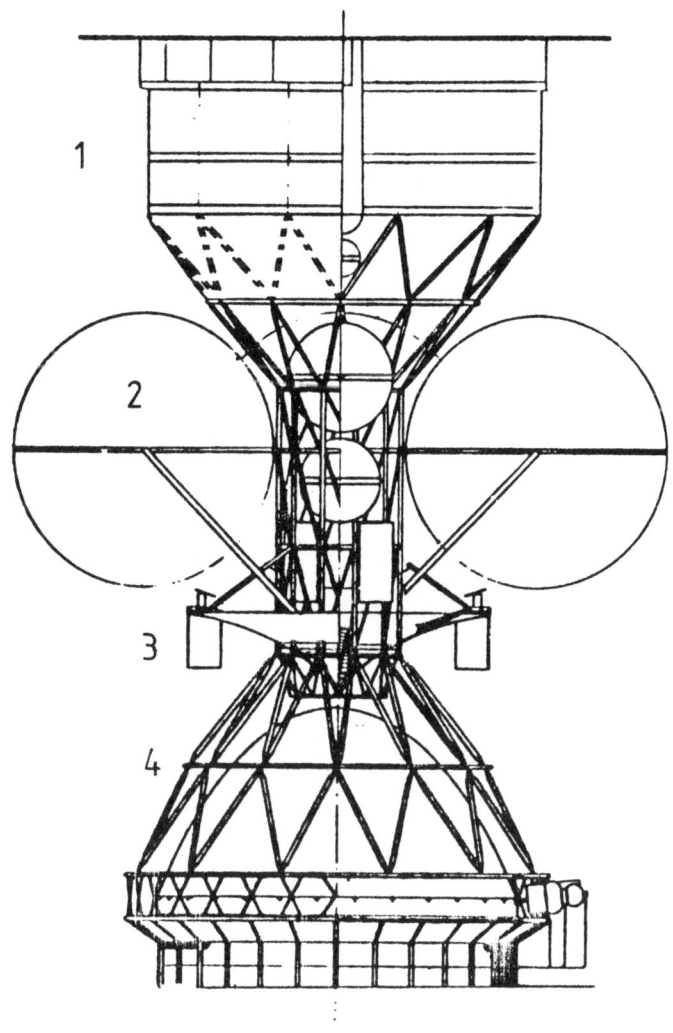

Abb. 4: Raumschiff »Daedalus« – 2. Stufe (Höhe: 110 m). 1) Nutzlast, 2) Haupttreibstofftanks, 3) Bedienungs- und Wartungsteil, 4) Motorverkleidung und Motor

liefert über einen MHD-Wandler die Energie für die Treibstofförderung und Zündsysteme. Der Haken bei der ganzen Geschichte: Helium 3 ist schwierig zu erhalten, da es in der Natur sehr selten vorkommt. Lösung: Deshalb wird angenommen, daß es entweder aus der Jupiter-Atmosphäre gewonnen oder auf dem Mond nuklear gebrütet wird. Das Fahrzeug selbst soll nicht auf der Erde, sondern im Weltraum zusammengebaut werden. Dann wird es entweder in einer Mondumlaufbahn oder in einer Jupiter-Satellitenbahn betankt – je nachdem, was kostengünstiger sein wird. Von dort aus beginnt die interstellare Reise.

Hier sind die Fahrzeugdaten:

	Erste Stufe	Zweite Stufe
Treibstoffgewicht (nutzbares)	46 000	4000 t
Strahlgeschwindigkeit (effektive)	10 600	9210 km/s
Triebwerksradius	50	20 m
Triebwerk, Arbeitszeit	2,05	1,76 Jahre
Anzahl der Treibstofftanks	6	4
Schub	768,6	67,6 t
Explosionsrate der Kügelchen	250	250/s
Nutzlastgewicht		400 t

Die Mission würde so ablaufen: Ausgehend von der Parkbahn (Fahrzeuganfangsgewicht: 54056 t) treibt die erste Stufe das Fahrzeug. Immer wenn zwei symmetrisch angeordnete Treibstofftanks leer sind, werden sie abgeworfen; im Fachjargon heißt das »gestuft«. Nach 2,05 Jahren hat die erste Stufe ihre Treibstoffe restlos aufgebraucht und wird abgetrennt. Jetzt beginnt die Arbeit der zweiten Stufe; nach weiteren 1,76 Jahren sind auch ihre Treibstofftanks leer. Nun gelten folgende Zahlen:

Zeit: 3,81 Jahre nach dem Start.
Entfernung von der Sonne: 0,21 Lichtjahre.
Geschwindigkeit: 36400 km/s, ungefähr 12,2 Prozent der Lichtgeschwindigkeit; die Schubbeschleunigung betrug zwischen 0,1 und 1,0 m/s (durchschnittlich 0,3 m/s).

Jetzt wird der »Motor« durch ein Drahtnetz mit genauer Parabelform in eine Antenne von 40 m Durchmesser umgebaut. Für den Funkverkehr mit der Erde wird eine Sendeleistung von 1000 Kilowatt abgestrahlt; damit können 864000 bit/s über sechs Lichtjahre Distanz übertragen werden – das entspricht ungefähr einem gewöhnlichen Fernsehkanal.
Weitere 47,1 Jahre Flugzeit bringen das Fahrzeug zum Bestimmungsort: Barnards Stern. Fünf bis zehn Jahre vor Ankunft wird die Flugbahn

genau korrigiert und etwa 10 bis 20»Sub-Nutzlasten« werden ausgeworfen. Diese sollen wie ein»Schrotschuß« Barnards Stern-System durchfliegen, um so viele Beobachtungsdaten wie möglich zu sammeln. Das ist innerhalb weniger Stunden geschehen. Da es sich um eine Flyby-Mission handelt, muß innerhalb kürzester Zeit ein Maximum an Informationen gewonnen werden. Die gesammelten Angaben werden ans Mutterraumschiff übermittelt, wo sie gespeichert und anschließend langsam zur Erde gefunkt werden. Die gesamte Flugzeit beträgt 51 Jahre; dazu kommt noch die Laufzeit der Funksignale zurück zur Erde, das sind sechs Jahre.

Ein Zeitplan läßt uns die Übersicht behalten:

Jahr	Aktivität
0	Daedalus-Programm beginnt
30	Daedalus-Start
74	Zielnähe ist erreicht
78	Empfang erster Daten auf der Erde
81	Daedalus ist am Ziel
88	Die letzten Meßwerte kommen zur Erde
90	Hauptauswertung beendet

Wenn die Expedition zwanzig Jahre länger dauern darf, können wir bereits den acht Lichtjahre entfernten Sirius erreichen. Ich glaube, damit ist die vorstellbare Grenze dieser Technik erreicht. Es ist ohnehin nicht leicht, sich eine Gesellschaftsform vorzustellen, die bereit ist, die Kosten für ein derartiges Unternehmen aufzubringen. Zusammenfassend läßt sich sagen, daß Projekt Daedalus die bisher detaillierteste Ingenieuranalyse eines interstellaren Raumfluggerätes darstellt. Falls es wie vorgesehen arbeitet, bleibt dennoch die Leistung nur knapp ausreichend für die Aufgabe. Aber es gibt ernst zu nehmende Bedenken, ob diese knappe Leistung in der Wirklichkeit erzielt werden kann. Dennoch ist diese Studie sehr wertvoll, weil sie die Hauptproblemgebiete klar herausstellt.

Ideen für die fernere Zukunft

Gehen wir über heute erkennbare Technik (nicht: heute erkennbare Wissenschaft!) hinaus, dann werden Materie/Antimaterie als Energiequelle verwendeter Raketen denkbar. Unter der Annahme, daß wir es lernen, Antimaterie zu speichern und zu lagern, bleibt deren Herstellung extrem aufwendig. Man braucht dazu elektrische Energie, und zwar viel. Auf der Grundlage des heute erkennbaren, mäßig extrapolierten Stands der Technik wurde folgendes berechnet: Wenn wir die ganze derzeit auf unserer Welt erzeugte elektrische Energie (10^{12} W) ein Jahr lang zur Verfügung hätten, dann reichte das lediglich aus, um 5 Gramm Antimaterie herzustellen! Man kann leicht abschätzen, daß dann 1 kg Antimaterie etwa eine Million Milliarden Dollar kosten würde. (Vgl.: Das Bruttosozialprodukt der Welt ist etwa zehntausend Milliarden Dollar jährlich, demzufolge reichen hundert Jahre Weltbruttosozialprodukt, um 1 kg Antimaterie zu kaufen!) Bedenken wir dann noch, daß für interstellare Raumfahrtzwecke Antimaterie tonnenweise (1 Tonne = 1000 kg) gebraucht würde, dann sieht die Sache hoffnungslos aus. Wirklich? In obigem ist zum Beispiel von der heutigen Wirklichkeit ausgegangen, daß der Wirkungsgrad von Antimaterieherstellung extrem klein (drei tausendstel Prozent, energetisch) ist – das ist vielleicht doch um einen Faktor 100 zu verbessern, in fernster Zukunft. Und: Unsere Sonne strahlt $5,3 \times 10^{15}$ kWh (die Energie zur Herstellung von 1 kg Antimaterie) in rund einer hunderttausendstel Sekunde ab. Könnten wir ein Milliardstel der Sonnenenergie auffangen und in elektrische Leistung umwandeln, dann genügt das sogar mit obigem Wirkungsgrad, um 200 kg Antimaterie jährlich herzustellen oder 2 t mit einem zehnfach verbesserten Wirkungsgrad. Ich weiß nicht, ob das jemals wirklich sein wird – aber andererseits gibt es ernsthafte Spekulationen über weit fortgeschrittene Zivilisationen, die ganze Sonnen für ihre Technikprojekte verwenden.

Erwähnen möchte ich auch spekulative Möglichkeiten interstellarer Raumfahrt – spekulativ beim Stand unseres Wissens, aber nicht völlig auszuschließen: Vielleicht hat eine Klasse von magnetischen Monopolen negative Masse, und mein Kollege Winterberg hat ausgeführt, was das bedeuten würde. Und hinweisen möchte ich auf die möglicherweise geradezu bizarren Eigenschaften der schwarzen Löcher, die durch nur drei Größen (elektrische Ladung, Spin, Masse) festgelegt sind, aber die Struktur des sie umgebenden Raumes in bisher undenkbarer Weise verändern könnten. Hier muß ich auf weitergehende Literatur verweisen: W. J. Kaufmann III, Black Holes and Warped Spacetime, Freeman & Co., 1979. Für uns ist letzteres auch nicht allzu wichtig, denn um gegebenenfalls solch ein geeignetes schwarzes Loch zu erreichen, muß ja interstellare Raumfahrt bereits verwirklicht sein, weil es in unserer Nähe (astronomisch gesehen) solche Gebilde nicht gibt. Vielleicht braucht man das zur Durchführung intergalaktischer Raumfahrt – wer weiß?

Wir wollen auch das »Prinzip Hoffnung« nicht ganz vergessen: Wissen wir denn schon wirklich alles über die Natur, so daß wir neue Erkenntnisse und sich dadurch ergebende neue Lösungsmöglichkeiten für dieses Problem ausschließen können? Ich glaube nicht – beweisen kann ich es freilich auch nicht.

Zusammengefaßt: Eine gegenüber der unseren nur in vorhersehbarer

Weise weiterentwickelte Technik scheint interstellare Nahreisen (Größenordnung zehn Lichtjahre Distanz) zu ermöglichen. Für noch größere Entfernungen wird es sehr spekulativ. Soweit also meine Interessen berührt sind, könnte die Hypothese der Prä-Astronautik zutreffen. Damit wird sie aber zur wissenschaftlich berechtigten Forschungsfrage, der ich mich stelle: Raumfahrt ist für mich ein wichtiger Lebensinhalt, und diese spezielle Frage finde ich faszinierend, auch wegen der tiefgreifenden Folgen einer positiven wie negativen Antwort. Überhaupt stehe ich Fragen dieser Art (soweit sie nicht völlig unsinnig sind wie etwa Bermuda-Dreieck) offen gegenüber – ich habe selbst zum Beispiel am UFO-Projekt »Blue Book« der US-Luftwaffe mitgearbeitet –, wenn auch mit der wissenschaftlich erforderlichen Skepsis. Ich bin nicht bereit, eigenen Wunschvorstellungen (oder denen anderer) nachzugeben. Was ein Beweis ist, glaube ich zu wissen – was die Hypothese der Prä-Astronautik angeht, warte ich noch darauf. Andererseits kenne ich auch keinen Beweis dagegen ...

Durch die Beschäftigung mit diesem Fragenkreis habe ich vielerlei Anregungen empfangen und zusätzlich Spaß und Freude dadurch erlebt. Forschen wir gemeinsam – wenn auch auf verschiedenen Wegen – weiter, um die Grenzen des Wissens ein wenig hinauszuschieben ins heute noch Unbekannte ...

Zwischenbericht 2

INTERSTELLARE RAUMFAHRT MIT HILFE DER EINSTEIN-
ROSEN-BRÜCKE?

*1935 veröffentlichten Einstein und Rosen ihre Arbeit »Das Partikelpro-
blem in der allgemeinen Relativitätstheorie«. Ausgehend von der
Annahme, daß sich unser Universum aus zwei grundsätzlichen Einheiten zusammensetzt, konstruierten sie die sogenannte »Einstein-Rosen-
Brücke«. Ansatzpunkte sind hierbei die schwarzen Löcher, hochkompri-
mierte Materie erloschener Sterne, die eine extrem hohe Schwerkraft
erzeugen und sehr schnell um sich selbst rotieren. Dabei entsteht –
vereinfacht ausgedrückt – gleich einem Wasserstrudel eine Öffnung in der
Mitte des Loches.*

*Nimmt man ein »Black Hole« an, das zum Beispiel bei zehn Sonnen-
massen etwa 1000mal je Sekunde rotiert, entstünde bei einem Gesamt-
durchmesser von 60 Kilometern eine Öffnung von 600 Metern. Diese
Öffnung böte nun einem Raumschiff die Möglichkeit (bei entsprechender
Eigenbeschleunigung – im obigen Fall etwa 190 km/s), in das schwarze
Loch einzutauchen und unbeschadet an einer anderen Stelle des Universums wieder zu erscheinen. Diese sich hier abzeichnende Möglichkeit,
Reisen in extrem kurzer Zeit durch die Galaxis oder gar andere Sternen-
inseln vorzunehmen, ist derzeit rein hypothetisch, steht aber in Einklang mit der Relativitätstheorie. Ob diese Art, Raumfahrt zu betreiben,
von künftigen Generationen verwirklicht werden kann, ist noch völlig
ungeklärt. Andererseits wäre es aber denkbar, daß wesentlich höher
entwickelte Technologien diese Möglichkeit bereits bemannt oder unbemannt zu nutzen verstehen.*

Leben aus dem All

von Prof. Dr. Sir Fred Hoyle, Cockley Moor (Großbritannien) und
Prof. Dr. Nalin Chandra Wickramasinghe, Cardiff (Großbritannien)

*Über den Beginn des Lebens auf unserer Erde gibt es grundsätzlich zwei
Auffassungen: die traditionelle Vorstellung geht davon aus, das Leben
sei durch spontane Zufallsereignisse in der »Ursuppe« des Planeten Erde
entstanden und habe sich durch die Mechanismen der Evolution bis zum
Menschen weiterentwickelt. Es gibt daneben aber auch noch eine andere
Möglichkeit: das Leben kam bereits »fertig« hierher. Diese Theorie der
»Panspermie« ist bereits sehr alt und geht auf den Griechen Anaxagoras
zurück. Er vermutete, im All wimmele es von Leben und die Erde sei nur
ein »Empfänger« organischer Substanz aus dem Kosmos. Die Autoren
des folgenden Beitrages haben diese Theorie nun aktualisiert, haben sie*

*mit den heutigen Erkenntnissen der Astronomie und Astrophysik vergli-
chen und in Einklang gebracht und kommen zu dem Schluß, daß die
Idee von der Panspermie zumindest gleichberechtigt neben der Vorstellung einer auf unserer Erde begonnenen Evolution gelten muß.*

*Fred Hoyle und Chandra Wickramasinghe sind keine Vertreter der Prä-
Astronautik im eigentlichen Sinne und haben sich auch nie mit deren
Vorstellungen identifiziert. Ihre Arbeiten zeigen jedoch ebenfalls die
deutliche Verknüpfung von »Irdischem« und »Außerirdischem«. Die
Erde darf nicht länger als »isoliertes Etwas« im Nichts betrachtet werden,
sondern als Bestandteil des Kosmos. Und nur als solchen werden wir sie
und die auf ihrer Oberfläche ablaufenden biologischen Vorgänge letztlich verstehen lernen.*

*Prof. Dr. Sir Fred Hoyle, geb. 1915, war nach dem Studium Dozent für
Mathematik an der Universität Cambridge. Ab 1956 arbeitete er in den
großen Observatorien von Mount Wilson und Mount Palomar, Kalifor-
nien. 1966 erhielt er einen Ruf als Direktor des Instituts für theoretische
Astronomie an der Universität von Cambridge. Seit zehn Jahren ist er als
freier Wissenschaftler tätig. F. Hoyle wurde insbesondere durch seine
kosmologische »Steady-State-Theory« und seine Theorie zur Entstehung
der Elemente über die astronomische Fachwelt hinaus bekannt.*

*Prof. Dr. Nalin Chandra Wickramasinghe, geb. 1939, studierte an der
University of Ceylon und an der Universität Cambridge. Als Gastprofes-
sor war er an verschiedenen Universitäten in Sri Lanka, Kanada, den
USA und Japan tätig. Heute ist er Leiter des Fachbereiches für angewandte Mathematik und Astronomie am University College of Cardiff.*

Die Erde wimmelt von Lebewesen, und organische Moleküle gibt es hier in Hülle und Fülle. So war es aber nicht immer. Vor 4,5 Milliarden Jahren war unser Planet nur eine Wolke feiner Staubteilchen, die sich gerade zur primitiven Erde verdichtete. Die Erde wurde zum festen Körper, ihre schmelzflüssige Kruste wäre aber vorerst für das Bestehen organischer Moleküle zu heiß gewesen.

Mit gutem Grund können wir annehmen, daß anschließend viel kleinere, kondensierte Körper – eisige Kometen aus den äußeren Bereichen des Sonnensystems – auf den sich abkühlenden Planeten eingeschlagen sind und ihm verdampfbare Stoffe zugeführt haben: einschließlich des Wassers, aus dem die Weltmeere entstanden. Die Verdampfung dieses Wassers und die Spaltung der Wassermoleküle durch das Sonnenlicht brachten dann die Atmosphäre und die Wolkendecken um unseren Planeten hervor.

Erst nachdem die Erdoberfläche vor der ultravioletten Strahlung der Sonne abgeschirmt war, wurde das Leben auf der Erde möglich. Die Bühne ist vollkommen, aber wie und woher kam das Leben?

Der Unvoreingenommene, der den Ursprung des Lebens ergründen will, sieht zwei Möglichkeiten:

☐ Man kann das Leben als rein irdische Erscheinung betrachten.

☐ Man kann auch einen anderen – freilich unbequemeren – Weg gehen und das Leben als kosmisches Phänomen begreifen, bei dem die Erde die Rolle eines Empfängers spielt – wie zahllose andere im All.

Es gibt keinen Grund, eine dieser Möglichkeiten von vornherein zu bevorzugen.

Fast 100 Jahre lang sind aber die Wissenschaftler mit dem frommen Eifer von Wallfahrern den irdischen Weg gegangen. Sie stolperten über zahllose Widersprüche, ließen sich aber vom Wege nicht abbringen. Allmählich stellen die Biologen ein komplexes Gebilde auf, das in seiner Fragwürdigkeit mit dem ptolemäischen System wetteifern könnte. Da sie nicht zugeben wollen, daß sie sich von Anfang an geirrt haben, nehmen sie eine Überfülle von ad-hoc-Annahmen und logischen Ungereimtheiten in Kauf.

Bisher war das Leben nur auf der Erde unmittelbar erfahrbar. Wir halten es aber für kurzsichtig, hieraus ableiten zu wollen, daß es auch auf der Erde entstanden ist. Daher wollen wir hier die Möglichkeit erörtern, daß das Leben eine kosmische Erscheinung ist, die mit unserem winzigen Planeten nichts zu tun hat – abgesehen davon, daß es ihm gelang, unseren Planeten anzustecken, ihn zu kolonialisieren und sich auf seiner Oberfläche auszubreiten. Um die kosmische Alternative zu diskutieren, sollten wir uns zuerst eine alte Idee vergegenwärtigen: »Panspermie«.

Die frühesten Anfänge der Panspermie liegen in der Antike. Der griechische Philosoph Anaxagoras, der um etwa 500 v. Chr. lebte und die richtige Erklärung für die Sonnen- und Mondfinsternisse entdeckte, soll als erster das Prinzip der Panspermie klar ausgedrückt haben: Die Saat des Lebens gehört zum Kosmos, es schlägt überall Wurzeln, sobald die Bedingungen günstig werden.

Vor etwas mehr als einem Jahrhundert lebte die Idee wieder auf. Was aber nicht allgemein bekannt ist: Der Anstoß für das Wiederaufleben kam von der Arbeit Louis Pasteurs, des Vaters der modernen Biologie. Panspermie ergab sich in der Tat aus dem Nachweis Pasteurs, daß sich das Leben nur aus dem Leben abzuleiten scheint.

So schrieb der deutsche Physiker und Physiologe Hermann von Helmholtz 1874: »Falls alle unsere Versuche fehlschlagen, die Erzeugung von Organismen aus lebloser Materie zu begründen, scheint es mir ein korrektes Verfahren, die Frage aufzuwerfen, ob das Leben jemals entstand, ob es nicht vielmehr so alt wie die Materie selbst ist und ob nicht die Saat von einem Planeten zum anderen übertragen wurde und sich überall dort entwickelte, wo sie auf fruchtbaren Boden fiel...«

Zufall und Wahrscheinlichkeit

Nach heutigem geologischen Wissen läßt sich das Prinzip, Leben entstehe nur aus Leben, für den Zeitraum von vor 3,83 Milliarden Jahren bis zur Gegenwart nicht leugnen. Vor ungefähr 3,83 Milliarden Jahren wurden die Isua-Sedimente abgelagert. Sie enthalten – nach neuesten Studien des Gießener Geologen Hans Dietrich Pflug – ganz eindeutige Spuren photosynthetischen Lebens. Zu noch früheren Zeiten war die Erde sehr wahrscheinlich steril.

Aus neuen Daten vom Mond wissen wir, daß der Mond wie auch die Erde stark mit Meteoriten beschossen wurde, so daß weder eine stabile Erdkruste noch eine Atmosphäre um die Erde möglich waren, bis vor etwa 3,9 Milliarden Jahren die Bombardierung nachließ. So kann man ausschließen, daß in den ersten 600 Millionen Jahren der Geschichte der Erde Leben auf ihr vorgekommen ist.

Für die Zeit vor 3,83 Milliarden Jahren gibt es zwei Möglichkeiten:

☐ Chemische Evolution führte vor etwa 3,83 Milliarden Jahren zur spontanen Erzeugung des Lebens auf der Erde.

☐ Es gab keine spontane Erzeugung des Lebens auf der Erde, das Prinzip Panspermie gilt durchgehend. Die Saat des Lebens faßt Wurzeln, sobald die physikalischen Bedingungen günstig werden, und dies geschah auf der Erde vor 3,83 Milliarden Jahren.

Im Gegensatz zur großen Mehrheit der Wissenschaftler halten wir die zweite Möglichkeit für die wahrscheinlichere. Es waren höchstwahrscheinlich die Kometen, die das Leben zur Erde trugen.

Um die erstgenannte Möglichkeit abzuschätzen, hat man der Bildung von biologischen monomeren Molekülen – das sind die kleinsten Einheiten für die Bildung von sehr großen polymeren Verbänden – große Aufmerksamkeit gewidmet. Aus zahlreichen raffinierten Experimenten wissen wir, daß die Bildung dieser Moleküle aus anorganischen Prozessen nicht sehr schwierig sein dürfte. Es ist ebenfalls nicht schwierig, nicht-biologische Polymere zu bilden. Eine große Frage aber blieb unbeantwortet: Woher kam der Informationsgehalt des Lebens? Der Informationsgehalt lebender Materie ist unvorstellbar groß und äußerst speziell. Kann dieser Informationsgehalt aus einer Situation zufällig entstehen, die ursprünglich chaotisch war? Man kann, glauben wir, sehr einfach zeigen, daß dies sehr unwahrscheinlich ist.

Es gibt 1000 bis 2000 Enzyme, die über ein breites Spektrum des Lebens, von den Mikroorganismen bis zu den Menschen, eine entscheidende Rolle spielen. Sie bestehen aus Ketten von Aminosäuren – einfachen organischen Molekülen, die Stickstoff enthalten. Die Abweichungen in der Anordnung der Aminosäuren sind von Art zu Art verhältnismäßig gering. Eine große Anzahl der Schlüsselpositionen in den Ketten nehmen fast dieselben Aminosäuren ein.

Die Frage drängt sich auf: War es überhaupt möglich, daß diese Enzyme durch chemische Evolution in einer irdischen Ursuppe entstanden? Wir setzen voraus, daß die Suppe 20 biologisch wichtige Aminosäuren in gleicher Konzentration enthält. Vorsichtig schätzen wir, daß zehn Stellen je Enzym für das richtige biologische Funktionieren entscheidend sind. Mehr als 20^{10} Versuche wären dann erforderlich, um ein einziges funktionsfähiges Enzym hervorzubringen, und die Wahrscheinlichkeit, N solche Enzyme durch Zufall zu erhalten, beträgt $1:20^{10N}$. Schon bevor N die Zahl 100 erreicht, würde die Anzahl der Versuche größer werden als die Anzahl der Atome in allen Sternen im gesamten Weltall.

So sehen wir uns zur Folgerung fast gezwungen, daß das Leben eine kosmische Erscheinung sein muß. Wie verträgt sich dies mit dem, was wir heute von der Geologie, der Biologie und der Astronomie wissen?

Das erste heute bekannte sedimentäre Gestein bildete sich vor etwa 3,8 Milliarden Jahren als Ergebnis von Regenfällen und Erosion der ursprünglichen Kruste. Bis zu den jüngsten Untersuchungen von Hans Dietrich Pflug ging man davon aus, daß ein Zeitraum von etwa 0,5 Milliarden Jahren zwischen der Bildung der ersten Gesteine und der Entstehung des Lebens auf der Erde lag.

Das erste Leben – das hat man bis vor kurzem angenommen – sei durch etwa 3,3 Milliarden Jahre alte Mikrofossilien von Bakterien und Algen im Gestein einer südafrikanischen Gebirgskette in Swasiland bewiesen. Sollte dies stimmen, hätte – jedenfalls nach der konventionellen Theo-

rie – die Ursuppe eine halbe Milliarde Jahre auf der Erde brodeln
können, und diese lange Zeit hätte für die zufällige Entstehung des
Lebens vielleicht ausgereicht: Eine scheinbar behagliche Lage für die
konventionelle Theorie. Pflug und seine Mitarbeiter entdeckten aber unzweideutige Zeichen
des Lebens im Gestein aus der Isua-Region Westgrönlands, das aus
dem Zeitpunkt vor 3,83 Milliarden Jahren stammt. Es handelt sich hier
möglicherweise um das erste Gestein, das in sedimentären Prozessen
auf der Erde gebildet wurde. So wurde die Ursuppe, wie es scheint, aus
der geologischen Vergangenheit ausgewrungen.

Das All: Brutstätte des Lebens

Wir halten es dagegen für wahrscheinlich, daß die Erde von Anfang an
mit lebenden Zellen berieselt wurde. Die steril gewesene Erde wurde
sozusagen von Leben angesteckt: Leben, das sich danach mit weiteren
sporadischen Beigaben kosmischer Gene gemäß der sich ständig verän-
dernden örtlichen Bedingungen auf der Erde entfaltete.
Falls das Leben nicht auf der Erde entstand, so kann man fragen: Wo
entstand es dann? Im Weltall kann es an zahllosen Orten entstanden
sein. Allein in unserem Sonnensystem befinden sich 1000 Milliarden
Kometen. Vergleicht man die atomare Zusammensetzung von Kometen mit der von Lebewesen, stellt man eine bemerkenswerte Übereinstimmung fest. Die chemische Zusammensetzung der Erdoberfläche ist
dagegen von der der Lebewesen völlig verschieden.
Insbesondere sind die Mengenverhältnisse der lebenswichtigen Atome
– Wasserstoff, Kohlenstoff, Stickstoff und Sauerstoff – auf der Erdoberfläche völlig anders als in Lebewesen. In Kometen gibt es dagegen
praktisch dieselben Verhältnisse wie in Lebewesen. Vom rein chemischen Standpunkt scheinen also die Kometen weit günstigere Brutstät-
ten für das Leben zu sein.
Da nun die Milchstraße mehr als 100 Millionen sonnenähnliche Sterne
enthält, ist die Wahrscheinlichkeit, daß das Leben in irgendeinem
Kometen *unseres* Sonnensystems entstand, so winzig, daß wir sie
praktisch vernachlässigen können.
Das Leben könnte aber gut und gern in einem beliebigen der mehr als
10^{20} Kometen in der Milchstraße entstanden sein. Wäre es nicht Ausdruck eines grenzenlosen Egozentrismus, wenn man behauptete, es
hätte sich alles gerade in unserem Sonnensystem abgespielt? Und wenn
es sich woanders abgespielt hätte, wäre es nicht geradezu verwunderlich, daß die Erde so gut geschützt gewesen wäre, daß sie keine einzige
Zelle aus dem All empfangen hätte?

70

Die herkömmliche Theorie beinhaltet also ein doppeltes Wunder: Das Leben entstand auf der Erde durch einen grotesken Zufall, und dieser Planet wurde in merkwürdiger Weise vor einer viel wahrscheinlicheren Ansteckung von außen bewahrt. Wir wissen, wie schwierig es ist, eine Umgebung für Mikrobenwachstum steril zu halten. Ein einziges pathogenes Bakterium kann jeden sorgfältigen Versuch zunichte machen. Trotz größter Bemühungen gelingt es nicht, Krankenhäuser oder Raumschiffe völlig zu sterilisieren.

Wir wollen uns nun der Frage zuwenden, wie Bakterien in der Milchstraße fortbewegt werden können. Licht übt einen Druck auf Körper aus. Im Einflußbereich eines Sternes wird ein Teilchen zwei entgegengesetzten Kräften ausgesetzt: der Kraft zum Stern hin, die von der Gravitation kommt, und der Kraft vom Stern weg, die das Sternlicht ausübt. Überschreitet eine Teilchengröße einen bestimmten Wert, so überwiegt die Schwerkraft. Sie überwiegt aber auch, wenn das Teilchen wesentlich kleiner als die Wellenlänge des einfallenden Lichtes ist. Es gibt dazwischen einen Größenbereich, in dem das Teilchen hinausgestoßen wird.

Wie aus den Berechnungen des schwedischen Physikers Svante Arrhenius hervorgeht, liegen Bakterien im wesentlichen in diesem Bereich. Bakterielle Zellen können also, woher sie auch stammen mögen, in der Milchstraße explosiv von Wolke zu Wolke befördert werden.

Wir wissen, daß in diesen Wolken mit ziemlich gleichmäßiger Geschwindigkeit Sterne entstehen. Mit der Herausbildung der Sterne – der vermutlich die Bildung von Kometen und Planeten folgt – haben wir einen Rückkopplungskreis, der sich im interstellaren Raum entfaltet.

In unserer Milchstraße gab es 10^{10} solcher Kreise in dieser Rückkopplungsschleife, einen für jeden Stern, so daß die Möglichkeit der Evolution und der biologischen Mischung in wahrhaft riesigem Ausmaß gegeben ist. Auch die kleinste biologische Spur könnte somit gewaltig angefacht werden.

Auf diese astronomischen Gesichtspunkte kommen wir noch später zurück. Wir wollen jetzt einige Eigenschaften von Bakterien betrachten, die mit der herkömmlichen Vorstellung ihres Ursprungs und ihrer Evolution auf der Erde nicht in Einklang zu bringen sind.

Die Gesamtmasse der Bakterien auf der Erde, vorwiegend im Erd- und Meeresboden, beträgt etwa zehn Milliarden Tonnen. Bei der Verteilung der Arten in verschiedenen Erdbereichen fällt besonders auf, daß sie niemals ihrer Umgebung bestens angepaßt sind. Wenn Bakterien tatsächlich auf der Erde entstanden wären, dann hätten sie sich in ihrer gegenüber anderen Lebewesen vergleichsweise sehr langen Geschichte sicherlich dem Ort fast genau angepaßt. Bei der globalen Verteilung zweier Klassen von Bakterien – der hitzeliebenden und der kälteliebenden Sorten – kommt dieser Anpassungsmangel besonders deutlich zum Vorschein.

Die Erscheinung kann man besser verstehen, wenn man davon ausgeht, daß die Erde mit einer riesigen Anzahl bakterieller Typen beschossen wird. In den verschiedenen Orten der Erde werden bestimmte Typen aufgenommen und angefacht, je nachdem, wo die günstigsten Bedingungen für die Vermehrung des jeweiligen Typs herrschen.

Recht außerirdisch muten einige weitere Eigenschaften von Bakterien an:

☐ Sie können fast unbegrenzte Zeit bei niedrigen Temperaturen und Drücken überleben: Bedingungen, die nur im interstellaren Raum vorkommen.

☐ Bakterien können einer Dosis ultravioletter Strahlung widerstehen, die alles übertrifft, was je zur Erde gelangt.

☐ Einige bakterielle Typen weisen eine bemerkenswerte Widerstandsfähigkeit gegenüber Röntgen-, Gamma- und Teilchenstrahlung auf.

☐ Bestimmte Arten besitzen einzelne ferromagnetische Eigenschaften, für die eine irdische Verwendung unbekannt ist, die es aber den Bakterien ermöglichen könnten, sich gemäß den schwachen Magnetfeldern in der Milchstraße anzuordnen.

All diese Ungereimtheiten wären nicht vorhanden, wenn man voraussetzt, daß die Evolution die Bakterien als Raumfahrer ausgestattet hat. Diese raumfahrenden Mikroben, in der gesamten Milchstraße verteilt, stellen das biologische Vermächtnis einer jeden Gaswolke im Weltraum dar.

Jene bakteriellen Zellen, die eine günstige Umgebung innerhalb von Kometen vorfinden, vermehren sich dann rasch und werden in das All zurückgeschleudert. Ein beträchtlicher Teil des Kohlenstoffs in der Milchstraße wäre somit in Mikrobenzellen gebunden. Dieser Standpunkt wird von astronomischen Daten untermauert.

Aus was bestehen die Dunkelwolken?

Die wichtigsten astronomischen Beweise ergeben sich aus der Untersuchung interstellarer Wolken: dunkle Wolken zwischen den Sternen der Milchstraße. Gasförmiger molekularer Wasserstoff in diesen Wolken macht einen großen Teil der Gesamtmasse der Milchstraße aus. Seit kurzem weiß man, daß auch organische Moleküle in großen Mengen in den Wolken vorkommen. Etwa 20 gasförmige organische Moleküle hat man dort bis jetzt entdeckt. Vielleicht den verblüffendsten Bestandteil aber bilden winzige Staubteilchen.

Diese Teilchen – die auch Raumkörnchen genannt werden – lassen nur einen Teil der Strahlung aus fernen Strahlenquellen durch. Im Bereich der Infrarot- und Ultraviolettstrahlung und dem des sichtbaren Lichts läßt sich für jede Wellenlänge der Anteil der Energie messen, der durchgelassen wird. Das so gewonnene Spektrum ist das wichtigste Mittel bei der Erforschung der Eigenschaften der Raumkörnchen. So kann man für verschiedene absorbierende Medien das Spektrum berechnen und dieses mit dem gemessenen Spektrum vergleichen.

Als wir unsere Arbeit über die Staubteilchen 1962 begannen, glaubten die meisten Astronomen, diese bestünden zum großen Teil aus Eis. Aus verschiedenen Gründen – unter anderem wegen der Unstimmigkeit zwischen den errechneten und tatsächlich gemessenen Spektren – fanden wir diese Hypothese unbefriedigend.

1962 formulierten wir die Theorie, daß die Raumkörnchen aus Graphit bestünden. Die Übereinstimmung mit den Messungen war nun recht gut. Sie wurde noch besser, als wir später den Graphitkörnchen Eismäntel verpaßten. Wir suchten aber weiter, weil die Übereinstimmung zwischen Theorie und Experiment bei unseren und auch bei anderen Modellen immer noch nicht voll befriedigte.

1977 kam der erste Durchbruch, und zwar mit dem Spektrum von Zellulose. Zellulose ist ein wichtiger Bestandteil der Zellwände von Pflanzen und den meisten Tieren, und die Zellwände von Bakterien bestehen aus einem Stoff, der in seinen Emissions- und Absorptionseigenschaften von Wärme der Zellulose sehr ähnlich ist. Wir verglichen das errechnete Spektrum der Infrarotstrahlung mit dem, das für das astronomische Objekt mit der Katalog-Bezeichnung OH26,5 + 0,6 gemessen wurde. Die Übereinstimmung war verblüffend.

Der Erfolg unseres Modells, mit dem sich kein konventionelles Modell messen konnte, überzeugte uns, daß die Staubteilchen vorwiegend eine biologische Zusammensetzung haben müssen.

Unsere Theorie wurde von zahlreichen weiteren Experimenten bestätigt. Erst vor kurzem maßen zwei Gruppen von Astronomen das Infrarot-Spektrum im Bereich kürzerer Wellenlängen (2,9 bis 3,7 μm) der Quelle IRS7, die sich im Zentrum der Milchstraße befindet. Es stimmte mit der errechneten Kurve für bakterielles Material sehr gut überein. Ähnlich gute Ergebnisse erzielten wir bei den noch kleineren Wellenlängen des optischen Bereichs.

Von zahlreichen weiteren Indizien nennen wir nur zwei:

☐ Aus den Polarisationseigenschaften der Staubteilchen kann man mit einiger Wahrscheinlichkeit schließen, daß sie stäbchenförmig sind. Zahlreiche Typen von Bakterien sind es ebenfalls.

☐ Seit 20 Jahren ist bekannt, daß die Durchmesser der meisten Staubteilchen in einem sehr engen Bereich um 0,7 μm liegen. Für eine bestimmte Klasse von Bakterien – nur für sie haben wir verläßliche Daten gefunden – haben wir dasselbe festgestellt. Wir zweifeln nicht mehr daran, daß die Staubteilchen Bakterien sind. Die Gesamtmasse der bakteriellen Zellen in der Milchstraße wäre also etwa zehnmillionenmal so groß wie die Sonnenmasse: eine wahrhaft unvorstellbare Menge.

Es entsteht das Bild eines Weltraums, der mit lebenden Zellen vollgepropft ist: Zellen in gefrorenem, schlummernden Zustand. Jeder Ort, der für das Leben in Frage kommt und der durch die Verdichtung kosmischer Gaswolken und die Herausbildung der Sterne, der Kometen und der Planeten entsteht, wird sehr schnell von dem allgegenwärtigen lebendigen System erfaßt.

Was das Leben auf unserem Heimatplaneten betrifft, behaupten wir: Das Leben befand sich als bakterielle Zellen in den Kometen. Die Kometen im Sonnensystem enthalten den weitaus größten Teil des verdampfbaren Materials. Jeder der fast 1000 Milliarden Kometen ist im Innern warm und wäßrig und enthält alle erforderlichen Nährstoffe, so daß er eine günstige Brutstätte für mikroskopisches Leben ist.

Die Kometen, die auf die Erde niedergingen, brachten die Weltmeere und die Atmosphäre. Sie brachten dann auch das Leben, das im Schutze des wolkigen Himmels Wurzeln schlug und gedieh.

Zwischenbericht 3

DIE »BLAUE SONNE« UND DER URSPRUNG DES LEBENS

Bei der Beurteilung der Entstehungsgeschichte des Lebens auf der Erde war man bisher davon ausgegangen, daß sich die ersten Organismen im Wasser und bei einer Uratmosphäre aus Wasserdampf, Kohlendioxid, Methan und Ammoniak bildeten. Neuere Erkenntnisse der modernen Astronomie widersprechen diesem Modell jedoch.

Die bisherige Vorstellung gründet sich auf die Annahme, Sauerstoff sei erst sehr spät durch die Photosynthese der Pflanzen entstanden und in die Atmosphäre gelangt. Der Photolyse (Abspaltung von Sauerstoff aus Wasser und Kohlendioxid durch UV-Strahlung) räumte man keine große Stellung ein, weil man davon ausging, daß die Sonne in der Zeit der Planeten- und Atmosphärenbildung nur etwa ein Drittel so stark im UV-Bereich strahlte wie heute.

Messungen des 1978 von der NASA gestarteten IUE-UV-Astronomie-Satelliten an jungen Sternen ergeben jedoch ein ganz anderes Bild: Exemplarisch steht hier das Beispiel einer Sonne im Sternbild Stier (T-TAURI), die sich zur Zeit in der gleichen Phase ihrer Entwicklung befindet wie unser Zentralgestirn vor etwa vier Milliarden Jahren. Analysen haben ergeben, daß dieser und andere Sterne etwa zehntausendmal mehr UV-Strahlung abgeben als unsere Sonne heute.

Die Konsequenz ist unübersehbar: Eine solch starke UV-Strahlung muß bereits unmittelbar nach Bildung der Erdatmosphäre zu einem Sauerstoffgehalt von wenigstens einem Prozent geführt haben. 1950 hat der amerikanische Biochemiker Stanley Miller in seinem berühmten »Ursuppen-Experiment« primitive Biomoleküle (insbesondere die Aminosäuren Glycin, Asparagin und Analin) im Labor erzeugt, die als Vorstufen der Lebensbildung angesehen werden. Das Experiment wurde jedoch unter vollständigem Sauerstoffabschluß durchgeführt. Sauerstoff verhindert nämlich die Bildung dieser Moleküle und Molekülketten.

Dann aber kann Leben nicht in der irdischen Uratmosphäre entstanden sein – die UV-Strahlung der Sonne und die dadurch hervorgerufene Photolyse haben einen solchen Prozeß unmöglich gemacht.

Gelenkte Panspermie

von Prof. Dr. Francis H. C. Crick, San Diego (USA)

Im vorausgegangenen Beitrag wurde die Idee der Panspermie vorgestellt, das heißt jene Theorie, die von einem kosmischen Ursprung des Lebens ausgeht und die irdische Evolution nur als Teil eines räumlich und zeitlich weit umfassenderen Prozesses ansieht. Während F. Hoyle und C. Wickramasinghe dies als einen natürlichen Vorgang betrachten, schlägt F. Crick eine Alternative zur bisherigen Panspermie-Theorie vor: Das Leben kam aus dem All – aber im Zuge eines gezielten Experimentes außerirdischer Intelligenzen, die vor vielen Jahrmilliarden »ihre« – und damit heute unsere – Art von Leben über die Sterne verstreuten und die Galaxis kolonialisierten.

Wie F. Hoyle und C. Wickramasinghe ist auch der Autor dieses Beitrages kein Vertreter der Idee der Prä-Astronautik. Doch die von ihm und Leslie Orgel entwickelten Vorstellungen zeigen – genauso wie in anderen Bereichen –, wie wichtig es ist, unsere Vergangenheit immer wieder neu zu überdenken und nie bei dem einmal Erreichten stehen zu bleiben.

Prof. Dr. Francis H. C. Crick, geb. 1916, studierte Physik, Mathematik und Biologie. Er promovierte 1954 und war in den Jahren 1949–1977 am »Medical Research Council Laboratory of Molecular Biology« in Cambridge, Großbritannien, tätig. Seit 1977 widmet er sich der mikrobiologischen Forschung am »Salk Institute« und an der Universität von San Diego, USA. Zusammen mit James Watson und Maurice Wilkins erhielt er 1962 den Nobelpreis für die Entdeckung der Struktur der DNS.

Ließen wir eine Milliarde Affen auf den Tasten einer Milliarde Schreibmaschinen tanzen, würden sie eine Menge Unsinn schreiben. Zufällig kann hin und wieder etwas Sinnvolles herauskommen, aber der Anteil an sinnvollen Sätzen und Absätzen wird äußerst gering sein. Wenn wir aber den Affen nur genügend Zeit lassen, würden sie auch sehr viele sinnvolle Absätze schreiben.

Ähnlich unwahrscheinlich ist es im einzelnen, daß sich lebenswichtige Moleküle spontan aus anorganischer Materie bilden. Die herkömmliche Theorie über die Entstehung des Lebens auf der Erde geht aber davon aus, daß eine sehr große Anzahl von anorganischen Molekülen solche Moleküle hervorbringen kann, wenn man ihnen genug Zeit läßt.

Diese Theorie, daß das Leben auf der Erde in einer »Ursuppe« entstand, muß man allerdings von einem Irrglauben unterscheiden, der bis ins späte 19. Jahrhundert verbreitet war: Das Leben würde in Sümpfen, verfaulendem Fleisch und anderen geeigneten Orten spontan entstehen, und zwar als voll entwickelte Lebewesen wie Maden, Fliegen und sogar Mäuse. Es war Louis Pasteur, der diese Behauptung überzeugend widerlegt hat.

Die Ursuppen-Theorie geht davon aus, daß schon zu Urzeiten flüssiges Wasser und eine gasförmige Atmosphäre vorhanden waren. Die Atmosphäre bestand aus Stickstoff, Sauerstoff, Wasserstoff und einfachen Verbindungen dieser Gase untereinander und mit Kohlenstoff. Die Energie aus dem Sonnenlicht ermöglichte die Synthetisierung zahlreicher kleiner organischer Verbindungen, die sich im Wassermeer lösten und diese in eine dünne, warme Suppe verwandelten.

Diese Chemikalien reagierten miteinander in komplizierter Weise, um letztlich ein selbstreproduzierendes System, eine primitive Form von Leben, hervorzubringen. Das Leben, wie wir es kennen, entwickelte sich durch die Evolution aus diesen primitiven Formen.

In der zweiten Hälfte des vorigen Jahrhunderts wurde eine weitere Theorie über die Entstehung des Lebens auf der Erde von dem schwedischen Physiker Svante Arrhenius vorgeschlagen. Das Leben entstand nicht auf der Erde, sie wurde vielmehr durch Mikroorganismen aus dem All »infiziert«.

Diese Theorie nannte Arrhenius Panspermie. Zur Zeit wird diese Idee von den meisten Wissenschaftlern nicht anerkannt, weil man keine Möglichkeit sieht, wie diese Lebenssporen von der Strahlung unbeschädigt auf die Erde hätten gelangen können.

Ich möchte hier eine Theorie von Leslie Orgel und mir erläutern, die unter anderem eine Antwort auf die Frage des unbeschädigten Transports geben kann. Wir nannten unsere Theorie »Gelenkte Panspermie« und veröffentlichten sie in »Icarus«, einer Zeitschrift für den Weltraum, die von Carl Sagan herausgegeben wird.

Gelenkte Panspermie ist nicht ganz neu. Sie wurde von J. B. S. Haldane 1954 flüchtig erwähnt, und andere Autoren haben seitdem ebenfalls über sie geschrieben. Wir haben die Theorie im Detail ausgearbeitet. In einem kürzlich erschienenen Buch habe ich unsere Theorie ausführlich beschrieben. In diesem Beitrag möchte ich einige wesentliche Aspekte hervorheben.

Das Experiment des Stanley Miller

Sich mit der Entstehung des Lebens zu befassen ist zugleich schwierig und faszinierend. Der Hintergrund erstreckt sich räumlich von den winzigen Atomen und Molekülen bis zu den riesigen Weiten des Universums. Zeitlich haben wir es einerseits mit den sehr kleinen Bruchteilen einer Sekunde zu tun, in denen sich molekulare Vorgänge abspielen. Auf dem anderen Ende der Zeitskala steht das Gesamtalter des Universums.

Die meisten Astronomen unserer Zeit gehen davon aus, daß das Universum mit dem »Urknall« entstanden ist. Die Urknall-Theorie wurde bestärkt durch die Entdeckung der kosmischen Hintergrundstrahlung – das »Echo« des Urknalls, das heute noch als Schöpfungsgeflüster des Universums zu hören ist.

Im Jahre 1953 führte Stanley Miller, ein Student von Harold Urey, ein interessantes Experiment durch. Er schickte eine elektrische Entladung durch ein Gasgemisch von CH_4, NH_3, H_2 und H_2O in einem geschlossenen System mit Wasser. Wie diese Gasmischung könnte auch die Atmosphäre der Urerde zusammengesetzt gewesen sein. (Es gibt eine – allerdings umstrittene – Theorie, daß diese Atmosphäre viel Wasserstoff und kaum Sauerstoff enthielt.)

Nach einer Woche wurde die Entladung gestoppt. In dem Wasser stellte Miller eine Reihe von kleinen, organischen Verbindungen fest, unter anderem zwei einfache Aminosäuren: Glycin und Alanin, die in allen Proteinen vorhanden sind. Die Proteine bilden mit den Nukleinsäuren und Polysacchariden die lebenswichtige Gruppe der Makromoleküle.

Die Ergebnisse dieses Experiments und anderer, ähnlicher Experimente scheinen die herkömmliche Theorie über die Entstehung des Lebens zu bestätigen. Miller hatte vielleicht den Prozeß am Beginn des Lebens nachgeahmt.

Trotzdem kann man hieraus nicht folgern, daß das Leben auf der Erde entstanden sein muß: Es ist durchaus möglich, daß ein anderer Planet unserer Milchstraße ähnliche oder gar bessere Bedingungen für die Entstehung des Lebens nach der Ursuppen-Theorie bot.

Was uns frustriert, ist aber, daß wir die Wahrscheinlichkeit für die Bildung von lebenswichtigen Molekülen in der Suppe überhaupt nicht

quantitativ erfassen können. Die Wahrscheinlichkeit könnte so groß
gewesen sein, daß das Leben fast zwangsläufig auf der Erde entstanden
sein mußte. Wenn das so war, gibt es kein Problem. Wenn aber die
Wahrscheinlichkeit gering war, müßten wir schon die Überlegung
anstellen, ob das irdische Leben aus anderen Orten des Universums
herkam, wo – aus welchen Gründen auch immer – günstigere Bedingungen geherrscht haben.

Aus verschiedenen Erwägungen heraus kommen als Entstehungsorte
des Lebens im All praktisch nur Planeten – und nicht Sterne – in
Betracht. Es gibt auch Abschätzungen, wieviele Planeten unserer
Milchstraße als Kandidaten gelten können. Bei der Erörterung dieser
Frage hat man bestimmte Faktoren als maßgeblich herausgeschält:

☐ die Größe des energiespendenden Sterns;

☐ ob es sich hierbei um einen Doppelstern handelt;

☐ ob der Stern überhaupt Planeten hat;

☐ ob diese Planeten die richtige Größe und die richtige Entfernung
  vom Stern haben.

Insgesamt enthält die Milchstraße etwa 10^{11} Sterne. Nur ein Teil dieser
Sterne wird eine geeignete Größe haben, und nur bei einem Teil wird es
sich nicht um einen Doppelstern handeln. Vielleicht verbleibt ein Stern
von hundert, also insgesamt 10^9 mögliche Sterne. Wenn ein Zehntel
dieser Sterne Planeten hätte, kämen 10^8 Sterne in Frage. Es ist nun
schwieriger abzuschätzen, welcher Anteil dieser Sterne einen Planeten
der richtigen Größe und der richtigen Entfernung vom Stern enthält.
Eine vorsichtige Abschätzung wäre einer von hundert. Dann hätten wir
immerhin eine Million Planeten in unserer Milchstraße mit einer
dünnen organischen Suppe auf ihrer Oberfläche, in der sich das Leben
hätte entwickeln können.

Man kann sich lange darüber streiten, ob die von uns angenommenen
Werte richtig sind. Unsere Abschätzung von einer Million Sterne
unserer Milchstraße als Kandidaten könnte zu niedrig sein. Natürlich
könnte sie auch zu hoch sein, aber wir irren uns sicherlich nicht, wenn
wir grundsätzlich von anderen Planeten in der Milchstraße ausgehen,
die der Erde ähnlich sind. Nach heutigem Wissen scheint die Annahme
sehr vernünftig, daß Planeten mit einer geeigneten Suppe in der Milchstraße recht häufig vorkommen.

Lebensentstehung als Zufallsprozeß?

Wenden wir uns nun einer etwas anders gelagerten Frage zu. Wenn die
Erde noch einmal von vorne anfangen sollte, mit nur kleinen Abweichungen, so daß die Ereignisse sich nicht exakt widerholen: Können wir
ein zweites Mal mit der Entstehung des Lebens rechnen? Oder anders

80

ausgedrückt: Wenn ein erdähnlicher Planet anderswo existiert, wie groß sind die Chancen, daß das Leben dort entsteht?

Auch in solchen Fällen verspürt man den Drang zu glauben, solche Ereignisse müßten sehr wahrscheinlich sein, weil sie ja auf der Erde schon stattgefunden haben. Leider ist dieses Argument falsch. Ich nenne es einen statistischen Trugschluß. Mit Hilfe eines Kartenspiels möchte ich das erklären.

Wir teilen die üblichen 52 Karten an vier Personen aus. Wie groß ist die Wahrscheinlichkeit, daß jede Person vorher festgelegte Karten erhält? Als Beispiel nehmen wir die Verteilung, bei der die Person A alle 13 Karos erhält, die Person B alle 13 Herz und so weiter. Es ist nun einfach, die Wahrscheinlichkeit auszurechnen, daß dies geschieht. Sie beträgt $1:5 \cdot 10^{28}$. Das ist eine unvorstellbar kleine Wahrscheinlichkeit, und kein Kartenspieler braucht ernsthaft damit zu rechnen, daß er diese Verteilung zu Lebzeiten jemals erlebt.

Aber jedesmal, wenn wir die Karten geben, erhalten wir eine bestimmte Verteilung, und weil unsere Berechnung auch für diese Verteilung gilt, müßte sie ja besonders selten vorkommen. Sie liegt jedoch vor uns da. Irgend etwas müßte doch hier faul sein! Ist diese vorliegende Verteilung weniger selten als andere?

Der Grund für den möglichen Trugschluß: Die Berechnung gilt nur dann, wenn wir eine bestimmte Verteilung vorhersagen wollen. Wir können die Karten nicht zuerst austeilen und dann so tun, als ob die entstandene Verteilung genau diejenige sei, die wir haben wollten.

Bei der Frage der Entstehung des Lebens müssen wir einen weiteren Faktor berücksichtigen: Es geht nicht darum, daß das identische Ereignis noch einmal auftritt. Jede vernünftige Form des Lebens, die der jetzigen Form einigermaßen ähnlich ist, können wir anerkennen und als Erfolg verbuchen.

Dies können wir auch anhand der Spielkarten-Analogie verdeutlichen. Wenn wir nicht mehr fordern, daß ein bestimmter Spieler eine bestimmte Farbe komplett hat, sondern daß jeder Spieler eine beliebige Farbe komplett hat, wird die Wahrscheinlichkeit einer solchen Verteilung 24mal größer. Auf das Beispiel der tanzenden Affen angewandt, würde dies heißen, daß man von ihnen einen Absatz erwartet, der sinnvoll ist, und nicht etwa ein bestimmtes Sonett von Shakespeare.

Wenn wir ähnliche Forderungen bei der Entstehung des Lebens stellen, daß nämlich ähnliche, aber nicht identische Lebensformen entstehen, wird auch ihre Wahrscheinlichkeit entsprechend höher. Quantitativ können wir aber hierüber nichts aussagen, unsere Unsicherheit wird durch diesen Umstand nur größer.

Trotz all dieser Unsicherheiten möchte ich von der – zugegebenermaßen kühnen – Arbeitshypothese ausgehen, daß das Leben, wenn es irgendwo entstanden ist, sich mit etwa der gleichen Geschwindigkeit wie auf der Erde entwickelt. Das heißt, daß es von der Suppe zum Menschen rund vier Milliarden Jahre dauert.

Irdischer Lebensbeginn – ein gesteuertes Ereignis?

Wir können uns nun der Frage widmen, wann das Leben entstanden sein könnte. Für dieses Ereignis gibt es zwei wesentliche Bedingungen: Wir brauchen einen geeigneten Planeten und bestimmte Elemente auf oder in der Nähe seiner Oberfläche. Bald nach dem Urknall wären diese Bedingungen nicht erfüllt gewesen. Mit gutem Grund können wir annehmen, daß viele Atome in unseren Körpern nicht in den ersten Augenblicken nach dem Urknall entstanden sind, sondern in einigen der ersten Sterne synthetisiert wurden. Diese großen Sterne haben ihren nuklearen Brennstoff schnell aufgebraucht, sind zusammengefallen, explodiert und haben ihre Trümmer in den umgebenden Weltraum verstreut, wo diese letztlich kondensierten, um neue Sterne und Planetensysteme zu bilden. Obwohl wir nicht sicher sein können, wie lange all dies gedauert hat, wären ein bis zwei Milliarden Jahre eine vernünftige Abschätzung.

Wie lange ist das her? Anders gefragt: Wie alt ist das Universum? Leider ist diese Frage noch umstritten. Die hohen Abschätzungen reichen bis zu 20 Milliarden Jahre nach oben, die kleinsten bis zu 7 Milliarden Jahre nach unten. Als Leslie Orgel und ich unsere erste Veröffentlichung machten, lag die beste Abschätzung bei etwa 13 Milliarden Jahren. Heute schätzt man das Alter geringer ein: auf etwa zehn Milliarden Jahre*.

Gehen wir also von zehn Milliarden Jahren aus. Nahm die Entwicklung der Planeten und der chemischen Elemente eine Milliarde Jahre in Anspruch, blieben neun Milliarden übrig. Dieser Zeitraum ist zweimal so groß wie das Alter der Erde: Er hätte – nach meiner Arbeitshypothese – dafür ausgereicht, daß sich das Leben zweimal hintereinander entwickelte.

Wir nehmen nun an, daß sich vor ungefähr vier Milliarden Jahren auf einem fernen Planeten ein intelligentes Wesen entwickelte, daß dieses Wesen Wissenschaft und Technologie entdeckte und diese auf einen Stand brachte, der alles übertrifft, was wir erreicht haben, weil es einfach mehr Zeit zur Verfügung hatte.

Was könnten wir alles erreichen, wenn unsere Zivilisation nur noch 1000 Jahre überlebt? Auch dann, wenn alle grundlegenden Prinzipien

---

* Nach neuesten Messungen von A. Sandage und G. A. Tammann (Mount-Wilson-Observatorium und Universität Basel) kann nun mit einem Alter von 19,5 Milliarden Jahren gerechnet werden. (Anmerk. d. Herausg.)

der Wissenschaft bis dahin enträtselt wären, bliebe ja noch eine ganze Menge zu tun. Vor allem würden wir ein gewaltiges Aufblühen technologischer Projekte erleben, bei denen das Grundwissen auf Systeme immer zunehmender Leistung, Feinheit und Komplexität angewandt würde. Solange die Menschheit sich nicht in die Luft sprengt, die Umwelt völlig verseucht oder von wissenschaftsfeindlichen Fanatikern überrannt wird, können wir in Wissenschaft und Technologie große Fortschritte erwarten.

Analog können wir von den frühen Technokraten eines anderen Planeten erwarten, daß sie viel mehr gewußt haben als wir, daß sie eine Technologie entwickelt haben, die der unsrigen weit voraus ist. Sie hätten wohl auch entdeckt, daß es eine ganze Menge für das Leben geeignete Planeten in der Milchstraße gibt, die Land und Meere haben, von einem Stern beständig beschienen werden und eine geeignete Atmosphäre besitzen und, als Konsequenz, über große Mengen von verdünnter Suppe auf ihrer Oberfläche verfügen. Vielleicht hätten sie auch entdeckt, daß, während solche Suppen recht häufig vorkommen, das spontane Ereignis der lebenswichtigen chemischen Reaktion äußerst rar ist oder gar nicht vorkommt. Was hätten sie dann getan?

Um uns in die Lage dieser Wesen zu versetzen, müssen wir einen weiteren Faktor berücksichtigen: Sie hätten wissen können, daß ihre Existenz auf dem Heimatplaneten auf längere Sicht zeitlich beschränkt ist. Auch wenn andere Katastrophen ausbleiben, hätte ihr Stern – wie es bei unserer Sonne auch der Fall sein wird – irgendwann aufhören müssen, Energie zu spenden.

Diese Lebewesen hätten dann auch die Möglichkeit erwogen, andere Planeten zu kolonisieren. Dies hätten sie vielleicht versucht und gemerkt, daß die Erfolgschancen äußerst gering sind. So hätten sie Alternativen ersonnen.

Bakterien: Sendboten einer extraterrestrischen Kultur

Eine sehr naheliegende Möglichkeit für sie wäre gewesen, ein anderes Lebewesen aus ihrem Planeten, das den Strapazen gewachsen war, auf die Reise zu schicken. Auch wenn diese Lebewesen auf der evolutionären Skala niedriger einzustufen gewesen wären, hätte man ja hoffen können, daß sie überleben und sich vermehren und, mit Glück, eine höhere Stufe des Lebens erklimmen würden.

Wenn man nun alle Faktoren berücksichtigt, verbleibt nun als Kandidat ein Mikroorganismus, der unseren Bakterien sehr ähnlich ist. Welche Vorteile haben Bakterien gegenüber anderen Lebewesen?

Den wichtigsten Grund kann man in einem Wort zusammenfassen: Sauerstoff. Es ist sehr wahrscheinlich, daß in der präbiotischen Welt recht wenig Sauerstoff in der Atmosphäre vorhanden war. Die meisten Lebewesen, von denen ja bekannt ist, daß sie für das Überleben Sauerstoff brauchen, würden somit als Kolonisatoren ausscheiden. Einige Bakterien können aber auch ohne Sauerstoff existieren. Bakterien sind sehr klein: eine typische Dimension wäre ein bis einige Mikrometer. In den letzten 30 bis 40 Jahren konnte man viele Geheimnisse der Bakterien enträtseln, so daß wir heute recht gut wissen, welch merkwürdige Kreaturen sie sind. Durch bestimmte Eigenschaften sind Bakterien als Raumkolonisatoren geradezu prädestiniert:

☐ Viele Bakterien können in einem sehr einfachen chemischen Medium leben. Auch wenn die Konzentration der Salze und der organischen Verbindungen in diesem Medium in einem breiten Bereich schwankt, stört sie das wenig.

☐ Die meisten Bakterien brauchen die meisten Vitamine nicht mit der Nahrung aufzunehmen, weil sie sie selber synthetisieren können.

☐ Die essentiellen Aminosäuren, die wir durch den Abbau der Proteine erhalten, brauchen sie nicht aufzunehmen, weil sie auch diese selber herstellen können.

☐ Viele Bakterien sind mobil. Sie können sich auf ihre Nahrung zubewegen und giftigen Substanzen ausweichen.

☐ Unter günstigen Umständen können sie sich schnell teilen und vermehren. Eine ganze Bakterienkolonie kann aus einem einzigen Individuum entstehen.

☐ Man kann sie in der Regel einfrieren und ihnen so das Wasser entziehen, ohne daß sie Schaden nehmen. Auf diese Weise kann man sie lange Zeit am Leben erhalten.

☐ Bakterien leben auf der Erde unter den verschiedensten Umweltbedingungen, in heißen Quellen sowie in öden Wüsten. Einige haben sich durch die Evolution sogar so weit entwickelt, daß sie unter Bedingungen intensiver Bestrahlung, wie sie etwa in Kernreaktoren vorhanden sind, gedeihen.

Man kann also eine Milliarde Bakterien in ein Volumen von einigen Kubikzentimetern hineinpacken. Im gefrorenen Zustand können sie bei den sehr niedrigen Temperaturen des Alls – durchschnittlich 4 K – wahrscheinlich unbegrenzt überleben und nach dem Auftauen die Lebensfunktionen wieder aufnehmen.

Fallen sie in ein präbiotisches Meer, würden sie dort gedeihen. Fast jede präbiotische Suppe könnte ausreichen, wenn sie nicht zu kalt ist. Ein einziges Bakterium könnte unter günstigen Bedingungen ein ganzes Meer infizieren.

Als Transportmittel dienten nach unserer Theorie unbemannte Raumschiffe, die die Organismen vor extremen Einwirkungen schützten. Bekanntlich ist die ursprüngliche Panspermie-Theorie von Arrhenius allgemein unbeliebt, weil man der Meinung ist, daß die Lebenssporen aus dem All auf der langen Reise durch verschiedenste Einwirkungen Schaden nehmen. Unsere Theorie der Gelenkten Panspermie enthält diese Schwachstelle nicht. Für eine Zivilisation, die viel weiter war als die unsere, wäre es sicher keine unüberwindbare Aufgabe gewesen, ein geeignetes Raumschiff zu bauen. Solche Raumschiffe brachten das Leben in bakterienähnlicher Form auf unsere Erde. Die Lebenssporen wuchsen und gediehen in der irdischen Ursuppe und entwickelten sich durch die Evolution zu den Arten, wie wir sie heute kennen.

Gibt es Beweise für die »Gelenkte Panspermie«?

Nun haben wir zwei grundsätzlich verschiedene Theorien über die Entstehung des Lebens auf der Erde. Die erste – die orthodoxe Theorie – behauptet, das Leben sei spontan auf der Erde entstanden. Die zweite – Gelenkte Panspermie – geht davon aus, daß die Wurzeln des Lebens auf der Erde in die Weiten des Universums zurückreichen. Ist es so wichtig zu wissen, wo das Leben wirklich entstand? Man könnte sagen, Gelenkte Panspermie würde das Problem bloß anderswohin verlagern. Das ist teils richtig, aber der Ort der Entstehung kann von wesentlicher Bedeutung sein.

Es könnte sich letztes Endes herausstellen, daß das Leben fast unmöglich auf der Erde entstanden sein könnte, während es auf einem günstigeren Planeten hätte leichter beginnen und sich entwickeln können. Ob das Leben hier oder anderswo entstand, ist ein historisches Faktum, und wir sind nicht berechtigt, dies als unbedeutend abzutun. Können wir irgendwie entscheiden, welche Theorie mit größerer Wahrscheinlichkeit richtig ist? Können wir insbesondere Indizien zusammenstellen, die die Gelenkte Panspermie untermauern oder widerlegen? Ein mögliches Indiz ist in den heutigen Organismen enthalten. Trotz der großen Mannigfaltigkeit der Moleküle und der chemischen Reaktionen, die die Evolution hervorgebracht hat, gibt es bestimmte Merkmale, die allen Lebewesen gemein sind. Heute widmen sich viele Wissenschaftler der langwierigen Aufgabe, die Stammbäume bestimmter lebenswichtiger Moleküle zusammenzustellen. Es fällt hierbei auf, daß eine Besonderheit allen Lebewesen gemeinsam ist: Es handelt sich um den genetischen Code.

Mit Ausnahme der Mitochondrien ist der genetische Code für alle Lebewesen, die bisher untersucht worden sind, identisch; auch für die Mitochondrien sind die Abweichungen recht klein. Dieser Umstand würde nicht überraschen, wenn man einen augenfälligen Grund gefunden hätte, weshalb die Struktur des Codes so ist, wie sie ist. Trotz beherzter Versuche ist dies bis heute nicht gelungen. Letztlich ist also die Giraffe mit der Lilie, der Mensch mit dem Bakterium in seinem Darm eng verwandt. So ist die Annahme naheliegend, daß das Leben irgendwann durch mindestens einen Flaschenhals ging, daß sich alle heutigen Arten aus einer kleinen und einheitlichen Population von Urwesen entwickelt haben. Es muß aber auch gesagt werden, daß man von den mannigfaltigen Arten bisher nur wenige im Hinblick auf den genetischen Code untersucht hat. Da man meinte, der Code würde sowieso immer derselbe sein, wollten nur wenige ihre Zeit damit verbringen, weitere Arten zu untersuchen. Es könnte sein, daß man künftig Varianten des genetischen Codes entdeckt. So lange aber dies nicht geschehen ist, unterstützt die Universalität des Codes zu einem gewissen Grad unsere Theorie der Gelenkten Panspermie.

An das Problem kann man auch so herangehen, indem man sich fragt, welche Fossilienfunde bei Gelenkter Panspermie zu erwarten wären. In der Hauptsache muß man in diesem Fall damit rechnen, daß die Mikroorganismen plötzlich zutage traten, ohne daß ein Indiz für präbiotische Systeme oder sehr primitive Organismen vorhanden war. Insbesondere würden wir keine Zwischenglieder der Evolutionskette finden, da diese auf dem Senderplaneten und nicht auf der Erde existierten. Bemerkenswert ist, daß diese Voraussagen den tatsächlichen Fossilienfunden entsprechen. Die frühesten bisher entdeckten Fossilien ähneln den Grünalgen. Diese stammen aus einem verhältnismäßig frühen Abschnitt im Leben der Erde, so früh, daß es überraschend ist, daß sie damals schon voll entwickelt waren. Frühere Bindeglieder ließen sich nicht feststellen. Die Indizien sprechen hier also in gewisser Weise für eine Gelenkte Panspermie.

Leider ergibt sich aber bei sorgfältiger Prüfung, daß die bisher entdeckten Fossilien die Theorie nur recht schwach unterstützen. Die Erde ist etwa 4,6 Milliarden Jahre alt, die ältesten Fossilien 3,6 Milliarden Jahre. Daß man keine noch älteren Fossilien entdeckt hat, kann daran liegen, daß man keine ganze Serie von sedimentären Gesteinen zur Verfügung hat, die älter als 3,6 Milliarden Jahre ist. So ist es auch nicht überraschend, daß wir keine Indizien für die Zeit vor 3,6 bis 4,6 Milliarden Jahren haben.

Meine Frau behauptet, Gelenkte Panspermie käme ihr nicht wie eine wissenschaftliche Theorie, sondern eher wie Science-fiction vor. Dies meint sie nicht als Kompliment, aber als solches kann man es auffassen.

Hierzu fällt mir eine alte Geschichte ein. Ein Geheimdienst lud einmal einige prominente Wissenschaftler ein, ohne ihnen den Zweck der Einladung zu verraten. Nachdem die Wissenschaftler zusammengekommen waren, wurde ihnen eröffnet, daß sich dieser Geheimdienst über die möglichen wissenschaftlichen Fortschritte der nächsten Zeit informieren wolle, damit er die Auswirkungen auf seine Arbeit einschätzen könne. Ein bekannter Physiker erwiderte hierzu, man habe die falsche Gruppe von Leuten zusammengetrommelt.»Wir sind alle zu solide«, sagte er, »und daher konservativ. Die Leute, die Sie hätten einladen müssen, sind die Science-fiction-Autoren. Sie können viel besser als wir sehen, was die Zukunft uns bringt.«

Jede Einzelheit unserer Theorie beruht – im Gegensatz zu Sciencefiction – auf recht soliden Fundamenten unseres heutigen Wissensstandes: dem Alter des Universums, der Wahrscheinlichkeit der Existenz von erdähnlichen Planeten, der Zusammensetzung von Bakterien und so weiter. Die ganze Idee ist in der Tat recht phantasielos.

Trotzdem sind mir die Schwächen unserer Theorie nur zu gut bewußt. Der einzige Zeuge, der für unsere Theorie spricht, ist die Universalität des genetischen Codes. Der Haken ist aber, daß gerade diese Tatsache Orgel und mich auf die Idee der Gelenkten Panspermie gebracht hat. Das bedeutet nach den Regeln der Wissenschaft – jedenfalls nach den für mich gültigen Regeln –, daß sie wenig oder kein Gewicht bei der Überprüfung der Theorie haben darf.

Eine gute wissenschaftliche Theorie muß mindestens zwei Bedingungen erfüllen: Sie muß sich von einer alternativen Idee scharf abgrenzen, und sie muß überprüfbare Voraussagen machen können. Gelenkte Panspermie erfüllt sicherlich die erste Bedingung. Die Schwierigkeiten fangen mit der zweiten Bedingung an.

Unsere Theorie macht eine recht starke Voraussage: Die frühesten Organismen werden plötzlich zutage treten, frühe Bindeglieder werden nicht aufzufinden sein. Wenn die Fossilienfunde lückenlos wären, könnten wir die Sache so oder so entscheiden. Die Theorie ist daher nicht völlig aus der Luft gegriffen. Die Schwierigkeit liegt vielmehr darin, genügend sedimentäres Gestein zu finden, und wir wissen heute noch nicht, ob uns dies jemals gelingt.

Das sind die Schwierigkeiten, vor denen ich stehe. Jedesmal, wenn ich eine Arbeit über den Ursprung des Lebens veröffentliche, schwöre ich, nie eine weitere zu schreiben, weil hier zu viel Spekulation zu wenigen Fakten gegenübersteht. Dennoch tue ich es immer wieder, weil mich die Faszination des Themas nicht losläßt.

Zwischenbericht 4

DAS PROBLEM DER FAUNENSCHNITTE

Im Laufe der Erdgeschichte gab es immer wieder kurzzeitige Perioden, die eine plötzliche Umwälzung der Lebewelt zur Folge hatten. Der bekannteste dieser sogenannten »Faunenschnitte« dürfte wohl jener sein, der sich vor etwa 70 Millionen Jahren, zum Ende der Kreidezeit und dem Anfang des Tertiärs, ereignete. Damals starben nicht nur die Saurier aus. Mit ihnen gingen zahlreiche Gattungen vieler anderer Lebewesen zugrunde, darunter die Ammoniten und unzählige Einzeller. Gleichzeitig traten jedoch andere Tiere in den Vordergrund; die Säuger, die bis dahin nur ein Schattendasein gefristet hatten. Und mit ihnen kam es auch zur bis heute nicht geklärten sprunghaften Entstehung der Laubbäume und anderer Pflanzenarten.

Ein weiterer Sprung ereignete sich an der Wende zwischen Erdaltertum und Erdmittelalter (Grenze Perm/Trias), als die Trilobiten ausstarben, und an der Wende zwischen Prä-Kambrium und Erdaltertum, die für die weitere Entwicklung des Lebens auf unserem Planeten die wohl entscheidendste Marke darstellt. Bis zu diesem Zeitpunkt gab es in den Meeren (das Land war noch nicht besiedelt) im wesentlichen Einzeller und Lebewesen einer sehr primitiven Organisationsstufe, insbesondere Quallen-, Wurm-, seefederähnliche Tiere und so weiter, die man der sogenannten »Ediacara-Fauna« zuordnet.

Bis vor kurzem galt die Ediacara-Fauna als mutmaßlicher Vorläufer all jener Lebewesen, die vom Kambrium an sprunghaft auftraten. Dies aber ist durch neueste Untersuchungen ernsthaft in Zweifel gestellt. Der Tübinger Paläontologe Prof. Adolf Seilacher, der sich seit vielen Jahren mit der Ediacara-Fauna beschäftigt, hält es für ausgeschlossen, daß es sich dabei um die Ahnen aller späteren Lebewesen handelt:»Ich kann nicht einmal mit Sicherheit sagen, ob es Vielzeller oder sogar enorm große einzellige Organismen waren ... Eben weil die Ediacara-Wesen völlig anders funktionierten, können sie nicht die Vorfahren der späteren Vielzeller, der Metazoa, sein.« Für Seilacher stellt die Fauna letztlich »ein Experiment der Evolution, das schiefgegangen ist« dar, und zusammenfassend hält er fest:»Das Konstruktionsprinzip dieser Ediacara-Wesen ist so wenig vergleichbar mit den Bauprinzipien aller späteren und der heutigen Vielzeller, daß sie eher die Lebensformen darstellen könnten, die wir immer auf irgendwelchen Planeten im All vermuten.«

Die Wahrscheinlichkeit, daß wir in geologischen Zeiten Besuch aus dem All hatten, ist – aufgrund der zur Verfügung stehenden langen Zeiträume – sehr wahrscheinlich. Vor rund zwei Millionen Jahren könnten gezielte künstliche Mutationen zum Auftreten des Menschen geführt haben, vor mehr als 3,6 Milliarden Jahren haben außerirdische Intelligenzen möglicherweise durch ein Programm der »Gelenkten Panspermie« den Lebensprozeß auf unserer Erde in Gang gesetzt. Ist es völlig auszuschließen, daß solche Manipulationen in den dazwischenliegenden Jahrmilliarden völlig unterblieben? Wenn wir die beiden ersten Ereignisse als denkbar erachten, können wir die anderen wohl nicht von vorneherein verneinen. Auf diese Weise ließen sich die Faunenschnitte (bisher gibt es eine ganze Reihe von Theorien: Klimaumschwünge, Eiszeiten, Nahrungsverknappung, Meteoriteneinschläge usw.) erklären – und die Ediacara-Fauna stellt unter diesem Gesichtspunkt vielleicht die ursprüngliche »eingeborene« Spezies unseres Planeten dar, deren Entwicklung zu langsam voranschritt oder in die falsche Richtung lief und die zum Ende des Prä-Kambriums von außerirdischen Intelligenzen auf einen neuen, erfolgversprechenderen Weg gebracht wurde.

Außerirdische Intelligenzen auf unserem Planeten?

Interview mit Dr. Vladimir I. Avinsky,
Kuibyschev (UdSSR)

Auch in der Sowjetunion wird – der Beitrag von W. Rubtsov soll dies noch deutlich machen – an der Frage eines Besuches aus dem All gearbeitet. Leider wird über die Ergebnisse noch weniger bekannt, als das in den westlichen Ländern der Fall ist. Dennoch gibt es Ausnahmen. In der englischsprachigen »Moscow News« Nr. 1/1975 erschien ein Interview mit dem sowjetischen Geologen Dr. Vladimir Avinsky. Er steckt darin die ganze Bandbreite der Suche nach außerirdischen Spuren auf unserem Planeten ab.

Dr. Vladimir I. Avinsky, geb. 1934, ist Geologe und Mineraloge in Kuibyschev, Sowjetunion. Er war Referent auf mehreren astronautischen Kongressen in der UdSSR, die sich mit dem Thema der Exobiologie und des Paläokontakts beschäftigen.

Die Frage, ob es jemals einen Kontakt irdischer Menschen mit extraterrestrischen Intelligenzen gegeben hat, ist in den letzten Jahren
zunehmend in das Blickfeld des Interesses geraten. Dieses Interesse
besteht aber nicht mehr nur bei Science-fiction-Autoren, sondern auch
bei Wissenschaftlern, die es für möglich halten, daß dieses Problem
schon bald ein unmittelbares Ziel wissenschaftlicher Erforschung in der
ganzen Welt sein könnte.

Dr. Vladimir Avinsky ist einer dieser Wissenschaftler, die sich mit der
Erforschung der Spuren außerirdischer Besucher auf unserem Planeten
befassen. Wir haben ihn gebeten, uns eine Einführung in seine Ideen zu
vermitteln.

Frage: Es ist noch nicht lange her, da wurde die Möglichkeit eines
Kontaktes zwischen außerirdischen Intelligenzen und Erdenmenschen
lediglich als phantasievoller Stoff für Science-fiction-Romane betrachtet. Aber nun befassen sich mehr und mehr Wissenschaftler ernsthaft
mit dieser Frage. Gleichzeitig jedoch hat diese Hypothese auch viele
Gegner, deren Argumente sehr glaubwürdig klingen...

Avinsky: In der Wissenschaft gibt es viele Wege, auf denen sogar die
zunächst absolut unglaubwürdigste Hypothese an Glaubwürdigkeit
gewinnen und letztlich bestätigt werden kann. Die Felsmalereien aus
dem Paläolithikum und Neolithikum werden häufig der Fantasie des
vorgeschichtlichen Künstlers zugeschrieben. Aber stützt Fantasie sich
nicht auf die Wirklichkeit? Zudem kann diese Felsmalerei nicht vom
Standpunkt unserer heutigen, modernen Kunst und unseres Kunstver-
ständnisses betrachtet werden. Der hervorragende österreichische Wissenschaftler Ch. Krüger hat hervorgehoben, daß die vorgeschichtlichen
Malereien eher der Ausdruck des »direkten Erlebens einer ganzen
Gruppe als eines einzelnen Individuums« seien. Und dann stellt sich
uns die Frage der Übereinstimmung von Bildern, die in verschiedenen
Teilen der Welt gefunden wurden. Und schließlich: Was könnte sich für
einen solchen ›Ausbruch‹ großartiger Fantasie beim prähistorischen
Menschen als Erklärung anbieten?

Frage: Könnte all dies nicht auf eine hochentwickelte Zivilisation
zurückzuführen sein, die einst auf unserem Planeten existierte? Es gibt
einige Wissenschaftler, die an diese Hypothese glauben. Sie steht im
Einklang mit alten Legenden und Texten.

Avinsky: Das Hauptargument gegen die Hypothese einer Proto-Zivili-
sation sind die intakten Kraft- und Rohstoffreserven auf unserem
Planeten, ohne deren Nutzung eine industrielle Gesellschaft nicht
denkbar ist. Es sind auch keine Spuren eines antiken Industriekomple-
xes gefunden worden. Die archäologisch untersuchten Schichten unserer Erde sind in dieser Beziehung völlig leer, während wir zahllose
Relikte primitiver Kulturen in ihr finden.

Frage: Was ist mit Atlantis?

Avinsky: Das legendäre Atlantis hat die Grenze zur Industriegesellschaft nie überschritten, weil es isoliert war und nur über begrenzte Kraft- und Rohstoffvorräte verfügen konnte. Es hätte sie von ›draußen‹ herbeischaffen müssen. Folglich müßte es die Spuren seiner Tätigkeit in anderen Teilen der Welt hinterlassen haben. Aber es gibt sie dort nicht.

Der technologische und der geographische Maßstab

Frage: Die moderne Archäologie und Ethnologie behaupten, die Felsmalereien der ›Rundköpfe‹ in der Sahara – alle Zeichnungen ähneln Astronauten und Raketen – seien rituellen, religiosen Ursprungs.
Avinsky: Diese Theorie kann nur Gültigkeit besitzen für die Zeit *nach* der Entstehung religiöser Kulte. Die Quellen und Urformen dieser Riten sind aber noch immer unklar. Darum wäre es aufrichtiger zu sagen, diese Malereien hätten rituellen Zwecken gedient, ihr Ursprung aber muß nicht zwangsläufig auch rituell begründet gewesen sein. Der Ursprung kultischer Masken, Kostüme und Figuren wird so lange auf der anderen Seite der Mauer unseres Nicht-Wissens bleiben, so lange wir versuchen, sie von traditionellen Standpunkten aus zu durchdringen. Mit anderen Worten: es ist heute vielfach so, daß bereits ethnologische oder archäologische Beurteilungen zu einem bestimmten Punkt vorliegen, noch bevor nach der Lösung eines Problemes gesucht wird.
Frage: Es ist sehr schwierig, eine umfassende Forschung hinsichtlich des angenommenen Paläokontakts zu betreiben. Das ist sicherlich der Grund, warum dieses Vakuum mit vielen phantastischen Hypothesen zu füllen versucht wurde. Viele Forscher lehnen die Kontakt-Theorie deshalb ab. Ihr Hauptargument lautet: Wenn sie hier waren – warum gibt es dann nicht eindeutigere Spuren?
Avinsky: Ein unmittelbarer Kontakt kann von verschiedenen Äußerungen ingenieurtechnischer, biologischer und sozialer Aktivität außerirdischer Intelligenzen begleitet werden. Die »Juniorpartner« dieses Kontaktes – also unsere Vorfahren – können dem in vielen Fällen durchaus völlig unwissend und uninteressiert gegenübergestanden haben. Einige Leute sind der Ansicht, daß ein unzweifelhafter Beweis für einen Kontakt nur ein »kosmisches Rätsel« sein könne, das von den Außerirdischen hier zurückgelassen wurde.
Ich würde vorschlagen, zwei Maßstäbe zur Identifizierung von vermuteten Erscheinungen außerirdischen Ursprungs zu verwenden. Der erste ist technologischer Natur: einige in antiken Hinterlassenschaften gefundene technische oder technologische Elemente sind unvereinbar mit dem Entwicklungsstand einer besonderen Periode der Geschichte. Solche Elemente werden »historisch unvereinbare Technizismen«

genannt. Sie geben die Wirklichkeit beinahe fotographisch wieder, sind praktisch unabhängig von religiösen und sozialen Richtungen und lassen ingenieurwissenschaftliche und technologische Analysen zu.

Der zweite Maßstab ist geographischer Natur. Er macht es möglich, einander entsprechende, zum Teil identische Faktoren herauszufiltern, die in genauen Einzelheiten übereinstimmen und die aus verschiedenen Zeiten, von verschiedenen Völkern und aus verschiedenen physikalisch-geographischen und sozialen Umfeldern stammen. Die sogenannten »geflügelten Objekte« sind nicht nur in Chukotka gefunden worden. Man hat versucht, sie auf unterschiedlichste Weise zu deuten: als stilisierte Figuren, als Vögel oder Schmetterlinge, als Ornamente auf dem Stab eines Schamanen oder als Verzierungen für Boote. Aber die aerodynamische und strukturelle Analyse dieser Objekte machte eine andere Variante deutlich und wahrscheinlicher, daß es sich nämlich um Nachbildungen von Flugmaschinen handelt. Sicher, wenn wir begännen, *alle* historischen Funde als auf extraterrestrischen Ursprung

Abb. 5: Bildnis einer behelmten Gestalt auf der Maya-Stele von El Baul.

94

zurückgehend zu betrachten, ginge das fraglos zu weit. So etwas darf nicht ausufern. Um dies zu verhindern, müssen die vorhandenen Fakten umfassend und gründlich geprüft werden.

Frage: Sie sprechen über Raumfahrzeuge. Gibt es auch andere Hinweise für einen Paläokontakt?

Avinsky: Ja, zum Beispiel die Bildnisse, die an Weltraummonturen erinnern. Dazu zählen die berühmten »Dogu« aus dem antiken Japan und ihre Gegenstücke, die »Rundköpfe« des Tassili-Gebirges, fernerhin die kaum bekannten Zeichnungen der australischen Ureinwohner, der nordamerikanischen Indianer, der Völker Afrikas und eine Reihe von Maya-Reliefs. Eine sorgfältige Studie dieser Figuren und Zeichnungen enthüllt grundlegende Elemente von Raumfahreranzügen. Der »Madrider Codex« der Maya zum Beispiel enthält zahlreiche Bildnisse mythologischer Gestalten, die die sogenannten »Rucksäcke« tragen, die mit heutigen Individual-Überlebenssystemen verglichen worden sind. Diese Beurteilung erfolgte aufgrund einer großen Anzahl kennzeichnender Elemente, etwa dem festsitzenden Tornister, der enganliegenden Hose, Einheiten an der Kopfbedeckung, die der Navigation oder der Lichtsignalgebung gedient haben mögen... Mehr als hundert antike Bilder sind in allen Teilen der Welt gefunden worden, die menschenähnliche Figuren mit astronautenähnlichen Merkmalen zum Motiv haben. Die Einordnung dieser Gestalten – entsprechend den geometrischen Kennzeichen – deckt sich in wesentlichen Punkten mit der Einteilung der bekannten oder vorstellbaren Raum- und Pilotenanzüge. Eine Untersuchung dieser Figuren hat die Arbeitsparameter und Basisfunktionen ihrer Anzüge aufgezeigt. Aufgrund dieser ins einzelne gehenden »Gebrauchsanweisung« sind wir zur Zeit dabei, solche Modelle zu planen und zu entwickeln.

Warum besuchten »sie« uns?

Frage: Glauben Sie nicht, daß diese »fremde« Weltraumtechnologie im Grunde sehr primitiv ist? Triviale Raketen, plumpe Überlebenssysteme... Müßte nicht die Technologie einer außerirdischen Intelligenz, die in der Lage dazu ist, zu uns zu kommen, sehr viel fortgeschrittener sein?

Avinsky: Vollkommen richtig. Viele Wissenschaftler, mit denen ich über das Kontakt-Problem diskutierte, räumten ein, diese Bilder hätten »etwas von dem«, was sie an Weltraumraketen oder Weltraumtechnologie erinnere, daß man aber »in solchen Blechbüchsen« wohl kaum weit kommen könne. Und daraufhin gelangen sie zu dem absolut unlogischen Schluß, daß Außerirdische mit all dem wohl nichts zu tun haben könnten. Warum sagen sie das? Wahrscheinlich, weil sie von der derzeit vorherrschenden Meinung motiviert sind, es existiere in unserem Sonnensystem kein intelligentes Leben. Aber es ist noch keineswegs erwiesen, daß es keine von außerirdischen Intelligenzen erbaute Stationen im Sonnensystem gibt. Nicht ohne Interesse ist in diesem Zusammenhang die Erforschung des Mars und des Asteroidengürtels.

Frage: Wie groß, glauben Sie dann, war die Zeitspanne, in der wir Kontakt mit außerirdischen Intelligenzen hatten?

Avinsky: Eine Studie der Chronologie der Hinweise deutet an, daß Paläokontakte wiederholt über eine Zeitperiode von 20000 bis 30000 Jahren auftraten.

Frage: Ist es dann nicht seltsam, daß es während einer so langen Zeit immer wieder zu Besuchen kam, nun aber seit Jahrhunderten nicht mehr?

Avinsky: Die Situation ist einzigartig: als wir uns mit dem Problem des Paläokontakts zu befassen begannen, wurden wir natürlich auch mit dem Problem des derzeitigen Nicht-Kontaktes konfrontiert. Dieser Begriff ist allgemein anerkannt. Das Problem des Nicht-Kontaktes wurde am intensivsten von dem französischen Wissenschaftler Aime Michel untersucht. Er betrachtet es als wahrscheinlich, daß außerirdische Intelligenzen in irgendeiner Weise in unserer Welt anwesend sind, einen Kontakt aber vermeiden. Man mag einwenden, ein solches Versteckspiel sei absurd. Ja, sicher, aber nur aus dem Blickwinkel des Menschen. Außerirdische brauchen nicht über »eine gewöhnliche Logik« zu verfügen. Ihre Motivationen liegen jenseits unserer Vorstellungen. Die Individuen eines beliebigen Planetensystems »X« mögen äußerlich Wesen sein wie wir – aber auf einer viel höheren Stufe der »Psycho-Evolution« stehen. Sie mögen eine völlig andere psychische Organisation haben, nicht nur, was den derzeitigen Stand betrifft, sondern auch den grundsätzlichen Typus. Nach Michel könnte, wenn eine Intelligenz diesen Zustand erreicht hat, die Weltraumfahrt von ihr nur noch auf der Grundlage von Biorobotern betrieben werden, in deren Programm der Kontakt nicht vorgesehen ist.

Man sollte aber auf keinen Fall die Meinung vertreten, die Entdeckung von Spuren außerirdischer Intelligenzen auf unserem Planeten würde die Geschichte unserer eigenen Zivilisation auslöschen. Im Gegenteil, ihre Entdeckung wäre eine ungeheure Bereicherung für unser Wissen und unser Verständnis der Vergangenheit und Zukunft und würde den sozialen, wissenschaftlichen und technologischen Fortschritt um ungeahnte Dimensionen erweitern.

Was bei all diesen Forschungen letztlich im Mittelpunkt steht, sind wir Menschen – nicht die Fremden . . .

Zwischenbericht 5

JAHRTAUSENDE ALTE ASTRONAUTENDARSTELLUNGEN?

In zahlreichen Ländern der Erde sind Abbildungen zu finden, die offiziell »göttliche« Wesen darstellen. Viele von ihnen weisen jedoch Merkmale auf, die an heutige Astronauten erinnern. Die Dogu-Statuen zeigen Übereinstimmung mit Druckanzügen und entsprechenden Brillen und Sehschlitzen. Gutachten sowohl amerikanischer als auch sowjetischer Raumfahrtexperten bestätigen, daß die Dogu-Anzüge alle Merkmale von Weltraumanzügen aufweisen. Datiert werden die Figuren auf etwa 600 v. Chr.; Fundort: Japan.
Ähnlich interessant scheinen die Parallelen eines auf einer Steinstele abgebildeten Menschen zu Astronauten zu sein. In El Baul (Guatemala, Abb. 5) befindet sich ein Monument, auf dem eine Gestalt in einem Overall dargestellt ist. Verblüffend ist der Helm, der mit einer Kragenwulst mit dem Anzug verbunden ist. Für die Augen ist eine Öffnung gelassen, hinter der auch der Nasenansatz deutlich wird. Auf dem Rücken befindet sich ein Tornister, der über ein schlauchähnliches Gebilde mit dem Helm verbunden ist. Durch eine als Tierschnauze vom Bildhauer dargestellte Öffnung tritt eine Substanz ins Freie. Die traditionelle Archäologie deutet diese Abbildung als »Ballspieler«. Ausstattung der Figur und das Symbol eines aus dem Himmel steigenden Gottes in der oberen linken Ecke legen jedoch einen anderen Schluß nahe.

Flugzeugmodelle im alten Ägypten

von Prof. Dr. Khalil Messiha, Kairo
(Ägypten)

Der Gedanke vom Fliegen oder Fliegen-können war in der antiken Welt weit verbreitet. Unzählige Mythen, Überlieferungen und Schriften weisen darauf hin. Aber erst 1783 gelang es den Gebrüdern Montgolfier erstmals, mit einem Warmluftballon den Erdboden zu verlassen und damit die Geschichte der Luftfahrt zu begründen.
Tatsächlich? Im Kairoer Museum wird uns das Modell eines Flugzeuges aufbewahrt, das allen modernen aerodynamischen Anforderungen entspricht. Ein Zufall? Die Laune eines altägyptischen Künstlers? Oder die letzten, auf uns überkommenen Überreste eines Wissens der damaligen Zeit, der damaligen Menschen, die über Kenntnisse verfügten, die wir ihnen heute nicht oder nur schwerlich zubilligen wollen?
Prof. Dr. Khalil Messiha, geb. 1924, studierte Medizin, Kunstgeschichte und Archäologie an der Universität Kairo. Er ist Direktor des Museums für Medizingeschichte im Sakakini-Palast in Daher-Kairo. Seit vielen Jahren befaßt sich der Autor mit den altägyptischen Flugzeugmodellen und Flugbeschreibungen aus jener Zeit. Für seine außergewöhnlichen Arbeiten und Entdeckungen wurde er am 26. Januar 1977 mit dem »Order of Merit« des ägyptischen Ministeriums für Zivilluftfahrt und im Oktober 1979 mit dem »Order of Merit« der »World Aerospace Education Organization« ausgezeichnet.

Ägypten ist zeitlos: sein klarer, sonniger Himmel, die ewig fließenden Wasser des Nils und sein friedliebendes Volk. Aus der Verbindung dieser drei Elemente entsprang seine große alte Kultur und aus dieser wiederum die Erfindung des Fliegens.

Die Geschichte dieser Erfindung begann, als die alten Ägypter die Sonne, diesen großen, strahlenden Stern, beobachteten: ihren Aufgang am östlichen Horizont, ihren prächtigen Weg durch die Mitte des Himmels und ihren Untergang im Westen. Sie verfolgten diese tägliche »Reise« von den Mauern ihrer Tempel aus und erblickten in unserem Zentralgestirn eine geflügelte Scheibe oder einen geflügelten Skarabäus, der aus dem Körper der NUT (des durch eine Göttin symbolisierten Himmels) geboren wird, den Himmel durchfliegt und durch den Mund wieder in die astrale Mutter zurückkehrt – um am folgenden Morgen erneut der Welt Licht und Wärme zu spenden.

Die Idee vom Fliegen im alten Ägypten

In den sogenannten »Pyramidentexten« (etwa 2400 v. Chr.) findet sich eine interessante Stelle, welche die tägliche Reise des Sonnengottes Ré beschreibt. Dieser Überlieferung folgend glitt er mit seiner von den himmlischen Fluten getragenen Barke über das Firmament, bis hin zum Gott Horus, der am Horizont wohnte. Auf dieser Reise wurde er von allen je über Ägypten herrschenden Königen und ihrem gläubigen Volk begleitet. Hier zeigt sich die Idee des Fliegens und des »Durch-den-Raum-Gleitens« sehr deutlich. Himmlische Barken, damit sind Fahrzeuge gemeint, die durch die Luft flogen und nicht mit dem eigentlichen Sonnenboot selbst zu verwechseln sind.

Den Überlieferungen des Manetho zufolge wurde Ägypten zu Beginn seiner Geschichte von Göttern regiert und erst danach von den »Erben des Horus«, der einst die Himmel durchquerte. Dies deutet darauf hin, daß die Idee vom Fliegen schon vor der ersten Dynastie ihren festen Platz in den Gedanken der Menschen hatte.

Fliegende Götter

Der durch einen Falken symbolisierte Horus war fester Bestandteil eines jeden Pharaonennamens. Es gab daneben aber insbesondere auch die vier Götter des Windes: den des Ostens, des Westens, des Nordens und des Südens. Diese Gottheiten besaßen entweder menschliche oder tierische Leiber mit je vier Flügeln. Ihre Aufgabe bestand in der Erzeugung des Windes und der Festlegung seiner Richtung. Die Gestalt des Nordwind-Gottes ist bemerkenswert: es ist erstaunlich, aber er hat tatsächlich die Form eines Doppeldeckers! Oder war es nur die verrückte Einbildung des altägyptischen Künstlers?

Es ist uns eine große Gruppe bronzener, wunderbar gearbeiteter, geflügelter Gottheiten aus der Spätzeit des ägyptischen Reiches (1085–341 v. Chr.) erhalten geblieben. Eine sehr interessante Figur ist die des NOFER-TEM (sein Name bedeutet: »das wunderbare Ganze«), ein geflügelter junger Mann. Er breitet seine Arme aus und besitzt vier Flügel, auf jeder Seite zwei. Zusätzlich hat er noch zwei Arme auf der Vorderseite, die halb ausgestreckt sind. Seinen Nacken bedecken die Flügel eines Falken. Es ist offensichtlich: durch die Vielzahl der Flügel und die ausgebreiteten Arme versuchte der Künstler den Eindruck eines fliegenden Menschen zu vermitteln.

Im Kairoer Museum wird ein weißer Stein aufbewahrt, in den ein Mann mit kurzer Hose und einem den Körper bedeckenden Netz eingraviert ist. An seinem Leib sind zwei Flügel und ein Vogelschwanz angebracht – auch dies ein Symbol für den Wunsch, fliegen zu können. Ein weiteres Beispiel ist das der Gottheit MAAT (Maat bedeutet »die Wahrheit«). Wir haben es mit einer Malerei zu tun, die eine nackte Frau darstellt. Sie breitet ihre Hände aus, mit denen sie zwei große Flügel hält. Diese sind an ihrem graziösen Körper mit zwei die Brust überkreuzenden, sehr zarten Ketten angeheftet. Sie steht auf den Spitzen ihrer Zehen, um in die Luft springen und fliegen zu können.

Hunderte von Malereien und Zeichnungen zeigen himmlische Wesen, die mit ihren Flügeln das Firmament durchstreifen. Auch die alten Texte halten viele Verse über das Fliegen fest. Im Ägyptischen Totenbuch insbesondere sind uns diese Überlieferungen erhalten geblieben:

O Welten-Ei erhöre mich!
Ich bin Horus von Jahrmillionen.
Ich bin Herr und Meister des Throns.
Vom Übel erlöst, durchziehe ich die Zeiten
und Räume, die grenzenlos sind.

Aus dem Ägyptischen Totenbuch ist auch die folgende Textstelle entnommen:

Einem Phönix gleich schweb ich im Himmel.
Nach Osten zu steuert mein Boot. Osiris gleich
Dring ich nach Dschedu vor und öffne die Quellen
des himmlischen Nils,
Der Sonnenscheibe Bahnen bereitend.
Wie der Gott Sokari im Schlitten vorrückend
Gesell ich mich zu den Geistern, die im Morgengrauen

Das Tagesgestirn anbeten. Wahrlich, ich bin
jenen Geistern
Nicht unterlegen! Denn wie sie bin ich ein Wesen, geschaffen
Vom strömenden Isis-Licht und von der Göttin
magischer Kraft.

Das Zeichen des Fliegens in der Hieroglyphenschrift

In der antiken ägyptischen Schrift (den Hieroglyphen oder der »geheimen Schrift«) existieren verschiedene Worte und Zeichen, welche die
Bedeutung »Fliegen« haben, etwa:

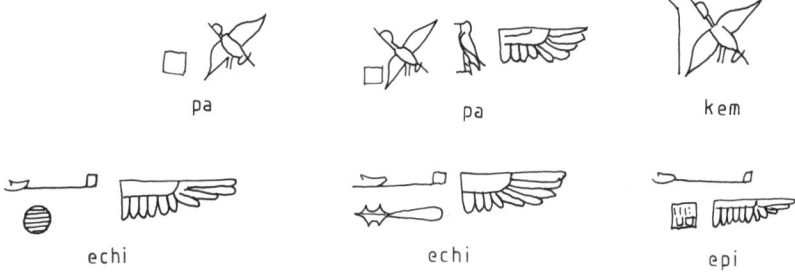

Jedes Wort oder Verb, das die Bedeutung »Fliegen« besitzt, ist durch
die Umrisse eines Flügels oder Vogels gekennzeichnet. Das Wort
»Kema«, das für einen »geworfenen Stab« oder »Bumerang« steht,
wird durch eine fliegende Ente versinnbildlicht. Der Bumerang, den
auch die alten Ägypter kannten, ist ja tatsächlich etwas wie ein Flügel
mit einem Knick, der es möglich macht, daß das Holz zum Werfer
zurückkehrt.

Die Spätzeit

Der Erfinder des altägyptischen Flugzeugmodells war ein Mann
namens PA-DI-IMEN (das bedeutet: »Geschenk des Imen«). Er lebte
während der Spätzeit in der sogenannten »Ära der Wissenschaft«
(300–250 v. Chr.). Während dieser Epoche wirkte in Ägypten eine
ganze Anzahl außergewöhnlicher Wissenschaftler. Hero von Alexan-
dria zum Beispiel ist berühmt für seine mechanischen Erfindungen – er
entwickelte die erste Turbine. Am bemerkenswertesten ist vielleicht
seine Konstruktion von Maschinen, die ein Luft- und Wasserdampfge-
misch verdichteten und so die Flügel eines Vogelmodells bewegten
(Stephen Nolin: »Structure of Matter«, S. 115).

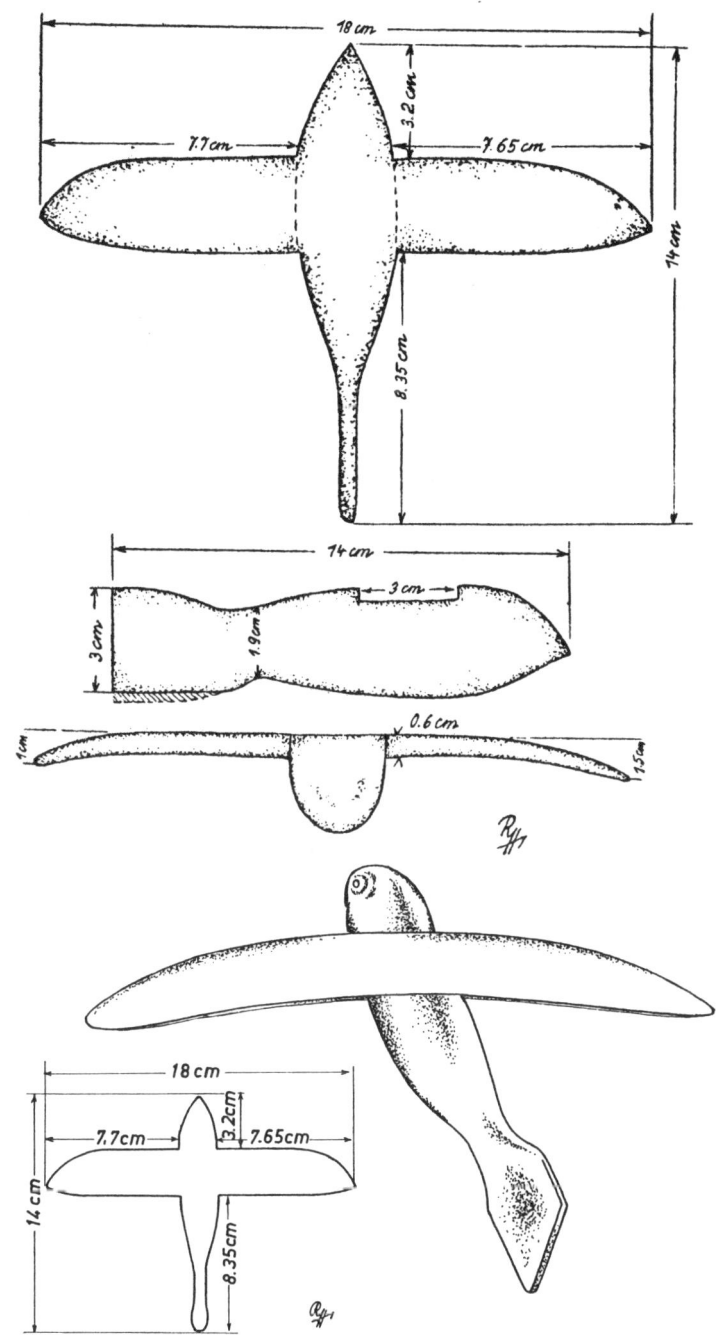

Abb. 6 und 7: Flugzeugmodell aus dem Ägypten des dritten Jahrhunderts v. Chr.

Das Flugzeugmodell

Dies also war der technische Hintergrund, der im dritten Jahrhundert v. Chr. PA-DI-IMEN dazu anregte, unterschiedliche Flugzeugmodelle anzufertigen. Eines davon ist heute im Kairoer Museum (Raum 22) unter der Nummer 6347 ausgestellt. Es handelt sich um einen Eindekker, geschnitzt aus dem Holz des Maulbeerfeigenbaums.

Die Flügel

Die Flügel des Modells sind aus einem Stück gearbeitet und messen von Spitze zu Spitze 18 cm. Der dickste Abschnitt liegt dabei im Zentrum, nach außen hin verjüngen sie sich und flachen bis zu den Spitzen ab. Die Tragflügel sind aerodynamisch geformt und zeigen die Umrisse moderner Flugzeugflügel. Ein interessanter Bestandteil dieser Flügel sind auch ihre V-förmigen Vorderseiten, die sich im Laufe der Zeit allerdings etwas verzogen haben.

Der Hauptkörper

Der Hauptkörper besteht aus dem gleichen Material wie die Flügel und mißt von der Spitze der Nase bis zum Ende des Schwanzes 14 cm. Auch dieser Hauptkörper ist hervorragend aerodynamisch geformt. Die »Nase« gleicht einer kleinen Pyramide; an der rechten Seite ist ein »Auge« aufgemalt. Der Körper nimmt, von der »Nase« ausgehend, an Umfang zu und erreicht seinen voluminösesten Teil dort, wo er die Flügel trägt. Hier ist sein Umriß nahezu eiförmig-elliptisch. Nach hinten zu wird er – wie bei einem Fisch – zusammengedrückt. Im dicksten Teil besitzt er auf der Oberseite eine kleine rechtwinklige Grube, die die Flügel aufnimmt, und zwar so, daß diese eine Ebene mit der Oberfläche des Hauptflugkörpers bilden.

Der Schwanz

Der Schwanz formt den hintersten Teil des Körpers und ist zweifelsohne das charakteristischste Merkmal des Modells: er ist aufrecht stehend angebracht (wenn man ihn von hinten betrachtet, weicht er ein wenig nach rechts ab – auch dies eine Folge des Verziehens des Materials über mehr als zwei Jahrtausende hinweg). Er ist nahezu rechtwinklig angebracht, drei Zentimeter hoch und vier Zentimeter im Durchmesser. Die untere Ecke ist abgebrochen. Wahrscheinlich waren dort die horizontal gelagerten Hinterruder angebracht.

Andere Einzelheiten

In die Unterseite des Hauptkörpers ist, vermutlich vor kurzer Zeit, ein Loch gebohrt worden, um das Modell auf einen Ständer stellen zu können. Eine andere Möglichkeit wäre, daß es an dieser Stelle an einem starken Pfeil befestigt wurde, der mit Hilfe eines Bogens abgeschossen wurde. – Es gibt keine Hinweise darauf, daß an dem Modell Federn oder Beine befestigt oder aufgemalt waren. Lediglich das eine Auge und zwei feine Linien am Körper unter den Flügeln sind zu erkennen.

Schlußwort

In der gesamten Welt hat es zahlreiche Diskussionen über das Modell des altägyptischen Flugzeuges gegeben. Die meisten Aerodynamiker und Flugzeugingenieure kamen dabei zu dem Schluß, daß es sich um ein technisch exaktes Modell eines wirklichen Flugzeuges handelt. Sein Erfinder und Erbauer muß viel Zeit dafür geopfert haben, den Flug der Vögel, die Form ihrer Flügel, die Gestalt ihrer Körper und das Zusammenspiel beider Elemente zu studieren.

In einem historischen Gemälde aus dem elften Jahrhundert nach Christi (»Die Belagerung Antiochiens«) ist ein großer, mit einem sehr mächtigen Bogen versehener Dreifuß abgebildet. Diese Maschine bombardiert die Festung mit »feurigen Vögeln«, die fast identisch sind mit den pharaonischen Flugzeugmodellen. Wir finden eine erste Veröffentlichung darüber in der 1973 erschienenen italienischen »Encyclopädie der Luft- und Raumfahrt«, und zwar unter dem Titel »Raketen«. Im gleichen Abschnitt wird auch darauf hingewiesen, daß die Ägypter – neben den Chinesen – tatsächlich Raketen besaßen. Dies zeigt uns erneut die großartigen wissenschaftlichen Leistungen des alten Kulturvolkes vom Nil.

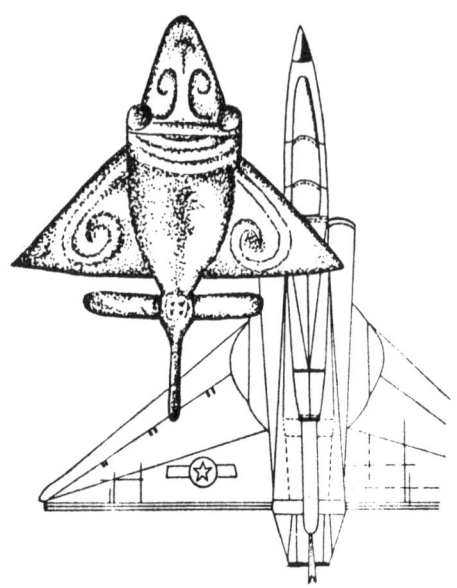

Abb. 8: Flugzeugmodelle aus Kolumbien.

Zwischenbericht 6

FLUGZEUGMODELLE IM ALTEN SÜDAMERIKA

In der kolumbianischen State Bank von Bogota wird ein Gegenstand aufbewahrt, der lange Zeit von Archäologen als »Religiöser Zierrat« bezeichnet wurde. Untersuchungen am Aeronautical Institute, New York, durchgeführt unter Leitung von Dr. Arthur Poyslee, erbrachten, daß es sich bei dem historischen Artefakt um ein goldenes Flugzeugmodell handelt.

Im Strömungskanal wurde festgestellt, daß das Modell völlig aerodynamisch gebaut war, zwei deltaförmige Tragflächen und zwei Stabilisatorflossen besaß, so, wie sie von modernen Flugzeugen bekannt sind. Eine Reihe weiterer Modelle befindet sich in Privatsammlungen und Museen. Einige von ihnen waren während einer Wanderausstellung archäologischer Funde Südamerikas (»Gold von El Dorado«) auch in Deutschland zu sehen.

Elektrizität im alten Ägypten und anderen antike Kulturen

von Reinhard Habeck, Peter Krassa und Walter Garn,
Wien (Österreich)

Zeugnisse eines einst vorhandenen technologischen Wissens finden sich überall in der Welt. Ein eindrucksvolles Beispiel dafür liefern die unterirdischen Anlagen des Hathor-Tempels von Dendera in Ober-Ägypten. Was hier dem »Zahn der Zeit« und jüngsten Grabräuberaktivitäten getrotzt hat, ist nur schwerlich in althergebrachte Deutungskategorien antiker ägyptischer Darstellungen einzureihen. Präzise Abbilder technischer Apparaturen – insbesondere von glühlampenähnlichen Gebilden – machten eine Rekonstruktion möglich, die nicht nur die Richtigkeit des Dargestellten, sondern auch die Richtigkeit einer neuen Betrachtungsweise beweist.

Walter Garn, geb. 1940, ist Diplom-Ingenieur und als Projektleiter einer großen Wiener Elektrofirma tätig. Von 1977 bis 1979 war Garn für ein Großkraftwerk in Thailand verantwortlich.

Reinhard Habeck, geb. 1962, ist Vermessungstechniker. Er ist Verfasser mehrerer publizistischer Arbeiten und für eine Anzahl von Verlagen als Zeichner tätig. Gemeinsam mit P. Krassa besuchte er 1981 Ägypten, wo er die rätselhaften unterirdischen Krypten des Hathor Tempels von Dendera studierte.

Peter Krassa, geb. 1938, ist als Redakteur bei mehreren großen österreichischen Tageszeitungen tätig gewesen. Heute lebt er als freiberuflicher Schriftsteller. Krassa ist Autor von bislang zehn Sachbüchern grenzwissenschaftlicher Themen sowie Autobiographien, die in zahlreiche Sprachen übersetzt wurden.

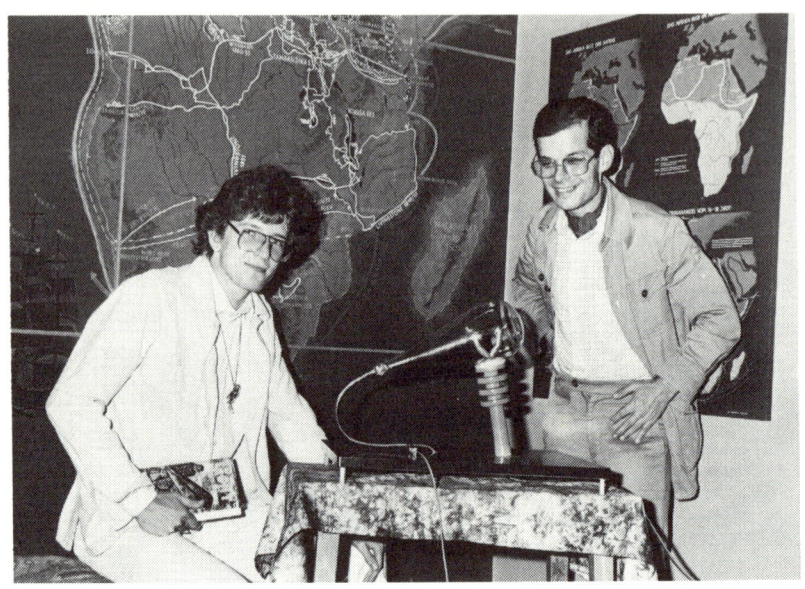

Reinhard Habeck und Peter Krassa

Walter Garn

Die geschichtliche Darstellung, daß erst seit dem Jahr 1820 die Wirkung des elektrischen Stroms durch den Dänen H. C. Örsted bekannt wurde, ist längst nicht mehr richtig. Den Beweis dafür liefern rätselhafte, vasenförmige Gegenstände, die der Österreicher Wilhelm König bei Ausgrabungen entdeckte. Diese aus dem heutigen Irak stammenden Apparaturen entpuppten sich bei späteren Untersuchungen als einwandfrei funktionierende Batterien aus der Zeit um 250 v. Chr. Die technischen Geräte bestehen aus einem Kupferblech, das zu einem 12 cm hohen Zylinder geformt und mit einer Zinn-Blei-Legierung verlötet wurde. Der Durchmesser beträgt rund zweieinhalb Zentimeter. Den Boden bildet eine dichtschließende Kupferkappe, die nach innen

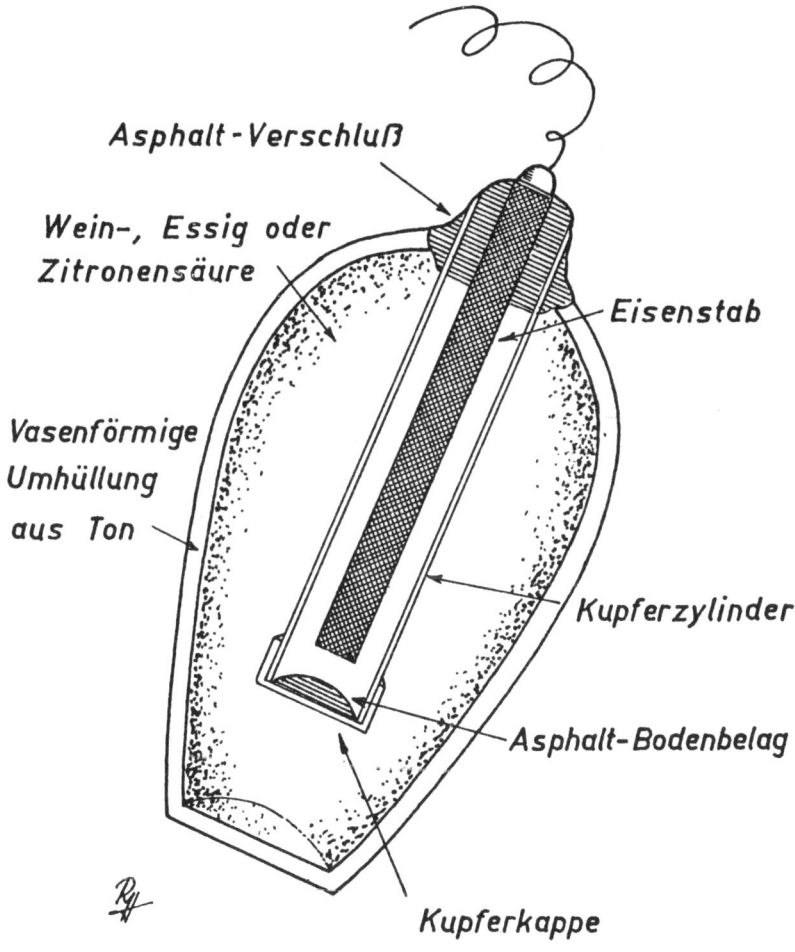

Asphalt-Verschluß

Wein-, Essig oder Zitronensäure

Eisenstab

Vasenförmige Umhüllung aus Ton

Kupferzylinder

Asphalt-Bodenbelag

Kupferkappe

Abb. 9: Konstruktionsschema der Trockenbatterie aus der Parther-Zeit.

mit Bitumen isoliert wurde. Am oberen Ende war der Zylinder mit einem Bitumenpfropfen verschlossen. Aus ihm ragte (gegen das Kupfer isoliert) ein etwa 11 cm langer Eisenstab in den Zylinder hinein. Um die Apparatur vor äußeren Einflüssen zu schützen, wurde das gesamte Gerät in eine 18 cm große Terrakottenvase gesteckt und befestigt. Füllt man diese Kupfer-Eisenkonstruktion nun mit einer laugenartigen oder sauren Flüssigkeit (z. B. Wein-, Essig- oder Zitronensäure), so erhält man genau ein *galvanisches Element*. Bemerkenswerweise handelt es sich um die gleiche Kombination, wie sie der italienische Naturforscher Luigi Galvani – zweitausend Jahre später! – für das nach ihm benannte Element benutzte.

Zuletzt wurde eines dieser antiken Artefakte vor einigen Jahren im Hildesheimer Roemer-Pelizaeusmuseum auf seine Funktionstüchtigkeit überprüft. Der Ägyptologe Dr. Arne Eggebrecht leitete das Experiment und zeigte den geladenen Experten das verblüffende Ergebnis: Auch heute noch gibt jede an ein Meßgerät angeschlossene Batterie eine Spannung von 0,5 Volt ab! Damit war neuerlich bewiesen, daß es sich bei diesen Apparaturen aus dem Ruinenhügel von Chujut Rabuah und bei einigen weiteren Kupferzellen, die in Seleukia am Tigris und im benachbarten Ctesiphon, der parthischen Hauptstadt, gefunden wurden, tatsächlich um vorchristliche Elektrobatterien handelt und daß die Parther meisterhafte Galvaniseure gewesen sein müssen! Das vielfach als »barbarisch« verkannte Reitervolk verfügte über erstaunliches technisches Wissen, Kenntnisse, die es nach bisheriger Ansicht nicht gehabt haben dürfte.

Was wußten die Ägypter?

Es stellt sich die Frage, ob dieser technologische Einblick auch anderen Völkern des Altertums möglich war. Stichhaltige Hinweise sprechen dafür. Die Spur führt uns unmittelbar ins Pharaonenreich – nach Ägypten. Kannten die ägyptischen Weisheitspriester, die Wissenschaftler ihrer Zeit, das Geheimnis der Elektrizität? Man denke an die unterirdischen Tempelanlagen und deren prachtvolle Wandmalereien, wie etwa im Tal der Könige. Wie entstanden sie? Welche Beleuchtungsquelle wurde benutzt? Zunächst denkt man an Fackeln, Kerzen oder Petroleumlampen. Doch hier stellt sich ein Problem: Weder in den verschiedenen Tempelgewölben noch in den Pyramiden hat man jemals Spuren von Ruß gefunden. Fackeln und ähnliches hätten aber nach jahrhundertelanger Benutzung ihre »Visitenkarte« auf Decken und Wänden hinterlassen müssen. Wie also kann diese widersprüchliche Erscheinung geklärt werden?
Hatten die Ägypter vor Jahrtausenden Spiegelsysteme in ihren Bauten

Abb. 10: Eines der Wandreliefs aus dem unterirdischen Tempel von Dendera/Oberägypten.

eingerichtet? Auch diese Überlegung wurde in der Praxis erprobt und wieder verworfen. Man mußte eingestehen, daß der Großteil des Sonnenlichts durch Streuung verlorenging und somit nicht imstande war, die unterirdischen Krypten zu erhellen. Ein unbefriedigendes Ergebnis. Wir besuchten deshalb den österreichischen Ägyptologen Helmut Satzinger. Er ist Dozent an der Universität Wien und arbeitet am Kunsthistorischen Museum der österreichischen Hauptstadt. Satzinger erklärte uns mit vorsichtiger Distanz: »Mir sind ebenfalls keine Unterlagen über Rußspuren bekannt. Aber ich glaube, mich an einen Artikel zu erinnern, aus dem hervorging, daß man seinerzeit imstande gewesen sei, nichtrußende Fackeln zu erzeugen.«

Nichtrußende Fackeln? Ist damit das Geheimnis altägyptischer Beleuchtungsquellen beantwortet? Leider nicht. Wie uns Dr. Satzinger eingestehen mußte, hat man bis heute verabsäumt, den Versuch mit den angeblich nichtrußenden Fackeln auch in der Praxis zu überprüfen. Befürchtete man einen Fehlschlag ähnlich jenem, der auch den Spiegelversuch scheitern ließ?

Angesichts dessen stellt sich neuerlich die Frage, ob die Priester des Pharaonenreiches Geräte besaßen, Elektrizität nutzbar zu machen. Ein Gebäude etwa 60 Kilometer nördlich von Luxor, der Himmelsgöttin Hathor geweiht und von Ägyptenreisenden mit nur wenig Beachtung bedacht, untermauert diesen Verdacht. Gemeint ist die jahrtausendealte Hathorkultstätte von Dendera. Die in unmittelbarer Nähe befindlichen Ruinen und Monumente weisen deutlich darauf hin, daß der eigentliche Tempel nur den Rest einer riesigen archäologischen Bauanlage darstellt. Der Hathor-Tempel wirkt erstaunlich kompakt, allein die Vorhalle wird von 24 mächtigen Säulen getragen. Stellenweise sind die Gebäudemauern sogar über drei Meter dick. Fast könnte man annehmen, das Heiligtum sei für die Ewigkeit erbaut worden. Eine Besonderheit des Bauwerks ist die Tatsache, daß nur ein kleiner Teil des Tempels aus der Erdoberfläche herausragt. Das eigentliche Mysterium ist unter dem Wüstenboden verborgen: Zwölf lange, enge und schwer zugängliche Krypten, die in *drei* verschiedenen Stockwerken untergebracht sind. Noch eine Eigentümlichkeit liegt in der Wohnstätte der Himmelsgöttin Hathor verborgen: Faszinierende Reliefdarstellungen, die weder in Ägypten noch anderswo eine Parallele finden; ebenso überall angebrachte Hieroglyphen, die bis heute *nicht* entziffert werden konnten.

In den Krypten von Dendera

Der Name Dendera erweckte unsere Aufmerksamkeit erstmals durch zwei Bücher der Autoren Berlitz und Brunés. In beiden Veröffentlichungen fanden wir Hinweise auf ungewöhnliche Wandgravuren in den Krypten des ägyptischen Tempels – und in jedem Fall schienen die Abbildungen auf ein sehr interessantes Faktum hinzuweisen: Bereits die Ägypter der Antike wußten über Elektrizität als Energiequelle Bescheid ...

Die bei Berlitz und Brunés veröffentlichten Zeichnungen, die angeblich die Originalreliefabbildungen getreu wiedergaben, machten uns neugierig und mißtrauisch zugleich. Neugierig, weil es nach unseren Informationen nirgendwo ähnlich geartete Darstellungen gibt – mißtrauisch, weil Zeichnungen stets die Gefahr in sich bergen, bewußt oder unbewußt manipuliert worden zu sein.

Damals erwachte in uns das Verlangen, den Originalquellen nachzuspüren. Wir wollten mit eigenen Augen diese Reliefs sehen – und zwar an Ort und Stelle: im Tempel von Dendera. In Wiener Bibliotheksarchiven hatten wir vierzig bis fünfzig Jahre alte Fotos jener Dendera-Reliefs aufgestöbert. Sie alle zeigten dieselben faszinierenden Darstellungen: riesige glühbirnenförmige Gebilde.

Wir mußten nach Ägypten! Am 9. Oktober 1980 war es soweit. Eine erstickende Hitze und ein sehr mühevoller Einstieg in die Dendera-Katakomben konnten uns von unserem Vorhaben nicht abbringen. Elf der insgesamt zwölf Krypten wurden nach einem raffinierten Tempelraubzug, der in den Jahren 1972 und 1973 stattgefunden hat, für die Öffentlichkeit gesperrt. Damals fiel einer Kunstraubmafia eine ganze Reihe unersetzlicher Wandreliefs zum Opfer. Herausgebrochen, unter offizieller Duldung bakschischbestochener Behörden, sind diese Überreste längst in Privatsammlungen gewissenloser Millionäre untergetaucht. Wir hatte großes Glück, wenigstens eine noch unbeschädigt gebliebene Kammer betreten zu können. Aber am Ziel wurden wir für unsere Mühen mehr als entschädigt.

»Für uns symbolisieren die Bilder, besonders die Schlange in den Röhren, eine Kraft wie Elektrizität. Die eine Schlange wendet das Haupt nach vorn, die andere nach hinten, was das Symbol für plus und minus sein kann. Die Halterungen ruhen auf einer Stütze, einer sogenannten Djed-Säule. Jeder Techniker wird sagen, daß in diesem Zusammenhang der betreffende Gegenstand stark an einen Isolator des Typs erinnert, wie er bei Hochspannungsanlagen verwendet wird.«

So beschreibt Tons Brunés den Eindruck, den er von den Reliefdarstellungen gewann. Und man muß ihm recht geben. Ungewöhnlicheres als diese Illustrationen an den Wänden der Dendera-Krypten hatten wir nie zuvor gesehen. Was die Reliefs zeigen, kann in keinem Fall mit »Kult«-Erklärungen abgetan werden. Hier offenbaren sich durchaus reale Handlungsabläufe. Deutlich erkennt man menschliche Gestalten neben blasenförmigen Gegenständen, die ohne große Phantasiebemühungen an überdimensionale Glühbirnen erinnern. Die in diesen Gebilden sich windenden »Schlangen« könnten durchaus als Hinweis für den Begriff »Lichtbogen« angesehen werden. Die »Fassung« bildet eine »Lotusblüte«, von der wiederum ein »kabelartiger Schlauch« in einen rechteckigen Behälter mündet. Gestützt wird das alles von den bereits erwähnten »Djed-Säulen« mit zwei Armen, die häufig in unmittelbarer Verbindung mit der »Schlange« stehen.

Der Djed-Pfeiler und seine Bedeutung

Welche Bedeutung ist dem »Djed-Pfeiler« beizumessen? Ägyptologen sind sich darüber noch nicht einig geworden. Man glaubt in ihm einen Pfahl zu erkennen, um den kreisförmig und stufenweise Getreideähren gebunden wurden. Andere Altertumsforscher sprechen hingegen von der Darstellung eines Baumes beziehungsweise einer Palme mit gestützten Wedeln oder einer Rückwand. Mit Bestimmtheit kann nur eines gesagt werden: Grundsätzlich wird das Wort »Djed« mit Begriffen wie »Stabilität«, »Dauer« und »Beständigkeit« gleichgesetzt. Zweifellos ist darin die wahre Bedeutung dieser mysteriösen Stütze zu suchen.

Ist es also wirklich Zufall, daß eben diese »Djed-Pfeiler« ausgerechnet die Form von Hochspannungsisolatoren aufweisen? Gab es tatsächlich Glühbirnen im alten Ägypten?

So seltsam diese Vermutung klingen mag, sie ist nicht unbegründet. Einer, der die rätselhaften Bilddokumente aus Dendera untersuchte, ist der britische Oxford-Gelehrte Dr. John Harris. Er kam zu der Überzeugung, daß es sich zweifellos um genaue Kopien technischer Illustrationen handeln muß, und zwar so, wie sie gegenwärtig gebräuchlich sind.

Wir legten die »elektrotechnische« Deutung der Dendera-Dokumente dem Wiener Ägyptologen Helmut Satzinger vor. Satzinger verwarf diesen Gedanken sofort: »Zugegeben, diese Gebilde erinnern ein wenig an Glühbirnen – aber derartige Darstellungen darf man nicht technisch erklären. Das wäre völlig falsch.« Und weiter: »Religiöse Abbildungen in den ägyptischen Tempeln und Gräbern besitzen keinen Informationswert. Sie sollen lediglich auf ihre Beschauer einwirken und ausstrahlen.«

Daß die Reliefabbildungen eine technologische Aussage besitzen, so versicherte man uns, ist weiter nichts als ein »Zufall«. Aber macht man es sich dabei nicht etwas *zu* leicht? »Zufälle« haben im Verlauf der Vergangenheitsforschung schon vielfach herhalten müssen, wenn sich ein außergewöhnlicher Fund nicht in das vorgefertigte Mosaikgebilde der Geschichtsvorstellungen einordnen ließ. Ägyptologen sprechen in einem solchen Fall von »Kulterscheinungen« und »Symbolen«, ohne deren eigentlichem Sinn nachzuspüren, Erklärungen, auf denen sie vielfach – gemäß ihrer Ausbildung – beharren müssen, obgleich diese den logischen Überprüfungen nicht standhalten.

Der Hathor-Tempel ist eine einzigartige Erscheinung, die kein Gegenstück in Ägypten oder sonstwo in der Welt findet. Beinahe jede, auch die kleinste Fläche, ist für Inschriften und Abbildungen genutzt. Eine Bibliothek aus Stein, aufgebaut, um Wissen zu übermitteln, Wissen, das elektrische Vorgänge widerspiegelt.

Bezeichnenderweise ist es den zuständigen Sprachforschern bisher nicht gelungen, die Hieroglyphen von Dendera zu übersetzen. So liegt die Vermutung nahe, daß sich die Priesterschaft im alten Ägypten einer nur ihr geläufigen Schrift bedient hat – vielleicht ähnlich jener »Codesprache« der heutigen Wissenschaft. »Es ist schon so: Die Schrift ändert sich, hat sich im Laufe der dreitausend Jahre in Ägypten sehr oft geändert«, versicherte uns der Direktor des Museums für prähistorische Medizin und Pharmazeutik in Kairo, Dr. Fawzi Soueha. »Und außerdem beherrschten die hohen Tempelpriester eine besondere Geheimschrift, um auf diese Weise ihr Wissen vor der übrigen Welt zu verbergen.«

Eine Auffassung, die auch der bekannte österreichische Agyptologe Erich Winter teilt. In einem Briefwechsel bestätigte er uns unter anderem: »Ihre Anfrage betrifft überaus interessante Darstellungen, zu denen die Ägyptologie bisher zwar Einzelheiten kennt, der religionsgeschichtliche Rahmen jedoch, aus dem heraus diese (auf den Reliefs von Dendera sichtbaren) Szenen erklärt werden können, liegt noch weitgehend im Dunkeln, wie überhaupt die Bedeutung der Krypten in den spätägyptischen Tempeln (von denen nur die in Dendera Reliefs und Inschriften tragen).«

Der erste, der den eindrucksvollen Wandreliefs auf die Spur kam, war der französische Altertumsforscher Auguste Mariette. Seine Arbeiten veröffentlichte er mit zahlreichen Zeichnungen in dem Werk »Denderah« (Paris 1869), das fünf Bände umfaßt. Immerhin die erste Publikation, die von den wissenschaftlichen Forschungsergebnissen der Kultstätte berichtete.

Mariettes Bestreben, den Schlüssel für die unbekannten Schriftzeichen zu finden, blieb jedoch erfolglos. Die vielen Einzelheiten der Bilddokumente und schmückenden Verzierungen machten einen eigenartigen Eindruck und paßten nicht in das gewohnte Bild. Der Ursprung schien anders zu sein als bei den vertrauten Inschriften üblicher Tempelbauten. Die landläufige Meinung, seit dem Fund des Steins von Rosette könnten sämtliche ägyptischen Schriftquellen erschlossen werden, ist falsch.

Auch haben die weiteren Untersuchungen, zuletzt von Emile Chassinat im Jahre 1952, zwar eine Menge neuer Hinweise und noch mehr

Vermutungen erbracht, aber keine Klärung. Vor allem stimmt nachdenklich, daß bei den Reliefs in den Dendera-Katakomben keine Zusammenhänge zwischen textlicher Aussage und der Illustration zu bestehen scheinen. Wie kann dieser seltsame Widerspruch geklärt werden?»Kultgegenstände« und »Symbole« können als Lösung nicht befriedigen. Liegt es daran, daß unsere gesamte Vergangenheit sehr einseitig aus einem bestimmten Gesichtswinkel betrachtet wird? Aus einem Blickwinkel, der dem Menschen der Vorzeit ein vollkommenes Unwissen in technologischer Hinsicht unterstellt, ungeachtet der Wunder prachtvoller Bauwerke, die diese Menschen hinterlassen haben? Wir haben Grund zu der Annahme, man wolle absichtlich die Tatsache übersehen, daß eine ganze Reihe archäologischer Rätsel erst mit dem Wissen der heutigen Zeit erklärbar geworden ist. Schon die geheimnisumwitterte Cheops-Pyramide hat den Beweis dafür erbracht. Denn erst der modernen Wissenschaft ist es gelungen nachzuweisen, daß dieses Weltwunder kein Pharaonengrab, sondern vielmehr der »Sitz der Weisheit« gewesen sein muß. Erstaunliche astronomische Kenntnisse sprengen die Anschauung, es habe in der Vorzeit kein technisches Wissen gegeben. Zu oft hat sich gezeigt, daß Spezialistentum zwar zu großartigen Taten fähig ist, aber auch zu fantastischen Fehlleistungen führen kann. Die Voraussetzungen, die zum Verständnis für uraltes übermitteltes Wissen führen, haben sich im Laufe der Jahrhunderte grundsätzlich geändert.

Wenn der Hathor-Tempel technische Informationen enthält, die Mariette seinerzeit noch nicht kannte, so *mußte* sein Versuch, der Hieroglyphen Herr zu werden, zwangsläufig vergeblich bleiben. Er selbst gestand freimütig ein, in den Texten und Bildern keine vernünftigen Zusammenhänge erkennen zu können.

»Schlangensteine« und andere »Erklärungen«

Es verwundert nicht, daß Altertumsforscher unserer Zeit dennoch eine ganze Flut von Erklärungen anbieten. Dies beginnt mit der Annahme, bei den glühbirnenartigen Gebilden könnte es sich um sogenannte »Schlangensteine« handeln. Darunter versteht man größere Steinblöcke (oben breiter als unten), in deren Mitte sich eine Schlange ringelt. Laut Dr. Satzinger galten diese Steine als uraltes Schutzzeichen und wurden senkrecht vor Tempelbauten aufgestellt. Seltsamerweise gibt es in Dendera kein einziges Relief mit stehenden »Schlangensteinen«. Sie werden entweder von »Djed-Pfeilern« gestützt oder von Priestern in schräger Lage gehalten. Zwar meint Hermann Kees, man wolle auf diese Weise das Aufstellen der »Steine« aufzeigen, doch ist diese Ansicht anfechtbar. Fragen, welche Bedeutung etwa dem kabelartigen

Strang beizumessen ist, bleiben gänzlich unbeantwortet. Man steht vor einem Rätsel, man glaubt die Ursachen für die bisherige Nichtergründung dieses Mysteriums erkannt zu haben, aber man tut auch weiterhin nichts, um seine Lösung zu ergründen. Lieber flüchtet man in symbolhafte Ausdeutungen oder kehrt das Problem der undefinierbaren »Schlangensteine« mit dem nichtssagenden Begriff »Kult« unter den Teppich.

Der Kairoer Ägyptologe Prof. Abd el Malek Ghattes machte uns mit einer anderen Deutung vertraut. Seine Interpretation für die blasenförmigen Körper: »Dieses Zeichen heißt ›Ewigkeit‹, und das gilt auch für die Darstellung des ›Djed-Pfeilers‹. Alles wird abgeleitet von Osiris. Auch er symbolisiert die ›Ewigkeit‹.« »Ewigkeit« – man fragt sich erstaunt, womit eine solche Deutung begründet sein soll? Abd el Malek Ghattes ist uns die Antwort schuldig geblieben.

Dr. Helmut Satzinger und seine Assistentin, Dr. Elfriede Haslauer von der Abteilung »Ägyptologisch-orientalische Sammlung« im Wiener Kunsthistorischen Museum, bieten dagegen eine neue Auslegung an: »Die Reliefs in der Krypta von Dendera beziehen sich auf das Harsomtusfest. Dargestellt ist die Geburt Harsomtus, der in Schlangengestalt – auf der Lotusblüte – aus der Urflut auftaucht.« Später ergänzt E. Haslauer unschlüssig: »Die abgebildeten Schlangen können auch als Tempelwächter in Angriffsstellung interpretiert werden.«

Aber es kommt noch besser. In unserem ersten Gespräch mit Dr. Satzinger versuchte man uns folgende Überlegung plausibel zu machen: »Es könnte sich bei den Reliefs um eine Sonnenbarke handeln, dem Standardsymbol im alten Ägypten. Ein Boot, mit dem der Sonnengott Re bei Tag über den Himmel und bei Nacht in die Unterwelt fährt. Der Form nach erinnert es an die Papyrusboote von Thor Heyerdahl. Diese Sonnenboote haben im Heck eine Plattform mit einer herunterhängenden Matte, während der Bug zu einer Lotosblume gestaltet ist. Natürlich müßte man auch hier den Zusammenhang mit allen Darstellungen suchen.«

Eine Antwort, die einem die Widersprüchlichkeit verschiedener Erklärungsversuche vor Augen führt. Beim besten Willen ist es uns nicht möglich, Zusammenhänge zwischen Sonnenboot, herunterhängender Matte, Schlangen als Tempelwächtern, Harsomtusfest, aufgestellten »Schlangensteinen« und dem Symbol für »Ewigkeit« zu finden. Hier paßt einfach nichts zusammen. Wäre es deshalb – in unserem eigenen Interesse – nicht notwendig und wichtig, das gesamte Material neuerlich von ägyptologischer, aber auch von technischer Seite zu überprüfen? Einen vorurteilsfreien Blick und ein Quentchen Phantasie, an dem es vielen Ägyptologen anscheinend mangelt, besitzt dagegen offensichtlich Dipl.-Ingenieur Walter Garn, der international als Elektrofachmann anerkannt ist. Als Projektleiter eines großen österreichischen

Industriekonzerns tätig, hatte er nie etwas von Dendera gehört, bis wir ihm die Fotos der Wandreliefs aus Ägypten zeigten. Walter Garn bestätigte uns, was wir als technische Laien bereits geahnt hatten: Auch für ihn handelte es sich um genaue Wiedergaben elektrischer Vorgänge. Garn: »Ich war durch die Art der Darstellungen sofort frappiert. Die ›Djed-Pfeiler‹ sehen genauso aus wie moderne Hochspannungsisolatoren. Die ›Schlangen‹ dürften elektrische Funken oder leuchtende Gasentladungen sein, die unter Hochspannung aus den Spitzen der ›Lotosblüten‹ austreten. Ohne elementare Kenntnisse der Elektrotechnik wäre eine solche Zeichnung nicht möglich. Es stimmt einfach zuviel überein!«

Das ist geradezu das Gegenteil bisheriger Deutungen, die einen sinnvollen Zusammenhang zwischen den verschiedenen Einzelheiten nicht erkennen lassen. Für Elektroingenieur Garn ist auch der kabelartige Strang nach genauerem Studium erklärbar geworden: »Die am Seilende befestigte ›Lotosblume‹ ist, wenn man annimmt, daß es sich um einen leitenden Strang handelt, einwandfrei auf Erdpotential ausgerichtet. Auf jeden Fall liegt der Lotos auf dem Potential der Füße jener dargestellten Personen, sowie auf der Grundfläche des Djed-Pfeilers. Das bedeutet, daß das Kabel unter dieser Voraussetzung nicht isoliert gewesen sein muß, sondern auch aus dünnen Metalldrähten bestanden haben könnte.«

Die Rolle Thots

Welchen Sinn ergeben überhaupt die Figuren? Auf einem Relief sind sogar mehrere Personen abgebildet, wobei zwei einander das Gesicht zuwenden. Die Arme sind merkwürdig abgewinkelt. Was sollte damit zum Ausdruck gebracht werden?

Nach Ansicht W. Garns hat jede auf den Reliefs abgebildete Einzelheit ihre bestimmte Funktion. Energie spielt dabei eine besondere Rolle. Garn: »Die knienden Männer unterhalb der ›Schlangensteine‹ können als entgegengesetzte Spannung zwischen Lotosblume und ›Djed-Pfeiler‹-Arme interpretiert werden. Der dem Pfeiler näher kniende Mann kann als Haarpolarität (Pluspol) (+) angesehen werden.«

Seltsam ist, daß auf den Reliefs in den Tempelkrypten weniger Hathor, der dieses Heiligtum geweiht ist, sondern Thot, der Gott der Wissenschaften, in Erscheinung tritt. Er ist jeweils auf der rechten Seite der blasenförmigen Gebilde erkennbar, dargestellt als Affenwesen mit zwei Messern in den Händen. Thot galt auch als »Schreiber der Götter« und soll die Menschen Sprache und Schrift gelehrt sowie die altägyptischen Gesetze geschaffen haben.

Thot ist überhaupt eine sehr geheimnisvolle Person, berichtet doch die

Überlieferung, er sei einst mit einer »Lotosblume« vom Himmel herabgestiegen und habe den Menschen das »Licht« zurückgebracht. Wenn dies – und es deutet einiges darauf hin – ein Hinweis auf elektrisches Licht, beziehungsweise elektrischen Strom ist, so gewinnt die Darstellung dieses Paviangottes für uns größte Bedeutung. Stets hält Thot ein oder zwei Messer in die Höhe, die Spitzen nach oben gerichtet. Ritzte er damit Hieroglyphen? Oder ist es eine Geste der Kampfhandlung, wie die offizielle Ägyptologie meint? In Verbindung mit unserer Deutung gibt es noch eine dritte Möglichkeit: Allgemein ist bekannt, daß das Umgehen mit Strom nicht ungefährlich ist. Wäre es deshalb nicht naheliegend, daß die Messer des Wissenschaftsgottes auf die Gefährlichkeit des gezeigten Phänomens, nämlich die Elektrizität, hinweisen sollen?

Mehr Aufmerksamkeit muß auch der Abbildung der Falkenfedern gewidmet werden, die insbesondere im Hathor-Tempel sehr häufig zu finden sind. Der Gedanke, die Federn als Schmuckgegenstand zu deuten, ist nur eine mögliche Erklärung. Häufig werden sie auch als Lichtsymbole gedeutet, und zwar dann, wenn sie in irgendeinem Zusammenhang mit den Gottheiten selbst stehen. Den Überlieferungen zufolge war deren Antlitz oft mit »Strahlen« versehen, was uns wieder veranlaßt, an eine Energieform zu denken. Gleiches gilt auch für den vielzitierten Nil- oder Ankhschlüssel. Auch in ihm verbergen sich »Kraft« und »Stärke«, wie die Mythologie zu berichten weiß.

Von großem Interesse ist auch das Wandrelief in der Nordwandkammer 2, ein höchst sonderbarer Gegenstand. Auf einem reich verzierten Halbkreis befinden sich zwei schmale Platten, auf einer davon steht eine Schüssel mit einem ovalen Gebilde. Vier dünne Säulen mit Köpfen der Göttin Hathor ragen senkrecht aus dem Halbkreis heraus und sind jeweils mit einem mehrfach gewundenen drahtähnlichen Strang verbunden. Sämtliche vier »Drähte« führen zu einem vasenartigen Gefäß, das an seinem unteren Ende den Querschnitt einer Frucht zeigt, die an eine auseinandergeschnittene Orange oder Zitrone erinnert. Den Untersuchungen W. Garns zufolge könnte es sich um die Wiedergabe einer Elektrolyse handeln: »Von einem großen elektrischen Element führen Perlenschnüre zu vier Köpfen mit säulenartigen Körpern (Elektroden). Je zwei dieser Elektroden sind verbunden – ›kurzgeschlossen‹. Die ›Stromleitungen‹ führen zu der gleichen Seite des Elementes. Die Ausführung eines Leiters, isoliert mit Keramikplatten, wird auch heute noch verwendet, beispielsweise bei Heizkörpern. Auch der ›Anschluß‹ der Leitungen ist ähnlich einem Wickelabschluß, wie er in der Installationstechnik Verwendung findet.«

Wird der ovale Gegenstand in der Schüssel vergoldet? Soll der Querschnitt durch die Frucht am Unterteil der Vase die hierfür nötige saure Flüssigkeit liefern? Gewisse Anhaltspunkte, wonach nicht nur die

Parther, sondern auch die altägyptischen Priester die Kunst des Galvanisierens beherrschten, sind uns historisch überliefert. So soll die naturwissenschaftlich sehr interessierte Kleopatra imstande gewesen sein, auf geheimnisvolle Weise Gold »herzustellen«.

Elektrizität in der Antike

Zweifellos lohnt es sich, auch einen Blick in die alten Texte anderer Kulturvölker zu werfen. In einem der heiligen indischen Weisheitsbücher, dem »Kumbhadbawa Agadsyonumi«, sind uns brauchbare Anleitungen für stromerzeugende Batteriezellen überliefert: »Nachdem man ein Stück reines Kupfer in einen wasserdichten Tonkrug gelegt hat, dessen Öffnung nach oben zeigt, pflegt man Stücke von Kupfersulfat sowie Vitriol hineinzulegen, das blau wie der Nacken eines Pfaues ist. Dann wird der Krug mit Sägespänen gefüllt und obenauf ein Zinkblock gelegt, der mit Quecksilber eingerieben ist. Mit dieser Verbindung wird eine Kraft namens Mitra erzeugt, und das Licht, welches durch Verbindung von Zink mit Kupfer entsteht, wird auch Mitra genannt. Eine Batterie von hundert solcher Tonkrüge ergibt eine sehr starke Kraft.«

An dieser indischen Schrift ist insbesondere bemerkenswert, daß sie bereits etliche Jahrhunderte vor Christi Geburt, lange Zeit vor den sogenannten »Trockenbatterien« aus Bagdad, entstanden sein soll. Von Interesse erscheint uns auch eine Hieroglyphenabbildung, die wir an einer Seitenwand des Hathor-Tempels fanden. Sie erinnert nämlich sehr eindeutig an die Beschreibung aus dem Kumbhadbawa Agadsyonumi: vier vasenförmige Objekte sind mit einem Schlauch verbunden und ausgerechnet neben zwei glühbirnenartigen Gegenständen angeordnet. Diese Tatsachen können und dürfen nicht als sogenannte »Zufälle« abgetan werden.

Vom elektrotechnischen Standpunkt her ist jenes Relief am genauesten, bei dem die Arme des »Djed-Pfeilers« in die »Glühbirne« hineinreichen. W. Garn: »Die ›Schlange‹ ist, mit Ausnahme der Kopfbiegung, so dokumentiert, wie eine elektrische Entladung zu verlaufen hätte. Eine echte Schlange würde sich aber nie wie auf dem Relief fortbewegen.«

Die altägyptischen Bildhauer haben sich bei der symbolischen Darstellung der Schlange als elektrische Entladung aber zweifellos etwas gedacht. Parallelen zwischen Symbolik und Wirklichkeit sind unverkennbar. Die Schlange ist blitzschnell, von tödlicher Gefährlichkeit und schlechthin ein ›unheimliches‹ Tier. Die Entladungsgeräusche, die bei Korona- oder Sprühentladungen vor einem Überschlag entstehen, könnten durchaus als Zischlaute (wie bei Schlangen) gedeutet werden.

Garn verweist auf eine Gemeinsamkeit aller Wandreliefs in den Dendera-Krypten: Deutlich entspringt der Lichtbogen aus der zentralen Spitze jeder Lotosblume. Dies entspricht genau wiedergegebenen physikalischen Regeln. Garn:»Ein Lichtbogen müßte auch bei homogener Umgebung aus der mittleren Spitze austreten, weil dort die größte zu den Armen gerichtete Feldstärke auftritt. Selbst die Abbildung der Wölbung zwischen den Armen des ›Djed-Pfeilers‹ stimmt mit der Norm überein. Der Bogen entsteht durch die Wärmeentwicklung der nach oben steigenden heißen, ionisierten Gase.«
Zwangsläufig stellt sich die entscheidende Frage: Woher kam der elektrische Strom eigentlich? Welche Energiequellen wurden angezapft? Die Wandreliefs im Hathorheiligtum geben darauf keine eindeutige Antwort. Dies liegt daran, daß nur die einfachsten Zusammenhänge dargestellt und nur die verständlichsten Grundlagen abgebildet wurden. Das könnte jedoch bestimmte Gründe gehabt haben – ganz im Sinne der (Strom-)Erzeuger. Vielleicht ging es der altägyptischen Priesterschaft letztlich darum, ihr Wissen nicht völlig preiszugeben. Vielleicht wurde die »Energiefrage« der Nachwelt mit gutem Grund vorenthalten. Dies ist zugegebenermaßen nur eine Vermutung, aber eine mit durchaus plausiblem Hintergrund. Schließlich gehörten sämtliche Kenntnisse über Elektrizität in vorchristlicher Zeit zum Bereich der Geheimwissenschaften.

Woher kam die Energie?

Zur Klärung der »Energiefrage« müssen wir mehrere Möglichkeiten in Betracht ziehen. Mit den heute zur Verfügung stehenden Mitteln kommen zur Erzeugung von hohen Spannungen mit geringem Energiegehalt vor allem elektrostatische Generatoren in Frage.
»Mit Hochspannungsbatterien, wie beispielsweise der Zambonischen Säule, wird der gleiche Effekt erzielt«, schreibt W. Garn.»Auch durch die Hintereinanderschaltung von vielen Einzelelementen, wie bei Hochspannungsakkumulatoren, lassen sich einfach durch Spannungsaddition sehr hohe Spannungen erzeugen.«
Es bieten sich aber noch weitere Alternativen an. W. Garn:»Elektrostatisch hohe Spannungen lassen sich ebenso mit Staub bzw. Rauch erzeugen. Heute treten derartige Effekte eher störend auf. Sie lassen sich jedoch mit Hilfe geerdeter Kupferbänder verhindern. Andererseits können diese Effekte auf umgekehrtem Weg auch zur Erzeugung höchster Spannungen verwendet werden. Mit geringem Aufwand tut es gleichfalls eine einfache Influenzmaschine, die mit Wasser arbeitet (wie sie von W. Thomson angegeben wird). Selbst chemisch lassen sich hohe Spannungen erzeugen. Es sind längst noch nicht alle Methoden

und Möglichkeiten geläufig. Man denke nur an den Zitterrochen, der sein Opfer mit elektrischen Schlägen von einigen Tausend Volt zu töten vermag.« Am wahrscheinlichsten erscheint W. Garn die Benützung von Bandgeneratoren, wie sie 1931 von Van de Graaff entwickelt wurden. Diese erstaunlich einfachen Maschinen ermöglichen Spannungen von mehr als zehn Millionen Volt und werden heute noch in der Kernphysik

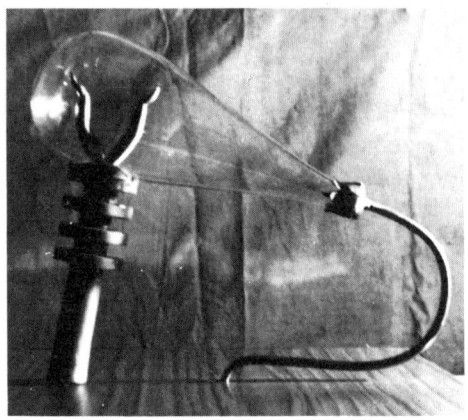

Abb. 11: Funktionierendes Glühbirnenmodell. Rekonstruktion aufgrund der Wandreliefs von Dendera.

verwendet. Ausschlaggebend ist ein isolierendes Band, auf dem Ladungen ins Innere einer Kugel geführt und durch Spitzen abgenommen werden. Dadurch lädt sich die Kugel auf und steht unter hoher Spannung. Diese Spannungen beschleunigen dann beispielsweise Ionen oder Elektronen in einem Stahlrohr.

Und der »Djed-Pfeiler«, das altägyptische Symbol für »Stabilität« und »Kraft«? Nach W. Garn ist es denkbar, daß diese Säule von innen her mit Heißluft und Staub aufgeladen wurde. Auch auf diese Weise lassen sich Spannungen verhältnismäßig einfach herstellen. W. Garn zusammenfassend: »Es geht eindeutig hervor, daß eine technisch-physikalische Interpretation der Dendera-Darstellungen möglich ist. Die bisherigen Studien haben jedenfalls gezeigt, daß eine weitere Überprüfung der Wandreliefs in diesem Tempel wertvolle Erkenntnisse für die Wissenschaft bringen könnte, wenn auch vermutlich in sehr mythologisch verpackter Form.«

Walter Garn empfiehlt eine genauere Erforschung der Reliefs, vor allem aber die Entschlüsselung der Dendera-Hieroglyphen, »um die Abbildungen technisch zu filtern«. Ein solches Studium dürfte aber dann nicht mehr nur aus einem Blickwinkel erfolgen, sondern in Zusammenarbeit mit mehreren Wissenschaftsdisziplinen – Techniker miteinbegriffen. Wird diese Anregung von der Ägyptologie aufgegriffen werden? Wird man bereit sein, auch mit anderen Experten ›fremder‹ Bereiche zusammenzuarbeiten?

Die Behauptung, daß es sich bei den »Schlangen«-Reliefs um genaue Wiedergaben eines elektrischen Überschlages beziehungsweise einer elektrischen Entladung handelt, konnte indes nicht nur theoretisch nachvollzogen werden. W. Garn konstruierte getreu den altägyptischen

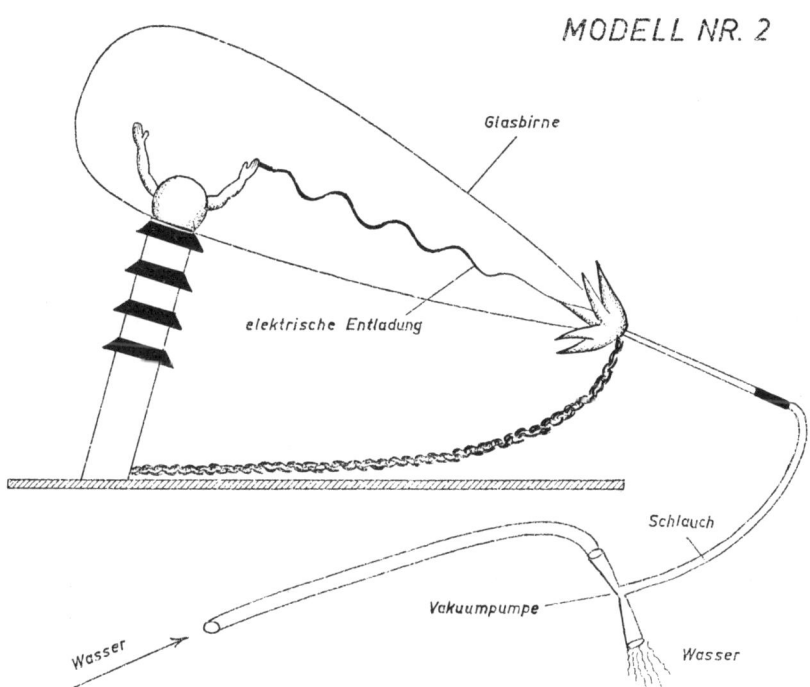

MODELL NR. 2

Glasbirne

elektrische Entladung

Schlauch

Vakuumpumpe

Wasser

Wasser

Abb. 12: Konstruktionsprinzip der rekonstruierten Glühbirne.

Vorbildern zwei funktionstüchtige Modelle. Das eine zeigt einen elektrischen Lichtbogenüberschlag, der eine intensive Leuchterscheinung zur Folge hat, so daß Gegenstände im Hintergrund flächenhaft verdeckt und in Form einer Glühbirne abgebildet werden könnten. Das zweite, für uns interessantere Modell wurde bereits mehrfach in der Öffentlichkeit vorgeführt.* Es entspricht einem etwa vierzig Zentimeter langen Glaskörper. Der Durchmesser beträgt an seiner umfangreichsten Stelle zwölf Zentimeter. Die Enden sind mit Harz vergossen, in das eine Plattenelektrode und auf der anderen Seite eine Spitze eingegossen ist. Auch ein Schlauch ist luftdicht verschlossen.
Am Rande sei vermerkt, daß die antiken Ägypter in der Glasherstellung wirkliche Künstler gewesen sind. Als Beispiel möchten wir den rätselhaften Fund einer Vergrößerungslinse erwähnen. Archäologen entdeckten das jahrtausendealte Artefakt in einem Grab bei Sakkara, 25 Kilometer südlich von Kairo. Erstaunlich ist die Tatsache, daß diese Linse aus Bergkristall gearbeitet wurde. Welche Gerätschaften maschineller Art wurden seinerzeit für die Herstellung optischer Linsen

---

* Dies geschah sowohl im Österreichischen als auch im Luxemburger Fernsehen, auf der Frankfurter Buchmesse im Jahr 1982 und beim Kongreß der »Ancient Astronaut Society« 1982 in Wien.

verwendet? Die Ägyptologie blieb darauf eine Antwort bisher schuldig. Aber offensichtlich besaßen die alten Ägypter entsprechende handwerkliche Fähigkeiten. Eine Frage, die sich dennoch stellt: Wie war es den Priester-Wissenschaftlern möglich, die Luft aus den »Birnen« zu saugen, um einen denkbar kleinen Druck zu erzeugen? Wie läßt sich unser Glasgebilde evakuieren? Erstaunlicherweise gibt es im Hathor-Tempel von Dendera auch darauf eine überraschende Erklärung. Sie ist uns im vierten Relief der Ostkammer-Südwand bildlich überliefert: Auf der Abbildung sind vier Männer dargestellt, die aus einer Vorrichtung eine Flüssigkeit (vermutlich Wasser) spritzen lassen. W. Garn: »Wir wissen heute, daß man mit sogenannten Ejektoren (Strahlpumpen) relativ hohe Vakua erzeugen kann, speziell wenn die Pumpen in Kaskade (Reihenschaltung gleichgearteter Teile) vorliegen. Evakuiert man eine Glasbirne, in die zwei Metallteile hineinreichen, so tritt bereits bei wesentlich niedrigeren Spannungen, je nach Größe des Glasballons, eine Entladung auf. Bei einem Druck von etwa 40 Torr (40 mm Quecksilbersäule) schlängelt sich ein Leuchtfaden von einem Metallteil zum anderen. Wird weiter evakuiert, verbreitert sich die Schlangenlinie, bis sie zuletzt die ganze Glasbirne ausfüllt. Dies entspricht wiederum exakt den Abbildungen in den unterirdischen Gängen des Hathor-Heiligtums.«

Ein in allen Punkten geglückter »technisch-archäologischer« Versuch, ein Experiment, das zu neuen Aktivitäten in dieser Richtung führen sollte . . .

124

Zwischenbericht 7

DER »COMPUTER VON ANTIKYTHERA«

Im Jahr 1900 bargen Schwammtaucher aus einem im ersten Jahrhundert vor Christi gesunkenen Schiff einen Gegenstand, der sich bei Untersuchungen im Jahre 1959 durch den von der »American Philosophical Society« beauftragten Mathematiker und Physiker Dr. D. Solla Price als ein Computer herausstellte. Das Gerät, das vermutlich verschiedene Planetenpositionen, Mond- und Sonnenphasen anzeigte, war mit einer erstaunlichen Genauigkeit gearbeitet: Die 40 Zahnräder waren mit einer Präzision von 1,3 mm gefertigt, und die Rechentätigkeit wurde mit nur minimaler Abweichung durchgeführt. Die aus Skalen, Achsen und Zahnrädern bestehende astronomische Rechenmaschine ist die bislang einzige ihrer Art. Das Problem, wer oder nach wessen Vorlagen diese Maschine konstruiert wurde, ist für die Archäologie eine offene Frage. »Etwas Derartiges zu finden«, schreibt Dr. Price in einem abschließenden Bericht, »wie diesen griechischen Sternencomputer, ist genauso, wie wenn man in der Grabkammer des Tut-Anch-Amon ein Düsenflugzeug entdecken würde.«

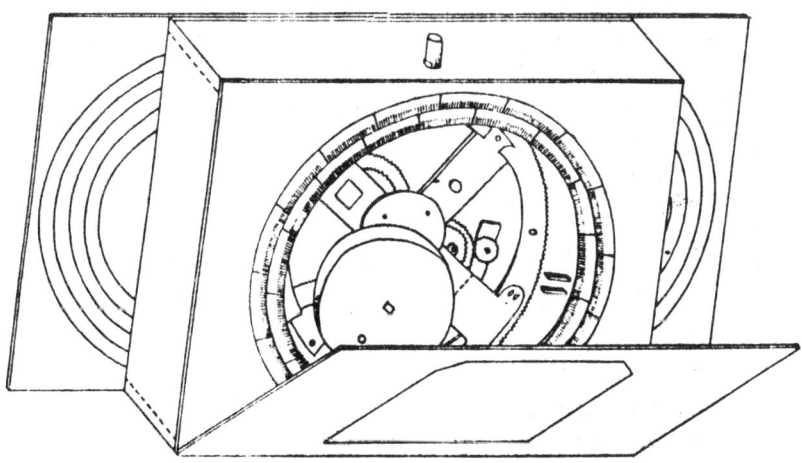

Abb. 13: Der »Computer von Antikythera«

Fliegende Maschinen und Weltraumstädte im antiken Indien

von Prof. Dr. Dileep Kumar Kanjilal, Kalkutta (Indien)

Die indische Mythologie, die reichhaltigen und oft exotisch anmutenden Überlieferungen der Veden, des Mahâbhârata und anderer alter Texte, sind uns Europäern im wesentlichen unbekannt. Und doch ist es gerade das uralte literarische Erbe des indischen Subkontinents, das eine Vielzahl von Hinweisen auf den Besuch außerirdischer Intelligenzen auf unserem Planeten bereithält. Diese Fülle an Informationen in einem einzigen Beitrag vorzutragen, wäre ein von vornherein zum Scheitern verurteiltes Unterfangen. Der Autor konzentriert sich darum insbesondere auf die Überlieferungen von den »Vimânas«, jener Himmelsschiffe, die in den Schriften zum Teil derart ins einzelne gehend beschrieben sind, daß technische Rekonstruktionen möglich werden. Gleichzeitig gelingt es mit dieser Arbeit, gewissermaßen eine »prä-astronautische Brücke« zwischen den Kontinenten zu schlagen, da Parallelen sowohl nach Ägypten und Vorderasien als auch nach Süd- und Mittelamerika sichtbar werden.

Prof. Dr. Dileep Kumar Kanjilal, geb. 1933, studierte am Sanskrit College, Kalkutta, und war Sanskrit-Lehrer am Scottish Church College, Kalkutta. Heute ist er Professor am Calcutta Sanskrit College, amtierender Direktor des Victoria College, Coochbar, stellvertretender Direktor der staatlichen Ausbildungsstelle von Westbengalen und Professor am »West Bengal Senior Educational Service«. Er ist Mitglied und Ehrenmitglied verschiedener Gesellschaften, die sich mit Sanskrit-Literatur und der alten indischen Kultur befassen, unter anderem der »Asiatic Society«, Kalkutta. Von D. K. Kanjilal liegen etliche Veröffentlichungen in Form mehrerer Bücher, sowie zahlreiche Beiträge in Fachzeitschriften zur Sanskritforschung vor.

In der indischen Veden-Literatur gibt es verschiedene Hinweise auf Maschinen, die in der Lage waren, durch die Luft und den Raum zu fliegen. Solche Hinweise finden sich in den Gesängen zu den Aśvina-Zwillingen, die man vielleicht als die »Physiker« der Götter bezeichnen könnte, zu Rhbus und zu Indra. Hier taucht auch der Name »ratha« auf, das heißt »Himmelswagen, der sich bewegt« (1). Im »Yajur-weda« (2) bedeutet das Wort »vimâna« »etwas, das den Himmel durchmißt und sich wie ein Vogel im Himmel bewegt«. Es wird hier zum ersten Mal überhaupt gebraucht.

Rhbus, Architekt und Gottheit in einer Person, stellte für die Aśvina-Zwillinge ein wundervolles Luftfahrzeug her, das dreieckig, dreirädrig, sehr geräumig und dazu in der Lage war, mit einer Geschwindigkeit »schneller als der Gedanke« durch den Himmel zu fliegen (3). Es hatte drei Landebeine und bestand im wesentlichen aus »Gold, Silber und Eisen« (4). Geflogen wurde es von drei Piloten (tribandhura), hatte Honig, gegärten Reis und Alkohol an Bord und war mit allem Komfort für einen angenehmen Flug ausgestattet (5). Drei Treibstoffarten, in diesem Falle flüssige Brennstoffe, befanden sich in drei Behältern im oberen Bereich des Fahrzeuges. Ein vierter, »ein Gefäß, gefertigt aus Haut, gefüllt mit dem Extrakt der Somapflanze«, befand sich im Inneren (6). Die Insassen dieses Fahrzeuges – einschließlich der Piloten gewöhnlich nicht mehr als sechs oder sieben Personen – waren göttliche Wesen mit menschlicher Gestalt (7).

Nach dem »Sāyana«, dem bekannten Veden-Kommentar aus dem 14. Jahrhundert n. Chr., kamen diese Götter aus fernen Bereichen des Himmels (8). Rhbus war, wie bereits erwähnt, der Erbauer dieses Fahrzeuges, und er erwarb sich damit großen Ruhm bei den Göttern (9). Das Gerät konnte mit hoher Geschwindigkeit vom Himmel herabkommen, und seine Räder hinterließen Landespuren auf dem Boden (10). Das Fahrzeug hatte drei Flüge am Tag und drei in der Nacht zu vollführen (11). Vielleicht war es sogar als Amphibienfahrzeug verwendbar, denn es wird berichtet, wie es König Bhujjyu aus Seenot errettete. Es wurden auch verschiedene andere Aktionen durchgeführt, etwa die Rettung des weisen Atri und Trita aus der »Unterwelt« beziehungsweise einem großen Höhlensystem und Jahusas vor den feindlichen Truppen. Die Maschine wurde fernerhin bei der Befreiung des weisen Vaśistha aus der Folterkammer eingesetzt (12). Indras Fahrzeug war dagegen eine »Spezialausführung«, denn es konnte nur unter Zuhilfenahme von »Zaubersprüchen« in Betrieb genommen werden – was wohl als eine Art Fernkontroll-System gedeutet werden kann.

Indras Gleitflügelraumschiff – ein »Space Shuttle« im alten Indien

Anhand dieser und weiterer Angaben können wir eine Skizze dieses Flugzeuges zu Papier bringen, wie es sich aus der Veden-Literatur ergibt. Die Zeichnung wurde von T. K. Deb, Vizedirektor der Luftfahrtschule von Kalkutta, angefertigt. Für die technische Deutung der Vedentexte danke ich Dipl.-Ing. Josef F. Blumrich und Flugingenieur Kalyan Kr von der Indian Airlines Corporation. Die Skizze zeigt die Unterseite des Flugkörpers, die Einrichtung der unteren Etage, die Sitze der Piloten, die Quecksilberbehälter, die Seitenflügel, die Räder und den Vorder- und Hinterantrieb (Abb. 14) Die dreieckige Flügelform und die drei Sitzgelegenheiten lassen an die Möglichkeit zum Horizontalflug (neben Landung und Start) denken. Die Deltaflügelform könnte Hinweis auf ein Überschallflugzeug sein. Gewisse Ähnlichkeiten sind auch mit dem Space Shuttle erkennbar, aber die Literatur hält hierüber keine weiteren Angaben bereit. Die drei Räder bilden in der Beschreibung einen wesentlichen Teil, doch vielleicht könnte man sie auch als Landeteller deuten, wie sie bei den Mond- und Marssonden verwendet wurden. Die drei Säulen könnten

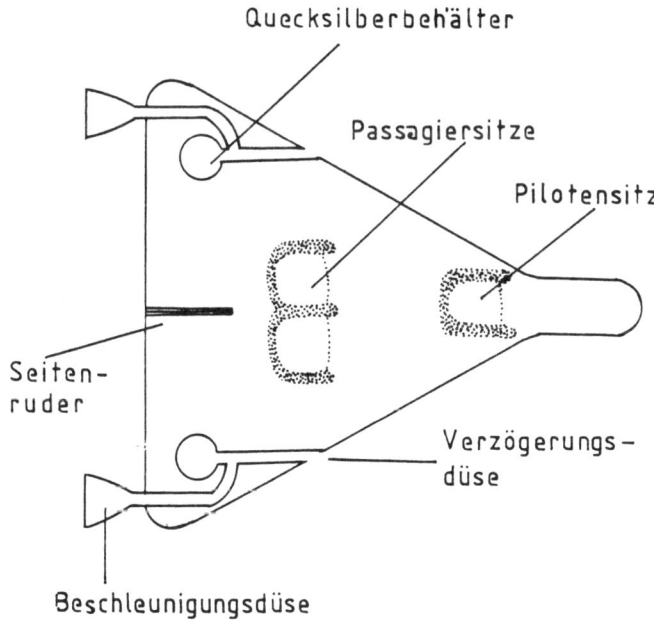

Abb. 14: Space-Shuttle-ähnliches Raumfahrzeug, beschrieben im altindischen Rigveda.

dann entweder Landebeine oder Vorrichtungen gewesen sein, die zur Passagier- und Lastenaufnahme dienten. Die Beschreibung in den Texten stammt offensichtlich von Beobachtern, die ein verhältnismäßig kleines Deltaflügel-Flugzeug mit einziehbaren Landebeinen sahen (14), das etwa 72 Quadratmeter Innenfläche besaß und für maximal sieben Personen ausgerichtet war. Von den drei beschriebenen Metallen ist Eisen (bzw. Stahl) sicherlich am geeignetsten für den Bau eines solchen Gerätes verwendbar. Gold und Silber sind im Flugzeugbau dagegen keine sehr gebräuchlichen Materialien. Aber wenn wir versuchen, uns in die Lage eines damaligen Beobachters zu versetzen, können wir uns leicht vorstellen, daß für ihn Metalle wie Titanium, Beryllium oder Chrom durchaus wie Gold oder Silber ausgesehen haben mögen. Die Manövrierfähigkeit des Flugzeuges war erstaunlich. Dies wird unter anderem deutlich in der Schilderung der Errettung Atris aus der »Unterwelt« und anderer, ähnlicher Aktionen (15). Die Erzählung über die Errettung Bhujjyus aus Seenot – die einzige diesbezügliche Erwähnung – reicht jedoch nicht aus, um seinen amphibischen Charakter eindeutig bestätigen zu können. Die vier Behälter enthielten Flüssigkeit und waren vermutlich die Tanks des Gerätes. Drei waren »kesselartig«, das heißt aus Metall, der vierte ein »Balgen« und aus »Haut«. Haut bedeutet hier offensichtlich ein flexibles synthetisches Material und nicht natürliche Haut. Die Vedentexte sprechen von der Verwendung flüssiger Treibstoffe, die aus Honig (madha), gegärtem Reis (anna), Likör (sarâ) und Quecksilber gewonnen wurden. Sowohl Honig als auch gegärter Reis erzeugen Alkohol. Das Wort »rasa« bedeutet in den sehr alten Sanskrittexten »Quecksilber«, und auch aus dem 4./5. Jahrhundert v. Chr. ist seine Bedeutung als Synonym für Quecksilber mehrfach bestätigt. In der Natur tritt Quecksilber sowohl in freiem als auch in gebundenem Zustand auf. Wird Quecksilber erhitzt, entweicht es als Gas; gleichzeitig werden Verunreinigungen durch Oxidation abgeführt. Die volumetrische Effizienz von Quecksilber ist sehr hoch und ermöglicht die hohe Schubkraft, die für einen Start benötigt wird. Um es genau auszudrücken: In einem anhand der Veden-Texte gebauten Fahrzeug würde man weniger als 2,5 Liter Quecksilber benötigen, dafür jedoch etwa 230 Liter Alkohol, vielleicht auch etwas mehr. Aus der Beschreibung ergibt sich ferner eine Überschallgeschwindigkeit von vermutlich nicht mehr als 2400 km/Stunde.

Durch die Anordnung der Sitze ergibt sich eine Gesamtanordnung in ebenfalls drei Bereichen, nämlich a) den Boden einschließlich der Nutzlast, b) die Pilotenplattform und c) die Passagierkabine sowie das Antriebs-Treibstoff-System. Diese Aufteilung zeigt eine große Übereinstimmung mit jener in modernen Flugzeugen. Bei der Anfertigung einer solchen Skizze haben wir allerdings auch keine andere Möglichkeit, als unsere heutige Technik mit den zum Teil recht unbestimmten technischen Beschreibungen eines Textes zu vereinbaren, der immerhin mehr als 4000 Jahre alt ist. Aber die Aufzeichnungen jener Zeit berichten von wirklichen Maschinen, die niemals irgendeinen Grundsatz der Aeronautik unserer Tage verletzen. Die Beschreibung von Flügen und der Wirkungen, die durch den Einsatz von Flugzeugen hervorgerufen werden, geben ein wirklichkeitsgetreues Bild der tatsächlichen Existenz solcher Flugmaschinen in alter Zeit wieder.

Die Veden (16) scheinen mit ihren Hinweisen auf Landeplätze und Radspuren ein Überschallflugzeug vom Jet-Typ zu beschreiben, das vielleicht auch die Möglichkeit zum Senkrechtstart besaß. Im »Râmâyana« (nicht später als 500 v. Chr. entstanden) ist hingegen ausdrücklich von dieser Möglichkeit die Rede. Die Flüge eines einzelnen Fahrzeuges, das unter dem Namen »Puspaka« bekannt war, werden dort insgesamt vierzehn Mal behandelt (17). Hier findet sich auch die Schilderung über Râvanas Rückkehr von Lankâ (Ceylon) zum Vindhyawald, was eine Entfernungsüberbrückung von 800 km bedeutete. Bei diesem Unternehmen wurde Sitâ aus dem Aśokawald entführt und zu den nur wenige Meilen entfernten Schlachtfeldern des großen Krieges gebracht. Sitâ konnte zusammen mit Trijata das Schlachtfeld aus der Luft beobachten, auf dem die verbündeten Armeen Râmas und Laksmanas kämpften. Aus diesen Passagen des »Râmâyana« ergibt sich auch, daß das Puspaka einem spitzzulaufenden Berg ähnelte, daß es wiederum »so schnell wie der Gedanke« fliegen konnte, mit »Gold und Silber« geschmückt war, die Sitze aus »wertvollen Steinen gefertigt« waren und daß es mit verschiedenen »Kammern« versehen war. Außen glänzte es wie Silber und besaß kleine Fenster, die »mit Perlen« befestigt waren. Das Flugzeug trug gelbe Abzeichen oder Embleme. Innen war es voller herrlich ausgestatteter Räume. Die untere Etage war »geschmückt mit Kristallen«, mit wertvollen Teppichen ausgelegt und sehr geräumig. Kleine »Glöckchen« riefen während des Fluges einen angenehmen Ton hervor. Insgesamt konnten jeweils 12 Personen an einem Flug teilnehmen.

Die Maschine startete am Morgen von Lankâ aus und erreichte irgendwann am Nachmittag die Hauptstadt Ayodhyâ, einschließlich zweier Zwischenlandungen in Kiskindhyâ und Vaśisthâsrama. Das bedeutete eine Entfernung von etwa 2900 km, die in neun Stunden zurückgelegt wurden, was zu einer vermutlichen Geschwindigkeit von etwa 300 bis 320 km/h führt. Der Beschreibung zufolge fand dieser Flug im frühen Winter statt, das heißt, das Flugzeug mußte die südindischen Monsunwolken durchqueren. Die benutzte Route geht aus Abb. 15 hervor, eine Skizze des Fluggerätes gibt Abb. 16 wieder.

In fast allen oben genannten Angaben wird das Wort »vimâna« benutzt, um damit ein Luftfahrzeug zu kennzeichnen. Nur in zwei Fällen wird es mit »königlicher Palast« gleichgesetzt. Im »Mahâbhârata«

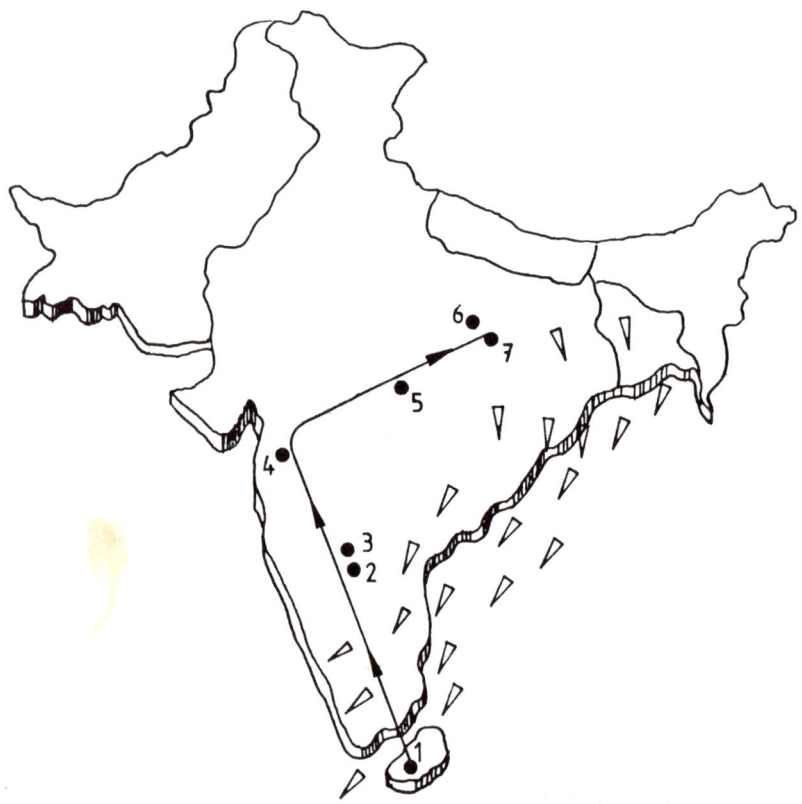

Abb. 15: Ramas Flugroute über den indischen Subkontinent. Die hellen Pfeile geben die Richtung des Monsuns während der Monate November bis April wieder. 1) Lanka (Ceylon), 2) Kiṣkindhyâ, 3) Pampa-See, 4) Einsiedelei von Agastya, 5) Einsiedelei von Sanabhauga, 6) Einsiedelei von Bhanadwaja, 7) Hauptstadt Ayodhya.

findet sich die Geschichte, wonach Uparicara Vasu eine Flugmaschine von Indra erhalten habe (18), mit der er sich ein Bild aller Ereignisse auf der Erde machen konnte.

Auf seiner gemeinsamen Reise mit Mâtali kam der Held Arjuna in mehrere himmlische Regionen, durchkreuzte die Sternenräume und sah Hunderte von Himmelsfahrzeugen. Einige dieser Maschinen befanden sich gerade im Flug, einige waren gelandet und andere gerade dabei, vom Boden abzuheben (19):

»Und es wünschte Arjuna, daß ihm nahen möge der Wagen Indras, des Herrn der Himmel, damit er ihn besteige wie einst sein Vorfahr Duschmantas, um ihn, die Sternenbahnen durchmessend, heimzubringen in seinen himmlischen Palast. Und mit Mâtali, Indras

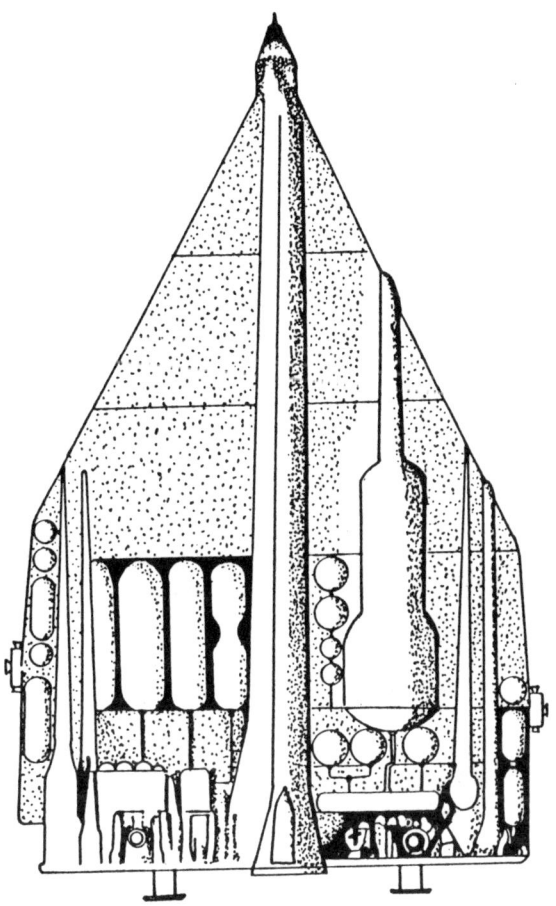

Abb. 16: Das Sundara-Vimana.

Wagenlenker, kam plötzlich im Lichtglanz der Wagen, Finsternis
aus der Luft scheuchend, anfüllend all die Weltgegenden mit Getöse,
donnergleich.
In den Wagen sodann stieg er, glänzend wie der Tage Herr. Mit dem
Zaubergefild, dem sonnenähnlichen Wagen, dem himmlischen, fuhr
empor sodann der Sproß aus Kurus Stamm. Als er nun dem Bezirk
nahte, der unsichtbar den Sterblichen, den Erdgeborenen, sah
Himmelswagen er, wunderschön zu Tausenden. Dort scheint die
Sonne nicht, Mond nicht, dort glänzt das Feuer nicht, sondern im
eigenen Glanz leuchtet da, durch Edler Triebkraft, was als Sternen-
gestalt unten auf der Erde gesehen wird, ob großer Ferne gleich
Lampen, obwohl es große Körper sind.«

»Weltraumstädte« und Orbitalstationen

Im »Sabhâparvan« lassen sich wichtige Hinweise auf die himmlischen Wesen finden. Demnach kamen die Götter in alten Zeiten zur Erde, nahmen menschliche Gestalt an und wandelten über diese Welt (20). In diesem Zusammenhang werden auch riesige Konstruktionen beschrieben (sabhâ), die sich wie unsere heutigen Satelliten am Himmel bewegen konnten (21). Vimânas oder Flugmaschinen sind in jeder dieser »Weltraumstädte« vorhanden, die den Göttern Indra, Brahmã, Rudra, Yama, Kuvera und Varuna gehören. Diese auch als »fliegende Städte« oder »fliegende Versammlungshallen« beschriebenen Sabhâ schwebten am Himmel. Sie hatten einen gigantischen Durchmesser, schimmerten wie Silber im Licht der Sonne und der Sterne, in ihnen war aller Komfort für ein angenehmes Leben vorhanden – genauso wie Waffen und Munition zur Verteidigung. Eine dieser die Erde umkreisenden Weltraumstädte war von Brahmã für die beiden Asuras (»Dämonen«) Pulomâ und Kâlâka gebaut worden. Die Station war nahezu unangreifbar, und lange Zeit hatten die Asuras darin Erfolg, sogar die Götter von ihr fernzuhalten. Mâtali bat daher Arjuna, die Weltraumstadt zu zerstören. Als sich Arjuna ihr mit seinem Fahrzeug näherte, griffen die Asuras ihn mit sehr wirkungsvollen Waffen an. Ein schrecklicher Kampf entbrannte im Himmel, die Station der Asuras wurde auf- und niedergeschleudert, sie neigte sich herab, stürzte schließlich in die Atmosphäre und versank im Ozean. Arjuna siegte, weil er eine hochexplosive Rakete in die Weltraumstadt schleuderte oder auf diese abschoß und die gegnerische Station damit in Stücke riß.
Dies ist die Beschreibung einer ganzen Anzahl von im All kreisenden Weltraumstädten oder -stationen, die im »Mahâbhârata« die Namen »Vaihâyasi«, »Gaganacra« und »Khecara« tragen (22). Im »Sabhâparvan« werden zusätzlich Konstruktionen genannt, die von Maya errrichtet wurden und ebenfalls hoch am Himmel erschienen. Was an diesen Beschreibungen so bedeutsam ist, ist die Tatsache, daß sich diese Objekte in einer stationären Flugbahn um die Erde bewegten und daß sie Hangars besaßen, um das Andocken kleinerer Maschinen zu ermöglichen. Diese Beschreibung ist identisch mit Weltraumstationen, wie sie zur Zeit von der NASA in Zusammenarbeit mit der ESA und der japanischen Weltraumbehörde für das Jahr 1992 geplant sind. Andere, weiterführende Projekte, wie sie Prof. Gerald O'Neill von der Princeton University, USA, für das nächste Jahrtausend vorgeschlagen hat, scheinen den »sabhâs« des alten Indien völlig zu entsprechen. O'Neills Weltraumstädte haben mehrere Kilometer Durchmesser, sie sind zylinderförmig (langsame Rotation schafft eine künstliche Gravitation), an den Innenwänden befinden sich ganze Ortschaften, Wälder, Flüsse und Seen. Die Versorgung erfolgt zunächst von der Erde, später ist die

Station völlig autark. Energie bezieht sie über große Sonnensegel unmittelbar aus dem All. Im »Vanâparan« lesen wir dazu: Die Stadt war leuchtend und schön anzusehen, voller Häuser, Bäume und Wasserfälle. Vier Eingänge hatte sie, und sie wurde bewacht von den vier Wächtern. Ausgerüstet waren sie mit schrecklichen Waffen.

Luft- und Raumschlachten

Berichte über fliegende Maschinen wie die Vimânas erscheinen im »Mahâbhârata« an 41 verschiedenen Stellen. Der Luftangriff Sâlvas auf Krischnas Hauptstadt Dwarâkâ verdient dabei eine besondere Betrachtung (24). Der Asurakönig Sâlva griff mit einer als »Saubhapura« bekannten Flugmaschine an, indem er »Steine«, »Hagel« und Geschosse aus dem Himmel auf die Stadt hinabfeuerte. Daraufhin stieg auch Krischna mit seiner Maschine auf und verfolgte den Angreifer. Sâlva flüchtete zunächst zum Meer, kehrte aber wieder zurück und stellte sich Krischna zu einem verbissenen Luftkampf, etwa einen Krośa (ca. 2000 m) über dem Boden. Krischna gelang es schließlich, die gegnerische Maschine mit einer Rakete zu treffen. Das Gerät Sâlvas brach auseinander und stürzte ins Meer. Wir können diese lebendige Beschreibung eines vor Tausenden von Jahren stattgefundenen Luftkampfes in dieser Form im »Bhâgavata« (25) nachlesen.
Ein anderer Bericht schildert uns, daß Krischna in der Hauptstadt Indras, Amarâvati, eine große Zahl zum Start bereiter Flugzeuge gesehen habe (26). Leider findet sich hier kein Hinweis auf ihre Gestalt, außer einer knappen Erwähnung ihrer Flügel im »Mahâbhârata« – eine Tatsache, die darauf hinweist, wie alltäglich die Verwendung von Fluggeräten war, so daß besondere Bemerkungen zur äußeren Form nur selten Eingang in die Literatur fanden. Es gab Flugmaschinen, die »schneller als der Gedanke« zu »Sonne und Mond zurückflogen«. Vernünftigerweise müssen wir in diesem Fall von einer Geschwindigkeit schneller als der Schall ausgehen. Das »Dronaparvan« des »Mahâbhârata« berichtet von dreistufigen Raketen, die von Gott Schiva verwendet wurden, um die drei aus Gold, Silber und Eisen erbauten Städte der Asuras zu vernichten:
Er schleuderte den Donner von allen Seiten auf die dreifache Stadt.
Er schleuderte sein Geschoß, in sich bergend die Kraft der Sonne, auf die drei Teile der Stadt. Diese begann zu brennen. Qualm stieg auf, loderte grell in die Höhe, zehntausend Sonnen gleich.
Heftige Stürme tobten, und es regnete in Strömen. Donnergrollen wurde hörbar, und doch war keine Wolke am Himmel zu sehen. Die Erde bebte, die Gewässer schwollen an, Berggipfel teilten sich. Finsternis kam über die Stadt.

Eine Sensor-Abfangrakete, ein gepanzerter Wagen und ein anderes, zum Fluge fähiges Gerät werden in diesem Zusammenhang behandelt (27). Eine weitere, mit Geschossen beladene Flugmaschine, wird im »Salyaparvan« beschrieben (28). Im »Udyogaparvan« finden sich Bemerkungen über eine Waffe, die Betäubung hervorruft, und eine andere, die das Wiedererwachen ermöglicht. Künstliche Blitze, die aus »Feuerstäben« geschleudert wurden (vermutlich aus Phosphor) erscheinen im »Bhismaparvan« (29). Es sollte an dieser Stelle auch bemerkt werden, daß das »Vaimânik śâstra« zwölf verschiedene Bewegungen fliegender Maschinen beschreibt, sowie deren Verhalten bei Angriff und Verteidigung. Ein großes und mit Fenstern ausgestattetes Fluggerät (vâtâyana vimâna), das offensichtlich als Beobachtungsflugzeug diente, wird im »Udyogaparvan« behandelt (30), und an der gleichen Stelle taucht auch ein sehr bedeutungsvolles Wort, »vimanâpâla«, auf, das heißt »Leiter/Besitzer eines Flugzeuges« (31).

Dieses Wort, das auch im Zusammenhang mit der Beschreibung des Landeplatzes in der Hauptstadt Indras verwendet wird (mehrere Flugzeuge standen auf dem Boden, andere waren dabei zu starten oder niederzugehen, s. o.), als auch der Hinweis auf ausgedehnte Landepisten in den Veden (32), läßt auf das Vorhandensein von Flughäfen im antiken Indien und anderen Teilen der Welt schließen. Die Pisten von Nazca sind ein Beispiel dafür, und sie finden ihre literarische Bestätigung in den Sanskrit-Texten.

Die Beschreibungen Asokas sind in dieser Hinsicht die bei weitem authentischsten Aufzeichnungen über fliegende Maschinen, die als Vimânas bekannt waren. Kalsi (R. E. IV 9), Manshera (R. E. III i3), Shabhazgarh (R. E. IV 8), Girmar (R. E. IV 9) und Dhauli (IV 2) deuten das Wort »vimânadasanâ« als »Abbildung eines Luftwagens«. Flugmaschinen – in welcher Form auch immer – waren so geläufig, daß sie sogar im Edikt Asokas (entstanden während seiner Regierungszeit 256-237 v. Chr.) Erwähnung fanden«.

Flug über Indien

Die Geschichten Jâtakas über Buddha (4. Jahrhundert v. Chr.) berichten von einem fliegenden Amphibienfahrzeug, das 8 bis 15 Insassen aufnehmen konnte und aus Gold, Silber, Kupfer und Stahl bestand. Weitere Hinweise auf amphibische Fahrzeuge finden sich in den Veden und im »Mahâbhârata«, und auch die Mindestzahl von acht Personen steht im Einklang mit dieser Überlieferung. Die Verwendung von Stahl und einer Gold-Silber-(bzw. Chrom-Titanium-usw.) -Legierung für das eigentliche Gerät ist sehr gut möglich, und Kupfer ist als Leitermetall gebräuchlich. Es gibt aber auch Untersuchungen darüber, inwieweit

Kupfer für den strukturellen Bau selbst verwendet werden könnte. Leider können wir aus dem Buch Jâtakas keine genaueren Vorstellungen über das Aussehen der von ihm beschriebenen Geräte gewinnen. Im ersten Jahrhundert v. Chr. schildert Kâlidâsa in 30 Versen des »Raghuvamśa«(34) sehr lebendig eine lange Luftreise, die sich von Ceylon bis nach Ayodhyâ – das sind etwa 2900 km – erstreckte, zwei Zwischenlandungen einschloß und mit 12 Passagieren durchgeführt wurde. Der Flug dauerte insgesamt einen Tag. Die Maschine war wegen der konischen Form äußerlich einem kleinen Berg vergleichbar, strahlte silbern und besaß kleine Fenster. Sie startete mit einem lauten Geräusch, stieg dann hoch in den Himmel bis über die Wolken, überflog den »wogenden Ozean und die hohen Berge« und landete zum ersten Mal nach etwa 1000 km in Kiskindyâ. Hier wurden drei weitere Passagiere an Bord genommen, dann ging es weiter über das Dekkan-Plateau, über den Ganges, bis zur Einsiedelei von Vaśistha, etwa vier Kilometer von der Hauptstadt entfernt. Rama selbst flog dieses Gerät und wurde dabei von Sigriva und Bibhisana unterstützt. Hauptzweck war der Transport von »Kristallen«, aber es muß sich dabei nicht zwangsläufig um natürliche Kristalle gehandelt haben. Schließlich landete das Gerät in der Hauptstadt Ayodhyâ (vgl. hierzu Seite 131 und Skizze 15). In einer Randbemerkung wird schließlich ein kleines Kuriosum verzeichnet: Während des Fluges fiel der Schatten der Maschine auf den weisen Sutiksna, der in der Mittagssonne Buße übte: eine Einzelheit die einem bloßen »Erfinder« einer solchen Geschichte wohl entgangen wäre.

Nach der Beschreibung scheint die Maschine eher ein mittelgroßer Flugzeugtyp gewesen zu sein, der allerdings zum Überschallflug und zum Senkrechtstart bzw. zur Senkrechtlandung in der Lage war (siehe Sundara-Typ-Vimana, Abb. 16). Ein anderes Flugzeug gehörte Indra, dem »Herrn der Himmel«. Im Drama »Abhijñaśakundtalam« wird beschrieben, wie er damit König Dahsanta in die »Regionen«, weit über den Wolken« bringt. Bei der Rückkehr waren die nicht völlig eingezogenen Räder noch feucht von der Berührung mit den Wolken, als das Fahrzeug zur Landung ansetzte. Vermutlich handelte es sich hier um eine kleinere Maschine, die mit einer Geschwindigkeit schneller als der Schall fliegen, in den Weltraum gelangen, wechselweise Räder oder Landebeine verwenden konnte und allein den Göttern gehörte. Die Erwähnung in die Landebeine einziehbarer Räder könnte auf jenes Raumschiff hinweisen, das der alttestamentliche Prophet Ezechiel 593 v. Chr. in Vorderasien beobachtete und das von J. F. Blumrich in so hervorragender Weise rekonstruiert werden konnte.

Das »Arthuśâstra« von Kautilya, ein dreibändiges wissenschaftliches Werk über Politik und Wirtschaft aus dem fünften bis dritten Jahrhundert v. Chr., behandelt unter anderem das Wort »saubhika«, das

»Pilot« bedeutet und etymologisch mit »saubhapura«, der fliegenden Maschine des Asura Śâlva, verwandt ist. Kautilya berichtet über »Kämpfer am Himmel« (âkâśayodinah) und »Kämpfe im Himmel« (âkâśayuddha) im Zusammenhang mit der Eroberung von Land, mit der Führung von Schlachten und der Anlage von Schlachtfeldern. Das »Râmâyana« und das »Mahâbhârata« berichten in mehr als einem Fall ebenso über Luftkämpfe. Darüber hinaus weiß Kautilya von mechanischen Apparaten zum Zerstoßen von Reis, von einem Wagen, der ohne Roß so schnell fuhr, daß die Steine von seinen Rädern fortstoben (35), über eine automatische Feuerlöschmaschine und eine Tür, die auf Handdruck hin im Boden versenkbar war. Im »Arthuśâstra« finden sich schließlich auch Hinweise auf die Destillation von Quecksilber zu wissenschaftlichen Zwecken und Hinweise auf den Gebrauch verschiedener pulverisierter Stoffe, um damit Feuer und Explosionen zu erzeugen (vgl. auch Beitrag von P. Bohac). Bânabhatta, der gefeierte Autor des siebenten Jahrhunderts n. Chr., berichtet über mechanische Erfindungen verschiedenster Art, einschließlich Unterwasseruhren, künstlichen mechanischen Puppen, Geräten zur Regulation von Wasserströmen und Wasserventilen, künstlichen Wolken und Regenbogen. Diese Kenntnisse in Mechanik, Physik, Mathematik, Metallurgie, Hydraulik, Chemie und anderen technischen Wissenschaften zeigen den lückenlosen Zusammenhang in der Tradition der altindischen Aeronautik.

Flugschiffbau in der Zeit nach Christi

Im »Avimâraka« von Bhâsa (2. Jahrhundert v. Chr.) wird »vimâna« als eine fliegende Maschine genannt, ebenso in den beiden Epen »Buddhacarit« und »Saundarananda« von Aśvaghosa (1. Jahrhundert v. Chr.), im »Uttararâmacaritam« von Bhavabhuti (6. Jahrhundert n. Chr.), in der »Prâkat«-Arbeit von Gaudavaho (8. Jahrhundert n. Chr.) und im prosaischen Liebesroman »Kâdambarī« von Bânabhatta (7. Jahrhundert n. Chr.). Das »Kathâsaritsâgar« vom Somadeva, eine Sammlung alter Geschichten und Legenden aus dem zehnten Jahrhundert n. Chr., enthält zehn Beispiele über die Verwendung fliegender Maschinen (36). Insgesamt werden vier Arten mechanischer Geräte beschrieben, die sich auf der Erde, im Wasser, in extremer Hitze oder Feuer und in der Luft bewegen konnten. Maschinen, die über eine Flugmöglichkeit verfügten, werden hier ebenfalls »vimâna« genannt.
Interessanterweise findet sich im »Kathâsaritsâagar« auch die Erwähnung zweier Brüder, Prânadhara und Râjyâdhara, die die Kunst erlernten, aufgrund alter Aufzeichnungen Mayas hölzerne Flugzeuge zu bauen. Sie überwanden damit etwa 260 km (800 krośas). Später flogen

auch Könige und Prinzessinnen mit diesem Fluggerät. Vermutlich handelte es sich um eine Art Motorsegler, im wesentlichen aus Holz gefertigt und für sechs Passagiere ausgerichtet. Leider gibt es keinen Hinweis auf den verwendeten Treibstoff. Somadeva erwähnt daneben auch die Herstellung mechanischer Roboter (37), die wie menschliche Wesen aussahen. Im »Samarâmaganasūtradhâr«, das auf König Bhoja zurückgeht und im zwölften Jahrhundert n. Chr. entstand, finden sich die technischen Einzelheiten eines weiteren hölzernen Fluggerätes, offensichtlich einer Verbindung von Motorsegler und Heißluftballon. Das in diesem späten Werk behandelte Fluggerät mag auf den ersten Blick »primitiv« erscheinen. Aber die Beschreibung verletzt kein Gesetz der modernen Aeronautik. Es war (nach unserem heutigen Wissen) flugfähig und vermutlich von kundigen, technisch begabten Gelehrten anhand alter Schriften gebaut worden. Dieses Gerät war kein »vimâna« der Götter, aber in ihm spiegelt sich dennoch das noch lange Zeit in Indien gegenwärtige Wissen um Luftfahrt und Flugzeuge wider.

Der Hauptkörper der Maschine, von dem in Kapitel 31, Vers 95–100, ausführlich die Rede ist, sah einem riesigen Vogel ähnlich und bestand aus leichtem Holz, wobei die einzelnen Teile mit einer Art »Zement« (»vajvalepa«) verleimt waren. Im Inneren befanden sich vier Behälter mit flüssigem Quecksilber und ein Behälter aus Eisen. In ihm brannte ein Feuer, das von langsam brennender Substanz (vielleicht Holzkohle) ernährt wurde. Dieser Behälter war unterhalb der vier Quecksilbergefäße angeordnet. Das Fahrzeug flog durch die Erzeugung einer künstlichen Luftströmung, die durch das erhitzte Quecksilber hervorgerufen wurde. Dem Text zufolge trat, sobald die eisernen Behälter befestigt waren und das Quecksilber erhitzt war, ein »schreckliches Brüllen, gleich dem Gebrüll des Löwen«, auf. Vermutlich war dies eine Nebenwirkung der Verbrennung flüssiger Treibstoffe, als Rauch und Dampf abgelassen wurden.

Die äußere Erscheinung – wie bereits gesagt in Anlehnung an die Gestalt eines Vogels – läßt auf einen mittelgroßen Flugzeugtyp schließen, eine Maschine, die zwei Flügel, eine Pilotenkanzel, einen Passagierraum, einen Laderaum und ein Hinterruder für die Richtungskontrolle besaß. Insbesondere der Vergleich mit Vögeln weist auf eine solche Vorstellung eines Seitenruders. Die vier Tanks mit dem Brennstoff und der dazugehörende Erhitzer befanden sich innerhalb des Flugzeuges.

Im »Samarânganasutradhâra« wird davon gesprochen, das Gerät habe im wesentlichen aus Holz bestanden, das man mit einer Art Klebstoff zusammengefügt habe. Holz ist für Flugzeuge durchaus ein sehr brauchbares Material und wurde vor dem Ersten Weltkrieg, also in den frühen Tagen der europäischen Fliegerei, sehr häufig benutzt. Eine hölzerne

Außenkonstruktion verlangt aus Sicherheitsgründen jedoch, daß sich die Tanks und der Erhitzer nicht unter oder über den Flügeln befinden. Tatsächlich waren sie dem Text zufolge im obersten Bereich des Gerätes untergebracht. Sie bedeckten eine Fläche von etwa 2 × 2 m. Aus der Mitteilung, der Flugkörper habe zur Beförderung von vier Personen gedient, können wir ermitteln, daß er wahrscheinlich einen Längsdurchmesser von 14 und eine Breite von 12 m (einschließlich der Flügel) gehabt haben dürfte. Die Höhe des Innenraumes wird 2 m nicht wesentlich überschritten haben.

Die Tanks des Flugzeuges waren aus Metall, und jener, der sich über den vier anderen befand, wird insbesondere als aus Eisen gefertigt erwähnt. Er hatte möglicherweise eine runde Form und war mit Quecksilber oder einem anderen Treibstoff gefüllt. Die Beschreibung schließt den früher erwähnten »Blasebalg«-Typ aus. Das Sanskritwort »kumbha« deutet an, daß es sich um Behälter mit einem Aufnahmevermögen von jeweils 20 bis 25 Litern Flüssigkeit gehandelt haben könnte. Die Verwendung von Quecksilber, wie sie im »Samarânganasutradhâr« zur Gewinnung der Antriebskraft genannt wird, verdient eine gesonderte Behandlung (siehe Abb. 17).

Der Antrieb des Luftschiffes

Das Diagramm (Abb. 17, aus S. C. Sens Arbeit über Quecksilber-Motoren des alten Indien) (38) soll deutlich machen, wie man Quecksilber verwendete, um die Hitze eines Feuers auf einen Luftstrom zu übertragen, der in das Fahrzeug geleitet wurde. Dazu wurde die aus Eisen bestehende Apparatur benötigt, die sich aus den vier Quecksilberbehältern, dem Erhitzer und geeigneten Röhren und Leitungen zusammensetzte. Das »Bodhunanada vrtti«, der unvollständig gebliebene Text des Vai Sâs, spricht ebenfalls von einem aus fünf Röhren zusammengesetzten Gerät. Sen schlägt für die Rekonstruktion vor, vier der fünf Röhren miteinander zu verbinden und die fünfte als umschließende Röhre zu deuten. Sie hätte dann als Zylinder gedient, der den Strom heißer Luft in die Hülle der Maschine leitete. Das Quecksilber in den vier Behältern wurde durch die vom Erhitzer ausgehende Wärme verdampft und kondensierte wieder in den Behältern, nachdem es die Wärme an die umgebende Luft abgegeben hatte. Diese stieg in einem kräftigen Strom durch die Röhren in die obere Hülle des Fluggerätes und verdrängte dabei die noch kalte umgebende Luft. Auch hierbei entstanden laute, brüllende Geräusche aufgrund der Resonanzschwingung der Luft innerhalb der Röhren. Es sollte an dieser Stelle angemerkt werden, daß der Siedepunkt bei 357° Celsius (630 K) liegt. Der Selbstentzündungspunkt von Holz ist normalerweise bei 200° C. Das Quecksil-

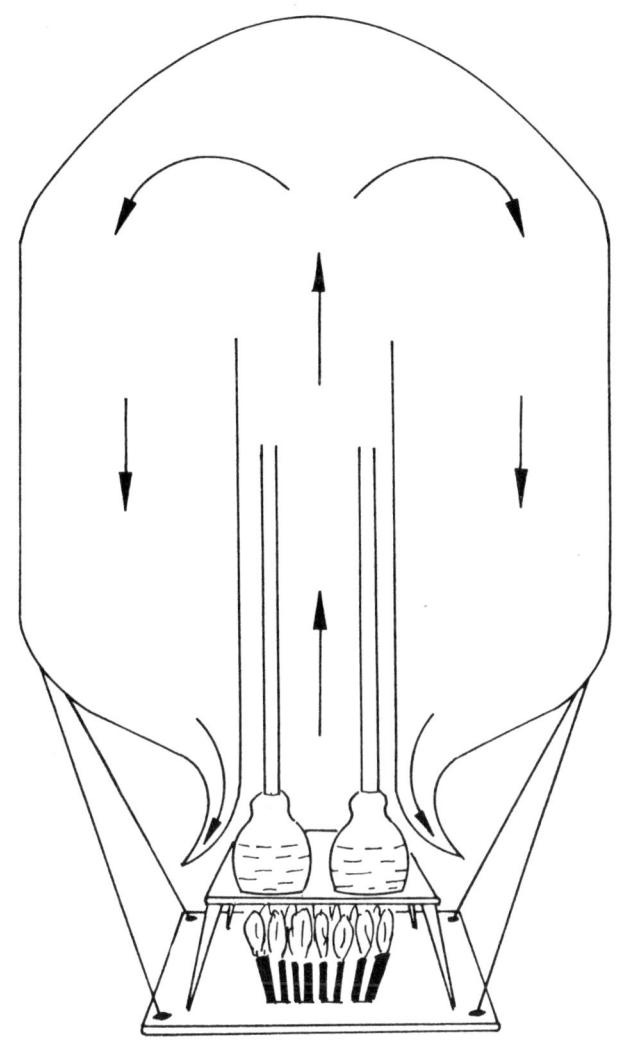

Abb. 17: Ablauf des thermodynamischen Prozesses zur Erzeugung der Auftriebskraft des Såkuna-Vimana aus dem 10. Jahrhundert nach Christi.

ber mußte daher in eisernen Behältern gelagert sein, die wahrscheinlich zusätzlich mit einer Isolationsummantelung gesichert waren und keine Berührung zur äußeren hölzernen Hülle hatten.
Dr. Sens Analyse der Prozesse der Hg-Dampf-Erhitzung, die für den Auftrieb des Luftfahrzeuges benötigt wurde, läßt natürlich die Frage

auftreten, ob die modernen Gesetzmäßigkeiten der Thermodynamik seine Untersuchungen und Ergebnisse bestätigen können. Dazu müssen zunächst einige Grundsätze der Aeronautik behandelt werden. Bei jedem fliegenden Gegenstand müssen vier Kräfte miteinander im Gleichgewicht stehen, damit es nicht zu einem Trudeln und Abstürzen kommt: a) Luftwiderstand, b) Auftrieb, c) Gewicht und d) Schub oder Antriebsenergie. Diese vier Kräfte stehen bei den in den Veden beschriebenen Luftfahrzeugen in einem annehmbaren Zusammenhang, und das gleiche gilt auch für das »Samarânganasutradhâra«. Um auf die Thermodynamik zurückzukommen, so handelt es sich dabei um einen Vorgang, bei dem Wärmeenergie in kinetische Energie und Bewegung umgewandelt wird. Für das weitere Verständnis wichtig ist es auch, daran zu erinnern, daß das Volumen von einem Kilogramm Luft bei normalen Temperatur/Druck-Bedingungen 0,826 m^3 beträgt, also 1 m^3 Luft folglich 1,2 kg wiegt.

Brennstoff, auch das sollte in diesem Zusammenhang erwähnt werden, ist eine Substanz, die beim Prozeß der Verbrennung die gespeicherte chemische Energie in Hitzeenergie umwandelt. Flüssige Brennstoffe, wie sie in Motoren verwendet werden, können unterschiedlichster Natur sein: Benzin, Paraffin, Dieselöl, Pflanzenöle, Alkohol und Spirituosen allgemein. Brennstoffe dieser Art bestehen aus Kohlenwasserstoffen. Als Teil der Betrachtung thermodynamischer Gesetzmäßigkeiten ist es auch nötig, das Verhalten von Luft bei Wärmezufuhr zu verstehen. Luft ist bekanntlich eine Mischung aus Sauerstoff (21 %), Stickstoff (78%) und einigen Edelgasen. Bei der Verbrennung kommt es zu einer raschen Oxydation, das heißt Sauerstoffaufnahme.

Dieselöl war im antiken Indien – zumindest in der heute geläufigen Form – nicht bekannt. Nicht ganz sicher sind wir hinsichtlich des Benzins. Aber Pflanzenöle, wie etwa Leinsamenöl, Senföl, Baumwollsamenöl, Palmenöl und so weiter, die heute als Alternativtreibstoffe im Gespräch sind, wurden in Indien benutzt – so jedenfalls berichtete es uns das »Val.Sâstra« und das »Arthaśâstra«. Alkohol verschiedensten Ursprungs, gewonnen aus Sirup oder Honigwein, Bienenwaben, Blumen oder aus gegärtem Reis, hat Eigenschaften, die es dem Dieselöl sehr ähnlich machen, und daher könnte es als Kraftstoff Anwendung gefunden haben. Im Durchschnitt weisen alle Brennstoffe einen hohen Kohlenstoffgehalt (etwa 87%) und einen geringen Wasserstoffgehalt (13%) auf. Um den Vorgang der Verbrennung ablaufen zu lassen, ist die Zufuhr einer ausreichenden Menge an Luft beziehungsweise Sauerstoff notwendig. Bei der raschen Verbindung von Sauerstoff mit dem Brennstoff kommt es zur Freisetzung großer Energiemengen in Form von Wärmeenergie. Die atmosphärischen Bedingungen haben sich in den letzten 5000 Jahren nicht geändert, und so können wir sicher von der Gültigkeit der thermodynamischen Gesetze auch damals ausgehen.

Da die Beschreibungen in den alten Texten diese Gesetze berücksichtigen, gibt es also keinen Grund anzunehmen, daß die geschilderten Maschinen nicht funktionierten.

Vimanas und altindische Tempel

Der Vergleich des Gesamtaufbaus einer Vimâna mit dem ebenfalls im »Samarânganasutradhâr« beschriebenen Tempel beleuchtet ein Faktum von einiger Bedeutung bei der Betrachtung antiker Tempel, Kirchen und anderer Gotteshäuser. Tempel in Indien sind im allgemeinen zylindrisch oder konisch gebaut. Versuche mit zylindrischen Ballonen sind im Westen bereits im 19. Jahrhundert erfolgreich verlaufen. Im »Mahâbhârata« wird gesagt, Viśvakarmâ, Architekt der für die Götter gebauten Flugzeuge, und Maya, der Architekt der Asutras, hätten auch fliegende Städte (Raumstationen) errichtet. Das »Samarânganasutradhâr« berichtet uns weiter (40), daß in sehr frühen Zeiten Brahmâ Flugzeuge für fünf bekannte Götter anfertigen ließ, nämlich für ihn selbst, für Indra, Kuvera, Yama und Schiva. Sie erhielten die Namen Vairâja, Trivistapa, Puspaka, Manika und Kailasâ. Später wurden auch Flugzeuge für alle übrigen Götter hergestellt. Die gesamte Anzahl der im »Râmâyana«, im »Mahâbhârata« und in den Veden behandelten Flugmaschinen liegt bei 40. Diese Flugzeuge folgten im Grundriß viereckigen, quadratischen, siebeneckigen oder achteckigen Modellen. Das grundlegende dreieckige Modell ist in irgendeiner Weise darin immer vertreten. Die ebenfalls beschriebene runde Spielart verlangt einen hohen Grad der Vollkommenheit an aeronautischem Wissen und Können.

Das »Samarânganasutradhâr« sagt sehr eindeutig, daß die von den Göttern und Königen benutzten Paläste nach den Modellen dieser Fluggeräte gestaltet waren, allerdings statt aus Metall aus Steinen und gebrannten Ziegeln bestanden und der Verschönerung der Städte dienten. Die Richtigkeit dieser Beobachtung kann insbesondere an der Ausgestaltung eines Tempels überprüft werden. Gemeint ist der Harmikaśirsa-Tempel von Hubiśka aus dem ersten Jahrhundert n. Chr. (Abb. 18). Ähnliche Kultbauten sind der Udayeśvara-Tempel von Gewaliar in Madhya Pradesch aus dem elften Jahrhundert n. Chr., der Vrhadiśvara-Tempel von Tanjore aus dem spaten neunten Jahrhundert n. Chr. und andere. Tempel, die älter als tausend Jahre sind, haben im allgemeinen nicht überdauert. Sie fielen der Raserei und Brandschatzung fremder Invasoren zum Opfer. Vergleiche mit den Skizzen fliegender Maschinen aus dem Veden-Zeitalter, des Sundara- und des Śakunda-Typs zeigen, daß sowohl diese als auch die Tempel eine dreieckige Grundfläche besitzen, die in eine konische Struktur ausläuft.

Abb. 18: Harmikaśivṣa-
Tempel von Hubiśka aus
dem 1. Jahrhundert nach
Christi.

Diese Ähnlichkeit stimmt auch mit dem äußeren Erscheinungsbild von Kirchen und anderen Gotteshäusern der alten Welt gut überein. Besonders für Weltraumflüge ist der konische Typ (Raketenform), aber auch der Gleiter, etwa der amerikanische Space Shuttle, sehr vorteilhaft. Um das Feld der Erdanziehung und der Atmosphäre verlassen zu können, ist ein hoher Betrag an Schubkraft nötig, und gleiches gilt auch für die Abbremsung bei der Landung. Die Raketenform eignet sich dafür am besten. In den Bereichen außerhalb der Atmosphäre, das heißt im eigentlichen Weltraum, können Raumschiffe dagegen von unterschiedlichster Form und Gestalt sein, weil der Luftwiderstand dort auf ein Minimum gesunken, beziehungsweise gleich Null ist. Die Beschreibung verschiedenster Typen fliegender Städte im »Mahâbhârata« und die unterschiedliche Gestaltung der Vimânas bewegen sich somit im Rahmen der wissenschaftlichen Möglichkeiten. Recht gut kann dies durch die unterschiedliche Formgebung moderner Weltraumfahrzeuge deutlich gemacht werden. Nach Sâyana, dem bekannten Kommentator der Veden aus dem 14. Jahrhundert, kamen die Götter aus entfernten Bereichen des Himmels. Daraus können wir folgern, daß diese Götter außerirdische Wesen waren, die mehrere unterschiedliche Fluggeräte verwendeten, deren Konstruktion die Vorstellungen der antiken Menschen beflügelten. So kam es, daß sie nach den Modellen dieser Maschinen schließlich Tempel und Paläste zu erbauen begannen.

Seit dem Beginn der ersten nachchristlichen Jahrhunderte wurde der Begriff »vimâna« als technische Bezeichnung für die Spitzen der indischen Tempel verwendet. Śasvata und Amarasingha (42), Autoren zweier Lexikographien des vierten bis sechsten Jahrhunderts nach Christi, belegen »vimâna« mit zwei Bedeutungen: a) fliegende, von den Göttern verwendete Maschinen, b) siebenstöckige Paläste. Andere Lexika aus dem 10.–14. Jahrhundert folgen dem übereinstimmend. Amarasingha (43) erklärt, daß Tempel auch mit dem Wort für »Palast« bezeichnet wurden. Das Sanskrit-Äquivalent für Tempel ist »mandiva« und bedeutet einen Wohnort, der sehr angenehm ist hinsichtlich seiner Schönheit oder seiner Bequemlichkeit (44). Vimâna erhielt die Bedeutung von Tempeltürmchen erst, nachdem die Verwendung als »fliegende Maschine« außer Gebrauch gekommen war, einfach, weil es sie nicht mehr gab. Der Einfluß dieser fliegenden Maschinen auf die Gestaltung von Tempeln und Palästen in der Antike ist jedoch offensichtlich und eindeutig.

Das vergessene Wissen des alten Indien

Aeronautik und die Verwendung fliegender Fahrzeuge setzen einen sehr hoch entwickelten Stand allgemeinen Wissens voraus, ohne den ein Pilot sein Fahrzeug nicht hätte fliegen können. Meteorologische Aufzeichnungen, die bis ins Zeitalter der Veden (bis elftes Jahrhundert v. Chr.) zurückdatiert werden können, betreffen die vier Arten des Windes, die Ausdehnung der Atmosphäre, die Stärken des Windes und die Ursachen für Regen- und Trockenzeiten. Das »Râmâyana« enthält eine graphische Beschreibung der Regenzeit nach den Sommermonaten (46), und das »Visnupurâna« zählt ins einzelne gehend Ursprung, Natur und Arten der Blitze auf (47). In der genannten Arbeit wird auch beschrieben, daß durch die Sonnenwärme erhitztes Wasser in Form von Dampf aus dem Meer aufsteigt und in der Atmosphäre kondensiert. Durch diese schnelle Aufsteigbewegung kommt es zur Entstehung von Gewittern – wie wir heute wissen, eine völlig richtige Erkenntnis.

Der Vorgang der Wolkenbildung durch Verdampfung und Kondensation von Wasser war im alten Indien kein Geheimnis. Im »Vedângajyotisa«, einem Werk aus dem dritten Jahrhundert v. Chr., werden vier Arten von Wolken angeführt. Auch die Unterscheidung in folgender Weise war gebräuchlich: a) Wolken, die an sehr wolkigen Tagen erscheinen, die Form verschiedener Tiere annehmen und sich sehr langsam von Horizont zu Horizont bewegen (agnija), b) Regenwolken, im allgemeinen ohne Gewitter, deren Regen aber über große Gebiete fällt (brahmaja) und c) sehr hohe Wolken ohne Regen (paksaja). Dies dürfte allgemein mit der modernen Einteilung der Cumulo-Nimbus-, Nimbus- und Cirruswolken übereinstimmen.

Sieben Luftschichten wurden von den Wissenschaftlern des antiken Indien unterschieden, eine Untergliederung der Troposphäre, der Strato- und der Ionosphäre bis in eine Höhe von etwa 600 km über der Erde. Der größte Teil der erdgebundenen Flugzeuge bewegte sich innerhalb des Tropo- und Stratosphärenbereichs. Hinweise auf die Iono- und Exosphäre treten im »Vaimânikaśâstra« auf, wo Flüge zu den himmlischen Regionen beschrieben werden. Von jedem Piloten des antiken Indien wurde erwartet, daß er genaue Kenntnisse über diese Dinge besaß.

Zwei Fragen müssen an dieser Stelle betrachtet werden: Gibt es irgendeinen sicheren Beweis für diese fliegenden Maschinen, beziehungsweise wenn es ihn gab, warum ist er nicht erhalten geblieben? Soweit es Indien betrifft, ist bis heute kein archäologischer Beweis gefunden worden. Allerdings müssen wir berücksichtigen, daß Indien vom dritten Jahrhundert vor Christi bis ins 17. Jahrhundert nach Christi von zahlreichen Angriffswellen fremder Eroberer geradezu überflutet wurde. Unschätzbare Überreste der alten Kulturen, Bibliotheken und Kunstschätze wurden zerstört. Das bis heute aus den Ruinen zurück ans Tageslicht gebrachte Material hat keinen Beweis für die ehemalige Existenz fliegender Maschinen erbracht. Es gibt aber archäologische Beweise aus anderen Teilen der Welt. Durch Dr. M. Saleh vom Kairoer Museum, Ägypten, erhielt ich freundlicherweise Fotos eines aus Holz geschnitzten Modellflugzeuges, dessen Details von Prof. K. Messiha in seinem Beitrag beschrieben werden. Aus Gold gefertigte Modellflugzeuge wurden in Kolumbien, Ekuador und Peru gefunden. Die antiken Annalen der Weltgeschichte haben uns Berichte über große Katastrophen in vielen Teilen der Erde überliefert. Auch das »Purânas« und die vedische Literatur berichten über verschiedene Naturkatastrophen der alten Zeit. In fast allen antiken Schriften und in den Religionen der Menschheit ist fernerhin die Erinnerung an einen großen Götterkrieg wachgeblieben, bei dem die »Götter« gegen die »Dämonen« oder »Teufel« kämpften und schließlich siegten. Dieser in Indien sogenannte Kuruksetr-Krieg wird in den Texten als ein Krieg weltweiten Ausmaßes beschrieben, bei dem Millionen von Menschen ihr Leben ließen und fruchtbares Land in Wüste verwandelt wurde. Vermutlich handelte es sich um eine thermonukleare Auseinandersetzung. In einer sehr vorsichtigen Schätzung wird im Westen dieser Krieg um das Jahr 1500 v. Chr. datiert. In Indien glaubt man eher, er habe sich um 3000 v. Chr. ereignet.

Wie wir im »Yuktikalpatary«, einer Arbeit des weisen Bhoya aus dem zwölften Jahrhundert n. Chr., bestätigt finden, war die Benutzung von Flugzeugen neben den Göttern auf die Könige und den Adel begrenzt.

Im Kuruksetr-Krieg verlor eine große Anzahl von ihnen ihr Leben, Flugzeuge und Kriegsgerät wurden fast vollständig vernichtet. Die Überlebenden waren mit dem Wiederaufbau beschäftigt, und für die wenigen Flugmaschinen, die den Verwüstungen entgangen waren, gab es keinerlei Verwendung mehr, zum einen, weil es an erfahrenen Piloten fehlte, zum anderen, weil die gesamten sozio-ökonomischen Vorstellungen in dieser Zeit einen vollständigen Wandel erfuhren. Wenn man dem »Striparvan« des »Mahâbhârata« Glauben schenken kann, war die Anzahl der männlichen Bevölkerung derart zusammengeschrumpft, daß die vorher nur den Männern zustehende Ausübung der Begräbnisriten nun von Frauen übernommen werden mußte.

Dennoch überlebte die Erinnerung an diese Maschinen als Bestandteil des indischen Kulturerbes, auch, als es längst keine Techniker, Piloten und »Götter« mehr gab. Dabei schlichen sich zwangsläufig Ungenauigkeiten ein, vieles wurde fortgelassen, anderes hinzugefügt, so daß wir es heute nicht ganz leicht haben, den wahren Kern dieser Schilderungen zu erfassen. Aber bis ins zwölfte Jahrhundert n. Chr. haben Dichter, Dramatiker und Literaten Indiens die Berichte über Flugmaschinen der alten Zeit als lebendige Überlieferung in ihren Schriften bewahrt. Flugzeuge, Raumschiffe und Weltraumstationen waren im Indien der Veden- und Postveden-Zeit eine Wirklichkeit. Ihre einstige Existenz zu bestreiten, würde die Verleugnung der indischen Geschichte und des indischen Kulturerbes bedeuten. Es ist an der Zeit, den Gang der menschlichen Zivilisation neu zu betrachten und diesen vergessenen Bereich antiker Technologien in den ihm gebührenden Rahmen zu stellen.

Zwischenbericht 8

RAUMFAHRTTECHNISCHE BESCHREIBUNGEN
IN DER BIBEL

In den Jahren 593, 592 und 572 v. Chr. scheint der biblische Prophet Ezechiel Augenzeuge mehrerer Raumschifflandungen außerirdischer Intelligenzen gewesen zu sein. Aufgrund seiner in der Bibel festgehaltenen Beschreibungen gelang es dem damaligen Leiter der Abteilung für Projektkonstruktion bei der NASA, Josef F. Blumrich, 1973, einen Flugkörper zu rekonstruieren, der offenbar als Landefähre entworfen war. Die orthodoxe Theologie hatte die Berichte Ezechiels bislang ausschließlich unter religiös-psychologischen Aspekten ausgelegt. Blumrich, der der Theorie der Prä-Astronautik ursprünglich ablehnend gegenüberstand und mit seiner Überprüfung die Unrichtigkeit dieser Annahmen nachweisen wollte, erbrachte schließlich die technisch-mathematischen Nachweise für deren Richtigkeit. Im Laufe seiner Arbeit konnte Blumrich nach den Angaben Ezechiels auch ein sich nach allen Seiten drehbares Rad konstruieren. Dieses 1974 patentierte Teil des Raumschiffes wird mittlerweile für Spezial-Geländewagen von einer schwedischen Firma hergestellt.

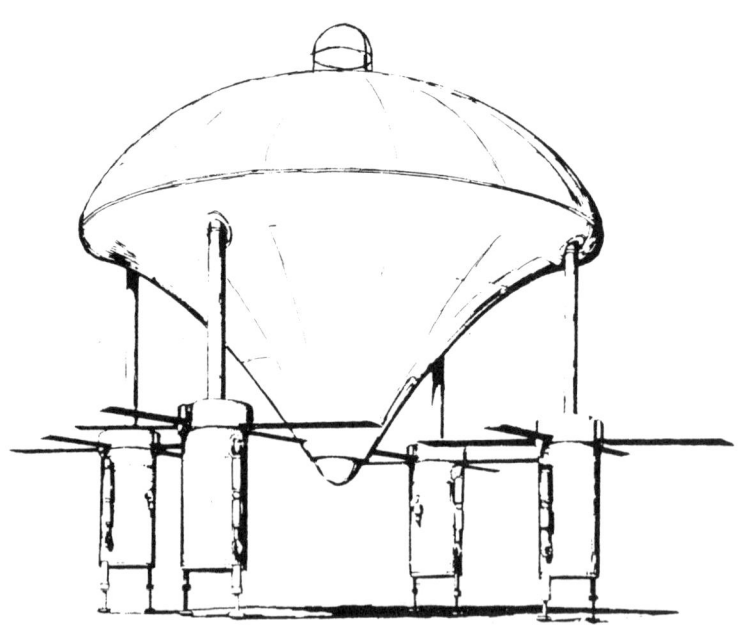

Abb. 19: Das von J. F. Blumrich rekonstruierte Raumschiff Ezechiels.

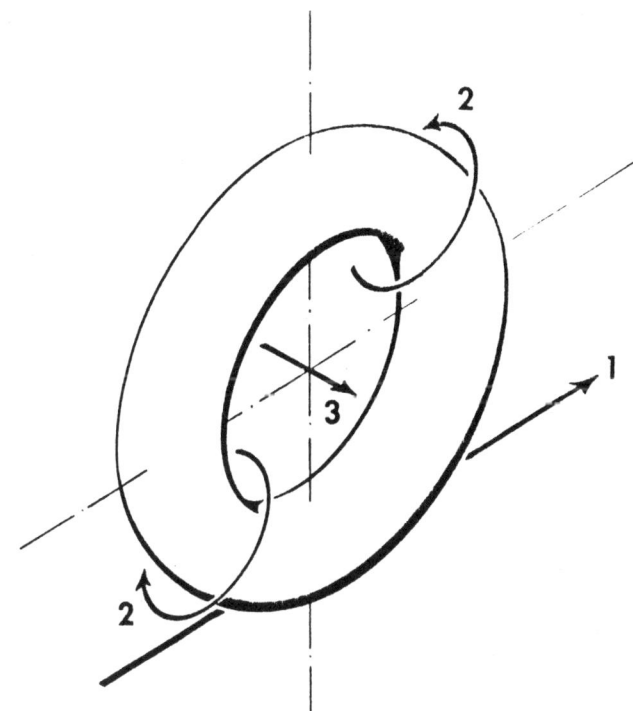

Abb. 20: Bewegungsprinzip der Räder am Raumschiff.

Die technische Interpretation des Palenque-Reliefs

von Làszlo Tóth, Nagykanizsa (Ungarn)

Die Grabplatte von Palenque ist sicherlich eines der Objekte, das in der prä-astronautischen Literatur am häufigsten auftaucht: eine in Stein gemeißelte Figur im Inneren eines »Etwas«, das viele für die Abbildung eines Raumschiffes halten. Es gibt eine Vielzahl anderer Deutungen, wer und was hier dargestellt sein könnte, aber sie alle überzeugen nur bedingt. Dies liegt vor allem an der sehr detailliert wiedergegebenen Abbildung, die nur wenig Raum für »mythologische Symboldeutungen« läßt. Eine technische Auslegung aber macht sich gerade diese Einzelheiten in ihrem Zusammenhang mit dem Ganzen zunutze. Das daraus vom Autor dieses Beitrages gewonnene Bild zeigt deutlich, daß die ersten, noch recht vagen Versuche Ende der sechziger Jahre, in dem Bild einen Astronauten in seinem Raumschiff zu sehen, richtig waren.

Làszlo Tóth, geb. 1945, ist Diplom-Ingenieur und im Maschinenbau, insbesondere im Antriebs- und Flugmotorenbau, tätig. Er beschäftigt sich seit etlichen Jahren mit der Rekonstruktion antiker, technisch anmutender Zeichnungen und Reliefs und der Grabplatte von Palenque.

Der glückliche Reisende, der im südlichen Teil Mexikos in der uralten Maya-Stadt Palenque nach Sehenswürdigkeiten trachtet, hat an einem unvergeßlichen Erlebnis teil. Und tatsächlich kommen die meisten Besucher, um das Grabmal Pacals, des ehemaligen Herrschers von Palenque, zu sehen. Pacal regierte von 615-683 in dem Maya-Stadtstaat.

Ich kam an einem Tag im August in der Ruinenstadt an und legte mir als erstes Ziel den Tempel der Inschriften fest. So nämlich heißt die Pyramide, in der das Grabmal von Pacal gefunden wurde. Eiligst bin ich damals die steilen Treppen emporgestiegen. Oben, während einer kleinen Ruhepause, bewunderte ich das tropische Panorama. Erst dann trat ich in den mit Inschriften reich geschmückten Tempel. Hier hatte Dr. Alberto Ruz Lhuiller im Jahre 1949 die nach unten in das Innere der Pyramide führende Treppe entdeckt. Die Freilegung des Abstieges dauerte bis 1952, wobei Schutt und Trümmer ausgeräumt werden mußten. Der Eingang aber führte direkt ins Herz der Pyramide . . .

In einer Kammer am Ende des Ganges fand man fünf Skelette, und an einer Seitenwand eine dreieckige Platte, die man aus der Wand heben mußte. Dahinter konnte der Archäologe mit Hilfe seiner Lampe einen größeren Raum betrachten. An den Wänden standen würdevolle, mit Federn geschmückte Figuren. Die Mitte aber nahm ein großes Grabmal ein. Dr. Ruz entdeckte das am kunstvollsten bearbeitete Grabmal der Neuen Welt.

Das Grab wurde von einer riesigen, fünf Tonnen schweren, 3,8 m langen, 2,2 m breiten und 0,25 m dicken steinernen Platte bedeckt. Die Platte selbst ist von Maya-Schriften und wunderbaren Abbildungen überfüllt, geschaffen von den Bildhauern dieses einst so großen Volkes.

Die Deutung der Abbildungen verursacht in Fachkreisen noch heute scharfe Auseinandersetzungen. Bis jetzt wurden folgende Deutungen und Erklärungen des Bildes gemacht:

a) Ein Opfer, dessen Herz im Laufe einer religiösen Zeremonie herausgerissen wird.

b) Das Relief stellt den Oberpriester der Mais-Gottheit während einer rituellen Handlung dar.

c) Es wird ein Maya-König gezeigt, der auf dem Throne sitzend das Obst des Lebensbaumes abzureißen versucht.

d) Der Archäologe Paul Rivet meint, die abgebildete Figur wäre ein Indianer am Opferstein. Hinter ihm sei der stilisierte Bart des Wettergottes zu sehen, das gleiche Motiv, das man in anderen Maya-Stätten schon früher entdeckt hat.

e) Die Figur ist Pacal, der große Priesterkönig von Palenque; im Augenblick des Todes fällt er in den Mund eines mythologischen

Abb. 21: Bildnis auf der Grabplatte von Palenque.

Ungeheuers, wie auch die Sonne täglich vom Himmel fällt. Und wie die Sonne steigt er wieder in den Himmel, den kosmischen Zyklus erfüllend. Hinter dem König steht der heilige Ceiba-Baum in Form eines Kreuzes, die Wurzeln in die Unterwelt greifend, der Stamm in das Leben, die Äste in den Himmel, wo der Himmelsvogel lebt.

f) Manche Wissenschaftler vertreten die Meinung, das Relief zeige das ruhmreiche Ende der Lebensbahn Pacals: den Aufstieg zu den Göttern.

g) Hans-Henning Pantel, ein Fachmann für Mayazeichen: Bei dem . . . »Toten von Palenque handelt es sich um einen Fürsten namens ›Adlerklaue‹, der bei einem *Föhnsturm umgekommen* sei«.

h) Die Aufschrift erzählt auch, daß der Abgebildete Maya-Priester sei, der durch den »heißen Wind« umgekommen ist.

i) In der Prä-Astronautik ist man der Meinung, man sehe einen Kosmonauten in seinem Raumschiff.

Tatsächlich haben viele Journalisten, Schriftsteller, Forscher und Techniker den Eindruck, als ob hier ein Mensch in einem Raumschiff säße! Ein uraltes Relief im Dschungel Mexikos, und manche sind der Meinung, es stelle ein Raumschiff dar . . .

Woran starb Pacal wirklich?

Unter den vielen Deutungen wollen wir jetzt die letzte Spur verfolgen. Wirklich eine interessante Idee! Wie und aus welchem Grund könnte man dieses Bild technisch deuten?

Da die Regeln und die Gesetze der Logik, der Physik und Mechanik überall gleich sein müssen, könnte man sicherlich viele Parallelen in der Entwicklung zweier kosmischer Zivilisationen entdecken. Die Technik der einen dürfte der Technik der anderen sehr ähnlich sein, da die physikalischen und mechanischen Gesetze für beide Kulturen gelten. *Technik wiederholt sich!* Meine Untersuchungen werde ich ausschließlich aufgrund meiner mechanischen, physikalischen, technischen und archäologischen Kenntnisse durchführen.

Was ist der Ausgangspunkt? Die Aufschrift des Reliefs, nämlich: Pacal »starb am heißen Wind«!

Nehmen wir an: Pacal war unter denjenigen Auserwählten, die den Start eines Raumschiffes seiner Götter aus nächster Nähe miterleben durften. Aber: es ereignete sich ein Unglück. Vielleicht befand sich der Priester einfach nur zu nahe am Raumschiff, und die ausströmenden Gase, der »heiße Wind«, haben ihn getötet, erstickt oder verbrannt. »Er starb am heißen Wind!« Die Mayas konnten nur durch Symbole die Tragödie ihres Oberpriesters ausdrücken. Aber auf diese Weise kam die Figur Pacals auf das Relief, während seine Seele im Glauben der

Mayas zusammen mit dem Raumschiff zu den Göttern in den Himmel emporsteigt.

Als wir das Relief eingehend untersuchten, erkannten wir zahlreiche unterschiedliche Symbole darauf: Menschenköpfe, Quetzalvögel, einen Affenkopf, ein Kreuz und so weiter.

Es ist interessant, das Pacals Figur dem Raumschiff gegenüber übermäßig groß dargestellt ist. Wir müssen annehmen, daß einige Maya-Priester in Begleitung von Astronauten in solch einem Raumschiff waren und dessen Innenraum, die Kontrolltafeln und Armaturen sahen. Die eigentliche Masse des Raumschiffes, die Maßverhältnisse, kannten sie jedoch nicht. Deshalb vermutlich die große Figur Pacals im Verhältnis zum Schiff. Die Mayas selbst konnten von der Raumfahrt so gut wie nichts wissen.

Ich möchte die Aufmerksamkeit meiner Leser auch auf die Tatsache hinweisen, daß ein Raumschiff aus mehreren Millionen Teilen besteht. Folglich kann nicht jedes Teil auf einer solchen Zeichnung zu finden sein, insbesondere nicht auf einer Steinplatte.

Meiner Auffassung nach sehen wir also Pacal auf dem Relief, den Herrscher Palenques, der einem Unfall zum Opfer fiel und dessen Seele sich – so die Mayas – mit einem Raumschiff zu den Göttern erhebt, in jene Regionen, in denen der Vogel des Himmels wohnt.

Die Rekonstruktion des Raumschiffes

Die auf der Steinplatte dargestellte Stellung Pacals erinnert wirklich an die eines Astronauten. In Gedanken entfernen wir nun die reinen Symbole, heben wir Pacal aus dem Raumschiff, zeichnen nach den Gesetzen der technischen Zeichnung die sichtbaren Kanten und Konturen nach, ziehen wir die Mittellinie (da das Raumschiff ein Drehkörper ist) und setzen den Piloten, in einen Raumanzug gekleidet, in den Sitz. Das Bild ändert sich sofort: eine technische Zeichnung, auf der wir den Querschnitt des ganzen Raumschiffes in den richtigen Maßverhältnissen sehen (Abb. 22). Auf einen 1,8 m großen Durchschnittsmenschen bezogen ist der Durchmesser des Raumschiffes ungefähr vier Meter und die Höhe ungefähr neun Meter. Der Astronaut liegt nun, den Anforderungen entsprechend, angebunden und bequem im Sitz. Sofort fällt auf, daß das Raumschiff zwei gegenüberliegende Türen hat, durch die der Astronaut ein- und aussteigen kann. Wie wir sehen werden, werden sie später noch von großer Bedeutung sein. Das Raumschiff ist einstufig und hat keinen Wärmeschutzschild. Aus beiden Erkenntnissen können wir weitgehende Schlußfolgerungen ziehen. Bevor wir unsere Untersuchungen fortsetzen, möchte ich aber noch einige grundsätzliche Richtlinien zur Raketentechnik geben.

Jeder Raketenkonstrukteur hat das grundlegende Ziel, mit Hilfe des aus dem Raketenantrieb ausströmenden Gasstrahls die Geschwindigkeit des Flugkörpers zu steigern. Die Schubkraft des Antriebes ergibt sich aus der Muliplikation der Geschwindigkeit der ausströmenden Gase und der während einer Zeiteinheit ausgestoßenen Masse. Bei heutigen, modernen Raketen mit flüssigem Antriebsstoff erreicht die Geschwindigkeit der Gasströme einen Wert von etwa 4000 bis 5500 m/sec.

Bei der Erhöhung des Wirkungsgrades eines Raketenantriebes spielt unter anderem das Molekulargewicht des ausströmenden Gases eine Rolle. Je kleiner dieses Gewicht und je größer der Energiegehalt des Treibstoffes, desto größer ist der Wert der ausströmenden Geschwindigkeit. Diesem physikalischen und chemischen Anspruch kann am besten ein Treibstoff genügen: der Wasserstoff.

Innerhalb der Treibstoffe steht Wasserstoff auf energetischem Gebiet an der Spitze. Bei -253° C wird er flüssig, und man muß ihn außerordentlich gut gegen Wärmeaufnahme isolieren. Wasserstoff wird daher in doppelwandigen Behältern gelagert. Der Zwischenraum der Wände wird unter Vakuum gesetzt und der Überzug der Behälterwände verspiegelt. Da sich zwischen den Behälterwänden somit kein Transportmedium, etwa Luft, befindet, kann Wasserstoff lange aufbewahrt werden, er erwärmt sich nicht. Auf Abb. 22 ist gut zu erkennen, daß der Astronaut von doppelwandigen, kugelsegmentähnlichen Behältern umgeben wird. Man könnte annehmen, daß sie kryogenen, das heißt tiefgekühlten Antriebsstoff enthielten. Dieser Stoff kann aufgrund des oben Beschriebenen aber nur Wasserstoff gewesen sein. Man kennt einen energieerzeugenden Prozeß, den man in die Reaktion chemischer Treibstoffe einordnen könnte, der jedoch an extreme physikalische Bedingungen gebunden ist.

Trennt man nämlich den in der Natur nur im Molekularzustand vorhandenen Wasserstoff in seine zwei Atome, wird aus $H_2 \rightarrow 2\,H$. Wenn diese einatomigen Wasserstoffatome in einer Verbrennungskammer wieder vereint werden könnten, entstünde eine so hohe Temperatur, wie sie sonst nur in der Sonne erreicht wird. Die Ausströmungsgeschwindigkeit der Verbrennungsstoffe würde bei diesen Bedingungen – natürlich nur theoretisch – die vielversprechende Größe von 20 800 m/sec erreichen.

Vorläufig aber besteht kaum Hoffnung, die Reaktion des elementaren Wasserstoffs in größerem Maße technologisch verwirklichen zu können. Unter normalen Bedingungen besitzt der einatomige Wasserstoff ein außerordentlich kurzes Leben, einige Zehntelsekunden. Er ist also sehr instabil und ist bestrebt, sofort Moleküle zu bilden.

Wasserstoff kann in der Zukunft nur unter den Bedingungen einer geregelten Kernfusion als Treibstoff genutzt werden. Denn den Pro-

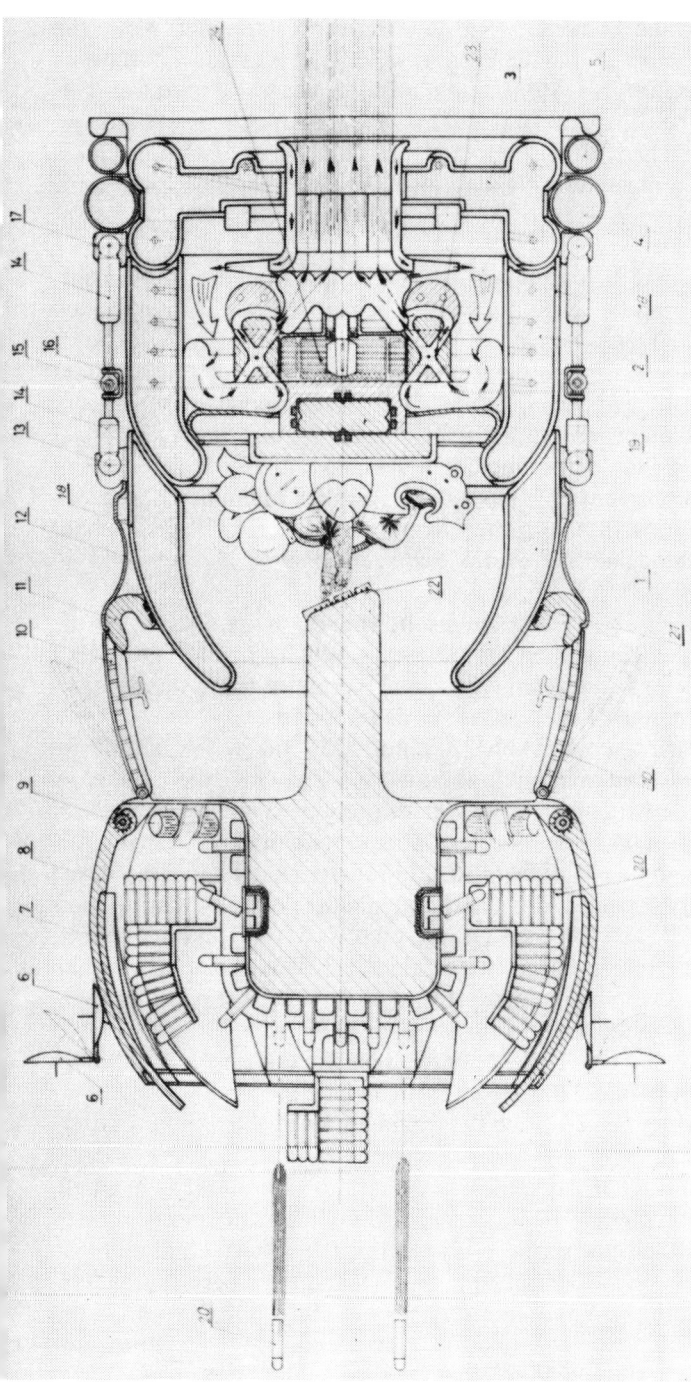

Abb. 22: Querschnittsbild des Raumschiffes. 1, 2, 3, 4, 5: Flüssiger Wasserstoff, 6: Radarantenne, 7: Kleines Kugelsegment, 8: Großes Kugelsegment, 9: Gelenk, Lagerung des Getriebes, 10: Tür zum Ein- und Ausstieg, 11: Torus mit eingebautem Linearmotor mit Spulen, Magneten und Befestigungselementen, 12: Flexibles Glied, 13: Kugelgelenk, 14: Hydraulikzylinder, 15: Gelenk, 16: Federelement, 17: Stütze, 18: Vakuum zwischen den Behälterwänden, 19: Kinetischer Energiespender, 20: Raketengeschoß, 21: Linearmotorspulen, 22: Armaturenbrett, 23: Toroidförmiger Kernfusionsreaktor, 24: Generator.

zeß, der auch die Sonnenenergie liefert, zeigt in brutaler Weise die Wasserstoffbombe. Durch die Fusion zweier leichter Wasserstoffatome entsteht ein schwereres Atom, und die Bindungsenergie wird frei. Das neuentstandene Element ist Helium. Aus der durch die H → He-Fusion betriebenen Rakete strömen die Gase theoretisch mit einem Achtel der Lichtgeschwindigkeit, also mit 37500 km/sec, aus. Eine solche Geschwindigkeit ist heute noch der Traum eines jeden Raketenbauers. So aber kann man sich schon eher vorstellen, warum das Raumschiff, das Pacal verbrannte, einstufig war. Sein Antrieb hatte einen großen Wirkungsgrad. Der vorhandene Kernreaktor hat die im Wasserstoff gebundene ungeheure Energie freigesetzt. Die Dichte des ausströmenden Heliums ist sehr gering, aber seine Geschwindigkeit sehr hoch. Derartige Raketentriebwerke entwickeln beim Start *mehrere tausend Meter* lange Helium-Schweife, deren Anblick außerordentlich beeindruckend sein mag! Im Bewußtsein eines antiken Menschen dürfte sich diese Erscheinung in zahlreichen Symbolen niedergeschlagen haben: Fliegende Schlangen, gefiederte Schlagen, Feuerschlangen und so weiter.

In unseren Tagen setzt jede Großmacht Milliarden von Dollars für die Erforschung der Kernfusion ein. Diese Forschungen sind von großer Bedeutung, denn nur durch die geregelte Kernfusion wird die Energiekrise der Erde eines Tages gelöst werden können.

Untersuchen wir aber die Abb. 22 weiter! Der Raketenantrieb dürfte theoretisch folgendermaßen funktionieren: Zwischen die doppelten Wände der Düse wird flüssiger Wasserstoff geführt, der sich dort erwärmt und verdampft. Das Wasserstoffgas wird sodann in den Plasmaumformer und dann in den toroidalen Kernfusionsreaktor geleitet, wo durch die Felder der Magnetspulen aus supraleitendem Material das Wasserstoffplasma auf 100 Millionen Grad erhitzt wird und Helium entsteht. Das glühende Heliumplasma wird schließlich von den magnetischen Feldern der Antriebsaggregate ausgestoßen, und zwar mit obengenannter Geschwindigkeit.

Am mittleren Teil des Torus befindet sich der mit einem Supraleiter umwickelte Generator, der die elektrische Energie für die »Zündung« des Kernreaktors liefert. Nach der Zündung ist die Reaktion selbsterhaltend.

Aber was liefert die Energie für den Generator? Vermutlich ein kinetischer Energiespeicher, der sich hinter dem Astronauten befindet. Jener ist eigentlich eine große, mit etwa 15000 bis 20000 Umdrehungen je Minute drehende Metallscheibe, die sich in den Feldern supraleitender Magnete und im Vakuum dreht. Sie hat also keine Berührung mit anderen Maschinenteilen, und es gibt nichts, das die Bewegung bremst. So kann sie sich über lange Zeit drehen und behält 98 Prozent ihrer kinetischen Energie bei. Diese Energie wird von einer magnetischen Kupplung entnommen und dem Generator übergeben. Bezüglich der Wirkung der drehenden Masse muß aber auch ein anderer Punkt bedacht werden: Es handelt sich ja um einen Kreisel von großer Masse, der seine Achsenrichtung starr beibehält. In einem Raumschiff hat eine solche Richtungsstabilisation Vor-, aber auch Nachteile, insbesondere beim Richtungswechsel.

Um die Drehachse einer sich drehenden Masse zu ändern, braucht man ein großes Drehmoment. Bei diesem Raumschiff wird es dadurch erreicht, daß gewisse Teile mittels Mechanismen auf Kugelbögen zu bewegen sind, beziehungsweise dort verharren (Abb. 23). Der Schwerpunkt des Raumschiffes verschiebt sich dabei aus der Drehachse, und nach Einschalten des Antriebes, also bei Beschleunigung, tritt ein Moment auf, welches das Raumschiff in die gewünschte Richtung

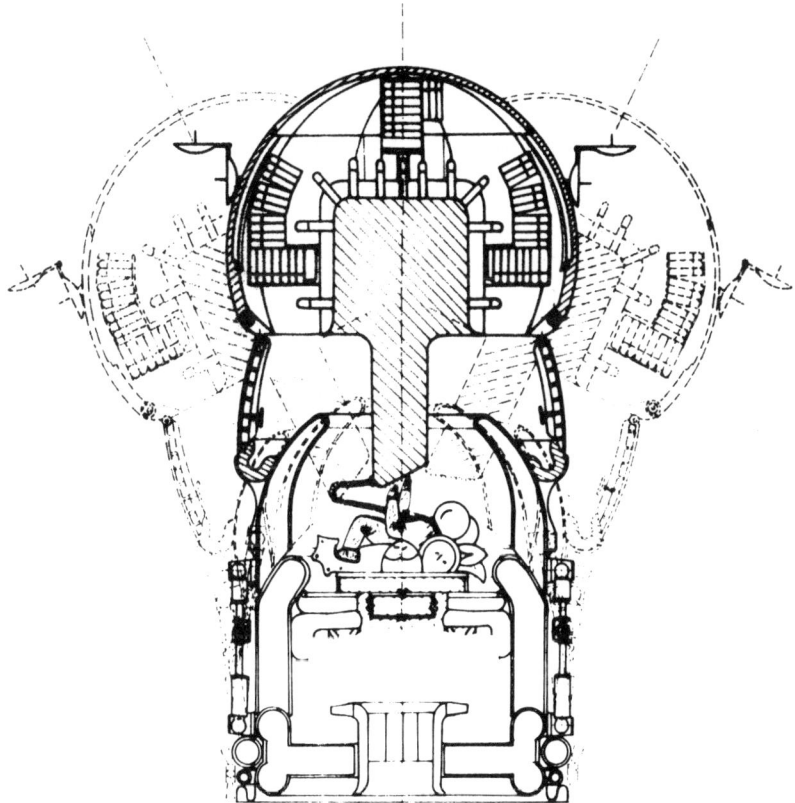

Abb. 23: Richtungsänderung des Raumschiffes durch Verschiebung des Massenmittelpunktes aus der Drehachse.

dreht. Beim Einschalten des Antriebes wird die Drehzahl des kinetischen Energiespeichers sehr stark vermindert, so daß das zum Drehen des Raumschiffes nötige Moment erreicht wird.

Wenn durch irgendeinen technischen Fehler einzelne Raumschiffteile nicht in ihre ursprüngliche Lage zurückkehren, muß die Möglichkeit bestehen, den Piloten zu retten, was durch die freigebliebene Tür ermöglicht wird. Denn das Armaturenbrett versperrt einmal den einen, ein anderes Mal den anderen Ausgang! Deshalb wurden zwei Türen einander gegenüber eingebaut, und so kann der Astronaut durch die freie Tür gerettet werden.

Der vor dem Piloten sichtbare Teil bietet uns zahlreiche Überraschungen. Hier finden sich insgesamt 120 Einheiten, die man als etwa 100×600 mm durchmessende Raketen betrachten könnte, die im Weltall in jede Richtung geschossen werden können.

Um dies zu ermöglichen, werden die Kugelsegmente mit Hilfe der eingebauten Elektroantriebe geöffnet und geschlossen. Ein interessantes Bild zeigt das Raumschiff auch in der Vorderansicht, bei geschlossenen und bei geöffneten Kugelsegmenten.

Mit Hilfe der angebrachten Radarantennen ist die gesamte Umgebung des Raumschiffes zu überblicken. Im Weltall werden fortlaufend und abwechselnd vier Kugelsegmente mit den Radarantennen geöffnet und geschlossen, so daß sie gleichbleibend arbeiten können. Der kinetische Energiespeicher stabilisiert das Raumschiff durch die Kreiselwirkung sehr gut und sichert das genaue Ziel.

Die Raketen werden von einem Computer gesteuert und im gegebenen Moment und in vorgeschriebener Bahn auf einen hypothetischen Gegner abgefeuert. Aufgrund dieser Betrachtung des Palenque-Raumschiffes kann es sich nur um ein militärisches Ein-Mann-Fahrzeug handeln! Und wenn wir uns nun noch vorstellen, daß die Außenfläche des Raumschiffes überall verspiegelt war, ist das Fahrzeug sogar gegen die sonst sehr wirksamen Laserstrahlen geschützt, denn sie werden einfach »zerstreut«.

Wie können wir nach alldem die alten Schriften über die »Kriege der Götter« verstehen? Denn dieses Raumschiff ist ein sehr beweglicher, schneller, jederzeit einsetzbarer, manövrierfähiger, gefährlicher »Raumkreuzer«!

Das Palenque-Raumschiff und der indische Gott Schiva

Bevor wir diese Gedankenreihe fortsetzen, sollten wir noch einen Blick auf die denkbaren Bewegungsmöglichkeiten des Schiffes werfen (Abb. 24). Es ist überraschend, aber... es bewegt sich und »tanzt« genau wie Schiva, ein Gott der Hindus!

160

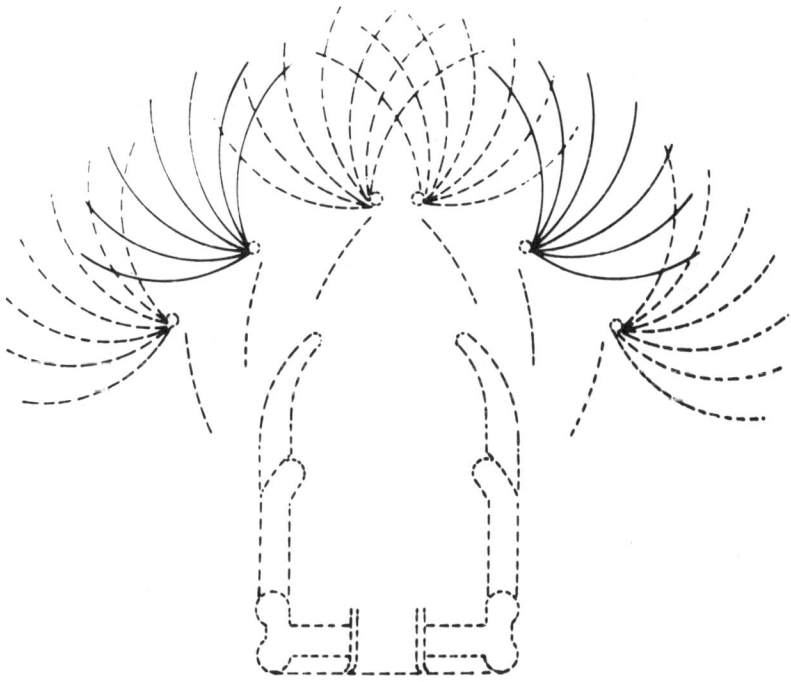

Abb. 24: Die Bewegungsabläufe des Raumschiffes.

Wie reagiert ein Mensch des Altertums, welche Symbole verwendet er, wenn er plötzlich dem Gesandten einer fremden, modernen, technisch hochentwickelten Zivilisation gegenübersteht? Welche Symbole gibt er dessen Technik und seinen Raumschiffen? Wenn man physikalisches Wissen, moderne Technik und alte Überlieferungen im Zusammenhang mit unserer Rekonstruktion betrachtet, ergeben sich eindeutig Parallelen zu Schiva. Wer war Schiva? Einer der drei Hauptgötter des hinduistischen Pantheons. Der Gott des Krieges und des Neuwerdens, der Vernichter und Neuschaffende (Abb. 25, 26): »Der, der seinen kosmischen Tanz ausführt, und nicht nur seinen Körper dreht ... Auch die Glieder scheinen zu tanzen ... zwei Hände umfassen den Weltraum selbst durch die Bewegung, und sein Tanz durchwirkt sie.« Und ein anderer Text berichtet: »Die Bewegung des Tanzenden ist ausgewogen, sie erfüllt den ganzen Raum, und doch ist es, als ob er in Ruhe wäre, wie ein sich drehender Kreisel oder eine Schnecke in Ruhe zu sein scheint.«
Machen wir uns das klar: Man hat im Jahre 1952 inmitten des Urwaldes von Mexiko eine wundervoll gearbeitete Steinplatte gefunden, auf der der Querschnitt eines Kriegs-Raumschiffes einer fremden Zivilisation

161

Abb. 25 und 26: Der tanzende indische Gott Schiva, Symbol des Krieges und der Neuschöpfung.

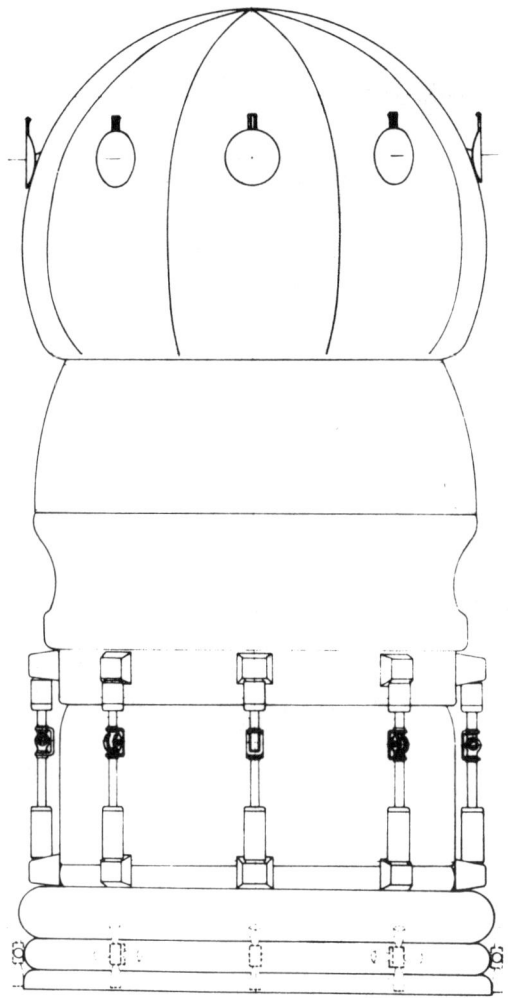

Abb. 27: Ansicht des Raumschiffes von außen.

zu sehen ist! Die Bewegungen desselben Raumschiffes nun ahmt Gott Schiva der Hindus nach, der »zufälligerweise« der Gott des Krieges ist. Und das alles mehrere tausend Kilometer von Mexiko entfernt, was ohne Übertreibung ein außerordentlich faszinierendes Indiz für einen Besuch fremder Zivilisationen auf der Erde ist.

Wie sah das Raumschiff von Palenque für einen Beobachter aus, der sich weiter entfernt aufhielt? (Abb. 27) So, wie es die Menschen in Indien gesehen haben (Abb. 28 u. 29): Die beiden Stupas sind auch heute noch in Indien, in den Höhlentempeln Nr. XIX und XXVI von

Abb. 28 und 29: Stupas in den Höhlentempeln von Ajanta, Indien.

Ajanta zu sehen. Im Stupa ist die Zentralfigur, der angebetete Astronauten-Gott, seine in Stein gemeißelte Figur, zu sehen, der in diesem Raumschiff geflogen ist. Die zwei kleinen Säulen sind nur symbolischen Charakters. Die Entstehung der Tempel setzt man in das siebte Jahrhundert nach Christi. Und wann ist Pacal gestorben? Im Jahre 683 n. Chr. Der zeitliche Zusammenhang kann kein Zufall sein! Zahlreiche schriftliche Überlieferungen erzählen uns über Kämpfe unter den Göttern:

Millionen Sternsplitter jagten im
Himmel über die Erde.

Oder

In jener Nacht hat der Tyrann die falsche Schlange, die Söhne des Widerspruchs, in die Luft gerufen, und wenn sie im Osten des Himmels angekommen sein werden, beginnt der Krieg im Himmel und auf der ganzen Welt.

In den altindischen Epen Mahâbhârata und Râmâyana wimmelt es von fliegenden Wagen, und die Götter kämpfen mit erschreckenden Waffen gegeneinander. Durch die Luftkämpfe werden die Berge erschüttert, die hohen Gebäude und Türme stürzen ein und stalinorgelähnliche Raketenwerfer spucken Feuer.

Die Bedeutung der »Himmelsschlangen«

Krischna führte einen Krieg gegen die Schlange Kalija! Die Zahl der Schlangenkinder Surasa war tausend, und sie hatten mehrere Köpfe und zogen durch den Himmel. Der Stamm von Kadru hatte ebenfalls tausend Schlangen und besaß unbegrenzte Macht. Die Schlange Vritra verursachte Naturkatastrophen, Dürre und Not. Doch Indra tötete sie durch seine Blitze und zerschlug ihre Heere. Und im Mahâbhârata findet sich auch die folgende Stelle:

Der Wagen, in dem Bhima flog, leuchtete so hell wie die Sonne und dröhnte wie der Donner. Der fliegende Wagen funkelte wie eine Flamme am nächtlichen Sommerhimmel. Es sah aus, als schienen zwei Sonnen. Da erhob sich der Wagen und der ganze Himmel begann zu leuchten.

Feuerdrachen, Feuerschlangen, feurige Kampfwagen kommen in sehr vielen schriftlichen Überlieferungen vor, fast auf jedem Kontinent. Die Raumschiffe haben beim Start immer sehr lange, hellglühende, mehrere tausend Meter lange Schweife ausgestoßen.

Die damaligen Menschen haben sie als »Fliegende Schlange«, »Feuerschlange« und »Feuerdrachen« in Erinnerung behalten. Sehr oft, als diese Raumschiffe mit ihren langen Schweifen erschienen, kam es zum Krieg und zum Kampf unter den Göttern!

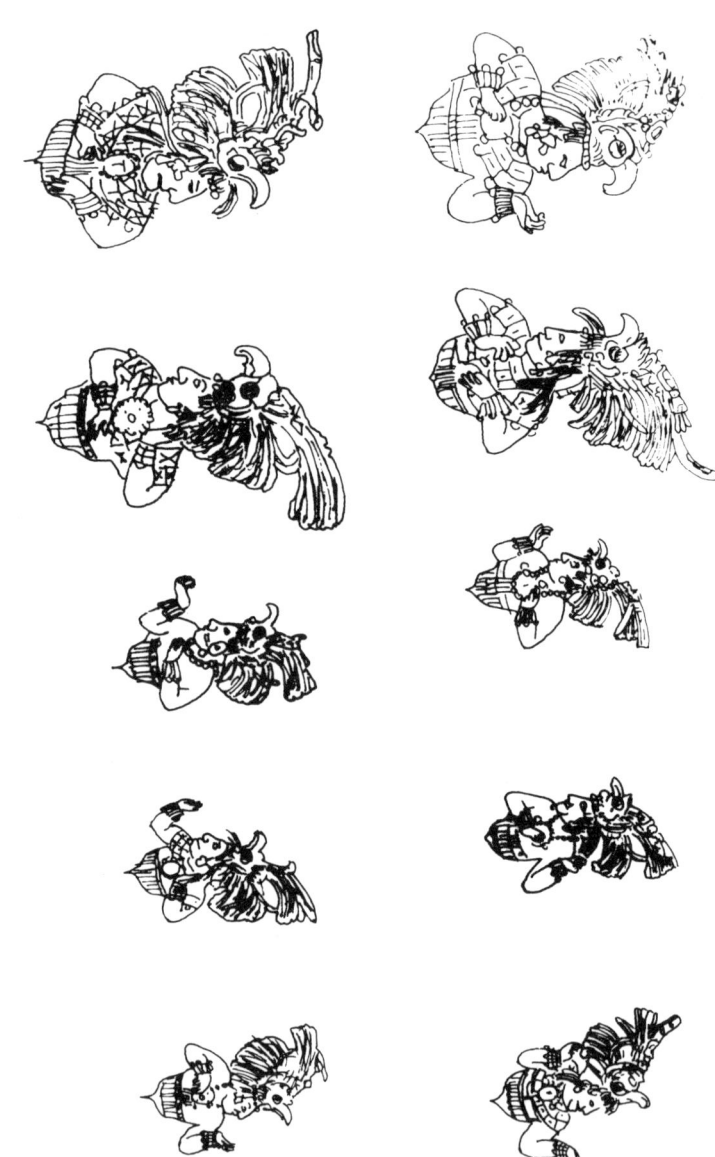

Abb. 30: Dekorative Figuren an den Wänden des Pacal-Grabmals im Tempel der Inschriften von Palenque.

166

Die Zeit verging, die Götter blieben schließlich fort, die Trümmer ihrer Raumschiffe hat die Korrosion zerfressen. Es wurde »still«, die später Lebenden haben keine »Feuerschlangen« und »Fliegenden Wagen« mehr gesehen. Aber die Erinnerung blieb.

Jahre, Jahrzehnte, Jahrhunderte vergingen. Dann erschien am Himmel irgendwann mit langem, hellen Schweif – wie damals die Kriegsschiffe der Götter – ein Komet. Seit Jahrtausenden galt die Überlieferung, vom Vater auf den Sohn übergeben: es bedeutet etwas Schlechtes, es kommt Krieg! So geschah es, daß Kometen durch Jahrhunderte und bei abergläubischen Menschen auch heute noch als Unheilsboten gelten. Am Ende unserer langen Gedankenreihe wollen wir wieder zu Pacal zurückkehren. Meine Gedanken kreisten lange und immer wieder um folgende Überlegung: Wenn die Steinplatte von Palenque derart wichtige Informationen trägt, müßten dann nicht auch die Bilder an der Seite des Grabmals von großer Bedeutung sein und in Verbindung mit der »Nachricht der Steinplatte« stehen?

Nun, die Mayas haben zehn Menschengestalten – sechs Männer und vier Frauen – an den vier Seiten des Grabmals abgebildet (Abb. 30). Sie sind wie die Mayas gekleidet und tragen die Maske des Quetzalvogels.

Was sollen diese Gestalten ausdrücken? Sie zeigen mit ihren Köpfen und Händen das gleiche wie Schiva! Für die Mayas der damaligen Zeit war das alles *technisch* unverständlich, aber sie vollzogen auf diese Weise die *Bewegungen* des Raumschiffes nach!

Der Tod Pacals durch den »heißen Wind« hat uns sehr weit geführt. Aber was wäre geschehen, wenn Pacal an einem Schlangenbiß gestorben wäre? Was hätten uns die Mayas darüber mit ihren Bildern erzählt? Wir wissen es nicht.

Doch Pacal starb nicht an einem »Schlangenbiß«, durch eine Infektion oder an Altersschwäche. Er wurde »vom heißen Wind« getötet, und diese außergewöhnliche Nachricht war von großer Bedeutung für die Nachwelt.

FLUGGERÄTE AUF ALTEN RELIEFS UND ZEICHNUNGEN

Auf vielen Abbildungen zeigen Künstler vergangener Jahrtausende ein immer wiederkehrendes Symbol: ein Gerät, das am Himmel schwebt. In der sumerisch-mesopotamischen Kultur tauchen geflügelte Scheiben, auf oder in denen sich Götter befinden, häufig als Abbildungen auf Rollsiegeln auf. Aber auch in Ägypten findet sich diese Darstellung in ähnlicher Form wieder. Vergleichbares kennt man aus Süd- und Mittelamerika, ebenso von den Hopi-Indianern Nordamerikas. Auch in der chinesischen und japanischen Kunst tauchen diese Objekte auf. Man kennt sie aus vielen Jahrtausenden, beginnend mit noch primitiv anmutenden Felszeichnungen bis hin zu den Fresken des Mittelalters, so zum Beispiel im jugoslavischen Kloster Desani. Anfang des 14. Jahrhunderts wurden hier über einer religiösen Szene zwei stromlinienförmige Flugkörper abgebildet.

Abb. 31: Die Fresken im jugoslawischen Kloster Desani.

Die Entwicklung eines Rotationskolben-Motors aus einem Maya-Schriftzeichen

von Dr. Friedrich Egger,
Salzburg (Österreich)

Wenn in antiken Schriften der Alten und Neuen Welt von anscheinend technischen Gerätschaften die Rede ist, sind diese Beschreibungen in ihrer Vielzahl leider nicht bestimmt genug, um sich ein genaues Bild davon machen zu können. Es gibt allerdings einige Ausnahmen, die zum Teil auch im Rahmen dieses Buches behandelt werden (Manna-Maschine, elektrische Glühlampen in Dendera, altindische Fluggeräte usw.).

Einen weiteren Beitrag in dieser Richtung liefert uns der sogenannte »Maya-Motor«, dessen Entdeckung und Entwicklung vom Autoren dieses Aufsatzes beschrieben werden. Der Abschnitt ist fernerhin ein ausgezeichnetes Beispiel dafür, daß und wie Wissenschaftler verschiedenster Richtungen zusammenarbeiten können, um die Rätsel der Vergangenheit zu betrachten und zu lösen.

Dr. Friedrich Egger, geb. 1944, promovierte an der Universität Salzburg, Österreich. Er war dort Mitarbeiter am interdisziplinären ATARPA-Projekt. Die Entwicklung des Rotationskolben-Motors aus einem Schriftzeichen der Maya gelang zusammen mit Dr. Klaus Keplinger.

Mein Thema lautet: Die Entwicklung eines Rotationskolben-Motors aus einem Maya-Schriftzeichen. Dieser Zusammenhang – Maya-Schriftzeichen und Motor – ist der Grund, warum diese Maschine im Rahmen des vorliegenden Buches behandelt wird. Am Beginn unserer Geschichte stand ein Schriftsteller, und dieser schrieb ein Buch zu einer Thematik, die jener sehr ähnlich ist, die hier behandelt wird. Er wollte auf jeden Fall wissenschaftlich und ganz exakt bleiben, und daher holte er sich Berater aus der Physik, der Medizin, der Biologie und anderen Fakultäten der Universität. Sie alle waren Wissenschaftler, die bereit waren und sind, unorthodoxe Gedanken mit genau derselben wissenschaftlichen Sorgfalt zu behandeln wie ihre tägliche Forschung. Und so entstand aus diesem lockeren Zusammenschluß das sogenannte Forschungsprojekt ATARPA, das im Herbst 1972 gegründet wurde. Ziel dieses Vorhabens war es, technische Spuren bei alten Kulturvölkern in die Gegenwart hochzurechnen. Die Bezeichnung »Atarpa« ist aus der etruskischen Mythologie entliehen und war der Name der Schicksalsgöttin, die jedes Jahr einen Nagel in die Wand schlug, um den Menschen anzuzeigen, daß ihre Zeit langsam zu Ende geht.

Das ATARPA-Projekt

Derzeit laufen im Forschungsprojekt ATARPA mehrere verschiedene Programme, die zum Teil dadurch entstanden sind, daß unterschiedliche Disziplinen an einem Tisch zusammenkamen, Mediziner und Mathematiker beispielsweise, und der Mediziner hat plötzlich mit sehr großem Erstaunen festgestellt, daß man den Computer des Mathematikers auch in der Medizin verwenden kann, um Zusammenhänge zwischen Krankengeschichten herzustellen. So wurde aus dieser Informationsabteilung eines Schriftstellers, nämlich Dr. Klaus Keplinger, langsam eine selbständig arbeitende Gruppe, und zwar eine Gruppe, die wirklich arbeitete und sich nicht nur selbst erhielt. Dieses Vorhaben führte außerdem an der Universität zu einer Art »Völkerverständigung« zwischen den einzelnen Disziplinen.
Die Entwicklung des Maya-Motors begann nun eines Tages, als Herr Keplinger zu mir kam und mir auf einem Zettel ein Rechteck mit zwei Diagonalen aufzeichnete. Er fragte mich, was das sei und ich antwortete ganz spontan: ein Briefumschlag! Er aber meinte, es sei ein Motor. Dies versuchte er mir kinematisch klarzumachen, und ich mußte ihm leider sagen, daß sich das Ding, so wie er es sich gedacht hatte, nicht gedreht haben konnte. Dies war einfach unmöglich.
Die Anregung für diese Idee hatte Herr Keplinger aus einem Manuskript bekommen, als er Anfang der sechziger Jahre zum erstenmal in

Abb. 32: Rotations-
kolbenmotor

171

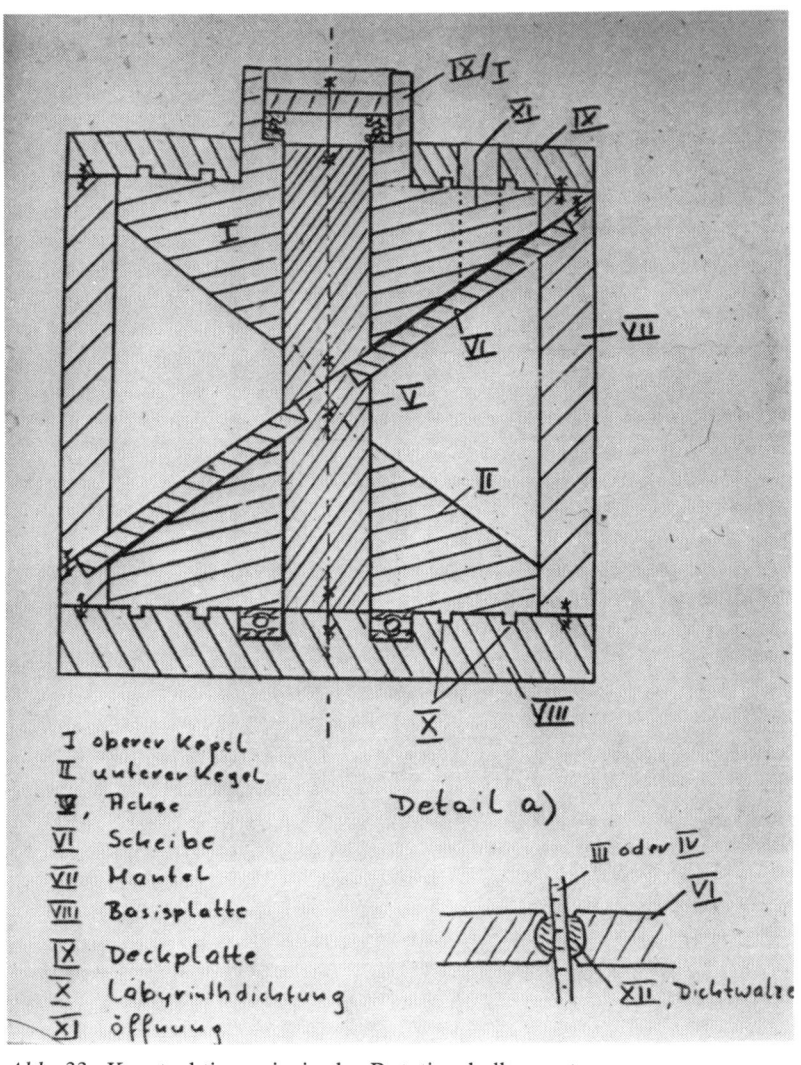

I oberer Kegel
II unterer Kegel
V, Achse
VI Scheibe
VII Mantel
VIII Basisplatte
IX Deckplatte
X Labyrinthdichtung
XI Öffnung

Detail a)

III oder IV
VI
XII, Dichtwalze

Abb. 33: Konstruktionsprinzip des Rotationskolbenmotors.

Peru weilte. Ausdrücklich ist dieses Zeichen als Motor erstmals bei Charroux, dem französischen Schriftsteller, wiedergegeben worden: und zwar als Rechteck mit zwei Diagonalen. Charroux glaubte in diesem Bild einen Motor zu erkennen, nicht jedoch wegen seiner Funktion, sondern ausschließlich wegen der vorherrschenden Stellung in den verschiedenen Kodizes. So sieht man zum Beispiel im Troana-Manuskript sehr deutlich einen Mann, der an irgendeinem Gebilde arbeitet, und dieses Gebilde stellt eben das beschriebene Zeichen dar,

172

Abb. 34 und 35: Beispiele aus der Bilderschrift der Mayas, die die Inbetriebnahme des Rotationskolbenmotors zeigen. 35: aus dem Madrider Codex, 36: aus dem Troano-Manuskript.

das, wie die Archäologen sagen, die Kraft ausdrücken soll. Dabei ist zu beachten, daß es sich hierbei nicht um zwei gleiche Diagonalen handelt, sondern um eine durchgezogene und eine unterbrochene. Immer jedoch ist dieses Gebilde mit Röhren verbunden und wird mitunter auch ziemlich rund dargestellt. Im Codex Tro-Cortesianus (Madrid) wird dieses Zeichen sogar im Zusammenhang mit einem Schraubenschlüssel abgebildet. Wieder auf anderen Abbildungen sehen wir weitere technische Details und – bei freier Deutung – einen Mann, der vielleicht ein Gaspedal bedient. In der Hand hält er irgendeinen Griff zum Inbetriebnehmen und eine »Fackel«, die, wie Charroux schreibt, »Hitze« bedeuten könnte. Aber auf alle Fälle ist auch das Zeichen mit den beiden Diagonalen im Rechteck wieder zu sehen. – Doch mit Spekulationen allein wollten wir uns nicht zufrieden geben.

Wir suchten eine wissenschaftliche, logische Lösung: Nach gründlichen Studien haben wir dann tatsächlich einen Motor rekonstruieren können, der jedoch anders arbeitet, als dies zuerst angenommen wurde. Wie aus der Querschnittzeichnung erkennbar ist, sieht man zwei »Kegel« und eine schrägliegende Scheibe. Verbunden sind sie durch – wir haben sie so genannt – »Flügel«. Diese beiden »Flügel« durchdringen die Scheibe an zwei Schnittlinien. Das ganze System ist fernerhin um seine

Hauptachse drehbar, und die beiden Kegel und die beiden »Flügel«
genau um diese Achse und Scheibe zu einer dazu geneigten Achse »b«.
Da sich die Scheibe schräg dreht, entstehen dadurch verschieden große
Kammern. Der Motor arbeitet, kurz gesagt, nach dem Schraubenprin-
zip der Durchdringung zweier Rotationsebenen.
In einem Abrollbild wird ersichtlich, daß zuerst oben eine kleine
Kammer entsteht. Nun wird ein Medium hineingelassen, quer durch
den Kegel, und da jedes Gas bestrebt ist, sich auszudehnen, drückt es
den Flügel damit weiter, bis in eine 180°-Stellung. Hier hat der Flügel
seine größte Ausdehnung, und hier muß die Maschine auch das größte
Drehmoment abgeben. – Nun überschreitet der zweite »Flügel« die
dichtende Kante, an der die Scheibe am Kegel anliegt, und das
Volumen wird noch weiter vergrößert, bis es endlich einen Höchstwert
erreicht hat. Ist die Stellung 270° erreicht, kommt der Augenblick, in
dem im Gehäuse eine Auspufföffnung aufgemacht werden muß, um das
Treibmedium entweichen zu lassen. Wird dieses Größtvolumen nun
verkleinert, entsteht gleichzeitig eine neue, zweite Kammer. Es liegen
sozusagen zwei Maschinen vor, die gegenseitig in dieselbe Richtung
arbeiten. Das bedeutet zugleich, daß die Kraftmaschine sehr kontinu-
ierlich arbeitet. Dadurch, daß sämtliche Bewegungen kreisrund ablaufen, gibt es bei dieser Maschine auch nur sehr wenig Vibrationen.
Lediglich eine kleine Winkelverschiebung der Scheibe entlang ihrer
Umgebung tritt auf, was bei diesem Winkel aber nicht sonderlich ins
Gewicht fällt.

Die Leistung des Motors

Da diese Maschine ein sehr geringes Totvolumen und ein hohes
Drehmoment besitzt, weist sie einen sehr hohen Wirkungsgrad auf.
Eine Spielart des Rotationskolben-Motors wurde in Kugelform entworfen. Diese bringt für Dichtungsprobleme ganz entscheidende Vorteile, weil die Scheibe im Gehäuse dann auf einem Großkreis läuft und
überall gleich tief eintaucht und nicht, wie im zylindrischen Modell,
eine Ellipse darstellt. Abgenommen wird die Kraft durch eine An-
triebswelle.
Eine österreichische Firma hat für einen 40 cm³ aufweisenden Apparat
bei etwa 10 Atmosphären Betriebsdruck ohne Verluste 480 PS Leistung
errechnet. Das ist ziemlich gewaltig. Unser eigenes Modell liefert bei
500 Umdrehungen je Minute etwa 25 PS. Dies entspricht dem Drehmoment eines Mercedes der oberen Preisklasse. Ein herkömmlicher
Motor in dieser Größenklasse entwickelt bei 5000 Umdrehungen je
Minute nur etwa 200 PS.
Bei unserem Rotationskolbenmotor handelt es sich um einen Dampf-

motor, was die Frage aufwirft, warum wir keine innere Verbrennung wählten, was ebenfalls möglich gewesen wäre. Auch dafür gibt es mehrere Erklärungen: Zum einen können Skizzen, die im Zusammenhang mit dem Motor stehen, als Druckkessel interpretiert werden, bei dem noch nicht einmal das Regelventil vergessen wurde. Zum anderen zeigen Studien, beispielsweise einer schwedischen Automobilfirma (vgl.»Schweizer Automobil-Revue«, 20. Febr. 1975), daß ein solcher Dampfmotor/kessel einige Vorteile besitzt. Und zwar deswegen, weil wir für einen Benzinmotor immer hochwertige Treibstoffe brauchen, wohingegen man einen Dampfkessel zur Not auch mit »zehn Filzpantoffeln pro Kilometer« betreiben kann.

Die weiteren Vorteile unseres Motors sind: Er ist, bei einem hohen Drehmoment, sehr klein und kommt daher als Radnaben-Motor in Frage. Das bedeutet, daß man den Motor unmittelbar in das Rad hineinbauen kann und sich so ein sehr teures, schweres Getriebe sparen kann, etwa Differentialgetriebe und dergleichen mehr, und man nimmt dafür lediglich einen Dampfkessel in Kauf.

Die enorme Leistungsfähigkeit der Kraftmaschine läßt sie ferner für Autos äußerst günstig erscheinen. Denn durch eine Verbrennung außerhalb des Zylinders entstehen wesentlich weniger schädliche Abgase. Trotzdem wäre eine gute Ausnutzung der angebotenen Energie gewährleistet. Statt Benzin könnte der Motor auch mit anderen Treibstoffen betrieben werden. Künftige, auf diese Weise angetriebene Fahrzeuge bringen aufgrund der Gewichts- und Platzersparnis eine weitaus größere Transportkapazität und würden außerdem geräuschlos laufen.

Mit eigener Kraft lief dieses Modell zum ersten Mal am 23. Mai 1975. Es war für uns ein sehr schöner Erfolg, weil es beim Bau einige Schwierigkeiten gegeben hatte. Es mußte zum Beispiel sehr große Präzisionsarbeit geleistet werden, die Genauigkeit der Teile mußte bis auf tausendstel Millimeter gehen. Es waren für uns sehr ungewohnte Arbeitsvorgänge zu verrichten, wie zum Beispiel eine Innenkugel herzustellen. Dazu brauchten wir Spezialmaschinen, die normalerweise nicht zur Verfügung stehen, und es mußte viel improvisiert werden. Aber schließlich haben wir es doch geschafft. Das Ganze hat natürlich sehr viel Geld gekostet, und bis der Motor das erste Mal lief, sind eine Million Schilling in ihn investiert worden. Ermöglicht wurde uns dies glücklicherweise durch eine österreichische Firma aus der Textilbranche, die an sich mit Motorbau überhaupt nichts zu tun hat. Unser Motor wurde inzwischen in vielen Ländern, darunter in den USA, patentiert.

Die Gretchen-Frage, die viele an mich gestellt haben, ist, ob dies nun der Beweis sei, daß die Mayas Motoren besaßen. Ich möchte mich hier sehr vorsichtig ausdrücken: Wir haben die Anregung zu dieser Maschine aus den Maya-Manuskripten erhalten. Das ist belegt, das stimmt. Es ist eine Nachempfindung dessen, wie der Motor wirklich gelaufen sein könnte. Es ist dies ein Mosaikstein in einem Bild, aber ein Mosaikstein macht noch kein Bild. Deswegen möchte ich sehr vorsichtig sein. Aber ich möchte darauf hinweisen, daß ATARPA noch andere Forschungsprojekte aufgegriffen hat, unorthodoxe und ungewohnte Programme, wie zum Beispiel die Entwicklung eines geomagnetischen Flugleitsystems. Aber es blieb bei uns alles strikt auf dem Boden der belegbaren Tatsachen. Unsere Wissenschaftler merkten sofort auf, wenn irgendwo spekuliert wurde.

Die Arbeit im Forschungsprojekt ATARPA ist ein hervorragendes Beispiel dafür, daß es eine ganze Anzahl von Wissenschaftlern gibt, die bereit sind mitzuarbeiten, solange die Sache auf dem Boden der Tatsachen bleibt.

Zwischenbericht 10

DER »TOLTEKEN-MOTOR«

In »Meine Welt in Bildern« schreibt E. v. Däniken zu einer Zeichnung auf einem toltekischen Tonteller:»Mit Archäologenblick ist es ein ›verzierter Tonteller‹. Ich bitte, meiner Betrachtungsweise einmal zu folgen. Man decke den inneren Kreis mit dem Indianergesicht ab; was übrig bleibt, im äußeren Kreis, vermittelt den Eindruck einer elektrischen Apparatur. Alle Details zum Betrieb sind erkennbar . . .« Der schwedische Ingenieur Reinhold Carleby beschäftigte sich daraufhin eingehend mit der Tolteken-Gravur. Das Ergebnis: Der rund 2000 Jahre alte Teller stellt in der Tat einen Elektromotor dar! Carleby meint, der innere Kreis mit dem Indianergesicht ließe sich leicht als der Rotor eines Elektromotors bestimmen. Der um ihn herum gelegte Ring sei der Stator, und das äußere Muster stelle das Gehäuse eines Motors dar. Trotzdem ist der skandinavische Ingenieur der Auffassung, der abgebildete Elektromotor habe nicht als Antriebsquelle gedient, da er nur für sehr kurze Zeit in Betrieb genommen worden sein konnte. Zwar sei der Motor insgesamt recht primitiv, dafür aber – und das ist entscheidend – sehr gut dazu geeignet, technisch Unverständigen die Funktionsweise einer solchen Maschine näherzubringen. Carleby vermutet, daß die Teller-Gravur nach weit älteren Konstruktionszeichnungen oder einem Modell angefertigt worden sei. Daß die Zeichnung offenbar eine entsprechende Konstruktionszeichnung darstellt, konnte Carleby belegen, indem er ein Modell davon anfertigte. Das Ergebnis war ein funktionierender Elektromotor.

Die Suche

von Josef F. Blumrich, Estes Park (USA)

Über die Legenden und Mythen der nordamerikanischen Indianerstämme wissen wir Europäer im Regelfalle sehr wenig. Unverständnis, Unwissenheit und Mißtrauen der »weißen Brüder« haben die Indianer lange Zeit davon abgehalten, sich der westlichen Zivilisation gegenüber zu öffnen. Und selbst heute noch kann man von einem ausgesprochenen Glücksfall reden, wenn man als Weißer Zugang zu dem reichhaltigen Wissensschatz dieser Völker erhält. Der Autor hatte dieses Glück. Er lernte im Jahr 1971 einen der führenden Stammesangehörigen der Hopi-Indianer kennen und erfuhr von ihm einzigartige Kenntnisse einer längst vergessenen Zeit: da ist von »Kasskara« die Rede, einem vor Millionen Jahren versunkenen Land im Pazifik, von modernstem plattentektonischen Wissen, von technologischen Kenntnissen der Vorfahren und von den »Kachinas«, jenen seltsamen aus dem All gekommenen Wesen, welche die Indianer über lange Zeit hinweg führten, leiteten und beschützten.

Josef F. Blumrich, geb. 1913, ist Dipl.-Ingenieur und leitete bis zu seiner Pensionierung im Jahr 1974 die Abteilung für »Projektkonstruktion« bei der NASA (hier entstand u. a. die Mondlandefähre). Er hält verschiedenste Patente im Raketenbau. 1972 wurde er mit der Medaille für »Exceptional Service« der NASA ausgezeichnet. J. F. Blumrich gilt als einer der hervorragendsten Vertreter der Prä-Astronautik. Im Verlaufe eines Studiums des biblischen Ezechiel-Textes – an den er seinerzeit als Skeptiker herangegangen war – gelang es ihm, das von dem Propheten beschriebene Gefährt technisch-physikalisch zu rekonstruieren und als Landefähre für Planeten mit Atmosphäre zu identifizieren. Seit über einem Jahrzehnt beschäftigt er sich mit den Mythologien der Indianer Amerikas.

Eine schöpferische Idee beruht nur zum Teil auf zeitgenössischem Wissen; was sie zur schöpferischen macht, ist jener unerklärbare Funke, der darüber hinaus Wege erkennen läßt, die sich nicht unmittelbar aus bekannten Formeln und Formulierungen ergeben. Neues entsteht, wenn das Bekannte in den Dienst der schöpferischen Idee gestellt wird. Es liegt im Wesen einer solchen Idee, daß sie oftmals anerkannte Naturgesetze oder andere als gegeben anerkannte Vorgänge zu verletzen *scheint* und deshalb als unausführbar, utopisch, auf alle Fälle als widersinnig angesehen wird. Einige Beispiele dafür: Eisenbahn (die Gefahr der Geschwindigkeit für Körper und Psyche) – Zeppelin (der unüberwindbare Luftwiderstand so großer Flugkörper) – die als Dreckapotheke mißachteten Heilmittel des frühen Ägyptens (deren Wert und Klugheit erst aufgrund der Erkenntnisse unserer medizinischen Forschung in der zweiten Hälfte dieses Jahrhunderts erkannt wurde).
Die Reaktionen auf das vorgeschlagene Neue sind sehr verschiedener Art. Neben der ursprünglich meist begrenzten positiven Einstellung finden wir jene, die aus ungenügender Kenntnis der Materie mit vollem Recht eine bewußt neutrale, abwartende Haltung bewahrt. Auftretender wirklicher Widerstand kann sachlich insofern begründet sein, als er sich auf das jeweilige Wissen beruft, um nicht zu sagen: an dieses klammert; denn um das vorgeschlagene Neue zu beurteilen oder wenigstens als Möglichkeit anzuerkennen, bedarf es einer geistigen Beweglichkeit, die zu allen Zeiten erstaunlich selten vorhanden war. – Leider stehen aber sehr häufig lediglich eingefleischte Meinungen oder einfach die Unwilligkeit, die Sache überhaupt ernsthaft zu überdenken, einer zumindest neutralen Haltung im Wege. Und schließlich gibt es noch die große Zahl derer, die aus Angst vor Gleichgestellten, Vorgesetzten oder »der Öffentlichkeit« das Neue verdammen. (In einem privaten Gespräch über das in diesem Buch behandelte Thema sagte einmal ein sehr bekannter Wissenschaftler zu mir, man könne sich doch mit Rücksicht auf seinen erworbenen Ruf nicht damit befassen.)
Die Widerstände und die durch sie hervorgerufenen Spannungen und Streitfälle werden um ein Vielfaches verschärft, wenn die schöpferische Idee dem zeitgenössischen Wissen und der Möglichkeit einer Verwirklichung oder des Beweises weit vorauseilt. Ein kennzeichnender Fall in dieser Hinsicht ist Alfred Wegener (Kontinentalverschiebung), dessen Idee weitgehend abgelehnt wurde, weil er sie weder beweisen konnte noch in der Lage war vorzuschlagen, wie der Beweis erbracht werden könnte. Erst vor nunmehr weniger als 30 Jahren begann mit der Erforschung des Meeresbodens die Wiederbelebung von Wegeners Idee und fand schließlich in der Plattentektonik ihre Rechtfertigung.
Hinsichtlich der Frage nach der Wirklichkeit außerirdischer Besucher in früh- und vorgeschichtlicher Zeit ist die Lage besonders extrem. Wohl wird aus rein logischen Gründen das Vorhandensein intelligenten

Lebens außerhalb unserer Erde längst als sicher angesehen; Physik und Technik zeigen aber die Unmöglichkeit der unmittelbaren Verbindung von Extraterrestriern mit uns. Jedermann kann sich ausrechnen, daß interstellare Flüge* – selbst jene »kurzen« zu den uns nächsten Fixsternen, welche technisch im Bereich unserer Möglichkeit liegen – nicht tragbar und auch tatsächlich nicht von Interesse sind: wer kann schon mehr als 50 000 Jahre auf die ersten Rückmeldungen warten?

Eine Beurteilung der Indizien

Es ist zweifellos richtig, daß nach unserem heutigen Wissen Besuche von Extraterrestriern unmöglich sind und waren. Es kann aber nicht oft genug betont werden, daß diese Feststellung auf dem Wissen *unserer* Zeit beruht. Wissenschaft und Technik sind aber enorm dynamische Prozesse. Denken wir zurück an die Entwicklung in den vergangenen 500 Jahren! Niemand kann auch nur ahnen, was die Menschheit in weiteren 500 Jahren oder in 5000 oder mehr Jahren wissen wird – außer, daß dieses Wissen weit über unser heutiges hinausreichen wird. Die Behauptung, das Wissen des ausgehenden 20. Jahrhunderts kenne feste und absolute Grenzen, leugnet dessen weitere Fortschritte. – Um es aber zu wiederholen: Es ist richtig, daß unser technisch-physikalisches Wissen nicht ausreicht, um positive Aussagen in bezug auf außerirdische Besucher machen zu können.
Die Schwierigkeiten, trotzdem die Möglichkeit solcher Besuche anzuerkennen, sind mir gut bekannt, denn ich bin selbst durch diesen Prozeß gegangen. Aus meiner eigenen Entwicklung und meiner beruflichen Umgebung kann ich auch jene zu einem gewissen Grad verstehen, die ihre ablehnende Haltung beibehalten. Versagt ist mir aber alles Verständnis für die unsachlichen Angriffe seitens mancher Wissenschaftler gegen diese Idee und ihre Vertreter. Argumente sind längst zur Polemik abgesunken, und es ist offensichtlich, daß die Wurzeln dieses unfairen Vorgehens nicht mehr auf fachlichem Gebiet, sondern vielmehr im Bereich der Psychoanalyse zu finden sind.
Die Gründe (und die Berechtigung) für die Fortsetzung der Suche liegen außerhalb der Gebiete von Physik und Mathematik, die ja schließlich nicht allumfassend sind. In den Bereichen der Frühgeschichte, der Archäologie und der Überlieferungen gibt es eine Fülle von Anzeichen, die auf die Möglichkeit außerirdischer Besucher hinweisen. In technischer Hinsicht und in bildlichen Darstellungen enthalten sie unmittelbare Hinweise, und schriftliche und mündliche Überlieferungen vermitteln unmittelbare Aussagen über solche Vorkomm-

---

* Nur interstellare Flüge können in Betracht gezogen werden, weil unsere Erde der einzige von intelligenten Lebewesen bewohnte Planet im Sonnensystem ist.

nisse. Die damit verbundenen Probleme haben allen bisherigen konventionellen Lösungsversuchen widerstanden, finden aber unter der Annahme extraterrestrischer Besucher überraschend zusammenhängende Lösungen. Die Benutzung dieses Wissens ist ein berechtigter und logischer Weg. Denn da wir nun einmal solchen Problemen gegenübergestellt sind, liegt es nicht im wahren Sinn der Wissenschaft, *alle* Möglichkeiten zu ihrer Klärung zu nutzen? Sind wir berechtigt, einen Lösungsweg auszuschalten, bloß weil wir ihn nicht für möglich halten? Sind wir intellektuell ehrlich, wenn wir so handeln? Entgegen einer vielleicht ursprünglich gehegten Erwartung erweisen sich Bauwerke (d. h. Technik) und Skulpturen (bildhafte Darstellung) für einschlägige Studien als schwierig, wenn nicht unmöglich. Denn in jedem Falle ungewöhnlicher Technik muß ja menschliche Fähigkeit in Betracht gezogen werden, auch wenn sie außerhalb unseres gegenwärtigen Verstehens liegt. Im Fall figürlicher oder symbolischer Darstellung ist es immer gefährlich, sie vom Standpunkt unseres Denkens, unserer Kultur und unserer Erfahrung zu deuten; denn was wissen wir schon von der Vorstellungswelt, dem Denken und den Empfindungen von Künstlern und Völkern, die zeitlich so weit von uns getrennt sind? Diese Bemerkungen schließen einen nicht-menschlichen Einfluß nicht aus; sie sollen lediglich darauf hinweisen, daß Entstehung und Ausdruck solcher Zeugen frühen Könnens und Denkens erst nach dem Studium anderer Quellen deutbar werden (vgl.»Methode des Verstehens«). Diese anderen Quellen stehen in Form der schon erwähnten schriftlichen und mündlichen Überlieferungen zur Verfügung. Sie sind es, in denen über das Erscheinen und Aussehen, die Tätigkeiten und den Einfluß von Wesen berichtet wird, die in unserer Literatur als Götter, Feen und so weiter bezeichnet werden. Im Gegensatz zu figürlichen Darstellungen, die sozusagen Momentaufnahmen gleichkommen, beschreiben Überlieferungen nicht nur Individuen und Umstände, sondern auch Vorgänge, die sich über mehr oder weniger lange Zeiträume erstrecken. Diese Tatsache erlaubt, zur Beurteilung im wesentlichen nach logischen Zusammenhängen in den beschriebenen Ereignissen zu suchen, wie auch nach Beziehungen zu Vorgängen oder Gegebenheiten, die aus unserer eigenen Forschung bekannt sind. Damit öffnet sich die oben erwähnte unabhängige Alternative, die es möglich macht, die Untersuchung der Frage fortzusetzen, ob jene Wesen tatsächlich hier waren und – falls überhaupt – welchen Einfluß sie auf die Menschen hatten.

Die frühe Geschichte der Hopi

Im folgenden werden die Ergebnisse meiner diesbezüglichen Untersuchungen der Begegnungen des Propheten Ezechiel, insbesondere aber der historischen Überlieferungen der Hopi-Indianer, kurz besprochen. Vorerst jedoch eine Bemerkung zum Stamm der Hopi und zur Begegnung mit Indianern überhaupt. Es ist wichtig zu wissen, daß ein Familien-Clan erst dann zum Angehörigen dieses Stammes wurde, nachdem er nach langen Wanderungen in Oraibi (heutiges Arizona) ankam und vom »Bären-Clan« Erlaubnis erhielt, sich dort niederzulassen. Vor diesem Zeitpunkt war kein zugewanderter Clan Angehöriger des Hopi-Stammes; und die Geschichte ihrer Vorfahren ist demnach in ihren Grundzügen die Geschichte des amerikanischen Indianers überhaupt.

Zur Begegnung mit Indianern sei kurz die Wichtigkeit unserer Einstellung ihnen gegenüber betont. Sie sind keineswegs bloße »Informationsquellen« für uns! Begegnet man ihnen auf diese Art, dann fühlen sie sehr bald den darin liegenden, wenn auch unausgesprochenen Ausdruck der Herablassung, einer eingebildeten Überlegenheit des Besuchers. Man muß bedenken, daß sie uns in jeder Hinsicht gleichberechtigt, in keiner Weise irgendwie verpflichtet sind, unseren Interessen entgegenzukommen, und unser Verhalten muß dieser Situation entsprechen. Selbst dann kann es, wie ich selbst es erlebte, nicht zu einer spontanen Mitteilsamkeit kommen. Ich lernte den Weißen Bären 1971 kennen, und obwohl wir uns von Anfang an gut verstanden, bedurfte es mehrerer Besuche, bis 1974 sein Vertrauen in mich genügend gefestigt war.

Die für uns erkennbare Geschichte der fernen Vorfahren der Hopi beginnt auf einem pazifischen Kontinent, der nach längerer Zeit im Ozean versank. Frühere Begebenheiten sind – vorläufig wenigstens – nicht durchschaubar. Da ein solcher Kontinent bis vor kurzem ein wissenschaftliches Tabu war, ist es angebracht, gleich hier zu Anfang auf dieses Problem einzugehen. Die Einstellung zur Frage eines pazifischen Kontinents hat nämlich durch die Arbeiten zweier Geophysiker der Stanford Universität eine beträchtliche Veränderung erfahren (1, 2, 3). Sie konnten, basierend auf der Plattentektonik, zeigen, daß sogar mehrere kleinere pazifische Kontinente oder kontinentähnliche Schollen (sog. Terrains) existierten, deren eine vor etwa 80 Millionen Jahren gegen Südamerika stieß (das damals noch Teil des Gondwana-Urkontinents war) und wie die anderen später langsam versank, beziehungsweise subduziert (untergetaucht) oder – wie in Nordamerika – an den Kontinentalrand »angeschweißt« wurde.

Die Bedeutung dieser Erkenntnisse in dem hier besprochenen Zusammenhang liegt in ihrer unmittelbaren Bestätigung uralter Überlieferungen. Denn nicht nur die Hopi, sondern auch die Quiché-Maya, die Azteken und die Oster-Insulaner sprechen von einem früheren Heimatland, das sie verlassen und von dem aus sie ein neues Land erreichen mußten. Nur von den Hopi kennen wir den Namen jenes alten Heimatlandes: Kásskara. Hopi und Oster-Insulaner wissen, *warum* sie ihre Heimat verlassen mußten: das Land, auf dem sie lebten, hatte zu sinken begonnen. Die Hopi-Überlieferungen enthalten diese Tatsache als einfache Feststellung; in den Überlieferungen der Osterinsel finden sich aber sehr anschauliche Schilderungen der zunehmenden Überflutung und des bedrückenden Anblicks des verlassenen Landes.

Mehr noch: die Quiché-Maya sagen, sie kamen zu dem neuen Land (Südamerika) über eine Reihe von»Trittsteinen«; die Hopi geben in diesem Fall genauere Auskunft, indem sie berichten, der Fluchtweg sei entlang einer Inselkette gegangen, die in nordöstlicher Richtung verlief. – Davon ist heute nichts mehr zu sehen. Auf Karten des östlichen Pazifiks finden wir aber einen unterseeischen Höhenzug, der den Namen»Nazca-Rücken« trägt. Die Topographie dieses Höhenzuges ist durch Echolotungen ziemlich genau bekannt, und es zeigt sich, daß er in früheren Zeiten teilweise über Wasser war (4). Mit anderen Worten: damals erstreckte sich eine Inselkette in nordöstlicher Richtung.

Das ist genau das, was die Hopi sagen! – Aber sie wissen noch mehr: nach ihrer Ankunft in Südamerika sahen sie mit Hilfe des»Dritten Auges«, wie die Inseln langsam versanken.

So sehr man sich dagegen sträuben mag, dieser Bericht klingt wie ein Augenzeugenbericht. (Das Wesen des»Dritten Auges«, das auch in Indien bedeutungsvoll ist, ist weiterhin unbekannt.) Gleiches gilt für die verschiedenen Berichte über den Untergang des Kontinents und die Flucht zu einem neuen Land. Jeder dieser Berichte – für sich genommen – könnte natürlich auf irgendwelche getrennte Ereignisse bezogen werden. Ihre wesentliche Gleichheit, die sich auch auf Einzelheiten erstreckt, und ihre Übereinstimmung mit jüngsten geophysikalischen Erkenntnissen, lassen das jedoch nicht zu und zwingen zur Annahme eines Großereignisses der Erdgeschichte, das alle Stämme miterlebten und noch in Erinnerung tragen.

Die meisten der bisherigen und folgenden Darstellungen sind meinem Buch»Kasskara und die Sieben Welten« (5) entnommen, in dem auch die vielen weiteren Übereinstimmungen zwischen den verschiedenen Überlieferungen besprochen sind. Leser, denen dieses Buch nicht zugänglich ist, seien auf E. v. Dänikens jüngstes Buch (6) verwiesen, in dem auf S. 184–193 viele Ausführungen des Weißen Bären aus»Kasskara« zitiert sind.

Der Einfluß der Kachinas

Untrennbar von diesen Ereignissen und den späteren Vorgängen, die sich über lange Zeiträume erstrecken, ist die Anwesenheit und der Einfluß sehr ungewöhnlicher Wesen. Sie sehen wie Menschen aus, sind aber nicht Mitglieder des jeweiligen Clans oder Stammes; sie haben hohe ethische Maßstäbe, sie sind den Menschen Führer und Lehrer, sie haben Fluggeräte, mit denen sie fliegen und auch gelegentlich besondere Menschen mitnehmen; und sie verfügen über besondere Kräfte, die jenseits menschlichen Könnens liegen. Trotz solcher Kräfte können sie aber das Sinken des Kontinents nicht verhindern und müssen ihn zusammen mit den Menschen verlassen. Das heißt, sie waren dem Menschen wohl in Wissen und Ethik weit überlegen, waren ihm aber physisch gleich und wie er den Naturgewalten machtlos ausgeliefert. Ausnahmslos hieß es von ihnen, sie seien vom Himmel herabgekommen; und damit sind wir beim Thema der außerirdischen Besucher angekommen.

Bevor wir näher auf diese Wesen eingehen, ist es notwendig, die Lage in bezug auf die Bezeichnung »Götter« zu klären, die in unserer Literatur nahezu ausschließlich auf sie angewandt wird. Vor allem eines: es gibt reichliches und konkretes Beweismaterial dafür, daß keiner der Stämme von Guam und Neuseeland quer über den ganzen Pazifik bis nach Süd- und Zentralamerika »Geschichten« erfand, die von Göttern erzählten, die vom Himmel gekommen waren und Bauwerke errichteten, Straßen bauten und so weiter, oder daß die Eingeborenen von Watlings Island, Kuba und Haiti Kolumbus nicht enthusiastisch begrüßten (oder Cook auf Hawai), bloß, um diese freundlich zu stimmen.

Durch Sprachschwierigkeiten, Mißverständnisse oder Vorurteile seitens westlicher Forscher, Missionare und Reisender wurden die Namen, mit welchen diese Wesen von den verschiedenen Gruppen bezeichnet wurden, in den meisten Fällen nicht festgehalten, sondern durch das stereotype Wort »Götter« ersetzt. Ausnahmen bilden die Hopi, die sie Kachina (Hohe Geachtete, Wissende) nennen, und die Bewohner des Altiplano in Südamerika, von denen wir aus den spanischen Chroniken erfahren, daß sie sie als Viracocha bezeichneten.

Selbst in diesen Fällen sind das aber Namen, die jenen Wesen von den jeweiligen Menschen gegeben wurden; wie sie sich selbst nannten, ist unbekannt. Ein vager Hinweis auf ihren eigentlichen Namen ist vielleicht in der Sprache der Hopi enthalten, in der ein Kachina-Tänzer, wenn er Maske und Kostüm trägt, sich selbst nicht Kachina, sondern Equáchi nennt.

Die Hopi glauben an die Existenz eines Schöpfers. Die Kachinas sind aber – und das darf nie übersehen werden – physische, im Aussehen menschengleiche Wesen, die keinesfalls als Götter angesehen werden! Soweit überhaupt eine Beziehung zwischen Kachinas und dem Schöpfer besteht, ist sie in einer Vermittlung zwischen letzterem und dem Menschen zu sehen. In dieser Hinsicht haben sie eine entfernte Ähnlichkeit mit den Engeln unserer Überlieferungen. Genaugenommen lassen die historischen Überlieferungen eine solche Vermittlertätigkeit alledings nicht erkennen; es besteht also die Möglichkeit, daß diese Aufgabe aufgrund der ungewöhnlichen Fähigkeiten der Kachinas angenommen wurde. – Die Viracochas gleichen in den wesentlichen Zügen den Kachinas. Soweit Unterschiede bestehen, können diese aus der verhältnismäßig späten Zeit ihrer Anwesenheit (die weiter unten besprochen wird) erklärt werden.

Um es zu wiederholen: man muß sich immer der Tatsache bewußt sein, daß der Ausdruck »Götter« von Angehörigen westlicher Kulturkreise mangels eines besseren (richtigen!) Sammelnamens eingeführt wurde. Das mag unter dem Einfluß ihrer Vertrautheit mit den Göttern der Alten Welt geschehen sein. Man kann sogar sagen, in dieser Hinsicht habe das Wort eine gewisse Berechtigung, denn die Götter Griechenlands und anderer Länder waren sicherlich von gleicher Natur wie jene auf der anderen Seite der Erde. – Und doch war es eine höchst unglückliche Wortwahl, weil durch sie eine scheinbare Beziehung zur Religion hervorgerufen wurde, eine Beziehung, die keinesfalls besteht und diesem Wort nicht unterschoben werden darf.

Leider ist es heute praktisch unmöglich, den Ausdruck »Götter« zu vermeiden. Wenn ich ihn im folgenden benutze, darf er, wie gesagt, unter keinen Umständen im religösen Sinn verstanden werden.

Wer waren die Kachinas?

Die nun folgende Darstellung von Merkmalen und Tätigkeit dieser Wesen ist eine kurze Zusammenfassung der aus dem Studium der Überlieferungen gewonnenen Einsicht. Ausführliche Einzelheiten sind in der angegebenen Literatur enthalten (5, 7, 8,). – Als allgemeines Merkmal ihrer Anwesenheit finden wir, daß sie nicht mit den Menschen zusammenlebten, sondern in getrennter Gemeinschaft, vergleichbar mit heutigen Parallelen, wie etwa der Delegation eines Landes in einem anderen, oder einer Gruppe von Wissenschaftlern, die ihr Hauptquartier getrennt von den Eingeborenen aufschlagen. Obwohl niemals erwähnt, scheinen sie lange Zeit hindurch zahlreich genug gewesen zu sein, daß sie ihre Gesellschaft als solche erhalten konnten. Mit der etwas zweifelhaften Ausnahme von Nanmadol werden sie als hellhäutig und blond beschrieben, die Männer trugen Bärte. Sie behandelten die Menschen wohlwollend, lehrten sie praktische

Abb. 36: Zwei Katchina-Puppen der Hopi-Indianer (Völkerkundemuseum Wien).

Dinge wie Landwirtschaft, den Bau von Häusern und Siedlungen und verschiedene ethische Gesichtspunkte. Mit den praktischen Dingen scheinen sie Erfolg gehabt zu haben, aber der Verlauf der Ereignisse zeigt wiederholt, daß ihre Versuche, menschliches Verhalten und Denken grundsätzlich zu beeinflussen, fehlschlugen. Es finden sich keine Anzeichen von Gewaltanwendung gegen ganze Stämme, doch gab es Fälle solcher Art gegen vereinzelte Personen. – In seltenen Fällen zeugten sie in Frauen (ohne körperliche Berührung, also auf künstlichem Wege) Kinder; es gibt aber keine Anzeichen für geschlechtliche Beziehungen zwischen (Menschen-)Männern und weiblichen Göttern. Man mag darin einen Versuch sehen, die menschliche Rasse zu »verbessern«, während andererseits die rassische Substanz der Götter intakt gehalten wurde. (Es wäre in diesem Zusammenhang interessant, den Ursprung des »jus primae noctis« im europäischen Mittelalter zu erforschen.) Übrigens scheinen die Abkömmlinge aus solchen Versuchen niemals mehr als örtliche Bedeutung gewonnen zu haben. – Die Ausnahme von diesem Verhaltens und seine katastrophalen Folgen wurden von Platon beschrieben (Atlantis).
Es ist notwendig zu betonen, daß – so phantastisch das klingen mag – diese Angaben in den Überlieferungen und alten Schriften entweder unmittelbar enthalten sind oder sich aus den von ihnen geschilderten

Ereignissen unschwer ableiten lassen. Auch soll bei dieser Gelegenheit auf die Widerspruchslosigkeit der Berichte über einen sehr großen geographischen Bereich hingewiesen werden.

Die gleiche Widerspruchslosigkeit findet sich in bezug auf die Geschichte der Götter (soweit man diesen Ausdruck auf die Folge der wesentlichen Vorgänge im Verlauf von langen Zeiträumen anwenden kann). – Bei ihrer frühesten Nennung in Kasskara sind sie im Vollbesitz ihrer Macht und ihres Einflusses. Ihr späterer Niedergang war weder durch Probleme innerhalb ihrer Gesellschaft noch etwa durch menschlichen Einfluß bedingt. Vielmehr war es der schon besprochene geologische Prozeß, der sie schließlich ihrer natürlichen Grundlage beraubte. Eine Entwicklung, die viele Millionen Jahre angedauert hatte, erfuhr mit dem Auftauchen Südamerikas (dem »neuen Land«) eine Wendung und erreichte nun jenes Stadium, in dem der von ihnen bewohnte Teil der Platte (Nazca-Platte) zu sinken begann, beziehungsweise unter den West-Rand des südamerikanischen Kontinents untergetaucht wurde.

Was damals geschah, war also keine Naturkatastrophe im eigentlichen Sinne, sondern ein natürlich ablaufender geologischer Vorgang, der auch heute noch anhält. Aber für alles Leben in jenem Bereich hatte er katastrophale Folgen.

Die Ereignisse in dem neuen Land lassen das Unvermögen der Götter, ihren Einfluß auf die Menschen beizubehalten, deutlich erkennen. Nach einem längeren Zeitablauf, über den es keine unmittelbaren Nachrichten gibt, tauchen sie wieder auf. Nunmehr aber in kleineren Gruppen und auch als Einzelpersonen; immer noch lehrend, manchmal führend. Sie besitzen weiterhin unbekannte Kräfte, und man erkennt eine noch bestehende Disziplin und auch Rangordnungen, das heißt die Zugehörigkeit zu einer »Organisation«.

Ihr Ende ist unbekannt. Wir wissen nicht, wann es eintrat. Sie entschwinden dem Gesichtskreis der Menschen. Die Überlieferungen sagen, sie seien in den Himmel zurückgekehrt. Es heißt auch, sie wirkten hie und da noch unsichtbar weiter. Oder sollen wir aus unserer Kenntnis des Menschen annehmen, sie seien – eine immer kleiner werdende Gruppe – schließlich von uns ausgerottet worden? Es gibt einige mögliche Anhaltspunkte für ihr letztes Auftreten: in den griechischen Überlieferungen kurz nach dem trojanischen Krieg, also etwa zwischen 1200 und 1100 v. Chr.; in Ezechiels Begegnungen rund 500 v. Chr.; und es gibt den seltenen Fall, in dem sich die Übereinstimmung zwischen indianischer Überlieferung hinsichtlich einer für sie späten Zeit und unserer eigenen Kenntnis über eine Periode der »Früh-« Geschichte Zentralamerikas nachweisen läßt. In den Überlieferungen war das eine Zeit der Ausbreitung und kriegerischen Auseinandersetzungen, während der die Kachinas zum letzten Mal versuchten, die Menschen zu beeinflussen; nach unseren historischen und archäologischen Kenntnissen dauerte diese unruhige Zeit im Gebiet der Maya von etwa 600 bis 1200 n. Chr.

Schlußfolgerungen

Überlieferungen, in denen die Erinnerungen an erdgeschichtliche Vorgänge fortleben, die durch Ergebnisse heutiger Forschung erklärbar sind, können nicht mehr gering geschätzt werden. Wenn dieselben und andere Überlieferungen über einen geographisch und zeitlich weit ausgedehnten Bereich außerdem einheitlich und übereinstimmend von menschengleichen Wesen berichten, die vom Himmel kamen und auf der Erde lebten, dann ist auch diese Nachricht ernst zu nehmen. Das Mosaik unserer Kenntnisse in dieser Hinsicht ist noch sehr lückenhaft; es bedarf noch vieler Einzelarbeit – wofür Material in reichlicher Menge vorhanden ist –, bis wir wirklich klar sehen werden. Die Gesamtheit unserer Kenntnisse, von Ezechiels Aussagen bis zu den verschiedenen Überlieferungen, läßt aber schon jetzt die Umrisse einer Wirklichkeit erkennen, die, so schwierig es sein mag, sie anzuerkennen, dennoch nicht mehr verneint werden kann.

Davon ausgehend können auch, wie eingangs erwähnt, Bauwerke und Skulpturen untersucht werden. Das plötzliche Auftreten vieler solcher Meisterwerke – von Puma Punku am Titicaca-See bis Teotihuacan in Mexiko – gilt immer noch als Rätsel. Die Berichte über den materiellen Einfluß der Götter, verbunden mit den enormen technischen Leistungen, die aus vorhandenen Bauwerken und so weiter sprechen, legen die Vermutung eines unmittelbaren Einflusses jener geheimnisvollen Wesen nahe. Auch dafür sind ins einzelne gehende Studien und Beweise noch ausständig; aber als Arbeitshypothese können wir annehmen, daß Bauwerke und auch Skulpturen zu den verschiedenen Zeiten wohl von Menschen geschaffen wurden, aber unter der Leitung oder der tätigen Hilfe der Götter. Wieder allein gelassen, verlor der Mensch die gewonnenen Kenntnisse oder verlor das Interesse an solchen Arbeiten. Eine Analogie: der materielle und kulturelle Verfall Europas nach dem Fall Roms.

Und schließlich noch: Keine der von mir untersuchten Überlieferungen läßt einen bleibenden Einfluß der Götter auf die geistige oder rassische Substanz der Menschen erkennen. – Was wir heute sind, haben wir selbst erworben.

Zwischenbericht 11

DIE PYRAMIDE VON CUICUILCO

Unweit von Mexico-City befindet sich die 30 Meter hohe Pyramide von Cuicuilco. Im Jahre 1922 wurde das Bauwerk unter einer mehrere Meter dicken Lavaschicht von dem amerikanischen Archäologen Byron Cummings entdeckt und teilweise freigelegt. Um das Alter der Lava zu bestimmen, wurde ein Geologe herangezogen, der ein Mindestalter von 7000 Jahren ermittelte. Die Datierung kommt damit einem »Erdrutsch« gleich, da frühester Baubeginn nach C. A. Burland um 900 v. Chr. gewesen sein soll, während andere 600, 300 oder 200 v. Chr. datieren. Die Tragweite dieser Datierung wird insbesondere dann deutlich, wenn man sich vergegenwärtigt, daß zu jener frühen Zeit nach bisheriger Auffassung nur Jäger und Sammler Mexiko bewohnten und die ersten Pyramiden (Maya) etwa um 200 v. Chr. im zentralen Tiefland von Guatemala (z. B. Tikal und Uaxactun) entstanden sein sollen. Dabei sollte der Gesichtspunkt beachtet werden, daß die Methoden der Altersbestimmung in der Geologie, hier die Ionium- und Protaktiniummethode (beides sind radioaktive Methoden), sehr genaue Ergebnisse liefern. Die Beantwortung der Frage, wer vor 7000 Jahren mit welchen Mitteln und zu welchem Zweck Pyramiden errichtete, ist heute noch nicht möglich. Aber vielleicht vermag die Prä-Astronautik hier Hinweise zu geben.

Tiahuanaco und das Sonnentor

von Prof. Dr. Hans Schindler, Wien
(Österreich)

Eine der rätselhaftesten Stätten Südamerikas – vielleicht die geheimnisvollste Siedlung dieses Kontinents überhaupt – ist sicherlich Tiahuanaco am Titicacasee, Bolivien. Eine Ansammlung zum Teil gigantischer, nichtsdestotrotz aber zumeist sehr genau bearbeiteter Steinquader, Skulpturen und Reliefs, die nur noch von den jüngsten Funden der wenige Kilometer entfernten Nachbarstadt Puma Punku übertroffen wird. Insbesondere das Sonnentor hat Tiahuanaco weltweit bekannt gemacht.

Der Autor dieses Beitrages war einer der gründlichsten Kenner der Materie. Als Archäologe arbeitete er Jahrzehnte am Problem Tiahuanaco und hier insbesondere an der Entschlüsselung der symbolischen Figuren, die das Sonnentor schmücken. Eine kurze Zusammenfassung seiner Ergebnisse wird hier wiedergegeben.

Prof. Dr. Hans Schindler, geb. 1901 in Wien, war Professor für Literaturwissenschaft und Doktor der Archäologie. Er verbrachte viele Jahre seines Lebens in Südamerika, insbesondere in Peru und Bolivien. H. Schindler verstarb 1982.

Die Wissenschaft der Archäologie – so, wie sie bisher verstanden wurde – erzählt uns durch die Freilegung uralter Spuren, wie die Menschen vergangener Zeiten lebten: durch Ausgrabungen ihrer Wohnräume und der Tempel ihrer Götter, durch die Einordnung der Formen und Ausschmückungen ihrer Töpfereien, durch die Einordnung ihrer Werkzeuge und Waffen nach Form und Material, durch das Durchstöbern ihrer Küchenabfälle, um auf diese Weise herauszufinden, was sie aßen, und durch das Studium ihrer Begräbnisriten. Wir wissen inzwischen viel über die materiellen Umstände des Lebens unserer Vorfahren, aber wir tappen noch immer im Dunkeln, was all das betrifft, was sich in ihrem Geiste und ihrer Seele abspielte.

Die wirklich bemerkenswerten Deutungen der Prä-Astronautik bezüglich einiger charakteristischer und spezifischer Bereiche der Mythologie hat unser Wissen um die viele Jahrtausende zurückliegenden menschlichen Erfahrungen und ihre materiellen Verwirklichungen um eine neue »Dimension« bereichert: um die des Weltraums. Nach diesem neuen Verständnis hat es nicht nur Einflüsse irdischer Kulturbringer gegeben, sondern auch Einflüsse aus außerirdischen Bereichen. So wurde eine neue Kategorie der Wissenschaft von der Frühzeit begründet, eine Wissenschaft, die man als Ergebnis einer Verbindung von Archäologie und Mythologie bezeichnen kann. Als eine Folge dieser Kombination beginnen antike Rätsel sich nun fast von selbst zu lösen.

Leider scheint kein »direkt greifbarer« Beweis in Form von Raumschiffen oder Astronauten auf uns gekommen, entdeckt oder erkannt worden zu sein – außer einigen undeutlichen Beschreibungen in Mythen und kaum besseren Darstellungen auf Felsmalereien.

Aber: diese neue Kategorie der Wissenschaft dürfte vielversprechende Aspekte in sich bergen. Auch wenn ihre derzeitige Grundlage noch äußerst eingeschränkt ist, scheint sie im wesentlichen doch begründet und einwandfrei zu sein. Und schon heute erlauben uns die neuen Entdeckungen und Deutungen äußerst bemerkenswerte Einblicke in die Gedanken unserer entfernten Vorfahren, in die Genauigkeit ihrer Berechnungen und in ihre mathematisch-technischen Fähigkeiten.

Dieser Weg der archäologischen Forschung ist von meinem Mitarbeiter Peter Allan und mir bereits seit Jahrzehnten verfolgt worden. Die Grundlage unserer Arbeit ist eine im wahrsten Sinne des Wortes »steinharte«, zum einen, eben weil sie sich auf Steine stützt (insbesondere auf eines der bemerkenswertesten Monumente dieser Welt: das Sonnentor in den antiken Ruinenfeldern von Tiahuanaco in der Nähe des Titicacasees im Andenhochland von Bolivien, Südamerika), zum anderen, weil unsere Deutung der Symbole dieser Skulptur während des letzten Vierteljahrhunderts von der Archäologie in einem solchen Maße bestätigt wurde, daß sie unangreifbar wurde.

Nun scheint es auf den ersten Blick entschieden ungenügend zu sein, lediglich *ein* Monument als hinreichende Grundlage für einen neuen Bereich der archäologischen Forschung zu betrachten, obwohl niemand jemals die Einzigartigkeit und Bedeutung dieses Steines bestritten hat. Natürlich wurden Allan und ich (insbesondere von den wirklich »schmutzigen« Kreisen der »Bruderschaft der Spatenmänner«) zunächst als »Lehnstuhl-Archäologen« verlacht. Aber das Gelächter hat sich auf die Spötter selbst zurückgezogen und ließ sie verstummen, auch wenn sie nicht überzeugt oder belehrt werden konnten.

Das Sonnentor – ein Kalender

Das große monolithische »Sonnentor« von Tiahuanaco war sicher ursprünglich das Zentralstück des wichtigsten Teiles der sogenannten Kalasasaya, des gigantischen Haupt-»Tempels« von Tiahuanaco. Der obere Teil des Tores ist mit gleichartigen, komplizierten Skulpturen in Form flacher Reliefs bedeckt. Sie sind, praktisch seit man von der Existenz des Sonnentores wußte, als »Kalender« bezeichnet worden, und so wurde auch das Tor »Kalendertor« genannt. Dieser Kalender aber – wenngleich er unzweifelhaft ein »Sonnenjahr« anzeigt – kann nicht in ein Jahr eingefügt werden, wie wir es heute kennen. Und nach verschiedensten Versuchen, in ihm einen Sinn zu sehen (vgl. A. Posnansky und F. Buch, La Paz, Bolivien), erklärte man es einfach als ein sehr kompliziertes Stück Kunst.

Nun, Allan und ich vertraten auch weiterhin die Auffassung, daß die Skulptur ein Kalender war, und zwar von ganz besonderer Art, entworfen für einen ganz bestimmten Zweck für eine ganz bestimmte Zeit. Folglich mußte er uns zu dieser Zeit zurückführen, und wir durften den Kalender nicht in den Worten unserer Zeit zum »Sprechen« bringen, sondern mußten ihn selbst »sprechen« lassen und zuhören, was er uns »sagt«, um von ihm zu lernen. Als wir uns für diesen Weg entschieden hatten, ermöglichte uns dies tatsächlich, Einsicht in die Welt der Menschen dieses Raums und ihres Zeitalters zu gewinnen, in die Art ihres Denkens und die Art, in der sie arbeiteten.

Hierauf im einzelnen einzugehen wäre zu umfangreich. Aber es kostete uns und einige andere Helfer viele Jahre harter intellektueller Arbeit, bis wir das Tiahuanaco-System entschlüsselt hatten, seine Mathematik und Symbolik, um daraus die notwendigen Berechnungen ableiten zu können (zu dieser Zeit ohne Hilfe von Computern, die es ja noch kaum gab). Das Ergebnis füllte ein ganzes, 400 Seiten starkes Buch, das 1956 veröffentlicht wurde.

Unsere umfassende Analyse der Skulpturen auf dem Sonnentor führte uns zu der erstaunlichen Erkenntnis, daß der Kalender weniger eine

Auflistung der Tage für den »Mann auf der Straße« des damaligen Tiahuanaco war (etwa um den Markttag oder die Freizeit anzuzeigen), sondern tatsächlich und insbesondere ein einzigartiges Dokument der astronomischen, mathematischen und den damit in Verbindung stehenden Wissenschaften, ein Dokument des wesentlichen Inhalts des Wissens der Begründer der Tiahuanaco-Kultur. Die ungeheure Menge an Informationen, die er enthält und an uns übermittelt, ist bemerkenswert deutlich und verständlich: wir erhalten sie durch das Auszählen von »Einheiten« in bildhafter oder abstrakter Form! Bei der Anwendung dieser Methode kann jede »Zahl« ausgedrückt werden, ohne dabei eindeutige »Zahlzeichen« zu verwenden, deren Bedeutung schwierig, wenn nicht unmöglich zu bestimmen wäre. Es ist folglich nur vonnöten, die entsprechenden Einheiten zu erkennen, ihre Form zu berücksichtigen, ihre Zugehörigkeit zu einzelnen Gruppen herauszufinden, sie schließlich »auszuzählen« und das Ergebnis in unser eigenes Zahlensystem zu übertragen. Einige dieser Ergebnisse scheinen auf den ersten Blick so unglaublich zu sein, daß oberflächliche Kritiken sie als vollkommenen Unsinn bezeichnet haben. Aber sie passen gut in ein umfassenderes System und sind in vielen Fällen durch interessante Wiederholungen und Kreuzverweise gestützt, so daß man sie als richtig anerkennen oder – dann aber nur mit Widerwillen – zurückweisen mußte. Jene, die diesen letzteren Weg beschritten, anerkannten allerdings die Verpflichtung, eine bessere Erklärung beibringen zu müssen. Nur so wird wahrer Fortschritt erreicht.

Der Kalender zeigt sowohl den Jahresbeginn an, als auch die Tag- und Nachtgleichen, die Sonnenwenden, die Häufigkeit der Schalttage, Mitteilungen über die Schiefe der Ekliptik und die geographische Breite sowie viele andere geographische und astronomische Hinweise, die von uns Heutigen berechnet werden können und die offensichtlich auch den Wissenschaftlern von Tiahuanaco nicht unbekannt waren.

Sie wußten zum Beispiel, daß die Erde eine Kugel ist, die sich um die eigene Achse dreht (nicht, daß die Sonne die flache Erde umkreist), weil sie auch genau die Zeit vorausberechneten, in denen Sonnenfinsternisse in anderen Teilen der Welt zu sehen waren. Man beginnt sich zu fragen, ob sie nicht wirklich dazu in der Lage waren, rund um die Welt zu reisen, und darüber zu spekulieren, in welchen Fahrzeugen!

Das Wissen der Tiahuanaco-Kultur

Einige andere Fakten, die der »Kalender« anzeigt, sind ebenfalls interessant und überraschend. Wie man aufgrund der Anordnung einiger bedeutender »geometrischer« Elemente erkennen kann, teilten die Menschen von Tiahuanaco den Kreis (für astronomische Zwecke den

Sonnenweg, aber auch rein mathematisch) in 264 Grad. Und sie bestimmten – lange vor Archimedes und den Ägyptern – die Zahl Pi, die wichtigste Zahl hinsichtlich des Umfanges eines Kreises und seines Durchmessers, mit 22:7 oder, in unserer Zählweise, mit 3 1/7. Sie vermochten mit Quadratzahlen umzugehen und folglich auch mit Quadratwurzeln. Sie konnten mit Brüchen rechnen, aber es scheint, daß sie nicht das Dezimalsystem oder das Duo-Dezimalsystem einsetzten, obwohl sie es vermutlich kannten (aus einem noch unbekannten Grund erscheint die Zahl 11 sehr häufig). Sie waren dazu in der Lage, vollkommen gerade Linien zu zeichnen und ebenso genau rechte Winkel. Aber bisher sind keine mathematischen Geräte entdeckt worden. Wir kennen auch nicht die hochwertigen Werkzeuge, die sie für die Arbeit mit den unwahrscheinlich harten Andesiten ihrer Monumente benutzt haben: zum Schneiden, Polieren und Gravieren. Sie müssen Flaschenzüge zum Heben und Geräte zum Transportieren großer Lasten (bis zu 200 Tonnen) über beträchtliche Entfernungen von den Steinbrüchen bis zu ihrem derzeitigen Standort besessen haben. Es ist schwierig, sich vorzustellen, all die gewaltige Arbeit könne ohne irgendeine Form der Schrift und ohne ein System der Aufzeichnung bewerkstelligt worden sein. Wenn sie ein System der Aufzeichnung besaßen, so müssen sie diese Daten auf sehr vergänglichem Material aufgezeichnet haben. (Man ist wirklich geneigt zu vermuten, daß die gesamten Berechnungen von außerirdischen Kulturbringern mit Computern gemacht wurden, von Intelligenzen, die alles wieder mit sich nahmen, als sie zu den Sternen zurückkehrten und nur die steinernen Rätsel auf der Erde hinterließen.)
Ich habe bisher einige Aspekte der Welt zur Zeit von Tiahuanaco behandelt, insbesondere jene, die im Zusammenhang mit dem Kalender als einem Monument bestehen, das sich als »fossilisierte Wissenschaft« beschreiben läßt. Aber der Kalender und ähnliche, etwas ältere und am gleichen Ort gefundene Skulpturen müssen auch aus einem ästhetischen Blickwinkel betrachtet und verstanden werden: als ein großartiges künstlerisches Werk in Anlegung und Ausführung und als ein absolutes Meisterwerk in Arrangement und Darstellung.
Die erstaunlichste Tatsache aber ist: Die Kultur von Tiahuanaco hat keine Wurzeln in diesem Raum! Sie ist weder dort aus unbedeutenden Anfängen heraus entstanden, noch ist irgendwo anders ein solcher Ort des Ursprungs bekannt. Es mutet so an, als ob sie praktisch vollentwickelt »plötzlich erschien«. Lediglich einige wenige »ältere« Monumente, wie sie aus den »Kalender«-Inschriften abgeleitet werden können, sind gefunden worden, aber der zeitliche Unterschied kann nicht sehr groß gewesen sein. Die anderen, tieferstehenden Kulturen, die man in beträchtlicher räumlicher Entfernung vom eigentlichen Tiahuanaco gefunden hat, bezeichnet man als »dekadentes Tiahuanaco« oder als

»Küsten-Tiahuanaco«. Sie sind nur sehr mittelbar mit der Kultur verwandt, die sich im Kalendertor offenbart. Einige ihrer gemalten Symbole haben zuweilen irgendwie etwas, was Ähnlichkeit mit den Kalendersymbolen aufweist, aber sie ergeben keinerlei Sinn: Sie sind, wenn überhaupt, reine Ornamente.

Tiahuanaco scheint nur eine sehr kurze Zeitspanne bestanden zu haben, und der Höhepunkt seiner Kultur zeigt sich im Kalender – dann ging es plötzlich zugrunde. Wir haben zur Zeit keine Möglichkeit zu bestimmen, wann Tiahuanaco zu seiner überragenden Größe emporstieg und wann seine Kultur hinweggewischt wurde. Denn natürlich kann der Kalender selbst darüber nichts aussagen.

Da die Tiahuanaco-Kultur nirgends auf der Erde ihre Wurzeln hat, könnte sie dann durch Außerirdische entstanden sein? Diese Idee ist in keiner Weise unsinnig. Vielleicht versuchten die Vertreter einer hochentwickelten Zivilisation dort, auf unserem Planeten eine neue Kultur hervorzubringen. Aber ihr Versuch scheint mißlungen zu sein. Offensichtlich haben sie bestimmte gefährliche Entwicklungen, die möglicherweise im Gegensatz zu allen Erwartungen und Berechnungen eintraten, unterschätzt.

Ich habe keine Zweifel, daß bei Durchführung einer ins einzelne gehenden gründlichen Suche und Forschung in der Tiahuanaco-Region Funde gemacht werden, die die Richtigkeit der prä-astronautischen Idee beweisen werden und eine Grundlage für diesen Bereich der prähistorischen Wissenschaften formen können, dessen Errichtung ich schon vor vier Jahrzehnten vorschlug: Tiahuanacologie!

Abb. 37: Das Sonnentor von Tiahuanaco.

PUMA-PUNKU – RÄTSEL AUS STEIN

Am Rande der viele tausend Jahre alten Andenmetropole Tiahuanaco liegt ein einzigartiges Ruinenfeld: Puma Punku. Mächtige Blöcke aus Granit, Andesit und Diorit treten hier in einem scheinbaren Chaos auf. Sie alle sind bearbeitet und exakt geschliffen und poliert. Heute wären derartige Arbeiten nur mit modernsten Maschinen, etwa Bohrern, Hartstahlfräsen, luft-, eis- oder wassergekühlten Rotationsmaschinen und unter Zurhilfenahme von Stahlschablonen möglich. Rillen, haarscharf und millimetergenau, verlaufen beispielsweise mit exakt 6 mm Breite und 12 mm Tiefe entlang der gigantischen 5-Meter-Monolithe. Andere besitzen mehrere abgetragene Flächen, eine um die andere nur millimetertief versetzt, präzise getrennt und ohne Fehler bearbeitet. Die Frage, wer mit welchen Mitteln und zu welchem Zweck dieses steinerne Rätsel erbaute, ist bislang ohne Antwort geblieben. Steinzeitlichen Menschen kann eine solche Bearbeitung (ohne Metallwerkzeug, ohne schriftliche Pläne und Konstruktionszeichnungen usw.) nicht zugeschrieben werden.

Und auch der Transport der bis zu 43 Meter langen, sieben Meter breiten und bis zu 1000 t schweren Blöcke ist ohne die Annahme, hier seien moderne Techniken zum Einsatz gekommen, nicht erklärbar. Denn die großen Steingebilde wurden erst nach der Bearbeitung von einem entfernt gelegenen Steinbruch auf das Plateau gebracht – ohne dabei beschädigt zu werden. Versuche, die Blöcke mit modernen Raupen zu bewegen, schlugen bislang fehl.

Südamerikanische Indianerlegenden berichten, Puma-Punku sei einst von fliegenden Göttern erbaut worden. Ähnliches wissen auch die Hopi-Indianer: Ihren Überlieferungen zufolge sei Taotooma (Tiahuanaco) und Puma Punku von den »Alten, die vom Himmel kamen« und auf »fliegenden Schilden« durch die Luft glitten, erbaut worden. Ein bedeutungsloser Mythos aus der Urzeit der Menschheitsgeschichte oder mehr als das?

Abb. 38 und 39: Bearbeitete und feinziselierte Monolithe aus Puma Punku.

Der kosmische Ursprung altamerikanischer Kulturen

von Prof. Dr. Carlos Manes Bandeira,
Rio de Janeiro (Brasilien)

Südamerika und Prä-Astronautik – damit verbinden sich gewöhnlich Begriffe wie die Festungsanlagen von Sacsayhuaman und das »steinere Labyrinth«, die rätselhaften Ruinen von Tiahuanaco und Puma Punku, die wurzellose Kultur von Chavin de Huantar und nicht zuletzt die Ebene von Nazca. Daß es daneben noch eine ganze Reihe weiterer, im wesentlichen unbekannter Anzeichen für einen Besuch außerirdischer Intelligenzen auf der Erde gibt, macht der Autor des folgenden Beitrages deutlich. Dabei stehen sein Heimatland Brasilien und die Überlieferungen der dortigen Indianer im Mittelpunkt des Interesses. Auch sie wissen in ihren Legenden und Mythen von »aus dem Himmel« gekommenen Menschen, die ihnen die Kultur brachten oder neue Völker und Stämme begründeten – ein Kollektivwissen, das sich auf allen Kontinenten der Welt in dieser oder jener Form finden läßt.

Prof. Dr. Carlos Manes Bandeira, geb. 1931, ist Professor für Archäologie an der »Estacio-da-Sá«-Universität von Rio de Janeiro, Brasilien. Als Direktor leitet er daneben die Abteilung für Archäologie und Höhlenforschung des »Federal Fauna Museums« und ist verantwortlicher Leiter des »State Biological and Archaeological Reserve Brazil«. Er ist führendes Mitglied verschiedener nationaler geographischer und archäologischer Vereinigungen.

In den Bräuchen, Riten, Mythen, Legenden, Überlieferungen und Kultgegenständen der altamerikanischen Indianerkulturen finden sich zahlreiche Hinweise, die eine Verbindung zu aus dem Himmel (Weltraum) gekommenen Wesen aufzeigen. Daneben gibt es eine große Anzahl an Höhlenzeichnungen und Felsmalereien – insbesondere in Brasilien –, die Gestalten mit einem sehr fremdartigen Erscheinungsbild darstellen, Gestalten, die wir heute als Menschen in Weltraumanzügen deuten können, sowie eine unübersehbare Fülle an astronomischen Symbolen.

Wenn wir uns dem Studium der Überlieferungen und der Eingeborenenlegenden Brasiliens zuwenden, werden wir mit ungewöhnlicher Beharrlichkeit seltsamen Geschichten gegenübergestellt. Es sind dies Geschichten aus den unterschiedlichsten Stammesgruppen, aber sie alle berichten von Menschen, die von den Sternen, von der Sonne oder vom Mond kamen und die hierblieben, entweder, um das Leben der indianischen Ureinwohner zu verbessern oder um selbst neue Stämme zu gründen. Die von ihnen gezeugten oder geborenen Kinder waren Menschen, die mit ungewöhnlichen Eigenschaften ausgestattet waren.

Auch wenn wir uns einem sorgfältigen Studium der vorhandenen Höhlenzeichnungen oder Felsmalereien widmen, stoßen wir bald auf sehr fremdartig anmutende Bilder, die himmlische Symbole oder astronautenähnliche Figuren darstellen – und Zeichen, die nur schwer zu beschreiben sind und deren Bedeutung und Ursprung im Nebel der Zeit verlorengegangen ist. Denn wir wissen nichts mehr über jene Zivilisationen, die vielleicht einstmals in Brasilien existiert haben – nichts außer eben jenen Zeichnungen und Überlieferungen.

Aber in Südamerika finden sich auch die gigantischen Bilder auf dem Nazca-Plateau, genauso wie die »mounds« in Nordamerika, jene seltsamen, Bildnisse formenden, künstlich angelegten Hügel der dortigen Indianer. Sie alle sind nur aus großer Höhe als bildhafte Einheiten zu erkennen, so, als ob sie angelegt wurden, um von Wesen betrachtet werden zu können, die aus dem Himmel herabkamen.

Die Untersuchung und das Studium all dieser geheimnisvollen Dinge kann mit dem Zusammentragen eines schwierigen Puzzlespieles verglichen werden, eines Bilderrätsels, bei dem die eigentlichen Schlüsselplättchen verlorengegangen sind. Wir müssen also mit jenen Teilen anfangen, die verfügbar sind, und versuchen, einen vernünftigen Sinn darin zu erkennen.

Tatsächlich zeigen die vorhandenen Informationen, daß der Gegenstand unserer Untersuchungen zumindest einer sorgfältigen Aufmerksamkeit bedarf. Immerhin – und dies deutet sich in einigen Punkten bereits an – könnte die Untersuchung zu der sehr weitgehenden und bedeutungsvollen Schlußfolgerung führen, daß es zu einer fernen Zeit in der Vergangenheit Intelligenzen auf unserem Planeten gegeben hat, die aus dem Kosmos gekommen waren – zweifellos eine Theorie, die aus dem traditionellen Vorstellungsgebäude über den Ursprung der menschlichen Rasse und der Entwicklung ihrer Kultur ausbricht.

Aber wenn wir damit beginnen, alle religiös ausgerichteten Vorstellungen fürs erste beiseite zu legen und uns frei machen von jeglicher radikalen oder konservativen akademischen Einstellung, wird schnell deutlich, daß diese Theorie eines gründlichen Studiums bedarf. Wir dürfen bei all dem auch nicht vergessen, daß die Grenzen und Barrieren des »Unmöglichen« Tag für Tag und mit großer Geschwindigkeit zu bröckeln beginnen und uns zeigen, daß wir erst am Anfang unseres Wissens vom Universum stehen.

Wir müssen daher einen Weg zur Analyse des Gegenstandes unserer Untersuchung betreten, auch wenn sich dieser Weg als sehr mühselig herausstellen wird: wir müssen alle verfügbaren Daten ordnen und sie auf einen Standard bringen, wir müssen analysieren, ob sie miteinander in einem Zusammenhang stehen, und auf diese Weise uns die ersten Anhaltspunkte schaffen, Anhaltspunkte für ein größeres Ganzes, von dem wir bis heute nur vermuten können, daß es existiert. Mit anderen Worten: wir müssen versuchen, das Puzzlespiel zusammenzufügen, indem wir um fehlende Teile vorhandene legen und auf diese Weise die Lücken füllen können.

Unsere erste Aufgabe wird es also sein, das vorhandene Material zu sichten, es zu bestimmen und einzuordnen, es schließlich in einen logischen Zusammenhang zu bringen und eine zeitliche und räumliche Abfolge zu erstellen. Beginnen müssen wir dabei mit folgenden Punkten:

☐ Altamerikanische Mythen und Legenden in Beziehung zum Kosmos.

☐ Petroglyphen und Fels- und Wandsymbole mit Bedeutungen, die auf astronomische Zeichen deuten könnten.

☐ Primitive Malereien oder Zeichnungen, die Astronauten oder Raumschiffen ähneln.

☐ Beispiele altamerikanischer Kunst und Handarbeit, denen eine kosmische oder planetare Vorstellung zugrunde liegen mag.

☐ Beispiele aus der Architektur der hochentwickelten alten Kulturen Amerikas, die in Verbindung mit dem Kosmos stehen könnten.

☐ Anbetungen und Zeremonien für Götter, die aus dem Weltraum kamen.

☐ Künstliche Hügel (»mounds«) und ihre typische Anordnung in Hinsicht auf aus dem All herabkommende Wesen.

☐ Die Nazca-Scharrbilder – figürliche Darstellungen und geometrische Linien –, offensichtlich angelegt für Beobachter in großen Höhen.

☐ Legenden um Menschen, die aus dem Weltraum kamen und Begründer verschiedener altamerikanischer Kulturen wurden.

- [ ] Rassen fliegender Menschen und sogenannte »Vogelmenschen«, die noch heute Anlaß für Gebete und Zeremonien sind.
- [ ] Gebete und Zeremonien, die sich auf den Kosmos beziehen, auf seine Planeten, Sterne und Phänomene.
- [ ] Tempelbauten und ihre kosmische Bedeutung.

Mythen und Legenden mit kosmischen Themen

Zentrale Gestalt des Schöpfungsmythos der Tupanimbá-Indianer Brasiliens ist der Gott Monan, Schöpfer des Universums und der Menschen. Einst wurde er der Überlieferung zufolge hochgeehrt, doch die Menschen verfielen dem Größenwahn, verachteten den unter ihnen selbst lebenden Monan und vergingen sich so an ihm. Monan beschloß daraufhin, die Welt zu verlassen und zu bestrafen. Er erhob sich von der Erde und ließ himmlisches Feuer herabstoßen, Feuer, das die Menschen tötete und die Erde aufschäumen ließ, so daß sich nach dem Glauben der Tupanimbá damals Berge und Täler formten. Nur eine einzige Person wurde aus dem Chaos gerettet: Irin-Magé. Ihn verschonte Monan, indem er ihn mit in den Himmel nahm. Dort gelang es Irin-Magé, den Gott zu besänftigen, und tatsächlich hatte Monan schließlich ein Einsehen. Er ließ Regen auf die Erde fallen, das Feuer wurde gelöscht, Flüsse und Gewässer entstanden. Und noch heute, so glauben die Indianer, enthalte das Meer jenes Salz, das damals durch die zerschmolzenen Felsen entstanden ist. Als die Katastrophe vorüber war, erbat sich Irin-Magé von Monan eine Frau, um mit ihr zur Erde zurückzukehren und so die menschliche Rasse neu zu begründen.

Dies ist eine wirklich erstaunliche und zugleich kuriose Legende, die uns davon berichtet, daß ein im Weltraum lebendes »Wesen« (Monan) für die Entstehung der Welt, des Lebens auf ihr und der menschlichen Rasse verantwortlich ist. Als diese Rasse ihn nicht mehr achtete, wurde sie durch himmlisches Feuer vernichtet. Nur ein einziger Mensch (Irin-Magé) wurde gerettet, indem er in den Weltraum hinweggenommen wurde. Und mit einer Frau, die er am selben Ort trifft, zu dem er von Monan mitgenommen worden war, kehrt er zur Erde zurück, um dort eine neue Menschheit zu begründen.

Natürlich sind hier mehrere Legenden (Schöpfungsmythen, Katastropheninnerungen und Überlieferungen von zur Erde gekommenen Intelligenzen aus dem All) zusammengeflossen. Aber es muß hinzugefügt werden, daß für eine Indianergruppe wie die der ausgestorbenen Tupinimbá eine mythologische Vorstellung dieser Art sehr hoch entwickelt ist. Würde man sie in unseren Tagen »erfinden«, könnte man sie fraglos einer kosmisch ausgerichteten Science-fiction-Geschichte zuordnen und vielleicht ins 25. Jahrhundert datieren.

Eines aber bleibt festzuhalten: die Legenden erzählen uns augenscheinlich von einer kosmischen Katastrophe, von Weltraumreisen und von Wesen, die nicht auf unserem Planeten lebten.

In den Legenden der Tembés-Indianer über »die Zwillinge und den Karuwara« findet sich die Überlieferung, daß die Karuwara (Schamanen) nicht zu sterben brauchten, wenn sie älter wurden, sondern die Jugend zurückerhielten. Sie unterzogen sich dabei einer Zeremonie, in deren Verlauf sie stundenlang sangen und tanzten, um schließlich einen sehr hohen Baum zu ersteigen. Auch auf der Spitze dieses Baumes führten sie ihre Zeremonie fort. Sie waren bemalt, trugen ein Federkleid und in den Händen eine Rassel und ein Zepter. Und plötzlich, so die Überlieferung, hätten die Schamanen ihren Schmuck fallengelassen, hätten sich zum Himmel erhoben und seinen dort verschwunden.

Auch hier mischen sich offensichtlich verschiedene Elemente zu einer Überlieferung: ein »Schamane«, der sich ins All erhebt und dort die ewige Jugend findet – vielleicht eine Erinnerung an die bei mit hohen Geschwindigkeiten durchgeführten Weltraumreisen auftretenden Zeitverschiebungswirkungen. Später wurde das Ganze zu einer bloßen Zeremonie, in der viele Einheiten des einstigen Wissens verfremdet und mythologisch überprägt weitergegeben wurden.

Eine andere sehr interessante Legende ist die von Katxerê, der »Sternen-Frau«, die vom Himmel kam, mit einem Krahó-Indianer eine Verbindung einging und den Stamm lehrte, Mais, Kartoffeln, Süßkartoffeln, Maniok und Erdnüsse anzupflanzen und zu kultivieren.

Sehr ähnlich ist auch die Kayapó-Legende vom Ursprung der Landwirtschaft. Sie berichtet uns, wie ein Indianer dieses Stammes im Wald einem wunderschönen Mädchen begegnete und sie fragte: »Wer bist Du? Woher kommst Du?« Sie antwortete: »Ich bin vom Himmel gekommen, wie der Regen, wenn er fällt.«

Da die Kayapós glaubten, der gesamte Stamm sei einst aus dem Himmel gekommen, wunderte sich der Indianer keineswegs über die Antwort, sondern nahm das Mädchen mit nach Hause und versteckte es dort. Später verliebte er sich in sie, stellte sie seinen Eltern vor, heiratete sie und gab ihr den Namen Nhokpôkti. Nhokpôkti sprach oft vom Himmel, aus dem sie kam und auch über die vielen Früchte und die anderen Pflanzen, die in ihrer Heimat wuchsen.

So zeigte sie ihrem Mann allerlei landwirtschaftliche Bebauungsmethoden und faßte den Plan, in den Himmel zurückzukehren, um von dort die ihr bekannten Pflanzen zur Erde zu holen.

Sie ging daraufhin zu einem sehr hohen »Baum«, verließ mit ihm die Erde und kam mit Bananen, Süßkartoffeln, Kartoffeln und Maniok-Setzlingen zurück. Sie brachte von dieser Reise auch die erste »Beija« mit, eine Tapioca-Frucht, die sternförmig in Bananen eingewickelt ist.

Wie es scheint, führte Nhokpôkti später eine weitere Reise ins All durch, bei der sie ihr Kind mitnahm, um es ihren Eltern zu zeigen.

Eine wirklich merkwürdige und doch interessante Legende, die uns von der Verbindung zwischen einem Erdgeborenen und einer Außerirdischen berichtet, in deren Folge nicht nur ein Kind geboren wurde, sondern die auch zu einer enormen Wissensvermehrung im Stamme der Kayapós führte.

Eine andere Überlieferung, in deren Mittelpunkt der Held Juruna steht, erzählt uns, in früheren Zeiten habe es ein »Wasser« gegeben, das die Kraft der Verjüngung besaß. Demnach führten die Töchter des Kriegers Alapá dessen alten Freund zu einem geheimen Platz, badeten ihn dort und ließen ihn verjüngt wieder aus dem Wasser aufsteigen. Nach der Juruna-Legende wurde dieser Platz über eine Leiter erreicht, die in den Himmel ragte. Auch dort »im Himmel« gab es Männer und Frauen, und einige von ihnen hatten »rote Gesichter«.

Aber nicht nur in brasilianischen Mythen und Legenden tauchen Wesen aus dem Weltraum auf. In der Inka-Mythologie zum Beispiel finden wir die Überlieferung, daß »Manco Capac, der Erste Inka, und seine Frau Mama Ocla«, Kinder der Sonne waren, denn von dort seien sie gekommen, den Menschen die Kultur zu bringen, sie zu lehren, ihnen Rat und Wissen zu geben und Kenntnisse in der Landwirtschaft, in der Zucht von Früchten, im Anfertigen von Werkzeugen, in der Astronomie, beim Aufstellen eines Kalenders und in der Medizin zu vermitteln.

Nach dieser Legende betraten beide eines Tages auch eine Insel im Titicacasee. Sie trugen dabei eine »goldene Stange«, mit der sie den Boden berührten und die Erde fruchtbar machten. Jene, die sich ihnen nicht unterwarfen, wurden von ihnen mit einer schrecklichen Waffe bestraft, denn sie verfügten über die »Macht des Feuers und Blitzes«. Die Legende über den Ersten Inka und seine Frau enthält eine Fülle an Einzelheiten über jene Kenntnisse, die diesem großen Indianervolk einst übergeben wurden und die noch heute unsere Wissenschaft und Zivilisation in großes Erstaunen versetzen.

Interessanterweise wird der gleiche himmlische Ursprung (Söhne der Sonne) auch den Gründern des Maya- und Aztekenvolkes zugeschrieben. Kukulkan, d. h. »gefiederte Schlange«, der auch Quetzalcoatl oder – in Südamerika – Viracocha heißt, war ein »Kind der Sonne«, von der er kam, um den Indianern die Kultur zu bringen. Auch Pachacamac, ein Hauptgott der Chimu, war ein solcher »Sohn der Sonne«. Und es gibt viele weitere Kulturhelden des amerikanischen Kontinents, die den gleichen kosmischen Ursprung haben und so dazu beitragen, das Mosaik unseres Puzzlespieles zu vervollständigen.

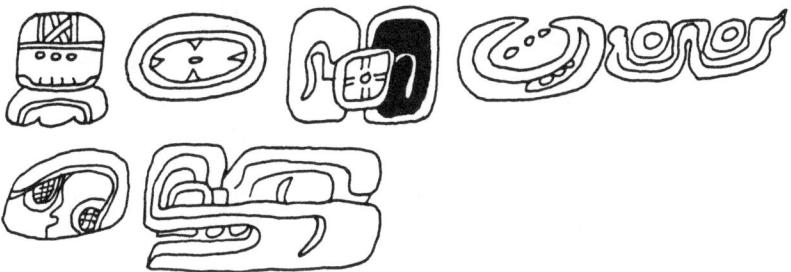

Abb. 40: Maya-Schriftzeichen für verschiedene Himmelskörper (von links nach rechts): CAAN – Der Himmel, KIN – Die Sonne, die Sonnenbahn, U – Der Mond, NOHOCH EK – Die Venus, CAB – Die Erde, Der Mars.

Abb. 41: Schriftsymbole der Cuna-Indianer (nach Nordenskiöld).

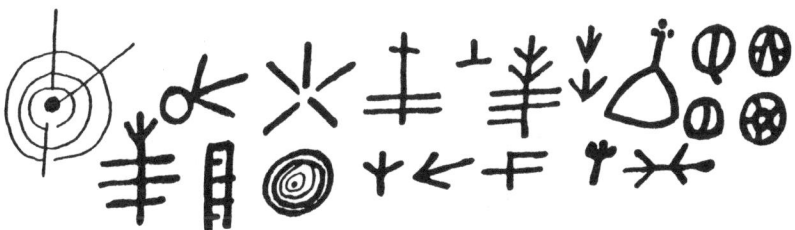

Abb. 42: Inschriften auf den »Olho-d'Agua-do-Milho«-Felsen von Caraúbas, Paraiba, Brasilien.

Abb. 43: Inschrift an den Felsen der »Pedra Lavrada«, Paraiba, Brasilien.

205

Abb. 44: Inschrift an den Felsen der »Pedra Lavrada«, Paraiba, Brasilien.

Abb. 45: Inschrift an den Felsen von »Inga«, Bacamarte, Paraiba, Brasilien.

Petroglyphen und Symbole

Wir hatten im Laufe unserer Arbeiten die Gelegenheit, eine große Anzahl von Symbolen und Figuren zu studieren, die einst von einer heute unbekannten Kultur angefertigt worden sein müssen, einer Kultur, die in den Schatten der Vergangenheit verlorengegangen ist, ohne daß irgend etwas anderes von ihr verblieben wäre. Es gibt, gerade was diese Zeichen betrifft, noch unendlich viel zu erforschen. Aber als ein ausgewähltes Beispiel können wir vielleicht jene Petroglyphen betrachten, die man sowohl in Brasilien als auch in anderen Teilen Amerikas gefunden hat und deren Bezug zur Astronomie ganz unzweideutig ist. Wir wollen mit den berühmten und sicher gutbekannten Inschriften auf den Pedra Lavrada (»Beritzte Steine«) beginnen, die sich bei Ingá im Staate Paraiba befinden. Hier lassen sich »Spiralen«, »Sonnen«, »Kapseln«, »Sterne« und »Kreise« mit einem Zentralpunkt neben »geflügelten Figuren« und »Halbmonden« identifizieren.

Zwischen den Höhlenmalereien von Piracuruca im Nationalpark von »Sete Cidades« (»Sieben Städte«) erkennen wir geflügelte Sterne, Sonnen- und Mondsymbole. Die gleichen Zeichnungen tauchen auch auf Inschriften im Gebiet von Picuí Paraiba auf, wo drei Felsritzungen eindeutig verschiedene Sternbilder darstellen. In große Gneisblöcke

Abb. 46: Inschriften auf den Felsen von Puerto Cabalo, Argentinien.

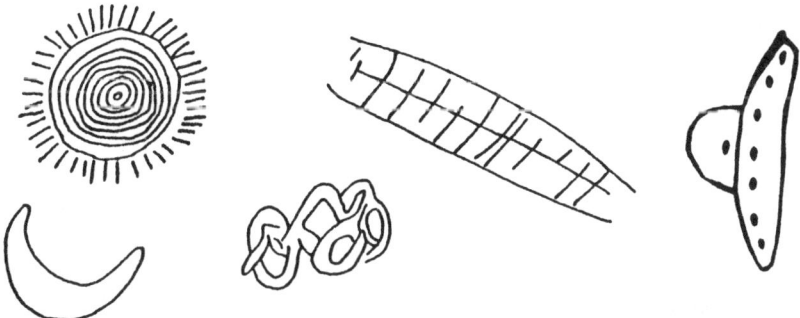

Abb. 47: Inschriften in den Höhlen von Varzelandia, Minas Gerais, Brasilien.

geritzt finden sich bei Poso Grande (Gemeinde Pedra Lavrada) Kapseln und geometrische Linien, die ebenfalls Sternbilder andeuten. Von großem Interesse ist hier eine Darstellung des Planeten Mars, bei dem sogar die von der Erde mit einem Fernrohr beobachtbaren, tatsächlich aber auf optische Täuschungen rückführbaren »Marskanäle« eingetragen sind. Daneben tauchen verschiedene Linienmuster auf, die sich zum Teil kreuzen, die divergieren oder parallel nebeneinander herlaufen. In einer Handschrift, die der Ethnologe Nordenskiöld von dem Schamanen eines mittelamerikanischen Stammes erhalten hat, finden wir ebenfalls seltsame himmlische Symbole, die eine Anbetung der Sterne und jener Götter zeigen, die einst aus dem Weltraum kamen.
Ähnliche Symbole finden sich wiederum in Brasilien, und zwar an der »Pedra do Letreiro« in der Gemeinde Antonio Martins (Rio Grande do Norte): seltsame Figuren, Kugeln, die sich im All drehen oder sich im Flug zu befinden scheinen, und menschliche Gestalten, die sich offensichtlich in »Astronautenkleidung« befinden. Auch am Olho D'Água do Milho, Gemeinde Caraúbas (Rio Grande do Norte) lassen sich solch astrale und solare Symbole identifizieren, zusammen mit Zeichnungen von Objekten, wie sie heutzutage zuweilen am Himmel gesehen worden sein sollen. Und wieder in der Gegend von Pedra

Lavrada gibt es vollständige Firmamentdarstellungen mit einer großen Anzahl von verschiedenen Konstellationen, Sternbildern und Planeten auf einer riesigen Steinplatte.

Die Maya-Grabplatte von Palenque wurde bereits vielfach beschrieben und diskutiert. Sie stellt ganz offensichtlich das Bild eines Kriegers in einer fremdartigen Maschine dar.

In den dekorativen Themen der Marajoara-Töpferei finden sich sehr unterschiedliche Muster, die wiederum Spiralen, Sonnen, Monde und andere merkwürdige Symbole wiedergeben. Die wohl eindeutigste Zeichnung mit kosmischer Thematik sind jene Bilder der Inschriften von Lapa da Lagoa in Varzelândia, Montes Claros (Minas Gerais). Hier findet sich ein exakt gezeichneter Mond in seinem ersten Viertel, eine Sonne, ein unidentifizierbares Symbol, ein »Zylinder« und eine typische »Fliegende Untertasse.« Wer hat diese Inschriften einst angefertigt, wer die Symbole in den Felsen graviert, die von Ing. Hernani Ebecken de Arauja beschrieben wurden, Zeichnungen, die uns Maschinen zeigen, die vor den Beobachtern vorbeiflogen und dabei verschiedenste Flugmanöver ausführten?

Ein weiteres seltsames Beispiel ähnlicher Symbolik finden wir in Mexiko, an der den Azteken zugeschriebenen »Pedra dos Sôis«. Hier sind vier Sonnen dargestellt, die nach der Überlieferung vor langer Zeit existierten. Die vierte Sonne symbolisiert demnach die »sol da água« (»Wassersonne«), die während der »großen Flut« schien und das Datum »naui atl« (»vier Wasser«) angibt. Natürlich wissen wir, daß es nie eine andere als die unsrige Sonne gegeben hat, aber vielleicht spiegelt sich hier das Wissen um andere Sonnen weit draußen im Kosmos wider, um jene Sterne, von denen einst die Götter kamen. Alfonso Caso jedenfalls beschreibt die Azteken-Inschriften im einzelnen und bestätigt die Notwendigkeit hochentwickelter astronomischer Kenntnisse als Voraussetzung für ihre Anfertigung.

Auch bei den Azteken hat am Ursprung allen Wissens – sogar am Ursprung der Götter – ein »erstes Paar« gestanden: »Ometecuhtli« und »Omeciuatl«, »der Fürst und die Fürstin der Zweiheit«. Den Legenden nach lebten sie in einer anderen Welt, im »13. Himmel«, »wo die Luft kälter, eisiger und leichter ist« als auf unserer Erde.

Eines ist sicher: Überlieferungen und Inschriften dieser Art könnten ganze Bücher und Bibliotheken füllen, so reichhaltig ist das Material, das inzwischen von Forschern aus der ganzen Welt in Amerika zusammengetragen wurde. Aber wir wollen noch kurz einen Blick auf die Pedra da Leoa werfen (bei Proto Cabalo, Argentinien), an der sich ebenfalls Inschriften mit kosmischen Themen befinden. Deutlich erkennen wir eine Sonne, die von einer weiteren Sonne gefolgt wird, in der sich ein dritter Strahlenkranz (vielleicht zur Bestimmung der Winkel des äußeren Kreises) befindet. Daneben taucht eine Gruppe von Linien auf, die den Zinnen einer Burg ähneln, und ein Symbol, das an eine herabfallende »Rakete« erinnert.

Ein letztes klassisches Beispiel in dieser Richtung soll hier aufgeführt werden: die Inschrift von Serra do Anastácio (Bahia) aus der Sammlung von Carlos Frederico van Martius. Auch hier wieder scheinende Sonnen, Kapseln und andere kosmische Zeichen, die uns Vertreter des alten Amerikas übermittelten, um damit auf Ereignisse aufmerksam zu machen, die weit entfernt liegen – weit entfernt in der Zeit und vielleicht auch weit entfernt im Raum.

Spuren in der Kunst

Kuben-Kran-Kein ist der Name jenes Medizinmannes der brasilianischen Xingu, der alljährlich die Figur des großen Stammeshelden Bep-Kororoti »wiederbelebt«. Bep-Kororoti, so wissen es die Xingu, kam einst vom Himmel zur Erde, um hier neue Regeln und Gesetze einzuführen, er besaß einen »Flammenstab«, den sogenannten »Bo«, und verschwand eines Tages in Rauch und Donner. Während der jährlich einmal stattfindenden Zeremonie trägt der Medizinmann selbst jenen fremdartigen »göttlichen« Anzug, den einst Bep-Kororoti besaß. Freilich handelt es sich dabei nicht um die Originalkleidung, sondern eine Nachbildung aus miteinander verwobenem Stroh. Aber das ganze erinnert unzweideutig an die Kleidung eines Astronauten.

Während der Zeremonie wird auch – symbolisch – der Stab Bep-Kororotis verwendet, und man begibt sich zu einem geheimen Ort, an dem das »Men-Baba-Kent-Kre« steht, das »Haus aus Stein«, eine Höhle beziehungsweise ein steinerner Schutzraum. Hier findet sich das in Stein geritzte Abbild Bep-Kororotis in seiner »Astronauten«-Kleidung.

Der Legende zufolge verschoß Bep-Kororoti aus seinem Bo leuchtende Strahlen, die die Bäume zerfetzten und die Steine zerschmelzen konnten. Eine mysteriöse, gewaltige Waffe, die bis heute in der überlieferten Erinnerung Bestand hat.

Eine andere Erinnerung an die einstige Existenz extraterrestrischer Intelligenzen auf unserem Planeten scheinen die Inka-Darstellungen von »Vogelmenschen« darzustellen. Fast alles Wissen über sie ist im Nebel der Zeit versunken, und nur die Legenden berichten über die Ankunft dieser seltsamen »geflügelten« (oder fliegenden) Wesen, die einst aus dem Himmel auf unsere Welt kamen. – Seltsamerweise gibt es solche Legenden in der ganzen Welt, und sogar die Bibel kennt sie als »Engel«. In der altamerikanischen Kunst gibt es zahlreiche Darstellungen dieser »gefiederten« Wesen. Bei den Azteken sind noch heute – insbesondere während des Sonnenfestes – Tänze lebendig, in deren

Abb. 48: Xingu-Medizinmann in einem Strohgewand, die Kleidung des Kulturbringers Bep-Kororoti symbolisierend.

Abb. 49: Astronaut Harrison Schmitt (Apollo 17) in der Taurus-Littrow-Region des Mondes.

Verlauf »geflügelte« Indianer auftreten und mit ihren Bewegungen das
Fliegen nachahmen. Ähnliche Zeremonien gab es bei den meisten
altamerikanischen Stämmen. Denn fast alle diese Stämme führen ihren
Ursprung auf den Kosmos oder auf aus dem Kosmos gekommene
Gründer und Kulturbringer zurück. Insbesondere das Popul-Vuh (Buch
des Chilam Balam) der Mayas Mittelamerikas macht dies deutlich.

Die Linien von Nazca

Die »Ebene von Nazca« bedeckt eine Fläche von fünfhundert Quadrat-
kilometern. Es ist ein Wüstengebiet, ein ausgetrockneter Boden,
bedeckt mit Kies. Aber die Nazca-Kultur hinterließ uns gerade hier in
den Untergrund gescharrte Bilder und Linien gigantischer Größe, die
vollständig und im Zusammenhang nur von Bord eines Flugzeuges
betrachtet werden können.
Nach Maria Reiche, die dort seit Jahrzehnten als Archäologin tätig ist,
stellen die Zeichnungen einen Stern-Kalender dar, wobei die einzelnen
Figuren – ein Affe, Adler und andere Tiere – verschiedene Sternbilder
der südlichen Halbkugel vertreten sollen.
Aber die Linien und die Zeichnung eines mysteriösen gigantischen
»Astronauten« an einem flachen Berghang, sowie der einzigartige
»Kandelaber« in der Bucht von Pisco, könnten – so berichtet es die
Überlieferung – auch das Werk jener verschollenen Prä-Paracas-Zivili-
sation sein, jener mysteriösen »gelben Menschen«, die einst auf dem
amerikanischen Kontinent lebten.

Zusammenfassung

Die wiederholte Erwähnung eines »himmlischen« Ursprungs nahezu
aller amerikanischen Stämme und Kulturen, die in den Mythen
beschriebene Anwesenheit von Wesen, die von den Sternen gekommen waren, die Anbetung der Himmelskörper, die als Symbol dieser
Wesen und Gottheiten betrachtet wurden, ihre Darstellung in der
Kunst und so weiter, all das zeigt deutlich den auf den Kosmos
zurückgehenden Anfang der amerikanischen Kulturen, deren Grundlage vermutlich von fremden Intelligenzen geschaffen wurde, die einst
aus dem All hierher kamen.
Verschiedenste Petroglyphen und Wandzeichnungen sind ein weiterer
Hinweis auf diese Annahme, Zeichnungen mit eindeutig astronomischen und stellaren Symbolen, die in ähnlicher Form in allen Teilen und
bei allen Kulturen des amerikanischen Kontinents zu finden sind.
Die Lösung des Problems und die Entdeckung der Wahrheit hängen

heute im wesentlichen von der Einstellung der Wissenschaft ab. Vielleicht sollten wir uns wieder mehr bewußt machen, daß es für die Wissenschaft keine Grenzen gibt und daß die menschliche Intelligenz gerade erst begonnen hat, in die Unendlichkeit des Universums vorzustoßen.

Legenden, Mythen und Fantasie vergangener Jahrtausende sind dabei, verstandene Wirklichkeit des Heute zu werden, denn – »es gibt mehr Dinge zwischen Himmel und Erde, als unsere Schulweisheit sich träumen läßt . . .«

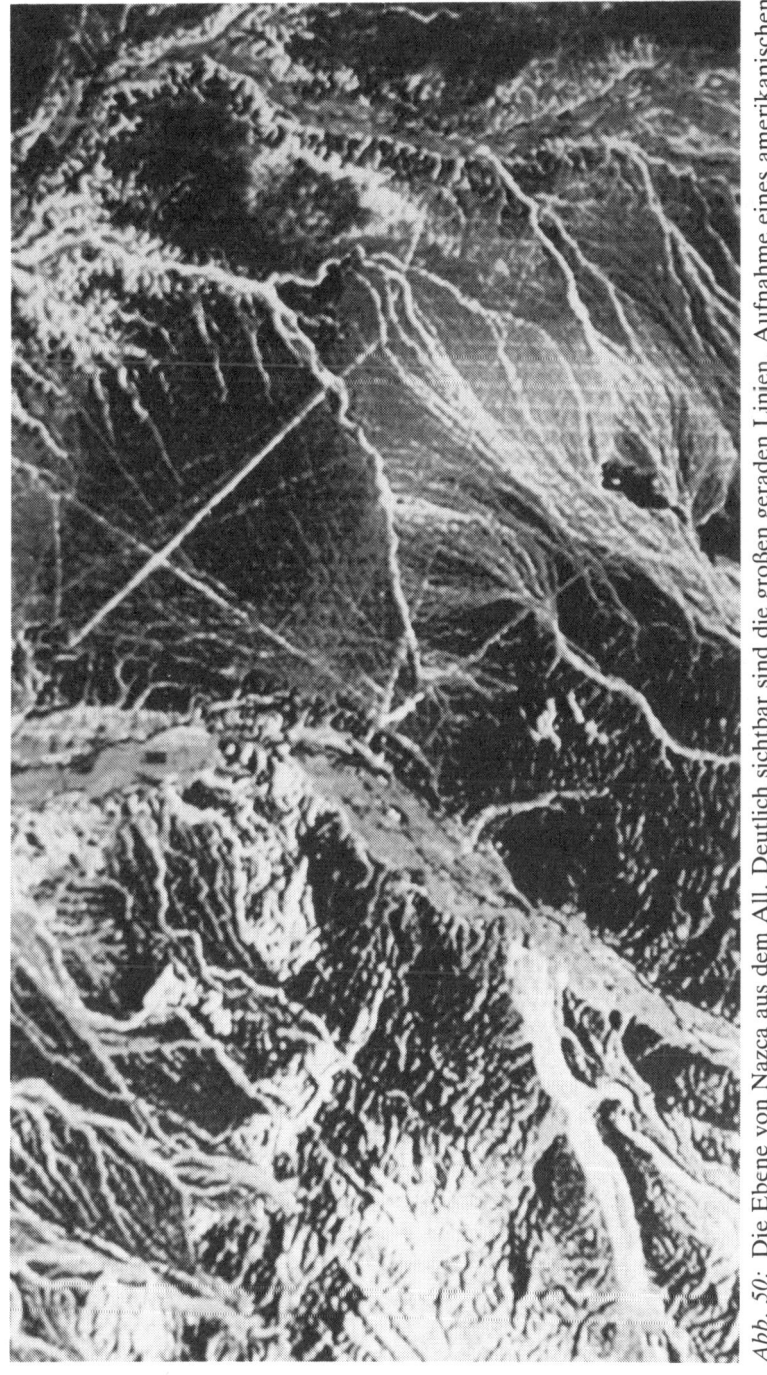

Abb. 50: Die Ebene von Nazca aus dem All. Deutlich sichtbar sind die großen geraden Linien. Aufnahme eines amerikanischen LANDSAT-Satelliten.

NAZCA: LANDEBAHNEN IN DEN ANDEN?

Die im südlichen Peru gelegene Hochebene von Nazca wurde aufgrund der Deutung, es handele sich bei den viele Kilometer weit verlaufenden und nur aus der Luft erkennbaren Linien um einen prähistorischen Landeplatz, in aller Welt bekannt. Lange Zeit ist von den Vertretern anderer Theorien (z. B. Wegner: Bewässerungssystem; Reiche: Astronomischer Kalender; Woodman: Heißluftballon-Landeplatz) diese Vermutung abgelehnt worden, mit dem Hinweis, Raumschiffe bräuchten keine Start- und Landebahnen. Seit den amerikanischen Space-Shuttle-Flügen wurde diese Auffassung von der Wirklichkeit überholt. Unter Berücksichtigung des Arguments, daß die figürlichen Darstellungen (Spinnen, Affen usw.) erst später von den Eingeborenen hinzugefügt wurden, um mit diesen zum Himmel weisenden Symbolen die »Götter« zurückzurufen, scheint diese Theorie derzeit als die in sich geschlossenste. Der Gedanke, es handele sich bei den Anlagen um astronomische Kalendarien, konnte 1976 von Prof. Barthel, Tübigen, widerlegt werden. Er vermochte durch Langzeitversuche nachzuweisen, daß eine Kalendertheorie nicht länger aufrecht erhalten werden kann. Die Idee, es könne sich in Nazca um einen Ballon-Landeplatz handeln, erscheint unglaubwürdig, da Ballone zum Landen keine Pisten benötigen. Ein von Prof. v. Ditfurth vorgetragener Gedanke, die Scharrbilder seien Rennbahnen »olympischer« Inka-Sportler, entbehrt jeglicher Grundlage, da die Tiersymbole zum Teil durch Schluchten unterbrochen oder an steilen Felswänden eingezeichnet sind.

Pyramiden und Steinsetzungen in Australien

von Dr. Rex Gilroy, Katoomba
(Australien)

Australien, der »fünfte Kontinent«, scheint auf den ersten Blick über keine großartige kulturelle Vergangenheit zu verfügen. Es existieren keine antiken Tempel, keine schriftlichen Aufzeichnungen, keine auf eine irgendwie geartete Technik rückführbaren Artefakte. Aber dieser erste Blick täuscht. Die Ureinwohner Australiens wissen von einer längst vergangenen »Traumzeit«, in der menschenähnliche Wesen von den Sternen kamen und unter ihnen lebten. Und: in Australien gibt es eine ganze Anzahl pyramidenförmiger Bauwerke und künstlicher Aufschüttungen, die auf diese außerirdischen Kulturbringer zurückgehen sollen. Dr. Rex Gilroy ist Archäologe und Direktor des »Mount York Natural History Museums« von New South Wales. Er beschäftigt sich insbesondere mit der Früh- und Urgeschichte der australischen Eingeborenen, ihrer Kultur und ihren Überlieferungen.

215

Als Archäologe und Historiker unterstütze ich die Hypothese der Prä-Astronautik. Ich habe im Laufe meiner Forschungen zu viele Höhlenzeichnungen und Felsmalereien der Eingeborenen Australiens gesehen, Bilder, die astronautenähnliche Figuren zeigen, um in dieser Frage anders denken zu können.

In den vergangenen sieben Jahren konnte ich verschiedene Arbeiten über Steinsetzungen, Steinkreise und andere Strukturen in New South Wales durchführen, in einem Gebiet, das mehrere Quadratkilometer bedeckt. Diese vermutlich astronomischen Zwecken dienenden Anlagen sind aller Wahrscheinlichkeit nach nicht das Werk der Ureinwohner Australiens, sondern eines hochstehenden Volkes astronomisch bewanderter Menschen, die hier vor vielen Jahrtausenden lebten. Erst kürzlich konnte ich neuentdeckte Felszeichnungen der Eingeborenen fotografieren, die astronautenähnliche menschliche Figuren zeigen, von denen die Ureinwohner behaupten, sie seien einst von den Sternen gekommen, um in der weit zurückliegenden »Traumzeit« das Leben auf der Erde zu schaffen.

Im Laufe der letzten zwölf Jahre war es mir möglich, im westlichen New South Wales umfangreiche Ausgrabungen an acht verschiedenen urgeschichtlichen Lagerplätzen zu machen. Wir fanden dort zahlreiche Handäxte, Keulen, Querbeile, Messer, Meißel, Hackmesser und andere Artefakte, die zum Teil ein Gewicht von sechs bis sechzehn kg erreichen. Zwischen den Artefakten lagen die fossilen Reste großer menschlicher Backenzähne (einer mißt z. B. 67 mm in der Länge bei einer Kronenfläche von 50 × 42 mm). Daneben fanden sich auch Knochen von Tieren, die den hier lagernden Jägern offenbar als Nahrung dienten. Zeitlich können diese Funde ins Pleistozän datiert werden, das heißt auf eine Zeit vor etwa 500000 Jahren. Die Artefakte, Zähne und andere Überreste deuten darauf hin, daß diese Wesen 3,6 bis 6 Meter groß waren und mehrere 100 kg wogen. Die Indizien lassen auf zwei verschiedene Rassen sehr großer Menschen oder Riesen schließen, die diese Region einst bewohnten. Fußspuren solcher Riesen finden sich sowohl in Queensland als auch in New South Wales.

Man mag berechtigterweise die Frage stellen, ob eine hochentwickelte Rasse riesiger menschlicher oder zumindest menschenähnlicher Wesen zur Erde kommt, um hier mit so primitiven Geräten wie Faustkeilen und Steinmessern ihr Dasein zu fristen. Aber vielleicht handelte es sich nur um eine kleine Gruppe von Raumfahrern, die aus uns unbekannten Gründen die Verbindung zu ihrer Heimatwelt verloren und deren Nachfahren im Laufe der Zeit auf diesen primitiven Stand der Zivilisation zurückfielen, bis sie schließlich ganz ausstarben.

Jedenfalls habe ich in den vielen Jahren, seit ich mich mit dieser Thematik beschäftige, eine große Anzahl an Eingeborenenlegenden zusammengetragen, welche die Ankunft fremdartiger riesiger Wesen beschreiben. Folgt man diesen Überlieferungen, so kamen diese Wesen in »großen Vögeln« vom Himmel herab, landeten in der Inselwelt des heutigen Neu-Guinea und errichteten dort nahe der Küste erste megalithische Steinsetzungen, die heute vom Meer überdeckt sind. Von den Eingeborenen werden diese Wesen auch als »Kulturbringer« oder »Kulturheroen« betrachtet. Und tatsächlich finden sich Überreste ihrer einstigen Anwesenheit nicht nur in mittlerweile verfremdeten Überlieferungen, sondern auch in Form materieller Nachweise in Australien und den Inseln seiner unmittelbaren Nachbarschaft.

Pyramiden, Altäre und Steinsetzungen

Dabei muß insbesondere auf die große Anzahl steinerner und erdener Pyramiden hingewiesen werden, die sich in Australien und in Neu-Guinea finden. Auf Papua, Neu-Guinea, entdeckte man fünf unvollständig gebliebene Stufenpyramiden mit einer Höhe von etwa dreißig Metern, mitten im Urwald des East-Sepik-Distrikts. Sie sind vollkommen identisch mit einer Anlage, die man erst vor kurzem nördlich von Brisbane im südlichen Queensland, Australien, fand.
Die Brisbane-Pyramide wurde zwar erstmals von europäischen Siedlern 1851 beschrieben, geriet dann aber wieder in Vergessenheit. Sie ist 30 Meter hoch und setzt sich aus insgesamt 18 jeweils 1,20 Meter hohen und 2,4 Meter breiten Terrassen zusammen. Die Spitze des Bauwerkes bildet ein riesiger, 10 Tonnen wiegender Monolith. Die gesamte Pyramide besteht aus eisenhaltigen Basaltsäulen, die aus einem etwa acht Kilometer entfernten Steinbruch gewonnen wurden.
Weiter nördlich finden sich zwei weitere pyramidenförmige Anlagen, die aus Gesteinsschutt aufgehäuft wurden. Sie stehen hintereinander und bilden so eine gerade Linie zur Stufenpyramide im Süden. Beide Pyramiden sind etwa 210 m hoch und besitzen an jeder der vier Seiten eine Basislänge von 450 Metern.
Eine ähnliche Schuttpyramide, ebenso hoch und lang, wurde nahe Rockhampton in Nord-Queensland entdeckt. Sie besteht aus Dolerit-Schutt, und nur an der Westseite ragen einige gut erkennbare, hexagonal erstarrte Basaltsäulen aus der Anlage heraus (ähnliche Säulen wurden auch zur Errichtung der bis heute nicht geklärten Bauwerke von Nan Madol auf der Pazifikinsel Ponape verwendet). Entlang der gesamten Westfront breitet sich eine 35 m durchmessende und 30 cm hohe Plattform, ebenfalls aus dem gleichen Doleritmaterial, aus. Von dieser Plattform aus erstrecken sich bis in eine Entfernung von 1000 m insgesamt 54 steinerne Hügel, die in exakter Ost-West-Richtung angeordnet sind. Die gesamte Anlage erweckt den Anschein einer großartigen zu astronomischen Beobachtungen dienenden Anordnung.

Abb. 51: Die Rochampton-Pyramide.

Abb. 52: Aufeinandergeschichtete Basaltsäulen in der Rockhampton-Pyramide.

In der Nähe von Toowoombar (Süd-Queensland) befinden sich drei Erdpyramiden, die eine Höhe von fast 300 m erreichen. Ähnliche Formen hat man nahe Cooma, am Murray River (südliches New South Wales) und im nördlichen Victoria-Land gefunden. Folgt man den Eingeborenenlegenden, so wurden diese Aufschüttungen einst von den unbekannten »Kulturheroen« angelegt, um die Bewegungen des Himmels beobachten zu können.

Die Eingeborenen sind auch davon überzeugt, daß der gesamte australische Kontinent von Bahnen einer »Natur-Energie« überzogen wird und daß die Pyramiden errichtet wurden, um diese Bahnen in irgendeiner Weise »anzapfen« zu können. Auch die zahlreichen anderen astronomischen Steinsetzungen und megalithischen Anlagen, die sich in vielen Teilen Australiens finden, seien zu diesem Zweck errichtet worden.

Eine aufgeschüttete Pyramide südlich von Sidney erreicht eine Höhe von 70 m und besitzt eine ebene Plattform an der Spitze. Auch hier beobachteten die »Kulturbringer« der mysteriösen »Traumzeit« die Sterne – jedenfalls wissen es so die Überlieferungen der Eingeborenen. Tatsächlich ermöglicht diese Anlage einen ausgezeichneten Blick in jede Richtung des Firmaments.

Eine große Anzahl fremdartiger, steinerner »Altäre« mit Adler- und Schlangendarstellungen hat man in den Blue Mountains von New South Wales entdeckt. Sie befinden sich im Regelfalle auf den Spitzen der Berge und sind nach Osten hin ausgerichtet. Es gibt bis jetzt keine Hinweise darauf, daß diese Altäre von den Ureinwohnern stammen, denn nichts dergleichen ist aus anderen Teilen Australiens bekannt. Zu welchem Zweck sie dienten, welches längst vergessene Volk sie einst dort oben erbaute, wir wissen es nicht.

Erst vor kurzer Zeit ist in den Blue Mountains erneut eine pyramidenförmige Struktur gefunden worden, aber es liegen darüber noch keine ausreichenden Mitteilungen vor, um an dieser Stelle darüber berichten zu können.

Die australischen Pyramiden und die oftmals mit ihnen verbundenen Steinsetzungen und Zeichnungen stellen offensichtlich die einzig erhaltenen Überreste einer heute völlig unbekannten »verlorenen Zivilisation« dar, einer Zivilisation, die über großartige technologische Möglichkeiten und ein umfassendes astronomisches Wissen verfügte, das es in späterer Zeit in Australien nicht mehr gegeben hat. Was aus diesen Menschen wurde, ist bis heute ein Geheimnis geblieben; aber die Eingeborenen erinnern sich an sie als mächtige »Kulturbringer« – und daran, daß ihre eigentliche Heimat irgendwo zwischen den Sternen lag . . .

Zwischenbericht 14

MENSCHLICHE FUSSABDRÜCKE – 140 MILLIONEN JAHRE ALT

In den letzten Jahrzehnten sind immer wieder Zweifel an der herkömmlichen Evolutionstheorie laut geworden. Insbesondere das Alter des Menschen wurde mehrmals zurückdatiert. Überhaupt nicht ins Schema passen menschliche Fußabdrücke, die rund 140 Millionen Jahre alt und im Flußbett des Paluxy-Rivers bei Glen Rose in Texas, USA, gefunden wurden. Die Spuren, die unter anderem von dem amerikanischen Paläontologen Dr. C. N. Dougherty untersucht wurden, weisen eine ungewöhnliche Größe auf. Sie sind fast 50 cm lang, müssen folglich einer sehr großen Menschenart angehört haben. Unmittelbar neben den menschlichen Spuren verlaufen solche von Dinosauriern. Gegen die Annahme einer Fälschung spricht die Tatsache, daß viele noch unentdeckte Abdrücke durch die Schrittfolge vorausgesagt werden und erst nach Erosion der Felsplatten im Flußbett an der entsprechenden Stelle tatsächlich gefunden werden konnten. Es sei aber auch vermerkt, daß viele andere in der populärwissenschaftlichen Literatur als solche Fußspuren geführte Funde in Wirklichkeit anorganisch entstandene Druck- und Wellenmarken oder Kieselsäurekonkretionen sind.

Feststellungen und Gedanken zur Osterinsel

von Rudolf Kutzer, Kulmbach
(BR Deutschland)

In den Überlegungen zur Prä-Astronautik spielt die Osterinsel eine nicht unbedeutende Rolle. Diese Insel, seit Thor Heyerdahls Buch AKU-AKU ins Bewußtsein der Weltöffentlichkeit gebracht, stellt noch immer ein scheinbar unlösbares Rätsel dar. Dieser Auffassung ist jedenfalls der Autor des folgenden Beitrages, der die Fragen stellt: Wie ist das Vorhandensein zweier ethnischer Gruppen auf der Osterinsel zu erklären? Wer errichtete die zahlreichen Figuren? Wen stellen diese Figuren dar? Wie lange haben die Arbeiten daran gedauert? Und wieso schließlich wird in neueren Veröffentlichungen behauptet, ein »Rätsel der Osterinsel« habe es nie gegeben?
Rudolf Kutzer, geb. 1924, ist Dipl.-Ingenieur und als Baustatiker und Architekt tätig. Er besuchte die Osterinsel im Jahr 1980 im Rahmen einer Weltreise und hat sich seither gründlich mit der Problematik dieses »einsamsten Ortes der Welt« auseinandergesetzt.

221

Es obliegt mir hier nicht, eine lückenlose Entdeckungsgeschichte mit Darstellung auch nur der wichtigsten wissenschaftlichen Deutungen zu schreiben. Vielmehr ist es mein Anliegen, besondere Gesichtspunkte aufzuzeigen, die bislang vernachlässigt wurden. Ich kann jedoch nicht umhin, einige wichtige Stationen der Entdeckung zu erwähnen. Bei einem Schrifttum von mehr als 2000 Büchern und Artikeln ist es mir jedoch unmöglich, ausreichend auf verschiedene Deutungen Bezug zu nehmen, und ich muß mich in dieser Kurz-Betrachtung darauf beschränken, nur die wichtigsten Quellen zu benennen.

In diesem Sinne möge das Folgende verstanden sein, herrührend von einem Besuch der Insel im Zuge einer »Reise um die Welt« im Jahre 1980.

1. Die archäologische Forschung heute

Jeder, der von der Existenz jenes mitten im Südpazifik auf halbem Wege zwischen Tahiti und Südamerika verlorenen ›Eilandes‹ weiß, denkt zunächst bestimmt an Thor Heyerdahl, der die Insel 1955–57 in das Bewußtsein nicht nur der wissenschaftlichen Welt und öffentlich ins Gespräch gebracht hat.

Es war der Erfolg seines Buches ›Aku-Aku‹ (norwegischer Originaltitel: ›Geheimnisvolle Osterinsel – Paskeøyas hemmelighet‹, Oslo 1957), durch den seine Expedition, ein an sich wenig aufsehenerregendes Unternehmen, mehr Beachtung gefunden hat als andere, gleichermaßen ernsthafte Forschungs-Unternehmungen, die nur in Fachkreisen bekannt wurden und erst im Zusammenhang mit Heyerdahls Veröffentlichungen verhältnismäßig bescheidene Erwähnung fanden. Bezeichnend ist, daß bereits 1934/35, also 20 bis 21 Jahre vor Thor Heyerdahl, Alfred Metraux als linguistischer und ethnologischer Fachmann einer belgisch-französischen Expedition die Insel eingehend erforscht hat. Aber erst im Jahre 1957, also im gleichen Jahr, als Heyerdahls ›Aku-Aku‹ erschien, konnte er seinen Expeditionsbericht veröffentlichen, der sich schlicht »Die Osterinsel« nennt und sachlich-nüchtern das Vorgefundene beschreibt. Dennoch scheut sich Metraux nicht, »psychologische Kräfte« zu erwähnen, und bezieht dies auf die »ungeheure Energie-Entfaltung der Osterinsulaner«, als sie ihre rund 1000 Steinfiguren schufen und auf riesige gemauerte Plattformen stellten. Dieser Gesichtspunkt »geistiger Kraftentfaltung« wurde jedoch von Nachfolgern leider nicht weiter beachtet.

Nicht unerwähnt bleiben darf Catherine Routledge mit ihrer Privat-Expedition 1914. In »The Mystery of the Easter Island« (1919) spricht sie – bereits 40 Jahre vor Heyderdahl und meines Wissens als erste – von einem »Mysterium«, von einem »Geheimnis«!

Später schrieb Francis Mazière über die »Insel des Schweigens«, dann Robert Charroux, der Mazière nahe steht. Sein Buch »Vergessene Welten« nennt wohl erstmals ›Außerirdische‹ als Urheber, und schließlich hat Erich von Däniken die Osterinselfrage aufgegriffen.

Diese Hinweise mögen eine gewisse fortlaufende Linie aufzeigen, die das Geheimnis der Insel noch bewahrt, das Unbekannte achtet, wogegen jüngere Veröffentlichungen dieses Rätsel als gelöst betrachten. Einer solchen Ansicht muß ich – aus eigener Anschauung vor Ort und aufgrund verschiedener Überlegungen – allerdings entschieden widersprechen.

Den Vogel schießt der bekannte Reiseschriftsteller H. O. Meißner ab, der (»mit Bedauern«) dem Leser gewissermaßen zuruft, er möge *nicht* glauben, daß es ein Geheimnis gebe – ja, es habe nie eines gegeben! Er beruft sich dabei auf Bengt Danielsson, einen früheren Mitarbeiter Thor Heyerdahls.

Es ist sehr schwierig geworden, sich anhand vorliegender Veröffentlichungen oder auch der Erklärung touristisch tätiger Führer ein Urteil über die Insel zu bilden. Ich muß mich hier eines Zitates aus einem der jüngsten Bücher bedienen, aus Jean Prachans »Das Geheimnis der Osterinsel« (Belfond/Molden 1982): »Nur umfangreiche *Ausgrabungen* könnten ein Urteil möglich machen. Diese Ausgrabungen werden von *zahlreichen Wissenschaftlern verlangt,* sei dies auch nur, um das von Frau Routledge begonnene und später von Francis Mazière fortgesetzte Werk weiterzuführen, bei dem es oft mit lächerlichen Mitteln gelungen ist, einige der verblüffendsten Stücke der alten Osterinsel-Kultur zutage zu fördern. Wir wissen, daß unter den Sedimenten in nur wenigen Metern Tiefe Schätze von unermeßlichem Wert ruhen. Wir ahnen, daß dort, *greifbar* für den Archäologen, wahrlich erschütternde Dokumente existieren. Aber im Augenblick scheint keine Regierung der Welt die nötigen Anstrengungen machen zu wollen, um solche Ausgrabungen zu ermöglichen. Die Osterinsel wird also die *Geheimnisse* ihres Innenlebens sicherlich nicht so bald preisgeben...« (Heraushebungen von mir.)

Wie denn, ist man zu fragen versucht, auf der Osterinsel gibt es keine archäologische Tätigkeit? Doch, es wird sogar intensiv gearbeitet, auch offiziell seitens der Regierung von Chile, die sich mit großem Aufwand um »ihre Insel« bemüht. Die Archäologen restaurieren mit viel Geschick Ahu um Ahu (das sind die gemauerten und gepflasterten Plattformen, auf denen die Statuen, die ›Moais‹, standen) und Moai um Moai. Sie fügen die zerbrochenen Statuen wieder zusammen und stellen sie mit Hilfe von Autokränen, die immerhin bisher Lasten von bis zu 80 Tonnen zu bewältigen hatten (solche bis zu 300 Tonnen liegen noch am Boden), wieder auf die erhöhten Sockel der Ahu-Plattformen. Abbildung 60 zeigt eine solche fertig restaurierte Anlage, genannt Ahu

Abb. 53: »Kote Riku« (»der Größte«) mit Hut.

Tahai, in unmittelbarer Nähe des einzigen Dorfes der Insel. Man sieht
fünf restaurierte Moais, wobei man vernünftigerweise darauf verzichtet
hat, fehlende Teile zu ergänzen, daneben einen einzelnen (normalerweise stehen aber sieben auf *einem* Sockel). Weiter abseits auf eigenem

Ahu steht »der Größte« der Moai, der bisher wieder aufgestellt wurde, genannt Kote Riku. Er allein trägt einen 10-Tonnen-›Pukao‹-Hut, der im Gegensatz zu den graugelben Lava-Moais aus anderem Material (rotem Tuff) besteht.

Die Anordnung entspricht einer Überlieferung, nach der sieben Fremde, auch als »Götter« bezeichnet, auf die Insel gekommen seien, angeführt von einem achten. Einer von den sieben sei dann als für die Insel zuständig auf ihr geblieben. Einer anderen Fassung zufolge hätten die Sieben die ganze Welt regiert, von hier aus, vom »Nabel der Welt« – der Osterinsel eben, die auch »Te pito o te Henua«, Nabel der Welt, heißt.

Technisch sei noch bemerkt, daß der Hut des Kote Riku eine Aushöhlung aufweist, deren Sinn nicht erklärt werden kann. Aus Gewichtsersparnis-Gründen ist sie wohl kaum eingemeißelt worden, dafür ist sie zu klein. Zwischen dem eigentlichen Ahu und dem Einzelnen sieht man ein rechtwinkelig eingebautes Wasserbecken, mit großen Blöcken ummauert. Nach seiner Bedeutung wurde bislang nicht einmal gefragt.

Es bleibt zu ›Tahai‹ anzumerken, daß weder Thor Heyerdahl noch seine Vorläufer diesen wichtigen Ahu Tahai so gesehen haben. Fast alle Moais waren nach einem vermutlich vor 300 Jahren stattgefundenen Inselkrieg von ihren Postamenten gestürzt worden. Nur einige wenige hat man in der letzten Zeit wieder aufgerichtet. Zusätzlich dazu wurden einzelne Figuren willkürlich im Bereich des Gouverneur-Anwesens, im Garten des Bürgermeisters und – ein besonders beeindruckender – am Flugplatz aufgestellt.

Im Dorfhafen hat man auch ein Denkmal für Hotu matua errichtet, den legendären König, den Thor Heyerdahl als Langohren-Oberhaupt des Volkes aus dem Osten für seine These der Urheber aus Südamerika beanspruchte, den man aber inzwischen zum Häuptling der Kurzohr-Polynesier aus dem Westen erklärt hat. Er steht auf nicht ursprünglichem Sockel und blickt fälschlicherweise meerwärts, während alle echten Küsten-Moais landeinwärts schauten.

So wird fleißig an den alten Denkmälern gearbeitet, aber die Archäologen betätigen sich eben ausschließlich restaurierend. Gegraben wird nicht – und somit auch nicht geforscht!

2. Geographie und Geschichte der Osterinsel

Man ist auf das angewiesen, was oberirdisch zu sehen ist, obwohl Thor Heyerdahl 1956, vor fast 30 Jahren, mit der Ausgrabung einer völlig fremdartigen Figur, des »Tukuturri« (von den Insulanern so benannt und damit als Typ durchaus bekannt), einen deutlichen Hinweis gegeben hat, daß im Erdreich mehr und anderes zu finden wäre. Außerdem

Abb. 54: Die »Sieben von Akivi« vom sogenannten »klassischen Typ« mit jetzt leeren Augenhöhlen.

Abb. 55: Moais vom »Ariki«-Typ am Hang des Kraters Rano Raraku.

hat Heyerdahl von drei riesigen Statuen, von denen wie bei den anderen am Krater Rano Raraku nur die Köpfe zu sehen waren, die Körper freigelegt. Man sieht diese Grabungsspuren noch heute, erkennt das Dreimastschiff auf dem Bauch des einen Moai (ein Schiff, wie es die Polynesier nie gekannt haben), das Gürtelornament des zweiten, der sehr langfingrige, daumenlose Hände besitzt, und sieht die wieder ›zuwachsende‹ Grube des dritten, der, freigeschaufelt, eine Länge (Höhe) von rund zwanzig Metern erkennen ließ, zweieinhalb mal so groß wie Kote Riku bei Tahai! Zehn bis zwölf Meter dieser Länge vom Scheitel bis zur Sohle befanden sich seinerzeit *im* Erdreich! Es ist nicht einmal geklärt, ob die unter dem Rano Raraku steckenden Moais auch platte, beinlose Füße haben wie die Ahu-Moais. Oder besitzen sie »angespitzte« Fußteile wie Pfähle, wie verschiedentlich behauptet wird? Diese Raraku-Moais vom sogenannten archaischen ›Ariki‹-Typ wären dann anderen Großsteinen, den Menhiren, ähnlich, und man müßte ihnen eine andere Funktion als den Ahu-Moais vom sogenannten klassischen Typ zuerkennen (technisch).

Niemand weiß, was in den großen vulkanischen Schuttkegeln am Kraterfuß noch verborgen ist. Es wurde nicht einmal ein Suchschnitt durchgeführt, von eigentlicher grabender archäologischer Forschung ist keine Rede!

Gehen wir also von den sichtbaren, feststehenden Tatsachen aus (wobei die Riesen am Fuß des Rano Raraku wörtlich so fest stehen, daß sie bei der Umsturzaktion der Kurzohren – deren Abbilder sie nun einmal *nicht* sind – gar nicht umgerissen werden konnten!).

Zunächst zur Insel selbst, ihrer Lage, Größe, Beschaffenheit und ihrer (belegten) Geschichte: Die Insel Rapa-nui (Groß-Rapa im Unterschied zum 3500 km entfernten Rapa-iti, Klein-Rapa, im Westen), Isla de Pascua, Ile de Paques, Easter Island, Oster-Insel, liegt auf 109 ½ Grad West und 27 Grad Süd (rund 4 Grad südlich des südlichen Wendekreises und damit nicht mehr in den Tropen).

Als Entdecker von 1722 gilt unangefochten der Holländer Roggeveen, 1770 erst erreichte der Spanier Don Felipe Gonzales y Haedo die Insel, nachdem der große Bougainville sie 1768 aufgrund der Angaben Roggeveens nicht finden konnte. Erst 1774 landete der berühmte James Cook, der die Insel bedeutend nüchterner, weniger ›paradiesisch‹ beschrieb als Roggeveen. Wichtig ist, daß *er* die Statuen rings an der Küste noch aufrecht stehend gesehen hat, genauso wie der Spanier vier Jahre vor ihm, womit zwei unabhängige Zeugen dafür vorhanden sind. Wichtig ist aber auch die Bemerkung Cooks, daß sich die Einwohner nicht die Mühe gäben, schadhafte Monumente auszubessern.

Als letzten der Entdecker muß man den Franzosen La Perousse nennen. Er landete 1785 und überlieferte wohl die genauesten Beschreibungen von Land und Leuten, deren Zahl mit 2000 (wie heute) geschätzt wurde. Ihre Behausungen beschrieb er als eine Art umgedrehte Boote, die 200 Personen aufnehmen konnten. Fundamente davon sind an verschiedenen Stellen der Osterinsel noch zu finden, einzeln und verstreut.

La Perousse und sein Offizier De Langle sind die ersten, die feststellten, daß es kein fließendes Gewässer auf der Osterinsel gab, daß aber einige ›Bodenlöcher‹ Süßwasser enthielten. Erst in neuerer Zeit hat man den Krater Rano Aroi im Terevaka-Hauptmassiv und den großen Krater Rano Kao mit Wasserleitungen angezapft.

Es gilt hier festzuhalten, daß allen zeitgenössischen Beschreibungen nach die Insulaner über die Insel verstreut gelebt haben, wobei die Boots-Häuser auf Steinfundamenten den ›Langohren‹ als Wohnung gedient, wohingegen die ›Kurzohren‹ in primitiveren Hütten gehaust haben sollen. Von zahlreichen Dörfern, wie ohne jeden Nachweis behauptet, kann nicht die Rede sein. Der vulkanische Inselboden liegt größtenteils nur spärlich begrünt zutage, die erwähnten Sedimentanhäufungen befinden sich nur unter Kraterwänden. Reste von Dörfern zu Füßen der Ahus gibt es nicht.

Die Osterinsel wird häufig als kleines Inselchen bezeichnet, doch so klein ist sie gar nicht: Sie mißt 22 Kilometer in der Länge, gemessen als Grundlinie des annähernd rechtwinkeligen Dreiecks, dessen Grundform sie hat. Diese Grundlinie steigt von Westsüdwest gegen Ostnordost um einen Winkel an, der annähernd dem Winkel zur Ekliptik (Unterschied zwischen Erd-Äquator und Ebene des Sonnenlaufes) entspricht, doch soll uns dies hier nicht weiter berühren. Die größte Breite der Insel, die ›Dreieckshöhe‹, beträgt rund 11 km. An beiden Enden der Grundlinie befinden sich schwach abgesetzte, abgerundete Halbinseln: im Südwesten das Massiv des großen Kraters Rano Kao, im Nordosten Poike. Das Hauptmassiv der Insel steigt im Norden mit dem Terevaka nach einer verläßlichen Höhenkarte auf 507,64 m an. Es trifft nicht zu, wie Prachan sagt, die Insel sei ein Dreieck mit je einem großen Vulkan an jeder der drei Ecken. Die Fläche der Insel, im Umriß gemessen, beträgt etwa 160 km^2.

Durch und durch vulkanisch, entspricht sie dem Typus der »hohen Südsee-Insel«, doch hat sie, anders als etwa das in der Fläche 65 mal größere Viti Levu, die Hauptinsel von Fidschi, oder als Upolu/Samoa oder Tahiti-nui keinerlei Lagune mit Ring- oder Barriere-Riff. Schon daraus ergibt sich eine Feststellung, die von Geologen und Ozeanographen bisher nicht gebührend beachtet wurde:

Vor den neuen Anpflanzungen von Kokospalmen und Eukalyptus nur mit Steppengras und spärlich mit dem strauchartigen Toromiro-Baum bewachsen, muß die Insel nicht immer so ausgesehen haben wie sie von den Entdeckern vorgefunden wurde. Es ist unverständlich, wenn allen Ernstes behauptet wird, daß sich seit Urzeiten nichts an der Erscheinungsform der Insel geändert habe. Denn es ist bekannt, daß sich *alle* vulkanischen Landbildungen der Südsee verändert haben, manche so sehr, daß der vulkanische Kern überhaupt nicht mehr über der Wasseroberfläche zu sehen ist. Es ist weiter bekannt, daß Korallenbesatz am Inselrand in durchlichteten Wassertiefen nachwächst, während der Kern absinkt. Daraus entstehen die bekannten Atoll-Ringe als weitergewachsene Ringriffe oder – zusammenwachsend – flache Korallenkalkplatten wie etwa die Insel Tongatapu (27 × 14 km), die Hauptinsel von Tonga.

Wenn aber ein Kern zu schnell versinkt, so daß der Korallenbewuchs nicht »nachkommt«, verschwindet die Landbildung entweder »spurlos« – oder sie wird zu einem kahlen, fast nackten Lavagesteinsbrocken, an dessen Flanken sich ungehemmt die Pazifikbrandung bricht – wie hier! Nur an einer einzigen Stelle der Insel, im Norden bei Anakena, gibt es eine flache Bucht mit spärlichem Korallenansatz, an keiner Stelle aber eine Lagune!

Es war unbedingt nötig, dies so ausführlich darzulegen, denn die Osterinsel macht aus der Luft betrachtet sehr wohl den Eindruck, »abgesunken« zu sein.

Ihre heutige Oberfläche, eine Art hügeliges Plateau mit einem großen, einigen mittleren und vielen kleinen, oft doppelgipfeligen Vulkanen, *könnte* der Rest eines einstigen höheren Gebirges sein. Diese *Annahme* würde manches an osterinsularischen Seltsamkeiten erklären, etwa das (von Thor Heyerdahl behauptete) Vorfinden von Palmen-Pollen (Blütenstaub) im Kratersee-Rand des Raraku, wie sie auch durch jüngste Untersuchungen der Universität Hull bestätigt wurden. Aber es gibt keine eigentlichen Palmen-Reste, da diese eben auf früheren Höhen nicht gedeihen konnten. Interessant ist auch das Vorfinden von Holzresten kiefernähnlicher Gehölze, die wiederum in den heutigen tieferen Lagen nicht gedeihen können.

Kokospalmen, vor 10 Jahren neu gepflanzt, wachsen heute in der Küstenzone – ein ganzer Hain bei Anakena – ebensogut wie in entsprechenden Bereichen von Neuseeland und Hawaii.

Die Annahme, die Insel sei früher größer und höher gewesen, würde auch erklären, daß es auf der Insel keine Bäche gibt, da deren Quellen ja oft weit unterhalb der Bergkuppen liegen.

Eine Erklärung auch dafür, daß die Moai-Gruppen rings um das Zentral-Plateau nicht über das Meer »blicken« (wie man es von Monumenten am Strand eigentlich erwarten würde), weil der Meeresstrand vor unbekannten Zeiten eben nicht zu ihren Füßen lag. Auf die Blickrichtung dieser Moais komme ich noch zurück.

3. Die Bevölkerung der Insel

Es stellt sich uns nun die Frage nach der Bevölkerung der Osterinsel: Es ist offenkundig, daß die Ethnologie zunehmend bemüht ist, jeden Verdacht zu entkräften, es könnten auf der Insel einmal Menschen einer anderen Rasse als der unklar bestimmten polynesischen Gruppe gelebt haben.

Man hat Thor Heyerdahl dabei unterstellt, er habe die Besiedlung ganz Polynesiens von Osten her, von Südamerika, behauptet. Dies aber ist unzutreffend. Wer Aku-Aku aufmerksam liest, erkennt, daß er insbesondere nur einer Gruppe von Menschen eine Herkunft von Osten zugesprochen hat, den sogenannten »Langohren«. Die Herkunft der zweifellos polynesischen »Kurzohren« aus dem Westen wurde nicht in Abrede gestellt.

Ob durch fahrlässige Falschdeutung Heyerdahlscher Aussagen oder durch bewußtes Verdrehen – inzwischen ist ein heilloses ethnologisches Wirrwarr entstanden!

Die von Thor Heyerdahl ganz klar nachgewiesenen nicht-polynesischen »Langohren«, noch 1956 auf der Insel in persona des Bürgermeisters Pedro Atan und seiner Söhne (hellhäutig, teils rothaarig), werden nur noch als besondere »soziale Gruppe« angesehen. Neuere Autoren wie Jean Prachan erwähnen überhaupt nichts von der doch bemerkenswerten Atan-Familie! Das kann aber auch daran liegen, daß neuere oder neuaufbereitete Quellen, selbst Heyerdahls unverzichtbares ›Aku-Aku‹ in Neuauflagen die unbestreitbare Tatsache der Existenz hellhäutig-europider Langohrfamilien nicht mehr erwähnen! Man hat sogar das sehr deutliche Dokumentarfoto der Atan-Familie (der Ausgabe von 1957) aus dem neueren ›Aku-Aku‹ verbannt.

So ist es durchaus verständlich, daß Prachan sagt, er könne sich nicht dazu durchringen, den unzweifelhaft vorhandenen anderen Menschentyp der Osterinsel, die »Langohren« (wobei ich die Mode der langgestreckten Ohrläppchen für nachrangig halte), als nicht-polynesisch anzunehmen. Es seien wohl beide Typen »Polynesier«.

Diese Aussage in einem Buch, das hohe Ansprüche stellt, ist sehr bedauerlich, denn sie wird dazu beitragen, die Osterinsel-Geschichte weiter zu verfälschen. Dem aufmerksamen Beobachter und Besucher fallen auch heute noch echte Langohrabkömmlinge auf, die durchaus nicht auf die mittlerweile zahlreichen Mischungen zwischen Euro-Amerikanern und Eurasiern zurückgehen.

4. »Langohren« und »Kurzohren«

Die Langohrgruppe der Atans leitet ihre Abkunft in nunmehr der zwölften Generation von einem Vorfahren namens Ororoina ab, einem von nur zwei »Langohren«, die dem Vernichtungskrieg durch die »Kurzohren« entronnen waren und verschont wurden. 12 mal 25 Jahre (übliche Generationenspanne in Südsee-Genealogien) wären 300 Jahre. Dies würde bedeuten, daß die übereinstimmend überlieferte Vormachtstellung der Langohrgruppe schon *vor* dem Jahre 1700, also vor der Erst-Entdeckung, verlorengegangen wäre, was aus einschlägigen Veröffentlichungen zum Thema überhaupt nicht hervorgeht. Es ist aber überliefert, daß die Entdecker im 18. Jahrhundert Langohrleute, also Nachkommen von Ororoina und dem anderen Langohrmann, gesehen und sogar vermessen haben (abgebildet bei La Perousse). Keiner der Entdecker hat aber jemals Osterinsulaner, gleich welcher Gruppe, an den Statuen arbeiten gesehen, ein Doppelbeweis dahingehend, daß
a) die Moai-Kultur beendet war, andererseits aber
b) ihre mutmaßlichen Urheber trotz Vernichtungskrieg überlebt hatten.
Verschiedene Ethnologen aber behaupten, daß man *heute* von echten Osterinsulanern überhaupt nicht mehr sprechen könne, diese seien gegen Ende des 19. Jahrhunderts praktisch ausgerottet gewesen. Das trifft nicht zu, auch wenn die Insel ihre schwerste Zeit damals erlebt hat, schlimmer als die Langohren-Beinahe-Vernichtung und schlimmer als die nachfolgenden »Menschenfresser-Fehden« unter den siegreichen Kurzohren mit dem Sturz der Statuen, zeitlich gesehen »zwischen den Entdeckungen«.
Im Jahre 1862, also 140 Jahre nach der Erstentdeckung, als es auf der Insel längst wieder ruhig war, wurden tausend Insulaner nach Peru als Sklaven verschleppt, zu ungewohnter Guano-Arbeit, der sie nicht gewachsen waren. Auf Einspruch des Bischofs von Tahiti sollten sie zurücktransportiert werden. Es waren aber nur noch einhundert, die etwa ein Jahr später heimgebracht wurden. Von ihnen starben 85 auf dem Transport, so daß nur 15 (von ursprünglich eintausend) ihre einsame Heimat erreichten. Und sie brachten die Pocken mit! Bis 1887 sank die Bevölkerungszahl auf 111. Dies war der absolute Tiefpunkt der Inselgeschichte, aber ausgestorben sind die Osterinsulaner nicht.

5. Die Figuren

Später kam noch Lepra hinzu! Die Insel hatte, als die Bevölkerung trotz allem wieder angestiegen war, den höchsten Prozentsatz der Welt an

Lepra-Kranken: 10 Prozent! Sie wurden in einem Hospital am Hang des Terevaka isoliert. Heute nimmt das kleine Museum seine Stelle ein, nahe dem Ahu Akivi, wo sieben große Moais etwa hundert Meter hoch vom Berghang, auf einem mächtigen Ahu stehend, westwärts blicken – als einzige zum Meer hin!

Erinnern wir uns, daß 1888, also ein Jahr nach der Rückkehr der verschleppten Insulaner aus Peru, Chile die Osterinsel übernahm, wie es heißt, tahitianischen Missionaren abgekauft. Die Missionierung stieß auf einige Schwierigkeiten. Mehrmals wurden die Missionare vertrieben, bis es 1934 dem deutschen Jesuitenpater Sebastian Englert als Zeitgenosse des Bürgermeisters Pedro Atan und des verständigen Gobernador Capitan Curti gelang, eine dauerhafte Mission einzurichten; ein aufrechter Gottesmann mit gutem Ruf. Ihm gelang es, mit den Insulanern zurechtzukommen. Er beklagte sich nur über ihren »Aberglauben«, gipfelnd in der Vorstellung von einem kleinen, unsichtbaren Geist, Aku-Aku, den jeder, der ihn hatte, gedankenschnell überall hin auf Reisen schicken konnte. Sie glaubten an Make-make, den »Obersten«, an seltsame »Tabus«, an »Mana« und anderes. Pater Sebastian hat die Moais gezählt und mit dauerhafter weißer Farbe unübersehbar numeriert. Er kam auf die unglaubliche Zahl von fast 600 Figuren, die einst auf ihren Ahus gestanden hatten oder »auf dem Wege« dorthin waren. Dazu kommen noch 300 unfertige in den Außen- und Innenwänden des Kraters Rano Raraku, fast 20 Kilometer vom vorerwähnten Ahu Tahai entfernt.

Nun wollen wir eine einfache Überlegung anstellen: Um die rundum an der Küste verteilten, bis heute festgestellten rund zweihundert Ahu-Plattformen mit jeweils sieben, manchmal auch acht Moais zu »bestükken«, wären 1400 bis 1500 Moais nötig gewesen. Besetzt waren aber nur etwa 80 Ahus, anscheinend von der Südostküste her, vom Steinbruchkrater ausgehend, systematisch »aufgefüllt«. Man war mitten in der Arbeit des Herstellens, Transportes und Aufstellens, als der abrupte Abbruch erfolgte, anmutend nicht wie ein einfaches Arbeit-Einstellen, sondern wie ein »Hals-über-Kopf-Verlassen« der Arbeitsstätten – oder gar der Insel.

Wann der Abbruch geschah, ist vollkommen unbekannt. Es ist völlig sinnlos, hier mit Zahlen zu operieren. Trotzdem scheuen sich manche Fachleute nicht, das zu tun. So gibt es die Angabe, man habe höchstens 300 Jahre lang an den Statuen gearbeitet. Im Gegensatz zu anderen, denen die Spanne, gemessen am Umfang der Arbeit, als zu kurz erscheint, ist sie mir zu hoch (ohne auf die Meißeltechnik Bezug zu nehmen), denn man stelle sich vor: drei Jahrhunderte lang, mehr als 100000 Tage, in 12 Generationen zu je 25 Jahren, habe man tagein tagaus 1000 Steinfiguren eines nahezu einheitlichen Typs gemeißelt. Auf uns übertragen käme das der unvorstellbaren Parallele gleich, man habe von 1650 bis 1950, also vom Ende des Dreißigjährigen Krieges bis nach dem Zweiten Weltkrieg künstlerisch nichts anderes getan, als nach einem Muster 1000 Utas von Naumburg zu meißeln oder 1000 Bamberger Reiter (nur 10- bis 20fach größer) oder 1000 Rolands von Bremen – und das in einer ländlichen verlassenen Gegend, 22 mal 11 Kilometer groß, mit 2000 armseligen Landleuten als Bewohner! Natürlich ist eine solche Parallele nur bedingt zulässig. Man wird sagen, daß es Unterschiede bei den Moais gibt. Doch handelt es sich im wesentlichen nur um zwei, in erster Linie bedingt durch die in der Größe unterschiedlichen Typen; die einzelnen Figuren eines Typs aber sind gleich. Wie schon angedeutet, kann man nur zwischen den Moais auf den Ahus oder auf dem Wege dorthin (dem sogenannten »klassischen Typ«) und den spitznasigen Moais im Erdhügel unter dem Raraku-Hang (dem sogenannten »archaischen Typ« Ariki) unterscheiden. Die Gelehrten streiten sich, ob die »archaischen« die älteren seien oder nicht. Man hat allen Ernstes behauptet, die großen »Ariki-Männer« seien am Kraterfuß vor dem Weitertransport nur zwecks Rückenbearbeitung aufgerichtet worden. Aber damit wären die jüngsten, noch in Bearbeitung befindlichen Statuen am tiefsten von Erdreich zugeschüttet – ein unlösbarer Widerspruch, der hoffentlich zur Aufgabe dieser These führt.

Halten wir das besonders fest: Alle Steinfiguren des einen oder anderen Typs gleichen einander. Sie gleichen aber *nichts anderem* in der ganzen Welt!

Zwar gibt es Steinfiguren sowohl im Westen, auf den Marquesas zum Beispiel, wie im Osten, in Süd- und Mittelamerika, aber sie sind *anders*. Gemeinsam haben die Osterinselstatuen die hoch über normalen Ohren ansetzenden »Langohren«, und das ist schon ein auffallendes Merkmal. Auch die von Ing. G. Levet, Mexiko, besonders untersuchten Statuen von Tula, die sehr feindetailliert gemeißelt sind, haben unterhalb ihrer den Pukao-Hüten ähnelnden Helme »kopfhörerähnliche« Gebilde, die schon nicht mehr an Ohren denken lassen. Dies sei hier nur erwähnt, ohne daß weiter darauf eingegangen werden könnte. Doch muß ich eine Besonderheit der steinernen »Langohren« erwähnen, weil gesagt wird, die Steinbildhauer hätten sich selbst oder lebende Vorbilder abgebildet, die ihre Ohrläppchen bis unter Kinnhöhe langgezerrt hätten. Die steinernen Abbilder haben aber den Ohrenansatz über Stirnhöhe, unmittelbar unter dem Hutrand, soweit sie einen trugen (man fand nur 56 Hüte, bei rund 600 Ahu-Moais). Die Unterkante der »Ohren« reichte nicht unter die normalen Ohrläppchen. Deshalb sei die Vermutung erlaubt, daß die steinernen »Langohren« die Vorbilder für die auf den Marquesas und auf der Osterinsel nachgewiesenen langgezerrten Ohren gewesen sein müßten, wobei sich eben menschliche Ohren nur nach unten, nicht nach oben verlängern lassen.

Für die steinernen Figuren der Osterinsel scheint es, als habe ein begabter »Designer« gesondert für die Insel oder einen begrenzten Aktionsbereich ausschließlich *diesen* Typ in zwei Varianten entworfen, nach dem alle herzustellen waren, zu welchem Zweck auch immer. Es muß hier auch auf die 22-Meter-Figur hingewiesen werden, deren Vorderfront aus der Berghang-Oberfläche so herausgearbeitet wurde, daß sie schräg »im Hang« liegt und noch mit dem Berg verwachsen ist, ohne daß Ansatzspuren für ein weiteres Herausmeißeln zu erkennen wären. Die Oberfläche befindet sich in einem erstaunlichen Zustand, ohne große Verwitterungsspuren, wie fertig poliert! Der Dargestellte entspricht dem großen schlanken »Ariki«-Typ. Zu seinen Füßen (besser gesagt, da er wie die anderen keine Füße hat: an seinem unteren Ende) liegen zwei andere, ebenfalls sehr große, waagrechte und halb eingewachsene Figuren im Gras.

Man ist heute bereit anzunehmen, daß die »Langohr-Leute« die Urheber der Moai-Herstellung waren und daß sie die »Kurzohrleute« als Fronarbeiter befehligten. Es kann aber nicht behauptet werde, daß eine Art Sklavenaufstand zum plötzlichen Ende der Arbeiten geführt hat. Zur Frage: »Wer waren die Langohren?« ist auch eine Überlieferung erwähnenswert, die besagt, Kurzohrleute hätten zwei Langohren bei irgend etwas nicht näher Beschriebenem »ertappt«, das den Verdacht auf eine technische Manipulation aufkommen läßt, das sie nicht wissen sollten. Sie seien daraufhin verwarnt worden, nichts von ihrer Beobachtung zu erzählen. Hierher würde auch die Feststellung gehören (mitgeteilt von Harro Zimmer in einem Vortrag bei RIAS Berlin), man habe auf der Osterinsel besondere Skelette gefunden, deren Schädel eine zusätzliche Knochennaht aufwiesen. Leider wurden solche Überlieferungen, Beobachtungen und Feststellungen weder journalistisch noch wissenschaftlich weiter verfolgt.

6. Die Technik der Herstellung

Es war notwendig, vorstehend all diese Gesichtspunkte und Tatsachen zu behandeln, um aus dem Wirrwarr zwischen den Gegensätzen »Unlösbares Geheimnis« und »Nie vorhandenes Geheimnis« eine Grundlage für das Folgende und für die – von mir nur anzuregende – Weiterbehandlung zu gewinnen.

Zu bislang behaupteten »Lösungen« auf technischer Grundlage darf ich hier einflechten, daß ich – als Techniker – *keinen* der sogenannten »Beweise« anerkennen kann, sei es für
  a) das Herausmeißeln von Statuen mittels Steinkeilen,
  b) den Statuentransport auf Süßkartoffelbrei (!) oder
  c) das Aufstellen mittels »Seilzug« und anderes mehr.

Zu a): Thor Heyerdahls Vorhaben, mit Bürgermeister Atans bevorrechtigter Langohrenmannschaft mittels Faustkeilen *eine* kleine Statue aus dem Felsen herausmeißeln zu lassen, ist ganz einfach *gescheitert,* daran ist nicht zu rütteln. Dieser Punkt wird häufig vollkommen verfälscht dargestellt*.

Zu b): Die »Kartoffelpüree«-These ist schlicht lächerlich. Hierzu die sachlich-nüchterne Angabe, daß es wohl möglich ist, einen Gegenstand im Mannschaftszug über eine Gras-Ebene zu ziehen, daß aber schon die kleinste Steigung den Zug etwa eines 50-Tonners stoppt (rechnerisch einwandfrei belegbar).

Zu c): Aufrichten durch Seilzug allein (Drehung über den Fußpunkt) ist bei diesen Gewichten nicht möglich, dazu bedarf es anderer zusätzlicher Maßnahmen. Ich komme darauf zurück.

Dies sind nur einige Beispiele für widerlegbare sogenannte »Beweise«. Auf Weiteres muß ich aus Platzgründen verzichten. Es genügt indessen nicht, allein die Bautechnik heranzuziehen, etwa zur Bauweise bestimmter Ahus (Doppel-Ahu Vinapu), die bis in Einzelheiten jenen von Peru, zum Beispiel in Machu Picchu und Ollantaytambo, entsprechen; oder zu dem oben unter c) erwähnten technischen Vorgang des Aufstellens einer Statue, die erst in eine etwa der halben Höhe entsprechende erhöhte Ausgangslage gebracht werden muß, um dann um die Querachse, um den Schwerpunkt, gekippt zu werden. So ausgeführt zu Thor Heyerdahls Verblüffung von der Atan-Mannschaft, allerdings mit so wenig Sorgfalt, daß der erste überhaupt wiederaufgestellte Moai stark beschädigt wurde.

An sich ist die Technik des Hoch-Hebelns und Abkippens jedem Bauhandwerker bestens bekannt. Daß sie auch Pedro Atan, nicht aber Thor Heyerdahl kannte, ist zwar erstaunlich, aber nicht *die* Sensation, als die der Norweger (auf der Insel als »Senhor Kontiki« und »norwegisches Langohr« osterinsel-humorig bekannt) diesen seinen »Beweis« hinstellte, der für schwerere Statuen so nicht gelten kann!** Wichtiger sind *andere* technische Gesichtspunkte. Dazu eine kurze Vorbemerkung:

Technik ist »angewandte Wissenschaft«. Der Spielraum, Fehler zu machen oder sie zu dulden, ist in der Praxis äußerst gering. Weder darf sich der Statiker als Bautechniker erlauben, etwa eine Hochhaus-Fundamentierung falsch zu berechnen, noch der Raumfahrt-Techniker, ein Raketentriebwerk falsch auszulegen oder die Flugbahn eines Satelliten falsch zu programmieren. Im Gegensatz zur *rechnenden* Wissenschaft, die dem Techniker die Grundlagen zur Anwendung

---

* Vergleiche hierzu auch den Beitrag von G. Phillips.
** Mir ist z. B. baufachlich der sogar bildlich nachgewiesene, ungeheure technische Aufwand bei der Aufstellung des 300-t-Obelisken in Paris bekannt!

liefert, ist die *deutende* Wissenschaft, die Forschungsergebnisse »auslegt«, sozusagen »frei« in ihren Irrtumsmöglichkeiten. Und nur allzu häufig wird leider folgendermaßen verfahren:
1. »Wahrscheinlich« ist das *so* anzunehmen,
2. infolgedessen *kann es so* gewesen sein (zutreffend),
3. *also war es so* (hier beginnt der Trugschluß),
4. somit wird festgestellt, daß... usw.

Dies ist der möglicherweise falsche Ausgangspunkt für ganze Ketten falscher Beweisführungen als Deutungen, die dann kaum mehr berichtigt werden können.

Ich halte diese Methode für wissenschaftlich unüberlegt und für einen Techniker, der Wissenschaft anzuwenden hat, überhaupt nicht diskutabel und annehmbar. Lieber mögen Fragen im Raum stehen bleiben, um neu, immer wieder neu *überdacht* werden zu können!

Ein Zitat aus dem Buch »Easter Island, Home of the Scornful Gods« des Amerikaners R. J. Casey führt uns zum Thema zurück. Er stellt fest, daß »... die Schlußfolgerungen der Wissenschaftler zu einem Satzzeichen neigen, das ihnen allen lästig ist: dem Fragezeichen.« Es sollte uns, meine ich, *nicht* lästig sein.

Ich werde einige Fragen stellen, ohne Antworten geben zu können oder zu erwarten. Aber ich werde auch, besonders zu technischen Gesichtspunkten, zwei konkrete Tabellen zur Verfügung stellen, die als Hilfe zum Nachdenken dienen mögen:
1. eine Übersicht von Frequenzen elektromagnetischer Schwingungen,
2. einen Auszug aus der elektrolytischen Spannungsreihe, die immer dort auftritt oder zu beachten ist, wo zwei oder mehrere verschiedene Materialien (chemische Elemente) stromerzeugend reagieren.

Man wird fragen, was diese (fragmentarischen) Tabellen in diesem Zusammenhang bedeuten sollen. – Sie mögen zu der Erkenntnis verhelfen, daß der Mensch vor der Nutzung der niederfrequenten Elektrizität und der Erfindung des Funks (mit schon recht hohen Schwingungszahlen) natürlicherweise nur den ganz engen Bereich der Wärmestrahlung spürte (Frequenz 1000 Milliarden mal in der Sekunde) und das Licht (zwischen 4 bis $8 \cdot 10^{14}$) sah!

Die anderen Bereiche zu nutzen, haben wir eben erst begonnen. Würde man die in Zehnerpotenzen geraffte Tabelle linear auseinanderziehen, ergäbe sich noch ein ganz anderes Bild des bisher bekannten und genutzten Frequenzumfanges. Die eingetragene Quarz-Schwingung ist abhängig von der Kristallgröße. Daraus ließen sich Überlegungen ableiten, in welchen Bereichen »Kristallgitter« größerer Dimensionen, also etwa bei den Menhiren, schwingen würden, wenn man sie »anregte« – oder auch die megalithischen Figuren auf der Osterinsel...

Die zweite Tabelle zeigt auf, daß man fast aus allen beliebigen Materialien und einem dritten, dem Elektrolyten, ein elektrochemisches »Element« und eine »Batterie« herstellen kann. Relativ neu aber ist die aus der bautechnischen Praxis gewonnene Erkenntnis, daß auch Elektroden aus gleichem Material, etwa ein unterschiedlich umhülltes Metallband, Strom erzeugen. So ergibt zum Beispiel eine Kupferelektrode im Quarzkies neben einer Kupferelektrode in tonerdehaltigem Lehm allein bei natürlich-kohlensaurer Regenfeuchtigkeit im Boden ein elektrochemisches Element mit Stromfluß und allmählicher Auflösung des Metallbandes im Lehm.

7. Eine Energiepyramide?

An dieser Stelle sei es mir erlaubt, einen Auszug aus einer Erzählung einzufügen, die nicht konkret »Technisches« zu den Moais und zur Insel aussagt, deren geschildertes Erlebnis aber zu diesen Gedanken hinführt. Das Intermezzo möge auch ein wenig »Atmosphäre« der Insel vermitteln, was für ihr Verständnis ebenso wichtig ist wie jede archäologisch-technische Einzelheit.

Wir hatten auf dem Kraterrand des Rono Kao, beim unterirdischen vorgeschichtlichen Dorf oder der Kultstätte Orongo, einen chilenischen Professor der Universidad Santiago de Chile getroffen, einen jungen Gelehrten, der sich mit den künstlerischen Aktivitäten der alten wie der heutigen Insulaner beschäftigt.

Er gab uns eine »Freiluft-Lehrstunde« angesichts von Make-Make-Augen und Darstellungen der sogenannten – flügellosen – Vogelmenschen in den Reliefs auf den Felsen vor dem Abgrund. Der Ethnologe, dessen Namen ich auf seinen Wunsch hier nicht nennen will, hatte uns, seine Lehrstunde abschließend, versichert, daß »eigentlich niemand wirklich etwas weiß« – mit Ausnahme einiger alteingesessener Langohrleute natürlich – die *alles* wüßten. Aber sie würden nichts sagen, auch nicht für Geld. Und sie hätten angeblich alle Eingänge zu ihren Familien-Geheimnishöhlen, insgesamt zweihundert an der Zahl, »vergessen«!

Auch Thor Heyerdahl wurde in diesem Gespräch erwähnt, wobei der Chilene scharf zwischen dem unterschied, was Heyerdahl selbst gesehen hat, und dem, was er den Insulanern unter unglaublichem Tabu-Unverständnis entlocken, ja entreißen und abhandeln wollte – wobei er, ohne es zu merken, in dem »schlitzohrigen Langohr« Pedro Atan seinen Meister fand.

Es könnte sein, daß Heyerdahl den Schlüssel nicht nur zum »Rätsel Osterinsel« in Händen hatte, sondern zum »Rätsel Menschen auf Erden« überhaupt. Aber dieser Schlüssel wurde verspielt – zu hoch gepokert...

Es sehe nun so aus, meinte der Chilene, als habe Heyerdahl keine echten Informationen erhalten. Und nun hätten die Eingeweihten, jene, die »alles wüßten«, ihre Höhlen absolut und für immer »dicht gemacht«.

Immerhin – eine wichtige Erkenntnis bekamen wir von unserem südamerikanischen Freund doch noch vermittelt. Ich weiß nicht, ob ich wirklich berechtigt bin, sie weiterzugeben, aber im Interesse einer weitergehenden Forschung fühle ich mich dazu verpflichtet: Ob wir die *Blickrichtung* der Moais verfolgt hätten? wollte unser Gegenüber wissen. Ja, sie schauten leicht schräg aufwärts. Der Chilene nickte anerkennend und tippte auf die Karte: »Und hier«, sagte er, »treffen sich die Blicke, die ›Strahlen ihrer Augen‹. Die Insulaner nennen das ›Matakiterani‹ – ›Augen zu den Sternen‹ oder ›Auge, das den Himmel sieht‹. Hier ungefähr, in der Gegend um diesen Punkt«, und er zeigte auf eine Stelle bei Vaitea, »hier treffen sie sich.« »Aber die von Akivi«, warf ich ein, »schauen andersherum, nach Westen, übers' Meer hin!«

»Richtig«, bestätigte unser Freund und sah uns der Reihe nach überrascht an. »Aber wenn du die Blickrichtung von Akivi nach rückwärts verlängerst, kommst du auch exakt in diese Gegend – allerdings auf dem Boden, also *unter* dem Schnittpunkt der Strahlen!«

Der Chilene sah mich lange an und sagte kein Wort mehr dazu.

Später, auf dem Rückweg, als wir über alles mögliche debattierten, kam mir ein Gedanke, eine Idee, die Idee von der »Mana-Pyramide« (vorerst eine reine Arbeitsbezeichnung): Dieser Vorstellung gemäß würden sich »die Strahlen« der »Batterie«-Elemente auf den 200 Ahus mit rund 1400 Figuren (!) an dem *einen* Punkt über der Insel getroffen haben, der über dem Flächenschwerpunkt des Inseldreiecks liegen könnte.

Inwieweit diese Strahlen nur gedachte Linien oder »echte« Strahlen sind, die aus dem Zusammenspiel verschiedener Elemente gewonnen wurden, lasse ich dahingestellt, und ich will überhaupt nur den *Gedanken* in den Raum stellen, mehr nicht.

Damit wäre aber ein Punkt festgelegt, der seinen Fußpunkt auf oder Boden hätte, wenn man von ihm das Lot hinab zur Erde fällt. Nimmt man die Augen der Moais von Akivi als »Empfänger« langwelligen Abend-Sonnenlichts, könnte man sich noch einen Schritt weiter wagen: Da sich, wie mittlerweile an der Rollride-Steinsetzung in England erkennbar geworden ist, beim Eindringen vorwiegend langwelligen Lichts, also elektromagnetischer Strahlen, in Kristallgitter von Mineralen etwas noch nicht Geklärtes abspielt (vermutlich eine Energieumsetzung über Ultraschall) ergäbe sich hier ein neues Betätigungsfeld für eine Forschung, die soeben den Schlußstrich unter das Kapitel Osterinsel gezogen hat – oder zumindest zu ziehen im Begriff ist...

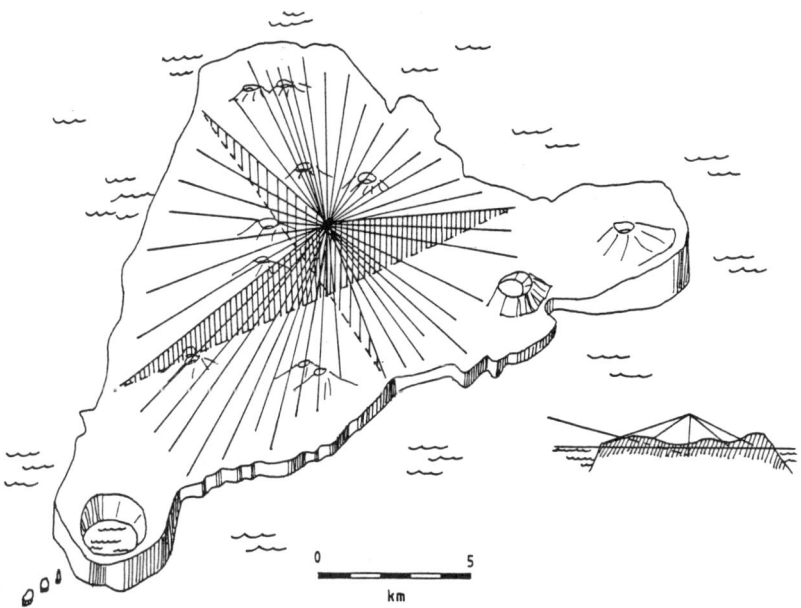

Abb. 56: Hypothetisches Modell der »Mana-Pyramide« über der Osterinsel.
Die einzelnen »Strahlen«, die sich über dem Inselmittelpunkt treffen und
vielleicht einen »heiligen Ort« auf dem Boden anzeigen (vgl. kleine Quer-
schnittszeichnung), werden durch die Blickrichtung der rings um die Insel
aufgestellten Moais »erzeugt«.

Diese Gedanken mögen genügen, um die Vorstellung einer als riesige
Pyramide gebildeten Strahlenkonzentration anzudeuten, aufgebaut
über einem dreieckigen Eiland, das man – in seiner Gesamtheit? –
»Auge zum Himmel« nannte.
Was aber, werde ich gefragt, war dann »unter« dem imaginären Treffpunkt, auf dem flachgeneigten Plateau von Vaitea? *Nichts* besonderes
offensichtlich. Aber es hat auch noch niemand dort nachgesehen...

8. *Fragen, die offen bleiben*

Nach einer Überlieferung wurde den Ahu-Moais in einer Zeremonie
nach dem Aufstellen auf die Ahus durch Anbohren der Augenhöhlen
»die Augen geöffnet«, und man setzte in die deutlich sichtbaren Ver-
tiefungen Augen aus heller Koralle mit einer Iris aus rotem Stein oder
schwarzem Obsidian ein. Nach dem Einsetzen dieser Augen hatten die
Moais »Mana«, nach Auffassung der Osterinsulaner eine echte, wirkli-

che und wirksame »Kraft« (was ich hier so unbestimmt stehen lassen will). Es ergeben sich nun einige Fragen:

1. Gibt die Lage der Insel selbst mit der Schräge ihrer Dreiecksgrundlinie einen Hinweis darauf, daß sie einst »der Nabel der Welt« oder Teil einer größeren Insel gewesen ist, deren einstige Existenz nicht einfach abgestritten werden kann, zumal in der Nähe der Osterinsel Küstensedimente weit unter Wasser festgestellt wurden?

2. Welche Rolle spielen die magnetischen Eigenschaften von Lavagesteinen in bezug auf die von den Insulanern vertretene Überlieferung, die Moais seien »von selbst«, aufrecht gehend, an ihre Plätze gelangt?
Welche Rolle kommt hierbei dem nie und nirgends eindeutig erklärten Begriff »Mana« zu? Hängt er mit dem Magnetismus zusammen?
(Eine andere Möglichkeit einer oftmals vage angedeuteten »Aufhebung der Gravitation« als über magnetische Kräfte – wie unter entsprechendem Energieaufwand bei Magnetschwebebahnen bereits durchgeführt – also eine Art Gravitations-Umkehr, sehe ich technisch *nicht.*)

3. War diese Insel Objekt eines großangelegten *Versuches* jener »andersartigen Leute«, die ganze Batterien von mineralischen »Elementen« in Form der Moais aufstellen ließen?
Wurde das Experiment dann, vielleicht nach einer Katastrophe, plötzlich aufgegeben, wurden die Urheber zurückgeholt? Oder erwies sich das Objekt als ungeeignet?

4. Hat es eine technische Bedeutung, daß im Hut eines Moai dreierlei Material vorhanden war? Daß zudem der »Hut« eine Höhlung aufwies? Enthielt diese »etwas«? Hat man darum später die Moais umgestoßen, damit die Hüte davonrollten?

In früheren Zeiten gab es auf der Osterinsel einen eigenartigen Kult: Alljährlich mußte das sich auf der vorgelagerten »Vogelinsel« befindliche »Ei der Seeschwalbe« von einem Schwimmer zur Hauptinsel geholt werden. War dies aber wirklich nur ein Vogelei? Dafür durch das von Haien wimmelnde Wasser zu schwimmen, dieses Wagnis hätte sich eines Vogeleies wegen kaum gelohnt (aber man weiß ja, wozu Kulte fähig sind). Oder hat das »Seeschwalben-Ei« jenes »Mana« gebracht, demzufolge der Diener des Auserwählten, dem das Ei zu bringen war (der Auserwählte schwamm nicht selbst), auf dem Rückweg vor Haien sicher war (nur für den Hinweg sind Verluste überliefert)? Der Auserwählte mußte sich ein Jahr lang in einer Höhle verbergen und bekam auch andere Auflagen, die an eine Gefährdung durch Strahlung denken lassen. Damit wird ein weiterer Fragenkomplex angeschnitten:

5. Ist mit der Bezeichnung »Seeschwalbe« wirklich ein eierlegender Vogel gemeint? Oder war das »Jahres-Ei« ein Energiespender und/ oder -träger, der unter strengen Vorsichtsmaßnahmen und nur den

Eingeweihten verständlich, auf der vorgelagerten Insel deponiert war? Oder: war die ganze Insel *eine* Anlage, sollte sie eine sein, eine werden? Ich habe einige Fragen gestellt, die heute noch nicht beantwortet werden können. Man sollte aber zumindest darüber nachdenken. Die letztgemachten Angaben möge man als das nehmen, was sie sind oder nur sein können: Hinweise auf Gesichtspunkte, deren Grundlagen erst von verschiedenen Fachleuten, vom Astronomen über den Geologen und viele andere bis zum Frequenz-Experten erforscht werden müssen, um dem *Geheimnis Osterinsel* näher zu kommen. Lassen wir uns das Rätsel offen – bis wir mehr wissen. Wir stehen erst an einem (neuen) Anfang!

Tabelle 1: Frequenzen, in Zehnerpotenzen gerafft (jeder Bereich umfaßt einen 10mal größeren Bereich als der vorhergehende: 10, 100, 1000 usw.).

0 Schwingungen pro Sekunde (Hz)	
10^1 Schwingungen pro Sekunde (Hz)	
10^2 Schwingungen pro Sekunde (Hz)	elektrischer Wechselstrom (50 Hz)
10^3 Schwingungen pro Sekunde (Hz)	Telefon
10^4 Schwingungen pro Sekunde (Hz)	
10^5 Schwingungen pro Sekunde (Hz)	Langwelle
10^6 Schwingungen pro Sekunde (Hz)	Mittelwelle
10^7 Schwingungen pro Sekunde (Hz)	Kurzwelle
10^8 Schwingungen pro Sekunde (Hz)	UKW
10^9 Schwingungen pro Sekunde (Hz)	
10^{10} Schwingungen pro Sekunde (Hz)	Mikrowellen
10^{11} Schwingungen pro Sekunde (Hz)	
10^{12} Schwingungen pro Sekunde (Hz)	Wärme
10^{13} Schwingungen pro Sekunde (Hz)	Infrarot
10^{14} Schwingungen pro Sekunde (Hz)	
10^{15} Schwingungen pro Sekunde (Hz)	sichtbares Licht
10^{16} Schwingungen pro Sekunde (Hz)	Ultraviolett
10^{17} Schwingungen pro Sekunde (Hz)	Röntgenstrahlen
10^{18} Schwingungen pro Sekunde (Hz)	
10^{19} Schwingungen pro Sekunde (Hz)	
10^{20} Schwingungen pro Sekunde (Hz)	Gamma-Strahlen
10^{21} Schwingungen pro Sekunde (Hz)	
10^{22} Schwingungen pro Sekunde (Hz)	
	kosmische Ultrastrahlung

Ultra-schall 20 000 Hz

rot-gelb-blau

Tabelle 2: Elektrochemische (Volta'sche) Spannungsreihe

− (Minus): K − Ca − Na − Mg − Al − Mn − Zn − Cr − Fe − Cd − Ni − Sn − Pb − H − Sb − As − Cu − C − Hg − Au − Pt (Plus) +

Zwischenbericht 15

ROLLRIDE: EIN STEINZEIT-SENDER

Steinsetzungen gewaltigen Ausmaßes existieren rund um den Globus: in Nord- und Mittelamerika, in Indien, Japan, Arabien, in Frankreich, Deutschland, im Mittelmeergebiet und in Großbritannien. Stonehenge, der wohl bekannteste Steinkreis Englands, wurde aufgrund seiner Ausrichtung auf verschiedene Sonnenstände und andere astronomische Punkte bereits als »Steinerner Computer« bezeichnet. Möglicherweise liegt in den steinzeitlichen Bauwerken aber ein noch weit umfassenderes Wissen verborgen. Untersuchungen der archäologischen Abteilung der Oxford University an dem nordwestlich von Oxford befindlichen »Rollride«-Steinmonument ergaben, daß ein etwas außerhalb des Kreises stehender Menhir eine halbe Stunde vor Sonnenaufgang im Ultraschallbereich zu strahlen beginnt. Im Kreis selbst hingegen fällt zu diesem Zeitpunkt die Strahlung unter den Normalwert ab. Etwa drei Stunden nach Aufgang der Sonne hört die Pulsation dann plötzlich auf, dafür steigt der Wert im Steinkreis an. Messungen im Frühjahr 1979 ergaben, daß mit Anstieg der Ultraschallaktivität sich zwischen Kreis und Menhir ein elektrisches Feld aufbaut, das synchron mit der Ultraschallfrequenz pulsiert. Hierbei treten – jahreszeitlich bedingt – Schwankungen auf. Zur Zeit der Tages- und Nachtgleiche herrscht ein Aktivitätsmaximum, bei Sonnensommer- und Sonnenwinterwende ein Minimum. Die Strahlung ist räumlich scharf begrenzt: Bei fast exakt 45 m Entfernung ist die Aktivität des Menhirs nicht mehr meßbar. Betritt man die Steinanordnung, bricht die Ultraschallstrahlung schlagartig ab. Da an benachbarten Steinwällen keine ähnlichen Reaktionen festgestellt werden konnten, schlossen die Archäologen, daß die exakte geometrische Anordnung der Steine (unter- und oberirdisch) für den Energieprozeß verantwortlich sein muß. Physikalische Überlegungen scheinen dies zu bestätigen. Die Ultraschallwellen sind offensichtlich das Ergebnis eines Energievorganges, der sich in und zwischen den Steinen abspielt. Die elektrischen Prozesse, die zum Entstehen schwacher Ströme führen, werden durch Radiowellen der Sonne ausgelöst. Der Strahlungseffekt kommt somit durch eine Wechselwirkung von Radiowellen und Bestandteilen der Steine und ihrer räumlichen Zuordnung zustande. Denn erst die exakte Ausrichtung aller Steine läßt die meßbare Energie entstehen. Es stellt sich die Frage: Besaß eine Gesellschaft von Hirten und Nomaden ein derart ausgeklügeltes mathematisches, astronomisches und energetisch-technisches Know-how? Menschen, die (angeblich) nicht einmal die Möglichkeit besaßen, ihr Wissen aufzuzeichnen und weiterzugeben?

Waren Schießpulver und Sprengstoffe in der Antike bekannt?

von Dr. Petr Bohac, Baden (Schweiz)

*Daß in aus alten Zeiten stammenden Texten und Überlieferungen techni-
sche Gerätschaften beschrieben werden, die kaum oder nur schwerlich
auf Erfindungen der damaligen Menschen zurückgehen können, haben
vorausgegangene Beiträge bereits zur Genüge belegt. Im folgenden
Abschnitt wird aufgezeigt, daß in der Antike auch Sprengstoffe und
Schießpulver bekannt waren – anders als das bislang von der Geschichtswissenschaft angenommen wurde. Die Frage, woher dieses Wissen kam,
läßt der Autor dagegen absichtlich unbeantwortet.*

*Dr. Petr Bohac, geb. 1942 in Prag, arbeitete zunächst als Fabrikarbeiter
und holte später das Abitur am Abendgymnasium nach. Er studierte
Chemie an der Technischen Hochschule in Prag (VSCHT), siedelte 1968
in die Schweiz über und ist an der Eidgenössischen Technischen Hochschule (ETH) Zürich im Bereich der Materialforschung tätig. Er promovierte 1978 zum Dr. sc. techn. Von P. Bohac liegen zahlreiche Veröffentlichungen und 4 Patentanmeldungen vor.*

In Wirklichkeit wissen wir nichts;
denn die Wahrheit liegt in der
Tiefe.
Demokritos von Abdera
(460–371 v. Chr.)

Uralte Sagen vieler Völker führen das Feuer auf einen göttlichen Ursprung zurück. In der indischen Mythologie tritt der Feuergott Agni auf, Sumerer verehrten den Feuergott Gibil, und der wohlbekannte griechische Mythos über Prometheus bleibt eng verknüpft mit der Kulturgeschichte der gegenwärtigen Zivilisation. Nach der Legende stammt Prometheus aus dem ältesten Göttergeschlecht der Titanen. Er war es, der – vielleicht von Langeweile geplagt – die ersten Menschen »aus Lehm« schuf. So schildert Goethe die Schöpfung im Gedicht Prometheus:

> Hier sitze ich, forme Menschen
> Nach meinem Bilde
> Ein Geschlecht, das mir gleich sei:
> Zu leiden, zu weinen,
> Zu genießen und zu freuen sich –
> Und dein nicht zu achten,
> Wie ich!

Dann entwendete Prometheus vom Olymp das Feuer und brachte es auf die Erde. Er wurde beim Diebstahl jedoch von Zeus entdeckt, zur Strafe für seine Tat an einen Felsen im Kaukasusgebirge gefesselt, und ein Adler wurde zu ihm gesandt, der sich von seiner immer wieder nachwachsenden Leber ernährte.

Die Feuerübergabe muß vor sehr langer Zeit geschehen sein, weil der Gebrauch des Feuers schon beim Peking-Menschen, der vor rund 700 Jahrtausenden in den Höhlen von Chou Kon-tien lebte, durchaus üblich war. So bezeugen es die gut erhaltenen Feuer- und Herdstellen.

Die ersten Zeugnisse einer handwerksmäßigen Anwendung wärmespendender Verbrennungsprozesse findet sich allerdings erst zu Beginn des Neolithikums. Sie weisen auf die Notwendigkeit hin, unsere allgemein eingebürgerten Vorstellungen über die Steinzeitmenschen zu ändern. Bereits aus der Zeit um 8000 v. Chr. stammen zum Beispiel syrische Funde gebrannter Keramik; Schmuckgegenstände aus Kupfer und Blei wurden in Catal Hüyük (6800 bis 5700 v. Chr.), einer vorgeschichtlichen Stadt in Anatolien, ausgegraben.

Gewiß erkannten die Menschen sehr früh die Bedeutung des Feuers als Waffe, sei es zur Verteidigung oder zur Eroberung. Die stummen Spuren vernichtender Brände erzählen uns eindrucksvoll von den kriegerischen Auseinandersetzungen vergangener Zeiten.

Abb. 57: Die Burgmauern von Hattuscha.

Feuer und Schwefel

Im 17. Jahrhundert v. Chr. wird die kriegstechnische Verwendung von Feuer erstmals schriftlich erwähnt. Der Hethiterkönig Hattuschili schrieb:»Ich habe den König von Haschschu geschlagen, Feuer geworfen und den Rauch aufsteigen lassen.« Noch sonderbarer ist der etwa 400 Jahre jüngere Bericht des letzten Königs der Hethiter, Schuppiluliame, über den Krieg um die Insel Zypern:»Ich machte mobil... und das Meer erreichte ich schnell... Gegen mich aber stellten sich die Schiffe von Alaschija inmitten des Meeres dreimal zum Kampf. Ich vernichtete sie, indem ich die Schiffe ergriff und sie mitten im Meer *in Brand steckte.*«

Zur Zeit der riesigen Völkerwanderung des dreizehnten vorchristlichen Jahrhunderts endet trotz ihrer acht Meter dicken Mauern auch die Hethiterstadt Hattuscha endgültig unter einer schwarzen Ascheschicht; die schrecklichen Zeugnisse dieser Katastrophe verblüffen die Archäologen noch heute. Um das Jahr 1200 vor der Zeitrechnung berichtet Ramses III. in einer Inschrift im Tempel von Medinet Habu:»Sie (die Seevölker) kamen auf Ägypten zu, *während Feuer vor ihnen herging.*« Den ersten Einsatz des Feuers als Massenvernichtungswaffe beschreibt die Bibel:»Der Herr ließ auf Sodom und Gomorra Schwefel und Feuer regnen, vom Himmel herab... Qualm stieg von der Erde auf wie der

Abb. 58: Feuerangriff auf Troja.

Qualm aus einem Schmelzofen« (Genesis 19, 25–29). Eine im Alten Testament mehrmals erwähnte,»zikkim« genannte Feuerwaffe wird später von Luther als»Pfeil« übersetzt. Im Buch Josua, das spätestens im 6. Jahrhundert v. Chr. geschrieben worden ist, befiehlt der Gott Jahwe auch Israeliten die Verwendung des Feuers in ihrem Kampf gegen die kanaanitischen Könige:»Josua steckte die Stadt Hazor in Brand, . . . wie der Herr ihm sagte.« (Josua, 11,11)
Auf einer Miniaturdarstellung des Trojakrieges aus dem Jahre 1290 n. Chr. halten die griechischen Belagerer feuerspeiende Tonnen gegen die Stadtmauern. Ähnliche Brandtonnen, die mit Pech, Schwefel, Weihrauch und Harz gefüllt gewesen sein sollen, beschrieb etwa 360 v. Chr. Aineias Taktikos in seinem Werk»Poliorketikon«. Auch Thukydides berichtet uns über den Einsatz von Feuerrohren, mit denen Böotier 424 v. Chr. die Befestigungswerke der belagerten Stadt Delion zerstört hatten.
Noch merkwürdiger sind die Berichte über Feuerwaffen des griechi-

248

Abb. 59: Sogenannter »Urdonner« des Archimedes (Zeichnung von Leonardo da Vinci).

schen Mathematikers, Naturwissenschaftlers und Erfinders Archimedes von Syrakus, die dieser geniale Mann zur Verteidigung von Syrakus gegen römische Belagerer im Jahre 212 v. Chr. entwickeln und einsetzen ließ. Gemäß der bekannteren Darstellung setzte Archimedes die feindliche Flotte mit Hilfe von Brennspiegeln in Brand; nach anderen Quellen baute er allerdings sehr wirkungsvolle Geschütze, mit denen die Angreifer in Schrecken versetzt wurden.

Im 1866 erschienenen Buch »Schießpulver und Feuerwaffen« ist zu lesen: »Vitrivius erzählt, die Kriegsmaschinen des Archimedes hätten... mit großem Geräusch Steine fortgeschleudert.« Um 1340 bezeichnete der Dichter Petrarca den Archimedes als Erfinder des Schießpulvergeschützes.

Gestützt auf unvollständige, heute leider unwiederbringlich verlorene Aufzeichnungen von Archimedes, fertigte Leonardo da Vinci in seinen technischen Manuskripten drei Skizzen dieser geheimnisvollen Waffe an. Danach soll Archimedes zum Antrieb seiner Kanone die Schleuderkraft des durch Feuerglut plötzlich in Dampf verwandelten Wassers benutzt haben; sechs Stadien (ca. 1150 Meter) weit flogen ein Talent (ca. 26 Kilogramm) schwere Kugeln. Leonardo erwähnt, daß Archimedes außerdem auch Raketenmaschinen erfand, mit denen er Brandsätze auf römische Schiffe schoß.

Die Geschichtsschreiber bestreiten jedoch, daß die alten Griechen die Dampfkraft oder sogar Schießpulvermischungen verwendeten; sie sollten den Salpeter, Hauptbestandteil des Schwarzpulvers, ja gar nicht kennen. Die Behauptungen Leonardos werden daher als Eigenschöpfungen eines phantasiebegabten Geistes abgetan.

Ähnlich werden die als Agniyoga bezeichneten Mischungen des Feuergottes Agni (Yoga = Mischung), die im indischen Buch Arthsatra (4. Jahrh. vor Chr.) unter anderem zur Belagerung von Festungen empfohlen sind, von Geschichtsfachleuten mehrheitlich als harmlose, rauchentwickelnde Gemenge und Brandsätze abgewiesen. Die Mischungen des Agni bestanden aus Holzkohle, Terpentinharz,

Wachs, Tierfetten, Metallpulvern, Arsensulfid und *»getrockneten Düngstoffen«.* Sie sind so lange nur harmlose Brennstoffe – mit Ausnahme giftiger As_2O_3-Dämpfe –, als sie kein Oxydationsmittel enthalten. Ist aber nicht noch heute ausgerechnet K- und N-haltiger Salpeter, den man durch Kristallisation wässriger Lösungen reinigt und anschließend trocknet, einer der besten Kunstdünger? Werden nicht bis heute Arsensulfid und Metallpulver zum Erzielen besonders rasanter Brennwirkung pyrotechnischen Ladungen zugesetzt? Berechtigt ist daher die Frage, ob salpeterhaltige Gemische nicht viel früher von Menschen eingesetzt wurden, als bisher von der anerkannten Geschichtslehre angenommen wird. Die pädagogische Schulweisheit einer allmählichen technischen Evolution – komplizierte Dinge folgen den einfacheren – verleitet nämlich rein gesetzmäßig zu einer ganz schlichten Vereinfachung. Wie könnte man zugeben, daß in der Antike oxydationsmittelhaltige Mischungen bereits bekannt waren, wenn die spätere Ritterzeit bloß pechbestrichene Brandpfeile einsetzte?
Sehr treffend erfassen dies die Worte des altgriechischen Philosophen und pythagoräischen Arztes Alkamaion aus Kroton (5. Jahrhundert v. Chr.):»Die Menschen gehen darum zugrunde, weil sie den Anfang nicht an das Ende anknüpfen können.«

Schießpulverherstellung in der Antike

Der Trivialname des Kaliumnitrates – Salpeter, lat. sal petrae – bedeutet Salz der Felsen, da er häufig als Beschlag der Steinfelsen in Bodennähe vorkommt. Bemerkenswert ist, daß schon im alten Babylon eine Substanz namens Bergsalz erwähnt wird. Selbstverständlich wurde diese Verbindung von Übersetzern mit dem Steinsalz gleichgesetzt. Ein weiteres »babylonisches« Salz, im Zusammenhang mit der Pflanzenasche erwähnt, hieß Nitrin. Kaum jemand zweifelt daran, daß dieser Stoff nur Pottasche gewesen sein kann, obwohl Pflanzenasche zur biologischen Salpeterherstellung auch geeignet ist.
Kaliumnitrat kommt an vielen Orten in größeren Mengen vor; in regenarmen Gebieten von Nordafrika, Asien und Südamerika genauso wie in Italien, Ungarn und Spanien finden sich Lagerstätten des mineralischen Salpeter, Natrium- und Kalziumnitrat. Will man uns ernsthaft weismachen, daß die an diesen Plätzen früher lebenden Kulturvölker – als ausgezeichnete Naturkenner bekannt und zur Metallgewinnung durch Reduktionsprozesse fähig – solche Vorkommen völlig übergangen hätten?
Im alten Ägypten, wo noch heute in ausgetrockneten Salzseen neben Soda und weiteren Salzen auch Salpeter zu finden ist, benutzten die Priester in ihren Tempellaboratorien eine Fülle verschiedener Salze zur

Mumifizierung, in der Heilkunde und als Flußmittel bei der Metallgewinnung. Die aus den Salzseen stammenden Erzeugnisse wurden als Neter bezeichnet und auf einen göttlichen Ursprung zurückgeführt, da das Wort Neter gleichzeitig auch Gott bedeutet. In »chemischen« Papyri treten eindeutig mehrere als Neter bezeichnete Stoffe auf – normales Neter, rotes Neter und Schaumneter. Alle ägyptischen Neter wurden von Geschichtsautoritäten jedoch mehrheitlich zu Soda verschiedener Herkunft gestempelt. Im »chirurgischen« Papyrus (Edwin Smith), der bereits um 3000 v. Chr. wahrscheinlich von einer noch älteren Vorlage abgeschrieben wurde, werden das gewöhnliche und das rote Neter zur Pflege von Wunden empfohlen. Bekanntlich wirken alle Oxydationsmittel, zu denen Salpeter gehört, desinfizierend. Salpeter verhindert zudem die Zersetzung des roten Blutfarbstoffes Hämoglobin; dies bewirkt, daß in Salpeterlösung eingelegtes Fleisch seine frische rote Farbe lange Zeit hindurch behält (Pökelsalz). Noch vor nicht allzu langer Zeit wurde Salpeter als fiebersenkendes Mittel gebraucht. Sollen wir trotzdem glauben, daß sich die Ägypter auf ihre Wunden Soda gestreut haben? In China wurde Salpeter bereits in vorchristlichen Urkunden als Heilmittel erwähnt und seine Reinigung durch Umkristallisierung 605 n. Chr. in der Chi-Yun-Enzyklopädie beschrieben. Berichte über wirkungsvolle Feuerwerkskörper finden sich schon im ersten Jahrhundert v. Chr. Aus dem Jahr 664 n. Chr. stammt folgende Schilderung: »Sie sammelten daraufhin die Substanz und fanden, daß sie auf glühender Kohle eine prächtige purpurfarbene Flamme entwickelt.« Das erste uns bekannte chinesische Rezept zur Schießpulverherstellung stammt aus dem Jahr 1040 n. Chr. Die Huo-Pao genannte Mischung bestand aus Salpeter, Schwefel und Holzkohle in etwa günstigsten Verhältnissen (75 % KNO_3 und 10 % S), mit Zusatz von Pech, Wachs, Schellack und Öl. Außer mit angebundenen Pulverraketen angetriebenen Brandpfeilen wurden auch Rauchbomben, die giftige Gase entwickelten, mit dieser Mischung gefüllt. 1067 n. Chr. wurde der Export des strategisch wichtigen Salpeters sogar mit einem kaiserlichen Erlaß verboten.

Hannibal und der »scharfe Essig«

In der Natur wird Salpeter von Mikroorganismen erzeugt, die sich im mit organischen Stoffen versetzten Erdreich vermehren. Was heute, als Biotechnologie bezeichnet, einen Aufschwung erlebt, wurde spätestens seit dem Mittelalter in bereits fast industriellem Maßstab durchgeführt. In Salpeterfarmen wurden Stallmist und Abfälle mit Kalk und Asche gemischt und mit Jauche begossen. Schon innerhalb eines Jahres konnte aus 100 kg Salpetererde bis zu 15 kg Kaliumnitrat ausgewaschen werden! Das rohe Erzeugnis wurde nachfolgend durch mehrmaliges Umkristallisieren gereinigt.

Heute werden Nitrate aus synthetischer Salpetersäure hergestellt; noch anfangs dieses Jahrhunderts wurden allerdings allein in der Gegend von Bihar, dem Zentrum indischer Salpeterindustrie, alljährlich mehrere tausend Tonnen mit der biotechnologischen Methode erzeugt. Kaliumnitrat bildete sich insbesondere während der Regenzeit in der kalireichen (Holzasche), humusartigen Erdschicht, der man organische Abfälle beimischte. Das warme, feuchte indische Klima begünstigte seine Entstehung außerordentlich. Salpeter wurde aus den Feldern mit Wasser ausgelaugt, die Lösung verdichtet und zur Kristallisation gebracht. Seit 1625 führte die East India Company indischen Salpeter nach England ein.

Im etwa um 1200 n. Chr. geschriebenen »Feuerbuch« von Marcus Graecus heißt es: »Merke, daß sal petrosum ein Mineral der Erde ist und in Ausblühungen an Steinen gefunden wird. Diese Erde löst man in kochendem Wasser, das man anschließend durch Filtrieren reinigt; laß es dann den ganzen Tag und eine Nacht kochen, so findest du am Boden verfestigte Salzblättchen.« Kaliumnitratkristalle in Form salzartiger Beschläge an den Wänden von Ställen und Höhlen bildeten sich jedoch sicherlich schon im Altertum. Sollte damals niemand gemerkt haben, daß sich diese häufigen Salzblüten feuerfördernd auswirken? In Wirklichkeit wissen wir über die chemischen Kenntnisse der alten Völker, angewandt in der Erzeugung und zur Reinheitsprüfung von Metall, Farben, Lebensmitteln und Kosmetika, nur sehr wenig. Das geheimgehaltene Wissen wurde meist mündlich weitergegeben; für die benutzten Stoffe verwendete man Zeichen, Symbole und Decknamen (z. B. ›Blut des Saturn‹ für Mennige, ›Manna der Metalle‹ für Kalomel, ›Knochen des Typhon‹ für Eisen, ›weißer Schwefel‹ für Arsenoxid usw.). Die wenigen erhaltenen Dokumente sind daher schwer verständlich und wurden in späteren Übersetzungen oft völlig umgedeutet.

Apollodoros von Damaskus, der Baumeister des Kaisers Trajan, berichtet um etwa 110 n. Chr. über die Sprengung von Steinen und Mauerwerken mit »gepulverter Holzkohle« und mit dem »Essig«. Heute lacht man darüber. Werden spätere Generationen genauso über das mittelalterliche »Schwarzpulver« lachen?

Die römischen Autoren Livius, Plinius und Juvenalis erzählen in ihren Schriften, daß Hannibal bereits im Jahr 218 v. Chr. bei seiner Alpenüberquerung »Essig« zum Sprengen der Felsen verwandte. F. M. Feldhaus behauptet 1910 in seinen »Ruhmesblättern der Technik«: »Hannibal verwandte gerade Essig, weil er schwerer verdunstet als Wasser, und deshalb tiefer in die Poren und Spalten der Steine eindringen kann, um dort zerstörend zu wirken. Natürlich wird Hannibal nicht nur mit Feuer und Essig das Gestein gesprengt haben, wie wir ja auch heute im Berg- und Straßenbau nicht mit Sprengmitteln allein arbeiten. Hing ein Felsen den Pionieren Hannibals im Wege, so wird man zunächst mit Hammer und Meißel gearbeitet haben. Wir haben jedoch keinen Grund, aus den angeführten Stellen zu bezweifeln, daß Hannibal im Jahre 218 v. Chr. den Essig und das Feuer als Hilfsmittel zu seinem Alpenübergang benutzte.«

Bei Lucretius heißt es, das Gestein wurde von Hannibal in Essig »aufgelöst«. Dazu von Lippmann: »Nimmt man an, daß das Gestein aus Kalziumkarbonat bestand (was aber gar nicht zutrifft!), so wären zur Auflösung von 100 t $CaCO_3$ 2400 t stärksten Speiseessigs nötig gewesen!« Einige Übersetzer antiker Manuskripte schlagen vor, »aceto« (Essig) mit dem Wort »aceta« (Pickel) zu ersetzen. Dann würde es heißen, daß sich der mächtige karthagische Feldherr den Weg über die Alpen mit Pickeln freimachte.

Weshalb soll man aber unter dem Begriff »Essig« nur ein saures Gewürz verstehen? In alten arabischen und syrischen Manuskripten wird zum Beispiel oft ein »scharfer Essig« und ein »starker Essig« erwähnt. Einige Altertumsforscher deuten diese Substanz als Mineralsäuren, was andere wiederum heftig bestreiten. In Johannes Schriften, zu Beginn unserer Zeitrechnung verfaßt, wird ein »stärkstes weißes Essig« als alle Metalle auflösendes Mittel bezeichnet. Im vierten Jahrhundert kennt dann Pelagios außer dem weißen Essig auch den »Essig aus Geranium«. Es ist jedenfalls klar, daß »Essig« nicht immer auch Essig bedeuten muß.

Übrigens berichtet auch der römische Historiker Dion um 200 n. Chr., daß der Feldherr Metellus einen großen Turm mit »Essig« zerstörte. Auch der Kalif Harun-Al-Raschid (786-809 n. Chr.) soll *Essig und Feuer*« als Zerstörungsmittel verwendet haben; sein Sohn, der Kalif Al-Mamun, versuchte sogar, eine der großen Pyramiden mit »Essig« zu öffnen!

Schon in der vorchristlichen Zeit kannte man den Trennprozeß der Destillation. Destillierapparate wurden in Handschriften aus dem ersten Jahrhundert n. Chr. beschrieben, spätestens in byzantinischer Zeit führte man die Destillation des Erdöls durch. Bereits in der Antike wußte man auch, daß beim Brennen von Vitriol oder Alaun saure Dämpfe entstehen. Die Herstellung von Schwefel- und Salpetersäure wird jedoch erst in den Schriften von Geber aus dem 13. Jahrhundert ausführlich geschildert: zur Gewinnung von Schwefelsäure erhitzte man in Tongefäßen das Eisenvitriol oder Alaun; dieselben Stoffe mit Salpeter erwärmt ergaben Salpetersäure.

Mit einem Gemisch dieser beiden Säuren lassen sich bereits zahlreiche organische Stoffe nitrieren, das heißt in Sprengstoffe umwandeln. Quecksilber- und Silbersalze liefern dann mit Salpetersäure und Alkohol die äußerst brisanten Fulminate. Hat man diese Verbindung bereits in der Antike ausprobiert? Sollte es im 2. Punischen Krieg möglich gewesen sein, daß in der damaligen Weltstadt Karthago für Hannibal, der fast ganz Italien eroberte, Sprengmittel hergestellt wurden?

Moderne Chemie in antiken Schriften

Im »Feuerwerksbuch« aus dem Jahr 1420 heißt es ganz deutlich: »Wie man aus einer Büchse schießen kann mit Wasser ohne Pulver... So nimm Salpeter und destilliere es zu Wasser – und den Schwefel zu Öl und Salmiak auch zu Wasser – und nimm Oleum Benedictum auch dazu... und wenn du das Wasser zusammen bringen magst, so nimm sechs Teile Salpeterwasser, zwei Teile Schwefelwasser, drei Teile Salmiak, zwei Teile Oleum Benedictum... – lade dann die Büchsen fest mit Klotzen und Steinen – gieß dann das Wasser hinein – ... zünde es und entferne dich... mit einem lautem Knall schießt du mit diesem Wasser dreitausend Schritte weit.«

Für den in Chemie weniger bewanderten Leser muß man ergänzen, daß an dieser Stelle zweifellos ein Rezept zur Herstellung organischer Nitroverbindungen wiedergegeben wird. Oleum Benedictum ist wahrscheinlich ein Öl, das bei der trockenen Destillation organischer Stoffe entsteht und auch aromatische Verbindungen enthält. Und unter »Wasser« verstand man früher jede Flüssigkeit, sogar auch die Metall- und Salzschmelzen.

Wäre es also möglich, daß schon einige Jahrhunderte vor Alfred Nobel (1833–1896) von Menschen Sprengstoffe angewandt wurden? Das kann freilich niemand beweisen; alle nötigen Rohstoffe waren jedoch vorhanden. Vielleicht hatte sogar der biblische Israelitenführer Josua die Mauern von Jericho mit einer Sprengladung zerstört. Gab er mit dem berühmten »siebten Hörnerblasen« (Josua 6,17) nur einen Befehl dazu? Nach dem Buch Henoch, geschrieben im zweiten Jahrhundert v. Chr., wurden alle Geheimkünste den Menschen durch gefallene Engel übermittelt. Diese Legende tritt bei mehreren späteren Autoren auf; um 400 n. Chr. behauptet Zosimos von Panopolis in Ägypten, daß die Chemie »von Engeln abstammt, welche den Menschentöchtern alle Geheimnisse der Natur offenbarten«. So steht es im Alten Testament: »Da sahen die Kinder Gottes nach den Töchtern der Menschen, wie sie schön waren, und nahmen zu Weibern, welche sie wollten« (Genesis 6,3). Und so sah es vor mehr als 2500 Jahren Xenophanes von Kolophon: »Nicht von Anfang an haben die Götter den Sterblichen alles Verborgene gezeigt, sondern allmählich finden sie (= die Menschen) suchend das Bessere.«

Erstaunlich viel wußte man früher über die Verbrennungsvorgänge. Der zu den Hippokratikern gehörende Diogenes von Appolonien (etwa 450–400 v. Chr.) schrieb bereits, daß »Flamme ohne Luft nicht leben kann«. In Fragmenten der Werke von Philon aus Byzanz (2. Jahrhundert v. Chr.) steht deutlich: »Die Bewegung des Feuers verzehrt die Luft.« Die hippokratische Schule lehrte seit dem fünften Jahrhundert v. Chr., daß ein Bestandteil der Luft für die Erhaltung der Körperwärme durch Atmung sorgt. Nach der Lehre des namhaften pergamonischen Arztes Galenos (um 200 n. Chr.) wird bei der Atmung das den Lungen zugeführte »Pneuma« dem Blutkreislauf vermittelt; alle Verbrennungsvorgänge benötigen dieselbe Luftkomponente zu ihrem Verlauf. Im zwölften Jahrhundert n. Chr. bezeichnet Magister Salernus Luft als den Nährstoff der Flamme; im 15. Jahrhundert entwickelte der mit antiken Schriften vertraute Künstler Leonardo da Vinci eine Lampe, die der Flamme frische Luft zuführen und die verbrauchte ableiten sollte. Der Schweizer Arzt Paracelsus (1493–1541) erklärte, daß beim Atmen ein Teil der Luft verbraucht wird.

Salpeter bezeichnete man im Mittelalter kaum zufällig als nitrosen Luftgeist (spiritus nitro-aereus); der Unterseebootkonstrukteur Drebbel (1572–1648) verwendete eine Salpeterschmelze, um die verbrauchte Luft in seinem Tauchboot aufzufrischen! Auch Boyle (1627–1691) beschäftigte sich mit Verbrennungsvorgängen und führte eine Zerlegung des Salpeters aus. Nach Hooke (1636–1702) und Bathurst (1620–1704) ist der der Atmung und Verbrennung dienende Luftbestandteil sogar bereits identisch mit dem im Salpeter chemisch gebundenen Stoff. Nach der Entdeckung des Sauerstoffs durch Scheel (Erhitzung von Salpeter!) und Priestley (1774 aus Quecksilberoxid) klärt dann erst Lavoisier – interessanterweise als Inspektor für Pulver und Salpeter tätig – endgültig die Verbrennungsvorgänge als Oxydation der Stoffe auf.

Die uralte Deutung der Verbrennungsvorgänge als Reaktion der Brennstoffe mit Luft überdauerte nicht nur die alchimistische Epoche der Chemiegeschichte, die einerseits von falscher, mißverstandener Auslegung und Übertragung alter Quellen, andererseits vom starken religiösen Druck geprägt wurde, sondern hat sich überdies stets als ein Denkanstoß auf die Naturforscher ausgewirkt. Nicht umsonst befaßte sich der geniale Maler und Techniker Leonardo da Vinci ausführlich mit der antiken Technik; selbst Isaac Newton besaß bekanntlich nicht weniger als 119 alchimistische Bücher.

Einer der größten deutschen Chemiker, Präsident der Bayerischen Akademie der Wissenschaften, Justus von Liebig (1803–1873), schrieb 1865 in seinen »Chemischen Briefen«: »Die Unkenntnis der Chemie und ihrer Geschichte ist der Grund sehr lächerlicher Selbstüberschätzung, mit welcher viele auf das Zeitalter der Alchimie zurückblicken, wie wenn es möglich oder überhaupt denkbar wäre, daß über tausend

Abb. 60:
Justus von Liebig.

Jahre lang die kenntnisreichsten und scharfsinnigsten Männer eine Ansicht für wahr hätten halten können, der aller Boden gefehlt und welche keine Wurzel gehabt hätte! ... Die Alchimie ist niemals etwas anderes als die Chemie gewesen; ihre beständige Verwechslung mit der Goldmacherei des 16. und 17. Jahrhunderts ist die größte Ungerechtigkeit. Unter den Alchimisten befand sich stets ein Kern echter Naturforscher... Die Alchimie war diese Wissenschaft, sie schloß alle technisch-chemischen Gewerbezweige in sich ein. Was Glauber, Boettger, Kunckel in dieser Richtung leisteten, kann kühn den größten Entdeckungen unseres Jahrhunderts an die Seite gestellt werden.«

Alchimie und Phlogistontheorie

Es ist wenig verständlich, wenn dagegen einer der größten Irrtümer der Chemiegeschichte, nämlich die im 17. Jahrhundert vom deutschen Arzt G. E. Stahl (1660–1734), Professor für Medizin in Halle und Leibarzt Friedrichs I., verbreitete Phlogistontheorie, an der fast ein Jahrhundert niemand zu zweifeln wagte, im angesehenen Roempp-Chemielexikon wie folgt vorgestellt wird: »Erste *wissenschaftliche* Theorie, die die

256

Abb. 61: »Alchemistenküche« des Mittelalters.

Gesamtheit der Oxydationserscheinungen unter einem einheitlichen Gesichtspunkt zu deuten suchte.« Nach Stahl enthalten alle brennbaren Stoffe sogenanntes »Phlogiston«, das beim Verbrennen entweicht. Die Stoffe werden bei ihrer Verbrennung entphlogistonisiert; das Entweichen des Phlogistons soll man durch das Löschen verhindern können.

Im Roempp ist weiter zu erfahren: »Daß die Metalle bei der ›Verkalkung‹ trotz des Entweichens von Phlogiston an Gewicht nicht ab-, sondern zunehmen, war Stahl bereits bekannt; er betrachtete diese Tatsache aber als *unwesentliche* Begleiterscheinung... sie (die Phlogistontheorie) ... regte die chemische Forschung in außerordentlichem Umfang an. In das Phlogistonzeitalter fallen auch die Gründungen zahlreicher wissenschaftlicher Akademien, so z. B. der Royal Institution in London (1662), der Academie des Sciences in Paris (1666), der Akademie der Wissenschaften in Berlin (1700) usw.«

Der von Stahl verbreitete Phlogistongedanke wurde aus früheren Arbeiten übernommen. Schon Hapelius (1559–1622) bezeichnete Phlogiston als einen notwendigen Bestandteil aller brennbaren Substanzen (Phlox=Flamme): »Phlogiston ist die eigentliche Essenz allen Schwefels.« Der englische Naturforscher Robert Boyle erwähnte Phlogiston ebenfalls in seinem 1661 herausgegebenen Hauptwerk »The Sceptical Chymist«. Und schließlich behandelte auch Becher in »Physica subterranea« 1669 eine chemische Komponente, die die Stoffe beim Verbrennen verlieren. Bedauerlich ist, daß Stahl in Verbindung mit der Grün-

Abb. 62: Einsatz des »griechischen Feuers« gegen Rebellen.

dung erster neuzeitlicher Forschungsstätten gebracht wird. Er wurde nämlich erst 1660 geboren, ganze zwei Jahre vor der Gründung der Royal Society! Hart bekämpfte Stahl die konkurrierende Alchimie, obwohl er selber noch an die damals am Hof des Preußenkönigs Friedrich betriebene Alchimie durchaus glaubte. »Obgleich er die Transmutation theoretisch noch für möglich hielt, lehnte er sie aus *ökonomischen* Gründen ab« (Strube). Er entwickelte ein Verfahren zur Herstellung von Salpeter aus Kochsalz, das eine anerkennende Beachtung fand. Für diese neue Methode zur Salpeterherstellung, die jedoch nie funktionierte und auch nicht funktionieren konnte, wurden Versuchsanlagen sogar noch nach Stahls Tod gebaut.

Strube meint: »Man brauchte diese Theorie (= Phlogistontheorie), wie es Lavoisier 60 Jahre danach auch tat, nur auf die Füße zu stellen bzw. umzukehren, um den Begriff des Elementes im modernen Sinn zu erhalten.« Wahrhaftig! – die Phlogistontheorie war bloß auf den Kopf gestellt.

Das »griechische Feuer«

Bekannt sind auch die Berichte vom »griechischen Feuer«, das in Byzanz aus einfachen Siphonen weit auf die Feinde geschleudert wurde. Nehmen wir wieder das chemische Standardnachschlagwerk,

258

Abb. 63: »Griechisches Feuer« in einer Handfeuerwaffe.

Roempp's Chemie-Lexikon, zur Hilfe: ».. . griechische Feuer bestanden wahrscheinlich aus Erdöl, das mit Hilfe der Reaktionshitze aus gebranntem Kalk und Tau (Wasser) teilweise vergast wurde...«
Diese, bei näherer Prüfung völlig aus der Luft gegriffene Annahme, wurde schon mehrmals widerlegt. A. Marschal schrieb darüber in seinem Buch »Explosives« aus dem Jahr 1917: ».. . die Reaktion ist zu langsam, verglichen mit einer Explosion; die Wärme geht größtenteils verloren.«
Ob man bei der Entwicklung der byzantinischen Waffe, die um 671 Kallinikos aus Heliopolis in Syrien einführte, auf früheren Erfahrungen von Archimedes aufbaute, läßt sich freilich nicht sagen. Man muß jedoch kein Chemiker sein, um die »erleuchtende« Idee des Kalklöschens, mit der ihr geistiger Schöpfer das Geheimnis durchleuchten will, zu bezweifeln. Übrigens ein so streng gehütetes Geheimnis, daß bis heute keine zeitgenössischen Aufzeichnungen über »griechisches Feuer« gefunden worden sind!
Kaiser Konstantin VII. berichtet in seinen Schriften aus dem zehnten Jahrhundert: »Ein Engel, das sage jedem, der dich darüber fragt, ein Engel brachte diese Wundergabe dem ersten Christlichen Kaiser Konstantin und trug ihm auf, dies flüssige Feuer, das aus Röhren Verderben auf die Feinde spcit, einzig für die Christen und nur in der christlichen Kaiserstadt Konstantinopel zu bereiten. Niemand, so wollte es der große Kaiser, sollte dessen Zubereitung kennenlernen; kein anderes

Volk, wer immer es sei... Deshalb ließ er selber im Hause des Herrn eine Tafel aufhängen, auf der mit großen Buchstaben eingegraben stand, daß jeder, der dieses wichtige Geheimnis einem fremden Volke verrate, für ehrlos und des christlichen Namens für verlustig erklärt wurde; ihn, den niederträchtigen Verräter, treffe die härteste und grausamste Strafe...«

Lateinische Rezepte im »Feuerbuch« des Maercus Graecus aus dem zwölften Jahrhundert geben Salpeter als den Hauptbestandteil der Brandmischung an, weswegen sie prompt zu einer Fälschung gestempelt wurden. Eine »einleuchtende« Beweisführung dazu führt uns einer der größten Experten der frühen Chemiegeschichte, Prof. E. Lippmann, vor: »... Behauptung, die Basis des griechischen Feuers... sei Salpeter gewesen... ist völlig irrtümlich und unhaltbar. Abgesehen davon, daß Salpeter... im Abendland vor dem 13. Jahrhundert nicht bekannt war...«

Bekanntlich wurden im siebten und achten Jahrhundert n. Chr. vereinigte arabische Angriffe auf Konstantinopel dank griechischem Feuer mehrmals erfolgreich abgewehrt. Nach dem Bericht von Leo dem Isaurier (717–741) wurde dabei aus länglichen Röhren gefeuert: »Mit Donner und Rauch, der dem Feuer vorausgeht.« Wie verheerend die Wirkung dieser Waffe auf die feindliche Flotte war, erkennen wir aus der Tatsache, daß von 1800 abgesandten moslemischen Schiffen nur deren fünf aus der Schlacht nach Alexandrien zurückkehrten!

Im Jahre 941 wurde eine aus mehr als 1000 Schiffen bestehende Übermacht des Fürsten Igor dank griechischem Feuer von nur 15 byzantinischen Schiffen total zerschlagen. Die dem Inferno entkommenen Russen berichteten: »Die Griechen besitzen ein Feuer, das *wie der Blitz* durch die Luft fliegt; sie schleuderten es auf uns und verbrannten unsere Boote«.

Wäre es für den Erfinder der Kalklösch-Idee nicht weitaus gescheiter, sich eine solch wirkungsvolle Mischung patentieren zu lassen, statt damit unsere Geschichte zu bereichern?

Glücklicherweise hat, von der stürmischen Entwicklung getragen, auch unser Wissen über die Vergangenheit während der letzten Jahrzehnte eine so gewaltige Ausweitung erfahren, daß die rein spekulativen Halbwahrheiten kaum länger haltbar geblieben sind. Die neue Collier's Enzyklopädie (USA, 1971) bringt unter dem Stichwort »Fireworks« nicht nur eine ausführliche Beschreibung der vier Anwendungsarten des griechischen Feuers, das aus festmontierten Kupferrohren, beweglichen Siphonen und Handgefäßen gefeuert oder als Brandgranaten geworfen wurde, sondern gibt schon Salpeter als unentbehrliches Oxydationsmittel an. Obschon wir dazu auch nur Anzeichen haben, werten wir dieses Bekenntnis als einen Beweis dafür, daß die Entwicklungsspirale doch fortschrittsgemäß von innen nach außen führte!

Zwischenbericht 16

DIE KRISTALL-SCHÄDEL VON MITTELAMERIKA

1927 entdeckte der britische Archäologe Frederick Mitchell-Hedges bei Ausgrabungen in der alten Maya-Metropole Lubaantun (Belize) einen aus Bergkristall (Quarz) gearbeiteten Schädel. Mit erstaunlicher Präzision sind Schädel und Kiefer, Augenhöhlen, Jochbögen und Warzenfortsatz gefertigt. Der Diamantschleifer Enrico Mercurio faßte 1981 in einer Arbeit über den Schädel zusammen:»Die eigentliche Sensation des Kristall-Schädels von Lubaantun aber liegt im Material. Quarz ist ein Mineral ähnlich anderen vergleichbaren Edelsteinen. Aufgrund seiner spezifischen Eigenschaften ist Quarz nur mit ausgefeilten, technischen Methoden angreifbar. Der durchsichtige Quarzkristall hat in reiner Form die Formel für Siliciumoxid: SiO. Der sogenannte Mohrsche Härtegrad beträgt 7 (Höchstwert 10).«

Der Restaurator und Konservator F. Dorland deckte sonderbare Eigenschaften am Kristallschädel auf. Seine Untersuchungsergebnisse wurden später von der Forschungsabteilung des Elektronik-Konzerns Hewlett-Packard bestätigt. Der Leiter des dortigen Kristall-Labors, Jim Pruett, stellte anhand der kristallinen X-Y-Achse und der verschiedenen Farben, die im polarisierten Licht auftauchen, fest, daß Schädel und Unterkiefer ursprünglich einem einzigen Kristallstück angehört haben müssen. Ihre Trennung ist eine äußerst schwierige Aufgabe, denn Bergkristall läßt sich normalerweise nicht spalten, es zersplittert.

Überraschend war auch folgende Feststellung, die F. J. Dockstader, Direktor des »New York Museum of the American Indian« wie folgt zusammenfaßte:»Da Quarzkristall spiralförmig wächst, entstehen in seinem Innern ganz bestimmte Achsen... Eine falsche Bearbeitung gegen die Achse genügt, um ein Werkstück irreparabel zu beschädigen. Beim durchsichtigen Bergkristall ist diese Achse aber nur durch starke Lupen oder Vergrößerungen bei polarisiertem Licht erkennbar. Zur Verblüffung erwies sich der geheimnisvolle Kristallschädel von Lubaantun aber gegen die Achsen gearbeitet... Die millimetergenaue Erkennung dieses Achsenverlaufes setzt Analysen voraus, die den Mayas nach unserem Wissen nicht zur Verfügung standen...« Wäre die Arbeit von Hand ausgeführt worden, hätte dies etwa 7 Millionen Arbeitsstunden bedeutet, das heißt, 800 Jahre lang hätte Tag und Nacht, 24 Stunden um die Uhr, geschliffen und poliert werden müssen! Der Schädel, der so ausbalanciert ist, daß er beim leisesten Windstoß nickt und in grellen Farben strahlt, sobald ihm Licht zugeführt wird, wird auf ein Alter zwischen 1000 und 12 000 Jahre geschätzt. Welches Geheimnis umhüllt diesen Schädel, von dem es ein weiteres Exemplar im Londoner Nationalmuseum gibt? Wer fertigte ihn einst mit welchen Mitteln an?

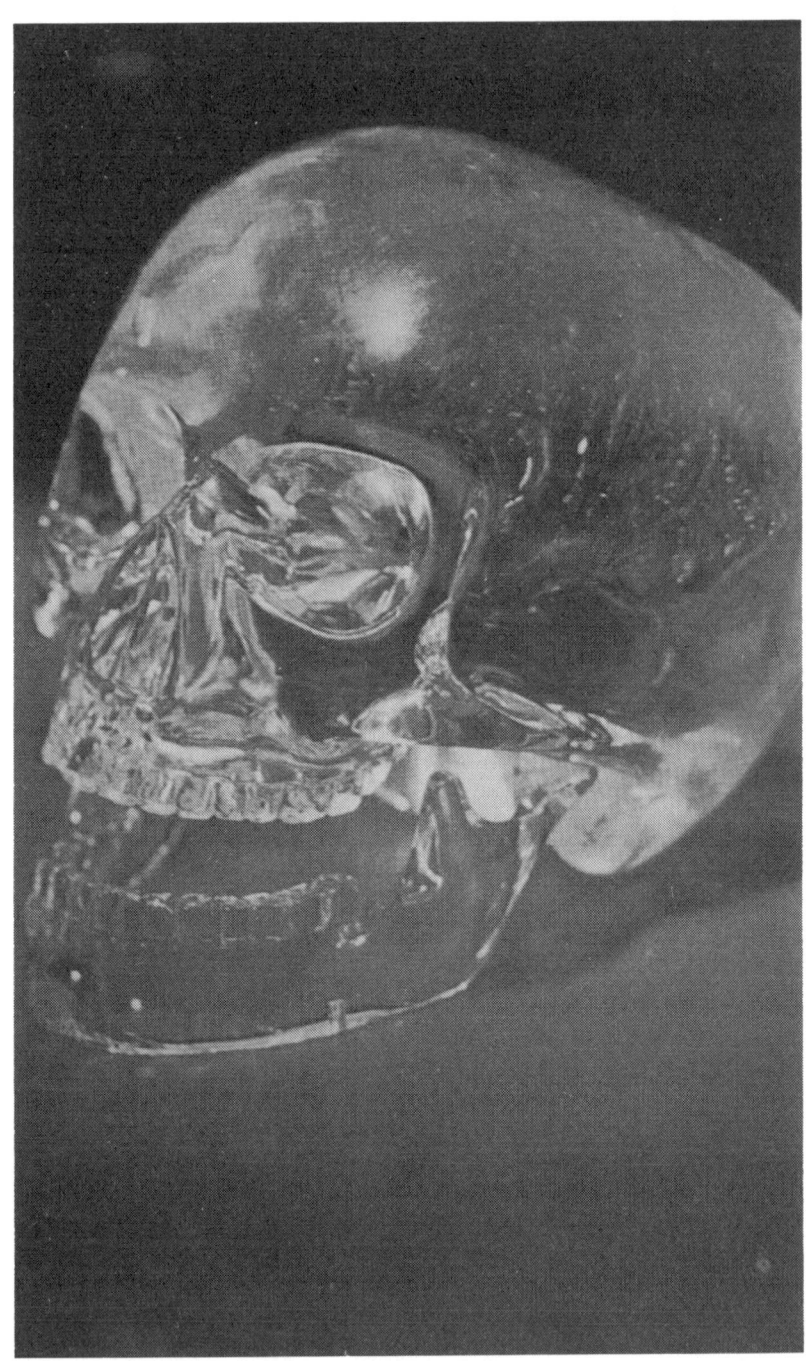

Abb. 64: Der Kristallschädel von Lubaantun.

Beschreibung eines außerirdischen Reliktes in der mittelhochdeutschen Parzivalsage

von Peter Fiebag, Northeim
(BR Deutschland)

Es gibt einige begründete Annahmen dafür, daß die israelitischen Stämme bei ihrem Auszug aus Ägypten von extraterrestrischen Intelligenzen geführt wurden. Ein gewichtiges Argument hierfür ist die in der altjüdischen »Kabbalah« enthaltene Beschreibung einer Maschine, die offensichtlich das biblische Manna erzeugte, in der sogenannten Bundeslade befördert und später im Salomonischen Tempel von Jerusalem aufbewahrt wurde. Aber was geschah nach der Zerstörung des Heiligtums im Jahre 587 v. Chr. mit dem Gerät? Gibt es Hinweise auf ein »Überleben« der Maschine – und wenn ja, bis wohin lassen sich diese Spuren verfolgen?
Peter Fiebag, geb. 1958, ist Dipl.-Hdl. und studierte Philologie, Wirtschaftspädagogik und Publizistik/Kommunikationswissenschaft an der Universität Göttingen. Im Laufe seines Studiums widmete er sich auch der Mediävistik (Erforschung mittelalterlicher Sprache und Schrift).

Im zwölften Jahrhundert n. Chr. wurde die »Kabbalah«, eine bis dahin geheimgehaltene jüdische Überlieferung, zum ersten Mal in schriftlicher Form niedergelegt. Durch die Jahrhunderte hinweg hat man ihren Inhalt bis heute lediglich unter magisch-mystischen Gesichtspunkten betrachtet, insbesondere auch die Beschreibung des »Alten der Tage«, offenbar einer hebräischen Halbgottheit. George Sassoon, Linguist und Elektronikingenieur, und Rodney Dale, Ingenieur für Maschinenbauwesen, lasen vor einigen Jahren diese Beschreibung. Ihnen fiel auf, daß im Sohar, einem der Bücher der Kabbalah, behauptet wird, der »Alte der Tage« habe das biblische Manna hergestellt. Eine genaue Untersuchung beider ergab, daß hier offensichtlich nicht eine ominöse Gottesgestalt, sondern eine Maschine vermutlich außerirdischen Ursprungs gekennzeichnet wurde, die die Israeliten nach ihrem Auszug aus Ägypten, also während der Wüstenwanderung, mit Nahrung versorgte. Die »Othig Iumin« genannte Maschine (was bisher fälschlicherweise mit »Alter der Tage« gleichgesetzt wurde, zutreffender aber mit »Der Transportierbare mit den Behältern« zu übersetzen wäre) arbeitete auf der Grundlage der Vermehrung und Verarbeitung einer Algenkultur – wahrscheinlich einer Art der Chlorella-Alge –, die durch die Zufuhr von Tau, also Wasser, und die Bestrahlung einer starken, nuklear betriebenen Lichtquelle am Leben erhalten wurde. Die Beschreibung in der Kabbalah ist so genau, daß Sassoon und Dale die Maschine in allen Einzelheiten rekonstruieren konnten (1).
Die Apparatur dürfte in etwa so gebaut gewesen sein, daß an der Spitze ein Tau-Destillierapparat angebracht war, der eine abgekühlte, gebogene Oberfläche besaß. Über ihn floß Luft, aus der Wasser kondensierte. Dieses Wasser war Grundstoff für den Behälter im Zentrum, der die bereits erwähnte Lichtquelle sowie die Algenkultur selbst enthielt. Das Algenmaterial zirkulierte durch verschiedene Röhren, die einen Austausch von Sauerstoff und Kohlendioxyd mit der Atmosphäre erlaubten und auch Hitze abstrahlten. Der Chlorella-Schlamm wurde dann in ein anderes Gefäß abgeleitet, die Stärke dabei teilweise zu malzartigen Stoffen hydrolisiert (»Honig-und-Brot«-Geschmack des Manna) und das getrocknete Material schließlich in zwei Auffang-Behältern gelagert, beziehungsweise aus diesen abgezapft.
Um eine solche komplexe Maschine (hier nur andeutungsweise wiedergegeben) zu rekonstruieren, bedurfte es einer gründlichen Studie des Urtextes. Dies war nur möglich, weil G. Sassoon eine unmittelbare Übersetzung des ursprünglichen Textes vornehmen konnte und zudem jahrelang technische Übersetzungen für große Elektrofirmen angefertigt hatte. Denn obgleich die umfangreiche Beschreibung des Gerätes äußerst detailliert ist, stellte sie doch keinen technischen Bedienungsplan dar. Die Kennzeichnung des »Othig Iumin« liegt in jener Form vor und ist mit solchen Begriffen versehen, die den Menschen um 1000

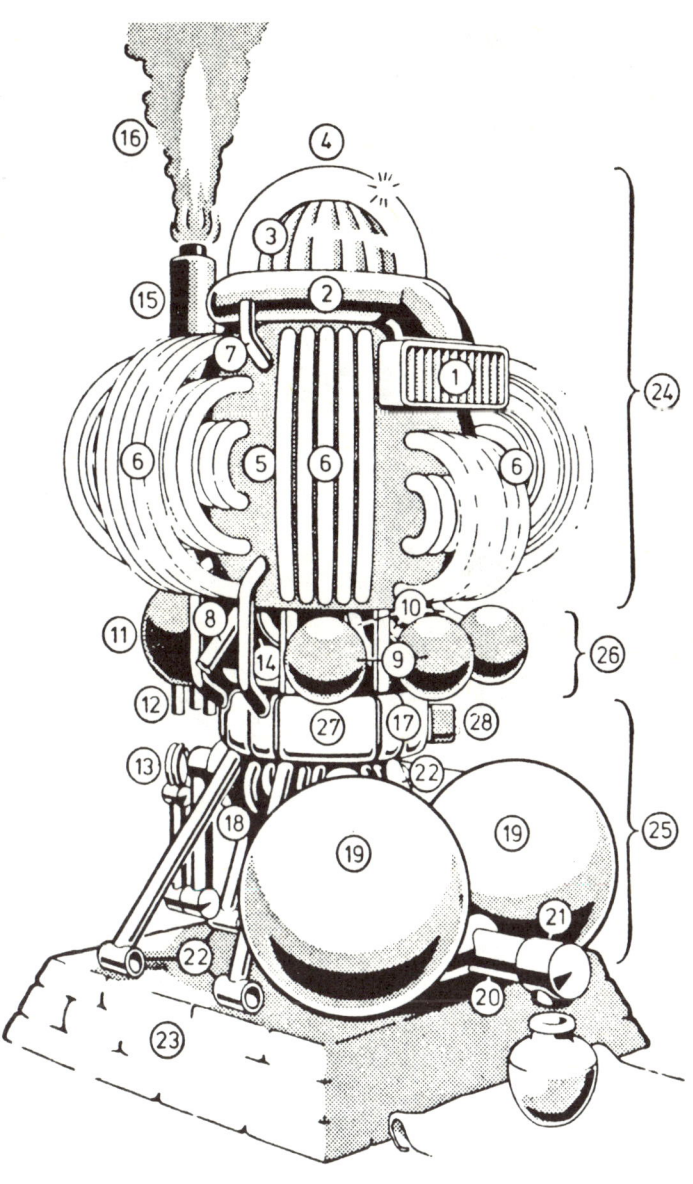

Abb. 65: Rekonstruktionszeichnung der Manna-Maschine.
Beschreibung siehe Anhang.

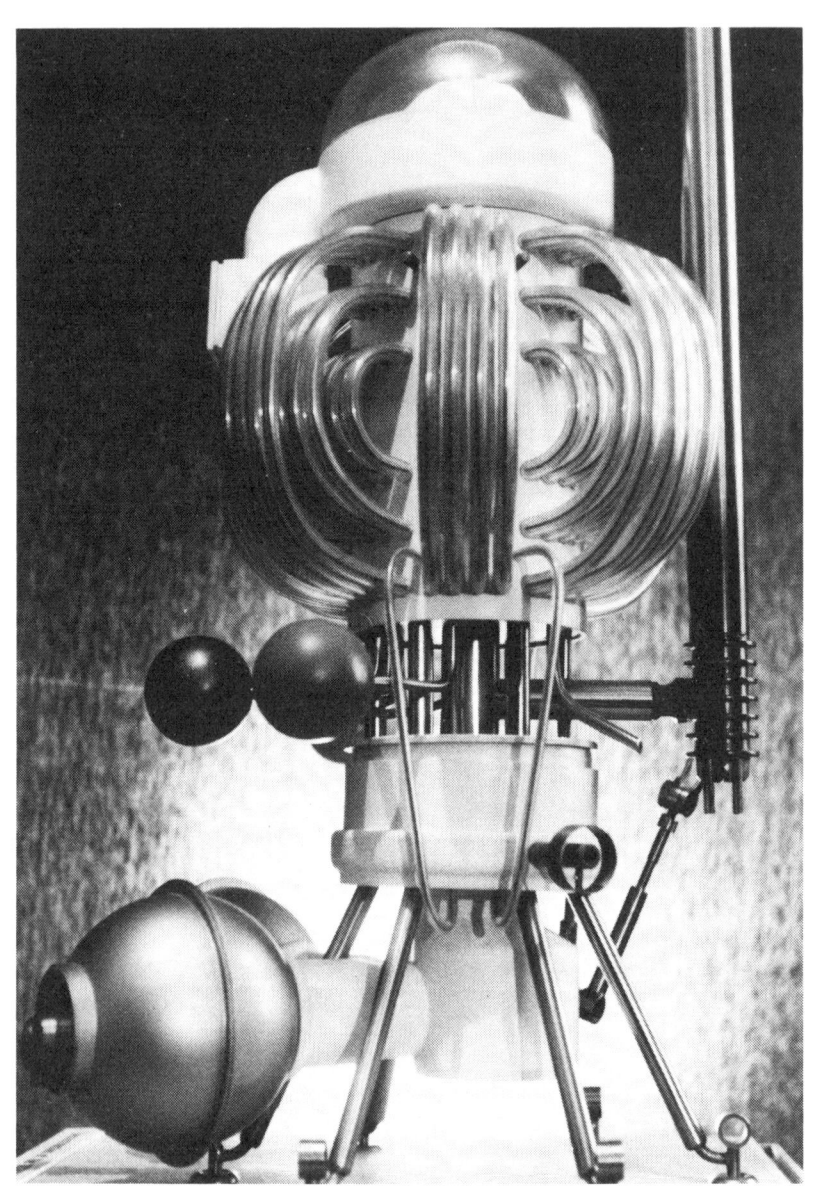

Abb. 66: Modell der Manna-Maschine.

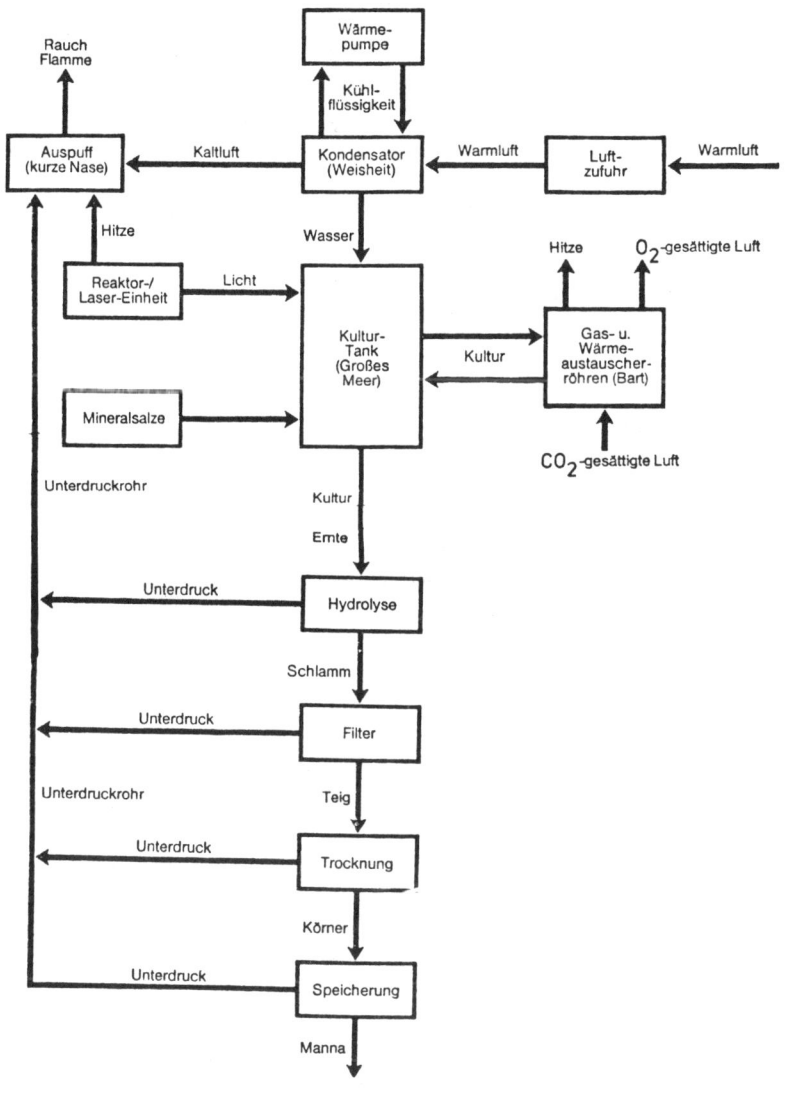

Abb. 67: Flußdiagramm der Manna-Maschine.

v. Chr. vertraut waren. Im Sohar liest sich dies zum Beispiel wie folgt (KHV 175):

»Es gibt drei obere Köpfe; zwei und einen, der sie beinhaltet.«

Die Menschen der damaligen Zeit verglichen also. Sie hatten ja keine Worte wie »Plexiglaskuppel« oder »Algenkultivierungsbehälter« und setzten dafür »Kopf«, »Schädel« und »Gesicht«, etwa in folgendem Abschnitt, der uns einen Teil des Produktionsablaufes beschreibt:

»Der Tau des weißen Kopfes tropft in den Schädel des Kleinen Gesichts und wird dort aufbewahrt.«

Damit die Algenkultur sich beständig regenerieren konnte, ließ man sie durch ein durchsichtiges Zirkulationssystem fließen, das im Sohar als »Ehrwürdige Bärte« bezeichnet wird, durch das sich das »Öl der großen Güte« bewegte, also der eigentliche Algenschlamm. Über die in Abb. 73 dargestellten Schläuche heißt es zum Beispiel:

»Und diese Teile, die sich im Bart befinden, sind geformt und führen in viele Richtungen nach unten.«

An der Maschine gab es eine ganze Anzahl von Kontrolllampen, die im Kabbalah-Text als »strahlende Augen« bezeichnet werden, welche in verschiedenen Farben leuchteten:

»In seinen unteren Augen gibt es ein linkes und ein rechtes Auge, und diese zwei haben zwei Farben, außer wenn sie in dem weißen Licht des oberen Auges gesehen werden« (GHV 149).

Insgesamt wurde die Maschine als eine aus einer männlichen und einer weiblichen Einheit bestehende Gottheit oder Halbgottheit betrachtet. Sie wurde den Israeliten offensichtlich zu Beginn ihrer Wüstenwanderung von außerirdischen Intelligenzen übergeben und erzeugte das für den Stamm lebenswichtige Manna. Aufbewahrt wurde das Gerät allem Anschein nach in der sogenannten Bundeslade. Sie diente als Transportbehälter für die unter Wüstenbedingungen sehr störanfällige, nuklear betriebene Maschine. Unter David und Salomo fand sie ihren Platz im Allerheiligsten des zu diesem Zwecke (!) erbauten Tempels, der auch der Salomonische Tempel genannt wird, nachdem sie zuvor im »Heiligen Zelt«, dem »Stiftszelt«, untergebracht war.

Nun wird uns im altäthiopischen Nationalepos »Kebra Negest« beschrieben, wie die Lade nach Axum (Äthiopien) entführt wurde. Aber hier ist eindeutig *nur* von der Bundeslade die Rede, nicht von der »Manna-Maschine«. Diese, so muß vermutet werden, befand sich als höchstes Heiligtum noch lange Zeit in einer von den Priestern nachgebauten Lade im Tempel. Den letzten alttestamentlichen Hinweis finden wir im Makkabäer-Buch, wonach der Prophet Jerimias Lade und Maschine am Berg Nebo versteckte. Dann schweigt die Bibel sich aus, und nirgends in ihr findet sich eine weitere Spur. – Soweit der Kenntnisstand über den »Alten der Tage« und die Bundeslade bis zum Jahr 1980.

Abb. 68: Transport der Bundeslade während der israelitischen Wüstenwanderung.

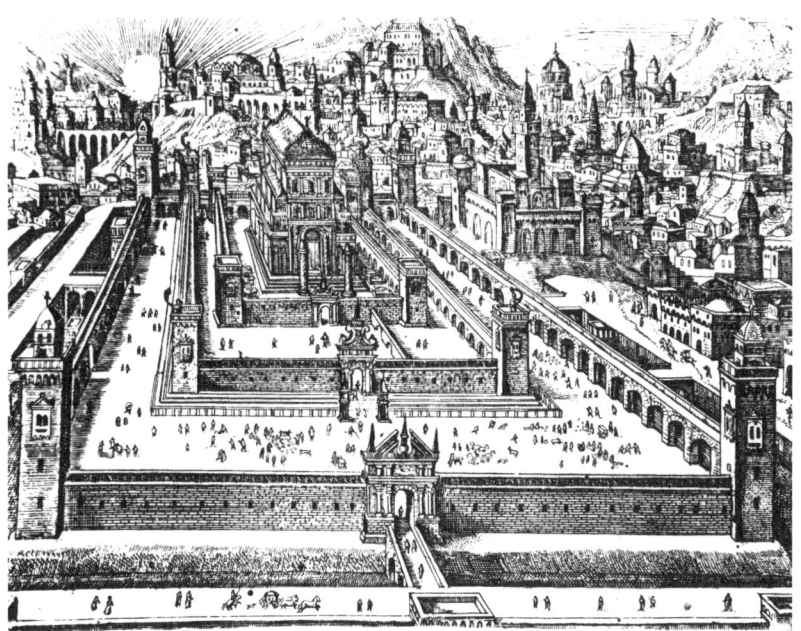

Abb. 69: Mittelalterliche Darstellung des Salomonischen Tempels.

Was geschah mit der Manna-Maschine?

Damals begannen mein Bruder und ich, uns gründlicher mit der Geschichte der Manna-Maschine zu befassen. Wir fragten uns, ob ein derart wichtiger und außergewöhnlicher Gegenstand tatsächlich ohne weiteres verschwinden kann oder ob er nicht als »heiliges Gerät« irgendwann im Verlauf der folgenden 2500 Jahre wieder aufgetaucht sein könnte. Heute, am vorläufigen Ende unserer diesbezüglichen Studien, sind wir zu der Auffassung gelangt, daß die Manna-Maschine in der Tat nicht verlorengegangen ist, ja, daß sie aus Israel nach Europa gebracht wurde.

Unsere Vermutung vom Auffinden und Transport der Manna-Maschine stützt sich auf zwei Indizien: zum einen auf die Parzival-Sage des Hochmittelalters, zum anderen auf die Ordensgeschichte der Templerbruderschaft. Ich möchte darauf hinweisen, daß uns für unsere Arbeit sowohl zahlreiche Urtexte des 12. und 14. Jahrhunderts, als auch die umfangreichen wissenschaftlichen Kommentierungen der seitherigen Literaturgeschichte zur Verfügung standen. Durch mein Studium der Germanistik konnte ich die mittelhochdeutschen Texte des »Parzival« in der Urform bearbeiten und auswerten, was für unsere Arbeit von großem Vorteil war.

Worum geht es in der Parzival-Sage? – Die Überlieferung schildert uns im wesentlichen, wie der junge Held Parzival, als Knabe fernab jeglicher Berührung mit der ritterlichen und höfischen Kultur des Mittelalters aufgewachsen, ins Land aufbricht, zahlreiche Abenteuer besteht und mit König Arthur zusammentrifft. Von ihm wird er zum Ritter geschlagen, nimmt sein Abenteurerdasein wieder auf und wird schließlich durch »Gottes Hand« zur Burg Munsalvatsch geführt. Auf dieser Zauberburg befindet sich ein Adelsgeschlecht, die »Hüter des Grals«. Durch schwere Schuld, die der König dieses Volkes auf sich geladen hat, ist er zu ewigem Siechtum verurteilt, es sei denn, ein gottesfürchtiger Mann befreit ihn durch eine Frage nach dem Grund seiner Krankheit. Parzival nimmt am Gastmahl teil, aber er stellt die Frage nicht. So kommt es, daß er am kommenden Morgen die Burg wieder verläßt, ohne die Chance wahrgenommen zu haben. Viele Jahre irrt er daraufhin umher, bis er letztlich doch noch einmal die Möglichkeit erhält, nach Munsalvatsch zu gelangen. Diesmal stellt er die entscheidende Frage, die Krankheit des Königs und die Trauer seiner Gefolgsleute schwindet, Parzival selbst wird zum Gralskönig gekrönt. Dies ist in grobem Umriß der Inhalt der Legende, wie sie in vielen mittelalterlichen Sagenbüchern nachgelesen werden kann.

Die Parzivalsage wurde erstmals Ende des 12. und Anfang des 13. Jahrhunderts schriftlich niedergelegt, und zwar zunächst von den beiden französischen Dichtern Chrestian de Troyes und Robert de Boron,

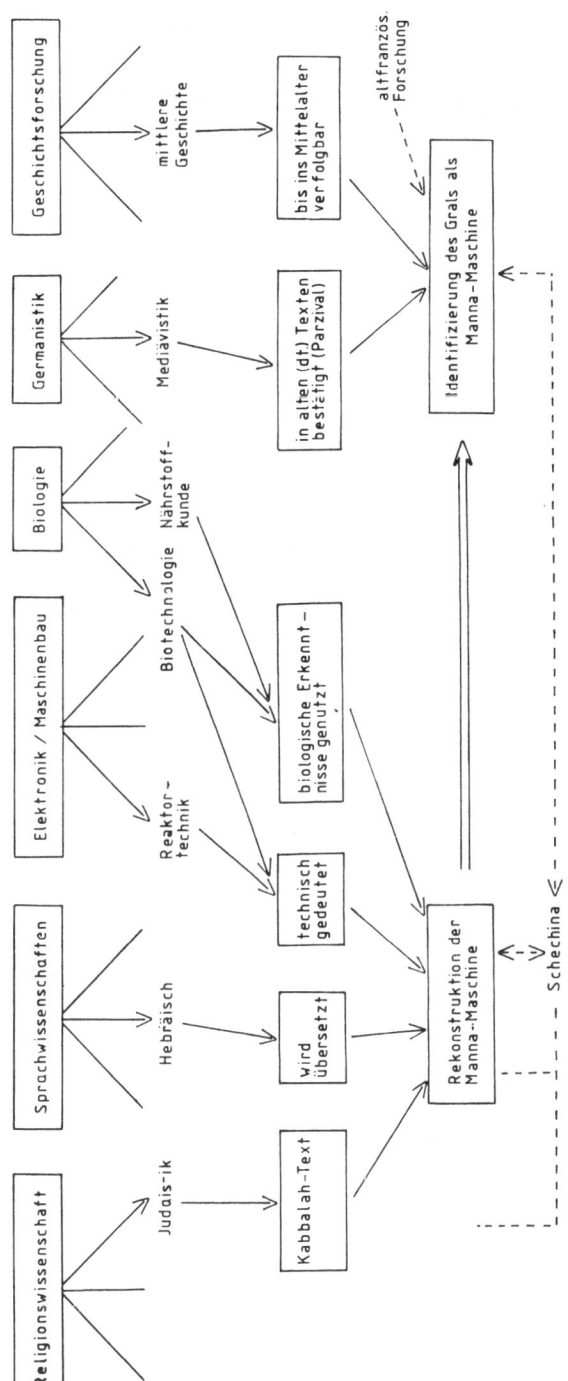

Abb. 70: Zusammenwirken der verschiedenen Fachrichtungen bei der Rekonstruktion der Manna-Maschine und ihrer Identifizierung mit dem Gral.

Abb. 71: Der Gral – hier als Kelch dargestellt – wird in einem Schrein zur Tafelrunde gebracht. Der Gralsschrein erfüllt exakt die gleiche Funktion wie die Bundeslade.

sowie dem deutschen Erzähler Wolfram von Eschenbach. Ihm vor allem verdanken wir zahlreiche Einzelheiten, die für unsere Forschung von größtem Interesse sind.

Verschiedene Mediävisten (2) haben bereits darauf hingewiesen, daß es sich bei der Parzivalsage um ein Konglomerat unterschiedlichster Texte handelt. In der Tat gab es schon lange zuvor die sogenannte Peredur-Überlieferung, eine keltische Mythe, die bereits zahlreiche Elemente der späteren Legende beinhaltet. Hinzu kamen Teile des Arthur-Stoffes, verschiedene heidnische Mythen, christliche Einflüsse und die eigentliche Grals-Überlieferung selbst, die, was den Ursprung betrifft, von den anderen völlig getrennt zu betrachten ist.

Was aber war dieser Gral eigentlich? Die Autoren des Mittelalters gehen bei der Beschreibung sehr vorsichtig vor. Es ist offensichtlich, daß sie das »heilige Gerät« nie selbst gesehen haben. Die beiden Franzosen kennzeichnen es meist schlicht als »schönes Gefäß« oder als »metallene Schale«, und für Robert de Boron ist es sogar der Abendmahlskelch selbst. Hier vor allem wird der christliche Einfluß auf die Parzivalsage sichtbar. Wolfram von Eschenbach hingegen ist noch zurückhaltender. Er schreibt lediglich:

»Das war ein Ding, das hieß der Gral, allen Erdenwunsches Über-

Abb. 72: Der Gral inmitten der Tafelrunde nach einer mittelalterlichen Darstellung.

schwang« (Vers 235, 32), bzw. »Der Stein wird auch der Gral genannt« (269, 8). Wenn man den Grals-Begriff etymologisch betrachten will, stößt man auf die verschiedensten Herleitungsformen. P. Piper (3) sieht eine Herleitung von dem mittellateinischen »Gradalis«, beziehungsweise französischen »gradale«, was »Schüssel« bedeuten würde. F. Dietz (4) macht eine Begriffsbildung aus dem provenzalischen »grazal« beziehungsweise altkatalonischen »gresal«, was mit »Gefäß«, »Becken«, »Napf« übersetzt werden kann, geltend, aber auch die Bedeutung von »Milchkrug«, »Annehmlichkeit«, »Gnade«, »Brot« (vgl. Piper) könnte das Wort »Gral« annehmen. In einer nordischen Fassung der Parzivalüberlieferung – und das erscheint uns als eine sehr interessante Deutung – wird vom Gral als einem »Gerät« gesprochen, das »gangandi greidi« genannt wird und mit »umherwandelnde Wegzehrung« übersetzt werden kann (Piper).

Wie bereits angedeutet, spricht Wolfram zuweilen von einem Stein, den er »lapsit exillis« nennt. Es ist von philologischer Seite aus bis heute nicht festgelegt, was damit gemeint sein könnte. Zunächst herrscht allgemeine Übereinstimmung dahingehend, daß »lapsit« in Wirklichkeit eine Verdrehung des Wortes »lapis«, also »Stein«, ist. B. Mergell (5) betont: »Mitbeteiligt an der Bildung lapsit und insbesondere aus den mittleren Konsonanten zu erschließen ist lat. lapsus als Bezeichnung für jede ›gleitende Bewegung nach unten, Fall, Sturz‹.« So wird »lapsit cxillis« als »lapis elixir«, also »Stein der Weisen«, interpretiert, was sich gut mit der Wundertätigkeit des Grals vertragen würde. Andere leiten es von »lapis exilii« (»Stein des Exils«) oder »lapis

273

exulis« (»der fern der Heimat befindliche Stein«) her (J. Bumke). Schließlich liegt noch eine weitere, sehr interessante Übersetzung von B. Mergell vor: »lapis lapsus ex illis stellis«, also »Stein, der von jenen Sternen herabgekommen ist«.

Es gibt, eben wieder aufgrund der Tatsache, daß die Dichter diesen Gral nie selbst gesehen haben, nur eine sehr unvollkommene Beschreibung seines Aussehens und seiner Beschaffenheit. Dennoch läßt sich sagen, daß die Autoren übereinstimmend davon ausgehen, beim Gral habe es sich um einen Gegenstand von »ganz reiner Art«, wie Wolfram schreibt, gehandelt, um ein wie auch immer geartetes Gerät aus Metall, das mit kostbaren Steinen verziert war. Christian fügt fernerhin an, der Gral habe gestrahlt, die Steine hätten gefunkelt und dabei den Glanz von Sonne und Mond übertroffen. Mit derartigen Beschreibungen wird der Weg frei zu all jenen Vorstellungen, die die mittelalterliche Welt in bezug auf heilige und zauberkräftige Steine und Altäre hatte. In diese Betrachtungsweise des Grals als Altarstein mischt sich bei einigen wissenschaftlichen Deutungen auch die Vorstellung von einer Art Tragaltar, die dann wiederum mit dem »Stein verknüpft ist, der nach orientalischen Legenden mit den Kindern Israel durch die Wüste gezogen und ihnen Wasser gespendet hatte«, wie E. Jung 1960 (7) schreibt. Von Interesse ist sicherlich auch jene Deutung, die W. Wolf in seinem 1950 erschienenen Buch »Der Phönix und der Gral« (8) anführt. Er sieht eine unmittelbare Analogie zum legendären Wunderstein »Schamir« des Königs Salomo und schreibt: »Beide Kleinode stammen aus dem Paradies, beide sind ihrer Natur nach höchst begehrenswerte Wunschdinge. Beide Gegenstände werden als leuchtende Edelsteine gekennzeichnet.«

Gral und Manna-Maschine im Vergleich

Spätestens hier sind wir an einem Punkt angelangt, der den hypothetischen Schluß nahelegt, beim »Heiligen Gral« des Mittelalters könne es sich um die in der Kabbalah beschriebene »Manna-Maschine« der Israeliten gehandelt haben. Dieser Gedanke wird durch zwei wichtige Faktoren unterstützt: die Hauptaufgabe des Grals und seine Herkunft! Im Sohar finden wir folgende Mitteilung über die von der Manna-Maschine erzeugte Nahrung:

> »Und von diesem Tau mahlen sie das Manna der Gerechten für die kommende Welt. Damals ernährte der Alte der Tage sie von dieser Stelle aus. Und es wird gesagt: Seht, ich will euch Brot vom Himmel regnen lassen! Und auch: Gott gebe dir vom Tau des Himmels« (KHV 437).

Wir wollen noch einmal festhalten, *was* hier gesagt wird: die Israeliten verfügten über eine Maschine, die von ihren Priestern »der Transportierbare mit den Behältern« genannt wurde und die sie mit Manna, also Nahrung, versorgte. Genau die gleiche Aussage trifft Wolfram von Eschenbach über den Gral. Er schreibt:

»Nun vernehmet eine andere Kunde: Hundert Knappen wurden aufgeboten, die nahmen auf weißen Linnen *Brot* ehrfürchtig *von dem Gral*... Man sagte mir, und ich sage es euch, daß vor dem Grale bereit lag, wonach ein jeder die Hand ausstreckte... Denn der Gral war die Frucht der Seligen, eine solche Fülle irdischer Süßigkeit, daß er fast all dem glich, was man sagt vom Himmelreich« (238, 2–24).

Ähnlich beschreibt es auch der Franzose Chrestian, der allerdings – hier zeigt sich erneut der christliche Einfluß – bei dem vom Grale entnommenen Brot von einer Hostie spricht.

Die Übereinstimmungen zwischen Manna-Maschine und Gral sind verblüffend: wie der »Alte der Tage« ist auch der Gral dazu in der Lage, »Speise« herzustellen. So, wie der Sohar vom Manna als Speise für die »Gerechten der kommenden Welt« spricht, wird der Gral, beziehungsweise die von ihm erzeugte Nahrung, als »Frucht der Seligen« bezeichnet.

Eine bedeutende Frage, die wir uns in diesem Zusammenhang stellen müssen, ist, ob das »Brot«, von dem Wolfram und Chrestian sprechen, tatsächlich zu vergleichen ist mit dem biblischen Manna. Schließlich erwähnt weder Chrestian noch Wolfram noch ein anderer Autor dieses Wort. Dennoch können wir wohl mit einiger Berechtigung sagen, daß die Parallelität Gralbrot-Manna gegeben ist. Dies insbesondere deshalb, weil eine solche Verknüpfung auch in der wissenschaftlichen Literatur selbst vorgetragen wird. Dies erscheint mir vor allem deswegen von Bedeutung, weil die entsprechenden Forscher ja niemals an eine Verbindung Gral-Manna-Maschine gedacht haben und insofern als völlig »unverdächtige« Zeugen gelten können. So schreibt beispielsweise B. Mergell 1952: »Für Wolfram ist festzuhalten, daß für ihn das Motiv der Speisung durch den Gral durch die Erinnerung an die biblische Speisung mit Manna nahelag.«

Zu dieser Auffassung gelangt auch S. Gelbhaus (9): »Die Eigenschaft des Grals, allerlei Speisen zu gewähren, erinnert an die Eigenschaft des Manna, jeden gewünschten Geschmack anzunehmen.« Weitere Parallelen zeigt A. Faugère (10) auf. Sehr eindeutig druckt es E. Jung aus, die folgende Verbindung sieht: »Dem Wort ›grès‹ nahe stehen ›grêle‹ = Hagelstein und ›grésil‹ = Reif, die als vom Himmel kommende runde und weiße Steine *die Vorstellung von Manna* erwecken und zugleich an die Oblate erinnern, die jeweils am Karfreitag vom Himmel auf den Gral gebracht wird...«

All diese Übereinstimmungen und Parallelen hätten dann wenig Aussagekraft, wenn sich durch die Texte der Parzivalliteratur belegen ließe, der Gral sei ein irdisches »Ding« gewesen, das heißt, aus den Werkstätten eines Goldschmiedes oder eines Steinmetzen hervorgegangen. Das Gegenteil ist jedoch der Fall. Dies zeigt sich bereits in der Herleitung des Wortes »lapsit exillis«, das, wie bereits angedeutet, mit »lapis ex coelis«, also »Stein, der von jenen Sternen herabgekommen ist«, in Verbindung gebracht werden kann. Diese Deutung wäre für die Manna-Maschine, die ja offensichtlich das Erzeugnis einer außerirdischen Technologie war, eine sehr zutreffende Beschreibung. Indes – Wolfram gibt uns einen noch weit eindrucksvolleren Hinweis. Er ist – im Hinblick auf unsere Vorstellung einer Gleichheit von Manna-Maschine und Gral – geradezu erstaunlich. Wolfram von Eschenbach schreibt zu Beginn des 13. Jahrhunderts über die Herkunft des Grals wörtlich:

»ein schar in ûf der erden liez, die fúor ûf über die sternen hoch. op die ir únschult wider zôch« (454, 24ff), also: »Ihn brachte einstmals eine Schar, die wieder zu den hohen Sternen flog, weil ihre Unschuld sie heimwärts zog.«

Damit schließt Wolfram selbst jede andere Deutungsmöglichkeit aus: Es waren Wesen – deren sogar eine ganze Schar –, die den Gral einst zur Erde brachten, bevor sie zu den heimatlichen Sternen zurückkehrten.

Wir können also vorläufig zusammenfassen:

1. Manna-Maschine und Gral erzeugten die gleiche Nahrung.
2. Manna-Maschine und Gral werden unabhängig voneinander mit gleichen oder ähnlichen Merkmalen gekennzeichnet.
3. Manna-Maschine und Gral sind künstlichen, außerirdischen Ursprungs.

Somit ist der Schluß berechtigt: Manna-Maschine und Gral waren offensichtlich miteinander identisch, es handelt sich lediglich um verschiedene Namen für dasselbe Objekt.

Was war die Schechina?

Damit aber erhebt sich die Frage, wie die Überlieferung von der Manna-Maschine in ein Sagenepos des Mittelalters kam. Ich möchte noch einmal deutlich machen, daß sich die Spuren der Maschine im Jahr 587 v. Chr. verlieren, als Jeremias das Gerät am Nebo versteckte. Aber: Erinnerungen daran hielten sich auch später noch in der jüdischen Welt.

Bei unseren Analysen stießen wir auf den seltsamen jüdischen Begriff der »Schechina«, der insbesondere im Talmud auftaucht. Der Talmud ist ein in der frühen nachbiblischen Zeit, also bis etwa 200 n. Chr.

entstandenes Werk der jüdischen Lehre und enthält Erzählgut in Form von Legenden, Gleichnissen, Sprüchen, Vorträgen und Gebeten. Der Begriff »Schechina«, wie er im Talmud besteht, bedeutet wörtlich »Sichniederlassen«, »Wohnen« oder »Ruhen«. Es ist ein schwieriger Begriff, dessen Inhalt sich im Laufe der Zeit wandelte, der aber ursprünglich nichts anderes bedeutete als »Gottes Anwesenheit unter den Menschen«, namentlich seine körperliche Anwesenheit. Der Theologe A. Hauck (11) schreibt hierzu: »Somit haben wir in Schechina einen Decknamen oder eine Nebenbenennung Gottes, die für Gott selbst steht, ihn aber nach seiner realen Gegenwart in der Welt dem menschlichen Bewußtsein näherbringt.« Diese reale Gegenwart äußert sich im Alten Testament nach Ansicht der jüdischen Theologie in der Feuer- und Flammensäule, abei damit ist, so »Wetzer und Welters Kirchenlexikon«, »bloß die über der Bundeslade thronende Wolke« gemeint.

Hier ergibt sich eine Beziehung zu unserem Thema. Der Begriff Schechina steht offensichtlich in sehr engem Bezug zur Bundeslade. In der Tat glauben wir Hinweise dafür zu haben, daß »Schechina« nichts anderes ist als ein weiteres Synonym der Manna-Maschine.

Im zweiten Buch Mose, Kap. 34, finden wir folgende Passage:

»Gott der Herr sprach: Mein Angesicht soll vorangehen, ich will dich zur Ruhe geleiten. Mose aber sprach zu ihm: Wenn nicht dein Angesicht vorangeht, so führe uns nicht hier herauf.«

Der Terminus »Angesicht« ist hier nur eine halbrichtige Übersetzung, denn nach Hauck müßte es eigentlich heißen: »Meine Schechina soll vorangehen«, beziehungsweise, »wenn deine Schechina nicht mit uns geht, führe uns nicht von hier herauf.«

Schechina und Gott waren also nicht identisch miteinander. Dies wäre auch – vorausgesetzt, mit Schechina und Manna-Maschine ist dasselbe gemeint – als vernünftig anzunehmen, denn nach Hauck »begleitete die Schechina das Volk Israel überall dahin, wo das Stiftszelt aufgeschlagen wurde, bis sie endlich in dem von David und Salomo errichteten Tempel auf längere Zeit ihre Ruhestätte fand«.

Schechina wird, wie bereits vermerkt, auf das »Wohnen« Gottes inmitten seines Volkes bezogen. Dieses Wohnen wiederum nimmt Bezug auf das Innere der Bundeslade, wie wir beispielsweise aus dem 2. Buch Mose, Kap. 25, entnehmen können:

»Und sie sollen mir ein Heiligtum machen, daß ich unter ihnen wohne.«

Sich den allmächtigen Gott in die Bundeslade »eingesperrt« vorzustellen, entspräche sicher nicht der von den Verfassern des Pentateuchs gewollten Intention. Aber bei dem, was sich in der Lade befand, handelte es sich eben *nicht* um den Schöpfer des Universums, sondern um etwas sehr Materielles. Hauck schreibt dazu: »Als Aaron den

Tempeldienst verrichtete, ruhte die Schechina auf seinen Händen. Nach einer Legende sah Simeon der Gerechte bei seinem alljährlichen Eintritte in das Allerheiligste die Schechina mit eigenen Augen.« Interessanterweise, und auch das bestätigt die Vermutung einer Identität von Schechina und Manna-Maschine, ist häufig vom »Angesicht der Schechina« die Rede, was uns an das »kleine Gesicht« des Gerätes erinnert. Dies bestätigt wiederum Hauck, wenn er schreibt: »Zuweilen heißt die Schechina selbst Bild. Endlich weisen noch die Redensarten, das Angesicht der Schechina empfangen und sich am Glanz der Schechina laben, auf sinnliche Vorstellungen der Schechina hin. Wer das Angesicht der Schechina empfängt, hat schon hier auf Erden einen Vorgeschmack der Seligkeit.«

Und schließlich faßt der jüdische Theologe Scholem (12) zusammen: »So war denn die Schechina in ihren Tagen in suspenso (wörtlich: hing in der Luft) und fand keine Ruhestätte für ihre Füße auf Erden, wie am Anfang der Schöpfung. Da kamen Moses und ganz Israel und bauten die Wohnung (des Stiftszeltes) und seine Geräte (wörtlich auch: Gefäße) und besserten die in Verfall geratenen Kanäle aus, ordneten die Deiche und bereiteten die Teiche zu, pumpten lebendiges Wasser aus dem Pumphaus herein und führten die Schechina zu ihrer Wohnung bei den Unteren zurück, freilich nur ins Zelt, nicht auf den Boden, so daß die Schechina wie ein Gast mit Israel von Ort zu Ort zog, bis David und Salomo ihr dann einen ›festen Boden unter den Füßen‹ im Tempel in Zion schafften.« – Eine Beschreibung, die mit ihren technisch anmutenden Vorgängen (es sei hier auf die Schlauchsysteme und Kultivierungsbehälter hingewiesen, die einmal wöchentlich gereinigt werden mußten) wiederum interessante Parallelen aufzeigt.

Zusammenfassend können wir über die Schechina folgendes sagen:
1. Sie ist nicht identisch mit Gott, genauso wie im »Othig Iumin« zwar Gott verehrt, dieser aber nicht mit ihm identifiziert wurde.
2. Die Schechina befindet sich in der Bundeslade.
3. Die Schechina ist etwas Materielles, etwas, was man sehen und anfassen kann.
4. Sie begleitet das Volk Israel durch die Wüste und befindet sich mit dem anderen Gerät im Salomonischen Tempel.
5. Die Schechina besitzt ein »Angesicht«.
6. Man kann die Schechina »empfangen« und sich an ihr »laben«.

All diese Kennzeichnungen aber treffen nach meinem Wissen nur auf einen einzigen Gegenstand der jüdischen Geschichte zu: auf die Manna-Maschine! Nur sie vereinigt in sich all diese Eigenschaften, nur sie kann mit »Schechina« tatsächlich gemeint sein.

Gibt es nun eine Beziehung zum »Heiligen Gral«? In seinem Buch »Zur Entwicklung der kabbalistischen Konzeption der Schechina« schreibt Scholem über das im zwölften Jahrhundert entstandene hebräi-

sche Buch »Bahir«: »Die Schechina ist nicht nur das ›vas Pretiosum‹, das ›schöne Gefäß‹, sie ist an mehreren Stellen des Bahir selber der Edelstein oder die Perle.«
Damit kann eine Verbindung hergestellt werden. Die Manna-Maschine, in der jüdischen Geheimüberlieferung als »Othig Iumin« (»Alter der Tage« bzw. »Der Transportierbare mit den Behältern«) bezeichnet, wird in der offiziellen hebräischen Literatur zur »Schechina« und diese wiederum zum »Heiligen Gral« des Hochmittelalters. Wir finden dies bestätigt durch H. Goetz (13): »In Wolframs einigermaßen wirrer Schilderung des Grals mischt sich mit dem Gleichnis des Lapis exillis der Alchimie und des lapis exulis der *verkörperten Schechina der Kabbalah* noch ein weiteres Vorbild...«
Scholem, der bereits auf die mit der Schechina verbundenen Vorstellungen vom Stein hinweist, macht auch eine weitere Kennzeichnung deutlich, indem er von der Schechina als einem sich im »Exil« befindlichen »Etwas« spricht. Und eben als »Stein des Exils« hatte unter anderem J. Bumke Wolframs »lapsit exillis« gedeutet.
Letztlich finden wir diese These durch H. Kolb (14) bestätigt, der 1963 schreibt: »Der Name Gral scheint ein Geheimname für die hebräische Schechina zu sein.«
Doch es gibt noch eine andere Spur, die uns das Geheimnis der Überlieferung vom Gral aufhellen läßt. Ihr wollen wir uns auf den folgenden Seiten zuwenden.

Kyot – der Entdecker der Gralsüberlieferung

Wie bereits erwähnt, setzt sich die Parzivalüberlieferung aus zahlreichen Anteilen zusammen, die sich um das zentrale Thema der Gralssage anordnen. Woher aber kam nun dieser eigentliche Kern der Überlieferung? Die Verfasser selbst geben uns darauf einen Hinweis. Robert de Boron und Chrestian de Troyes betonen, sie hätten ihre Informationen aus einem »großen Buch«, in dem »die erhabenen Mysterien beschrieben sind, die nach dem Gral benannt sind«.
Am ausführlichsten geht Wolfram von Eschenbach auf dieses Buch ein. Er schreibt über seinen Inhalt, seine Entdeckung und seinen Finder. Über letzteren weiß er zu berichten (453, 1–22):

Kŷôt der meister wol bekant
ze Dôlét verworfen ligen vant
in heidenischer schrifte
dirre âventiure gestifte
dér karácter âbc
muoser hân gelernet ê.

ân den líst von nígrománzí.
es half, daz ime der tôuf was bí;
anders wǽ dis mǽre noch unvernumen.
kein heidensch list möht uns gefrumen
ze künden umbes grâles art,
wie man siner tougen innen wart.

Kyot, der wohlbekannte Meister,
fand zu Toledo verworfen (versteckt, vergraben)
in heidnischer Schrift
die Urfassung der Aventüre (d. Abenteuers, d. Geschichte).
Den Sinn des Abc (d. Buchstabenschrift des Werkes)
mußte er zuerst lernen,
und außerem die Schwarze Kunst (Geheimnislehre).
Es half ihm, daß er getauft war.
Andernfalls wäre diese Märe noch
heute unvernommen.
Keine heidnische List würde uns dazu verhelfen,
von des Grales Art zu künden,
wie man seiner Geheimnisse inneward.

Hier ist nicht der Platz, um auf die Problematik der Kyot-Frage einzugehen, dies ist an anderer Stelle (15) geschehen. Wenden wir uns daher dem Text selbst zu. Fraglos wird Toledo somit zum Angelpunkt unserer weiteren Erkundigungen. Dort nämlich, in Zentral-Spanien, fand Kyot die Urfassung der Gralssage, und zwar, und das ist zunächst erstaunlich, »in heidnischer Schrift«. Aber wenn wir einen Blick auf das mittelalterliche Spanien werfen, so erkennen wir schnell, daß die iberische Halbinsel lange Zeit von den Moslems besetzt war, Toledo sogar das Zentrum der Wissenschaften der islamischen Welt darstellte. Dort also hat der Gewährsmann Wolframs eine möglicherweise arabische Schrift entdeckt, die die eigentliche Gralsüberlieferung zum Inhalt hatte. Über den ursprünglichen Autor dieses Textes schreibt Wolfram (453, 23ff, 454, 1ff):

Ein heiden Flègetânis
beiagete an künste hôhen pris.
der selbe fisiôn
was geborn von Sálmòn,
ûz israhêlischer sippe erzilt
... der scheirp vons grâles àventiur.
er war ein heiden vaterhalp,

Flègetânis, der an ein kalp
bette, als ob es ware sin got...
er iach, ez hieze ein dinc der grâl.

Ein Heide, Flegetanis,
einst hochberühmt durch seine Künste,
dieser Kenner der Natur (fision = Physiker)
war mütterlicherseits geboren von Salomo (bzw. aus dem
Geschlecht Salomos)
aus israelitischer Sippe...,
der schrieb von der Aventüre des Grals.
Väterlicherseits war er ein Heide,
Flegetanis, der ein Kalb
anbetete, als wäre es sein Gott.
Er sagte, es hieße ein Ding ›der Gral‹.

Ganze Generationen von Forschern haben gerätselt, *wer* damit gemeint gewesen sein könnte, denn ein Moslem betreibt keinen Götzendienst. Doch Wolfram gibt uns einen zeitlichen Hinweis – nämlich Salomo –, und in der Tat gab es zu dieser Zeit einen Mann, auf den die oben genannten Beschreibungen genau zutreffen. Das 1. Buch der Könige enthält zahlreiche Mitteilungen über ihn. Er stammte mütterlicherseits aus dem jüdischen Stamm Naphtali, sein Vater aber war ein Phönizier und betete im Gott Baal das Kalb an. Er war, schreibt die Bibel,»voll Weisheit, Verstand und Kunst«. Sein Name: Hiram-Abi. Sein Status: Berater, Architekt und Astrologe des Königs von Tyrus. Sein Lebenswerk: die Erbauung des Salomonischen Tempels!
Es gibt zuweilen seltsame Zufälle, aber hier kann ich nicht mehr an einen solchen glauben. Hiram-Abi – als Erbauer insbesondere des Allerheiligsten im Gotteshaus – war der einzige Außenstehende, der wissen mußte, um was es wirklich ging. Denn als Angehöriger eines Seefahrervolkes, das alle Länder der damals bekannten Welt bereiste, als Weiser, als Gelehrter und Sternenkundiger, wird er sich wohl kaum damit zufriedengegeben haben, einen riesigen Tempel allein für einen »leeren Kasten« zu errichten. Für die Annahme, daß er wußte, um was es ging, sprechen auch jüdische Überlieferungen, wonach er nach Abschluß der Bauarbeiten ermordet wurde. Offensichtlich aber ist es ihm zuvor noch gelungen, einen Bericht an seinen Herrn, den phönizischen König, abzufassen, einen Bericht über die Manna-Maschine, der auf diese Weise zunächst in die heidnische, später moslemische Welt und nach Einnahme Spaniens durch die Moslems ins dortige Zentrum des Wissens, nach Toledo, gelangte.

Die Templer auf den Spuren des Grals

Und wie ging es weiter? Leider gibt Wolfram keinerlei Lebensdaten seines Gewährsmannes Kyot an, und wir müssen daher einen anderen Weg einschlagen. In der Legende wird der Gral von einer sogenannten »Gralsritterschaft« bewacht. Wolfram gibt ihr den Namen »Templeisen«. Dieser Name erinnert an den Mönchsritterorden der Templer, und in der Tat wird aufgrund verschiedenster Übereinstimmungen auch in der Literaturwissenschaft diese Verbindung angenommen. Die Templer wurden 1128 offiziell gegründet und 1312 auf Betreiben des damaligen französischen Königs, Philipp des Schönen, aufgelöst. Die Frage, die sich nun erhebt, lautet: Waren die Templer im Besitz der Manna-Maschine, waren sie die »Hüter des Grals«?

Bis heute rätselhaft sind jene Ereignisse, die sich im Vorfeld der Ordensgründung abspielten. Die beiden führenden Persönlichkeiten waren zweifellos der Graf Hugo de Champagne und sein Offizier Hugo de Payens, der als junger Mann 1099 an der Eroberung Jerusalems teilgenommen hatte. 1104 traten beide ihre zweite Reise ins Heilige Land an, blieben aber nur wenige Monate. Nach Frankreich zurückgekehrt, nahmen sie Verbindung mit dem Orden der Zisterzienser auf, deren Mönche daraufhin mit einem langwierigen Studium alter hebräischer Texte begannen. Für diese Zeit sehr ungewöhnlich: zu Übersetzungsarbeiten wurden auch jüdische Rabbiner herangezogen. 1114 folgte ein erneuter kurzer Aufenthalt Hugo de Champagnes in Palästina. Wieder in der Heimat eingetroffen, schenkte er dem Orden den Wald von Bar-sur-Aube und veranlaßte dort die Gründung der Abtei von Clairvaux. Dieses Vorhaben wird von Bernhard von Clairvaux, dem späteren heiligen Bernhard, in Angriff genommen, die Übersetzungsarbeiten unter seiner Leitung fortgesetzt.

Dann, 1119, treibt die ganze geheimnisvolle Angelegenheit auf ihren Höhepunkt zu. Hugo de Payens tritt zusammen mit sieben Getreuen (darunter einem Onkel Bernhards und zwei Zisterziensermönchen, später folgt ihnen auch Hugo de Champagne nach) die erneute Reise nach Palästina an. Dort schließen sie sich zu einer Laienbruderschaft zusammen. Sie nennen sich »Arme Ritterschaft vom Salomonischen Tempel«, und dies nicht ohne Grund: Ihr Quartier befindet sich nämlich genau über den Ruinen des einst von Hiram-Abi errichteten Gotteshauses!

Bis 1127 bleiben sie dort. Während dieser Zeit beteiligen sie sich nicht an einem einzigen Kampf, sondern nehmen stattdessen Ausgrabungen im Tempelbereich vor oder streifen wochenlang durch Palästina. Doch dann ist die Entscheidung offenbar gefallen: Zwei Templer reisen nach Frankreich zurück, unterrichten Bernhard von Clairvaux, der das ganze geheimnisvolle Vorhaben von Europa aus zu leiten scheint; dieser

Abb. 73: Bernhard
von Clairvaux übergibt
die Templer-Statuten
an Hugo de Payens.

schreibt daraufhin Briefe an den Papst, den König von Frankreich und
die Templer in Jerusalem. Vom Heiligen Land aus setzen sich diese in
Bewegung. Nach ihrem Eintreffen wird der Orden offiziell gegründet,
und dennoch läßt Bernhard bereits jetzt in die Präambel der Ordensre-
gel schreiben: »Mit Gottes Hilfe ist das große Werk vollendet worden.«
Was ist hier eigentlich geschehen, in diesen Jahren zwischen 1105 und
1128? So, wie sich uns heute die Gesamtlage darstellt, gibt es nur eine
einzige Erklärung: die Templer waren nicht nach Palästina gereist, um
sich an den dortigen Kämpfen zu beteiligen, sondern, um etwas besonders Wichtiges zu finden, etwas Außergewöhnliches, Heiliges, etwas,
was sich in Israel befand und was sie erst nach jahrelangem Suchen
entdeckten: die Manna-Maschine, den Heiligen Gral!

Gibt es eindeutige Hinweise, daß die Templer die Maschine besaßen, daß sie die Hüter des Grals waren? Es gibt diese Hinweise. Ja, wir werden durch sie nicht nur in die Lage versetzt, wahrscheinlich zu machen, daß die Templer im Besitz des Grals waren, sondern auch, daß es sich bei diesem Gral tatsächlich und unzweifelhaft um die Manna-Maschine gehandelt hat.

In der Anklageschrift gegen den Templerorden finden wir in Artikel 46 folgende Textstelle:

»Daß sie in allen Provinzen Götterbilder besaßen, das heißt Köpfe, die zum Teil drei, zum Teil ein einziges Gesicht hatten.« ...

»Daß sie in den Versammlungen, vor allem in den großen Kapiteln, das Bild wie einen Gott, wie ihren Erlöser, verehrten und behaupteten, dieser Kopf könne sie erretten.« (Artikel 47)

Während der Inquisition gegen die Mitglieder des Ordens wurde kein einziges dieser angeblich zahllosen Götterbilder gefunden, es kann sich also allenfalls nur um wenige, wahrscheinlich nur um ein einziges gehandelt haben. In der Tat haben die Ordensobersten dessen Existenz nie in Abrede gestellt. Und tatsächlich: Aus den Aussagen geht unzweideutig hervor, daß es sich bei diesem »Baphomet« genannten Idol um nichts anderes handelte als um die Manna-Maschine. Sehr deutlich macht dies Emma Jung in ihrem 1960 erschienenen Buch »Der Gral in psychologischer Sicht«, indem sie zunächst auf den »Stein der Weisen« eingeht, den man ja mit dem Gral gleichsetzt, und darüber ausführt, daß dieser eine »hell-dunkle Einheit der göttlichen Gegensätze darstellte«, ein »Gottesbild, das männlich und weiblich zugleich« gewesen sei. Und weiter: »Die Baphomet-Figur, welche die Templer angebetet haben sollen, scheint ebenfalls ein solch hell-dunkles einheitliches Gottesbild dargestellt zu haben. Es soll eine doppelgesichtige, androgyne (d. h. männliche und weibliche Merkmale vereinende) Gestalt gewesen sein mit einem langen silbergrauen Bart und einem Kopf aus Kupfer, der in Orakelform Fragen beantwortete.«

Die Manna-Maschine wird im Kabbalah-Text als »männlich« und »weiblich« zugleich beschrieben, die Manna-Maschine ist »doppelgesichtig« (oberes und sog. kleines Gesicht), die Manna-Maschine hat einen »Bart« (die Schläuche, Kabel und Drähte), die Manna-Maschine ist aus Metall, die Manna-Maschine hat – über die eingebaute Funksprechanlage zu den Außerirdischen – Fragen beantwortet.

In einer weiteren Anklageschrift erfahren wir Zusätzliches über die Augen und den Bart des Idols:

»Und dasselbe hatte in den Augenhöhlen Karfunkelaugen, die leuchteten wie die Helle des Himmels, und wie man sah, ruhte ihr Glaube darauf und war es ihr oberster Gott. Und diese Haut hatte einen halben Bart im Gesicht und die andere Hälfte am Hintern, was ein widersinnig Ding war.«

Was die »wie die Helle des Himmels« leuchtenden »Augen« betrifft, darauf brauche ich wohl nicht mehr einzugehen. Aber es lohnt sich, doch einmal einen Blick auf die sogenannten Barthaare zu werfen, die sich sowohl »im Gesicht« als auch »am Hintern« befanden, was für Philipp verständlicherweise ein »widersinnig Ding« sein mußte. Sassoon und Dale schreiben dagegen in ihrem Buch »Die Manna-Maschine«: »Daß es sich bei den Barthaaren nicht um Barthaare im gewöhnlichen Sinne handelt, wird schon von Anfang an deutlich; einige Teile wachsen aus einem Teil des Gesichts heraus und an einem anderen wieder hinein; andere führen direkt ins Körperinnere.«

Die Aussagen der höheren Mitglieder des Ordens, also jener, die nicht nur Gerüchte gehört und infolgedessen von »schwarzen Katzen«, »kalbsgesichtigen Tieren« und so weiter fabulierten, sind erstaunlich. Die meisten betonen den »Bart« der »Figur«, viele heben hervor, das Idol sei »glattköpfig« gewesen, ein Templer namens Guillaume de Herblay sagte aus, Baphomet habe »geglänzt wie vergoldetes Silber«.

Wo ist der Gral heute?

Die Manna-Maschine war also im Besitz des Templer-Ordens. Sie wurde von den Gründungsmitgliedern aus Palästina nach Frankreich gebracht, dort aufbewahrt und als »göttlich« verehrt. Zugang zu ihr hatten im Laufe der zweihundertjährigen Templer-Geschichte aber nur die Ordensführer und Großmeister. In den unteren Rängen liefen die Gerüchte über ein Idol um, aus dem in der Anklageschrift bereits zahlreiche geworden waren. Als die Schergen Philipps zuschlugen, fanden sie nichts von alledem – weder in den Komtureien noch in den Prioraten. Hier hing als einziges verehrungswürdiges Zeichen das Kreuz. Die Manna-Maschine fanden sie nicht.

Was also ist mit ihr geschehen? Es gibt eine Aussage von Jean de Chalon, einem Templer, demzufolge unmittelbar in der Nacht vor der landesweiten Verhaftung sich ein Wagenkonvoi vom Tempel in Paris aus mit schweren Holztruhen beladen in Richtung auf die Küste in Bewegung gesetzt hat. Vermutlich war die Maschine in Paris aufbewahrt worden und konnte rechtzeitig in Sicherheit gebracht werden. Die Frage ist – wohin? Zur Zeit sind wir dabei, drei mögliche Aufenthaltsorte einer näheren Untersuchung zu unterziehen.

Abschließend sei noch einmal festgestellt, daß es hier meines Wissens zum ersten Mal gelungen ist, ausgehend von der grundlegenden Arbeit Sassoons und Dales, die Geschichte eines künstlichen, außerirdischen Objekts über einen Zeitraum von nahezu 3000 Jahren zu verfolgen. Die Gralssucher des Mittelalters, das waren die legendären Ritter der Arthur-Runde, die, mit Schwert und Lanze bewaffnet, in die Welt zogen, das »heilige Gefäß« zu finden. Die Gralssucher von morgen werden mit Metalldetektoren und Röntgenzählern ausgerüstete Forscher sein müssen. Uns bleibt zu hoffen, daß ihr Bestreben letztlich von Erfolg gekrönt sein wird und wir dieses Morgen in einer nahen Zukunft miterleben können.

Die Manna-Maschine in der Rekonstruktion (zu Abb. 65).

1) ›Mund‹ (Luftzufuhr) transportiert den ›Lebensatem‹ (Luft) durch ...
2) ein ringförmiges Rohr in ...
3) ›das Hirn des Hochbetagten‹ (Taukondensation).
4) ›Äther‹, bzw. dem ›durchsichtigen äußeren Hirn des Hochbetagten‹ (Plexiglaskuppel). Das Wasser aus dem Kondensator läuft in ...
5) ›das Große Meer‹ (Tank mit Chlorella-Kultur), wo die Manna-Produktion beginnt. Die Kulturlösung zirkuliert durch ...
6) ›die Haare des Bartes des Hochbetagten‹ (Gasaustauschröhren) und wird vom ›oberen Auge‹ (der – nicht sichtbaren – Lichtquelle mitten im Kultur-Tank) bestrahlt. Der Kultur-Tank ist versehen mit dem
7) ›Rest‹ (Sicherheitsventil) und den ...
8) ›Abflüssen des Gehirns‹ (Abflußstutzen). Mit dem Kultur-Tank verbunden sind ...
9) ›die drei unteren Augen‹ (Tanks gefüllt mit Nährsalzen) durch ...
10) ›die Kanäle der unteren Augen‹ (Verbindungsrohre). Licht und Energie für die Maschine stammen vom ...
11) ›Gefäß, das Feuer enthält‹ (Kernreaktor) mit seinen ...
12) ›Schlüsseln‹ (Dämpfungsstabschiebern). Die Fernbedienung erfolgt mit dem ...
13) ›Arm des Kleinen Gesichts‹ (mechanischer Arm und mechanische Hand). Die durch den Kondensator zugeführte Luft strömt durch ...
14) ›die lange Nase‹ (Ventilationsrohr), wird am Reaktor (11) vorbeigeführt, um ihn zu kühlen und steigt dann, erwärmt, auf durch ...
15) ›die Nase des Kleinen Gesichts‹ (Auspuff), wobei ...
16) ›die Rauchsäule bei Tag und die Feuersäule bei Nacht‹ erzeugt werden. Eine (nicht sichtbare) Buchnerpumpe im Auspuff erzeugt den Unterdruck, der benötigt wird, um die Chlorella in den ...
17) ›Aushöhlungen des Hirns des Kleinen Gesichts‹ (Manna-Verarbeitungsapparatur) zu verarbeiten. Die Pumpe ist an die ›Aushöhlungen des ›Hirns‹ angeschlossen durch den ...
18) ›Bart des Kleinen Gesichts‹ (Mehrzweckunterdruckrohr). Das verarbeitete Manna kommt zur Speicherung in ...
19) ›die Heere‹ (Manna-Speichergefäße) und wird abgezapft durch den ...
20) ›Penis‹ (Manna-Abfüllrohr) und ...
21) ›die Abdeckung‹ (Vakuumschleuse). Die Maschine steht auf ...
22) ›Beinen wie sechs Säulen‹ (sechs Beine mit Ringen für Tragestangen). Diese ruhen auf dem ...
23) ›Thron‹ (Plattform aus Material der Umgebung), der ›abgerissen‹ wird, wenn die Maschine abtransportiert wird.
    Die ganze, ›der Hochbetagte‹ genannte Maschine läßt sich in ...
24) ›den Alten‹ (Oberteil) und ...
25) ›das Kleine Gesicht‹ (Unterteil) zerlegen. Zwischen diesen beiden Teilen ist ...
26) ›die Nacktheit‹ (Grenzflächenteil). Darunter befinden sich ...
27) ›die Kronen des Kleinen Gesichts‹ (Inspektionsabdeckplatten) und ...
28) ›das Ohr des Kleinen Gesichts‹ (Kommunikationseinheit).

SIRIUS-B – RÄTSEL UM EINEN STERN

Sirius-B, der kleine Begleiter des Fixsternes im Sternbild des großen Hundes, ist ein sogenannter »weißer Zwerg«, dessen Dichte extrem hoch ist. Diese »Mini-Sonne« ist der Wissenschaft erst seit 1844 bekannt und seit 1861 optisch erfaßbar. Mit bloßem Auge vermag man den lichtschwachen Sirius-Begleiter nicht zu sehen. Vier Völkerstämme Afrikas (Dogon) besitzen dennoch ein verblüffendes Wissen über diesen Stern. Die in Mali ansässigen Stämme zelebrieren seit vielen Jahrhunderten einen Kult, in dessen Zentrum der unsichtbare Stern (Po Tolo) steht. Die Dogon behaupten, ihr »Gott« Nommo sei einst vom Himmel gekommen, und bevor er zu den Sternen zurückkehrte, habe er ihnen das Wissen über Sirius vermittelt. Während ihrer Zeremonien bilden die Dogon nahezu genau die komplizierte Bahnbewegung des Sirius-Systems auf Zeichnungen ab. Zudem kennen sie die Umlaufzeit von Sirius-B (50 Jahre) und die Tatsache, daß dieser zwar wesentlich kleiner als der Hauptstern ist, dafür jedoch verhältnismäßig um ein Vielfaches schwerer. Bezeichnenderweise behaupten sie, Sirius-A befinde sich nicht im Mittelpunkt, sondern in einem entfernten Brennpunkt einer elliptischen Bahn. Unerklärlich wäre – zöge man nicht die Theorie der Prä-Astronautik heran – derartiges Wissen, etwa auch die Kenntnis, daß der Begleiter »sich nicht nur im Raum, sondern sich auch um sich selbst drehe«, womit ein überaus klarer Verweis auf die Eigenrotation des Himmelskörpers gegeben ist.

Wie der Orientalist Robert Temple, aufgrund seiner zehnjährigen Studien über das Dogon-Wissen zum Mitglied der britischen »Royal Astronomical Society« ernannt, ferner belegt, kennt der Eingeborenenstamm weitere Einzelheiten, die bislang wegen der noch unzureichenden Möglichkeiten unserer Astronomie nicht bewiesen werden konnten. Andere Informationen über unser eigenes Sonnensystem decken sich indes mit modernen Erkenntnissen.

Teil III
Kritische Überlegungen

Das Problem des »Paläobesuchs« – eine Beurteilung des aktuellen Standes

von Dr. Wladimir W. Rubtsov und Dr. Juriy N. Morosow

Neben Hermann Oberth und Robert Goddard gilt der Sowjetrusse Konstantin E. Ziolkowsky als einer der Begründer der Raumfahrt. Daß er sich bereits in den zwanziger Jahren unseres Jahrhunderts mit dem Gedanken der Prä-Astronautik (in der Sowjetunion mit dem Begriff »Paläovisitologie« bzw. »Paläobesuch« belegt) auseinandersetzte, ist dagegen weitgehend unbekannt. Doch auch heute beschäftigt man sich in der UdSSR mit dieser Problematik – russische Vertreter der Hypothese eines Kontaktes in der Vergangenheit wie Alexander Kasanzew, Wjatscheslaw Saizew, Alexander Abramov oder Modest Agrest sind auch bei uns keine Unbekannten. Die Autoren des folgenden Beitrages gehen auf die Entwicklung des Gedankens eines Besuches außerirdischer Intelligenzen, insbesondere in der Sowjetunion, ein und beschreiben den derzeitigen – noch vorwissenschaftlichen – Stand der Forschung.
Dr. Wladimir R. Rubtsov, geb. 1948, ist Philosoph. Er behandelte in mehreren Veröffentlichungen das Problem des Paläokontakts und die Entstehung dieses Gedankens in der UdSSR. Rubtsov war Referent auf dem 1980 in Kaluga, Sowjetunion, abgehaltenen internationalen Symposium »Die Ideen K. E. Ziolkowskys und das wissenschaftliche Problem extraterrestrischer Zivilisationen«.
Dr. Juriy N. Morosow, geb. 1952, ist Philologe. Er beschäftigt sich insbesondere mit archäologischen Hinweisen auf einen Paläobesuch im antiken Rußland und anderen Teilen der Erde. Wie W. Rubtsov war er Referent auf dem Symposium in Kaluga (1980).

»Die Hauptaktivität der am höchsten entwickelten Organismen im Universum könnte die Kolonisation anderer Planeten sein. Solche Wesen besäßen sicherlich keine sphärischen Formen und wären auch nicht unsterblich. Zumindest auf einem Planeten im All haben Wesen eine Technologie entwickelt, die es gestattet, die Gravitation zu überwinden und das Universum zu kolonisieren... Kolonisation ist heutzutage die Normalform der Ausbreitung von Leben. Evolution, mit all ihren Rückschlägen, ist selten... In naher Zukunft werden Radiowellen unsere Atmosphäre durchdringen und so zum Träger einer interstellaren Kommunikation werden.«

Konstantin E. Ziolkowsky, 1934

Die Ideen Konstantin E. Ziolkowskys über außerirdische Zivilisationen haben in den letzten zehn bis fünfzehn Jahren in der Presse und in der Öffentlichkeit eine große Beachtung gefunden, was wiederum zu einer ganzen Reihe von Untersuchungen führte. Dabei fiel das Hauptaugenmerk allerdings auf die theoretischen und astrosoziologischen Anschauungen des Gründers der Kosmoswissenschaft und weniger auf seine Hypothesen über ETI (Extraterrestrische Intelligenzen) und Kontakte zu ihnen, obwohl Ziolkowsky fast alle in letzter Zeit zur Diskussion anstehenden Fragen über Kontakte zwischen kosmischen Zivilisationen und die umstrittene Annahme eines außerirdischen Besuches auf der Erde behandelt hatte.

Der Gedanke an solche Besuche wird aus der Idee Ziolkowskys über die kosmische Expansion von Zivilisationen und die Wichtigkeit unmittelbarer Kontakte unter ihnen deutlich. Allerdings sind die konkreten Aussagen Ziolkowskys darüber äußerst selten und zum Teil auch widersprüchlich, etwa in dem Artikel »Selbstentstehung« von 1922: »Ich habe bewiesen, daß die Übertragung von Leben mit Hilfe der Technik höherer Wesen möglich ist. Dann aber erschienen diese Wesen auch auf der Erde, ihre hohe Zivilisation, ihr technisches Wissen, ihre Konstruktion verschiedener Art... Könnten denn Spuren dieser höheren Kulturen übrig bleiben, die wir nicht sehen? Wir haben Spuren von urzeitlichen Würmern und Insekten gefunden – wie kann man dann Spuren von höherentwickelten Zivilisationen nicht finden?«

Anhand dieses Zitats wird deutlich, daß Ziolkowsky fest von einem Besuch Außerirdischer überzeugt war. Später, im Jahr 1930, vertritt er in der Zeitschrift »Botschafter des Wissens« die Meinung, Besuche Außerirdischer könnten durchaus in einer prähistorischen Epoche stattgefunden haben.

Ziolkowsky zweifelte also nicht an der Möglichkeit eines Besuches kosmischer Zivilisationen in der Vergangenheit der Erde; aber ihm

fehlten die Fakten, die tatsächlich etwas über diesen Besuch hätten aussagen können.
In der gleichen Nummer dieser Zeitschrift spricht N. A. Rynik von der eigenartigen Übereinstimmung der Legenden verschiedener Völker, die durch Ozeane und Wüsten voneinander getrennt sind. Diese Überlieferungen erzählten von Besuchen der Bewohner anderer Welten in längst vergessenen Zeiten. Wieso könne man nicht zulassen, daß in diesen Legenden zumindest ein kleiner Kern Wahrheit steckt?
Im Laufe der folgenden dreißig Jahre wandten sich D. Lesly (1953) und M. K. Jessup (1955, 1957) und eine Reihe anderer Autoren diesem Problem zu. Aber erst zu Beginn der 60er Jahre wurde der Meinungsaustausch darüber regelmäßig. Anregung dazu gab die Arbeit von M. M. Agrest. Zur Zeit gibt es zum Thema »Hypothese über außerirdische Besucher« eine ganze Reihe an Literatur, sowohl im Ausland als auch in der UdSSR. Die von uns zusammengestellte Bibliographie zählt 192 Artikel, die in der Zeit von 1960 bis 1978 in der Sowjetunion erschienen und ausschließlich diesem Thema gewidmet sind. In der ganzen Welt wurden über 150 Bücher dazu veröffentlicht. 1973 erfolgte die Gründung der »Ancient Astronaut Society«. Von ihr werden jährlich Weltkonferenzen organisiert, und die AAS gibt ein englisch- und ein deutschsprachiges Bulletin, die »Ancient Skies«, heraus.

Die Idee des »Paläobesuchs«

Wie bekannt, sind die Ansichten zu dieser Hypothese äußerst unterschiedlich: das Spektrum reicht von absoluter Zustimmung bis zur bedingungslosen Ablehnung, wobei in wissenschaftlichen Kreisen (offiziell) die negative Position überwiegt. Als Kriterium dient oft der Grad der Überzeugung der empirischen Entstehung dieser Hypothese. In den – bis vor kurzem – nur wenigen theoretischen Arbeiten wird die Frage erörtert, ob die Hypothese überhaupt den geforderten Ansprüchen genügt, die an eine wissenschaftliche Hypothese gestellt werden. Dabei lassen die streitenden Seiten die Umstände außer acht, daß das Problem eines Besuches Außerirdischer auf der Erde umfassender ist als verschiedene konkret vorgestellte Hypothesen über diesen Besuch. Analog ist das Problem SETI zu sehen, das in hohem Maße von den Hypothesen über einen künstlichen kosmischen Sender abhängt. Zudem bestehen Theorien und Methodologien zu allgemein sehr ähnlichen Hypothesen. Verschiedene hypothetische Überlegungen zum »Paläobesuch« besitzen aber bisher nur ein »mittleres« und »labiles« Niveau, das zwischen »schon vorhandenen Beweisen« und möglichen, potentiellen Anzeichen für einen Paläobesuch liegt.
Unter dem Begriff »Paläobesuch« verstehen wir – wie auch schon aus

der Bezeichnung hervorgeht – die Anwesenheit eines außerirdischen »Systems« in der Vergangenheit der Erde, hier als A_0 bezeichnet. Wenn sich ein Paläobesuch in den Epochen des Bestehens der menschlichen Gesellschaft vollzogen hat, dann könnte diese ganz wesentlich durch diesen Besuch beeinflußt worden sein. Informationsquellen darüber könnten für uns die Überreste des Systems A_0 sein, beziehungsweise die Ergebnisse, die durch A_0 entstanden sind und Eingang in das irdische »Übersystem« B gefunden haben. Dieses besteht aus B_1 (die biologische Natur) und B_2 (die menschliche Gesellschaft). Wir gehen also von der Annahme aus, daß sich Veränderungen eingestellt haben, die durch die Zeit bis zu uns hin durchgedrungen sind, die mit anderen Worten unmittelbare oder mittelbare Spuren des Paläobesuchs sichtbar werden lassen. Durch das Erkennen und die anschließende Untersuchung dieser Hinweise könnten wir dann Informationen über das System A_0 erhalten, das heißt wir könnten mit A_0 in einen einseitigen Kontakt treten.

Die Möglichkeit eines Paläobesuchs wird also diskutiert, und keine der heute vorliegenden Daten kann seine prinzipielle Unmöglichkeit aufzeigen. Offensichtlich ist die Annahme demnach theoretisch gerechtfertigt. So muß das erste Ziel einer Untersuchung darin bestehen, eine Antwort auf die Frage zu finden, ob ein Paläobesuch überhaupt hat stattfinden können. Bedingungen für eine Bejahung dieser Frage sind uns aus den wissenschaftlichen Axiombildungsprozessen bekannt: es gilt, ein »unumstrittenes« Faktum zu finden, daß ein solcher Besuch nicht möglich gewesen ist. Kann dies nicht geschehen, muß die Hypothese als zulässig erachtet werden. In bezug auf den Paläobesuch müßte eine der folgenden Behauptungen bewiesen werden:

1. ETI existieren nicht.
2. Flüge zwischen den Sternen sind nicht möglich.
3. In der Gesamtheit aller historischen Informationen gibt es nichts, was die Existenz eines A_0-Systems beweist.

Die ersten beiden Behauptungen können derzeit nicht bewiesen werden (wenngleich man sie selbstverständlich diskutieren kann) – Annahme 2 wurde in gewisser Weise durch die vorhandene Raumfahrt bereits widerlegt. Die Frage des Beweises der dritten Frage ist schwierig. Wenn wir nach sehr langen und intensiven Untersuchungen die Spuren eines Paläobesuches nicht finden könnten, ist dies zweifellos ein negativer Bescheid. Aber diese Ableitung wird nicht streng bis zum Ende durchgeführt werden können, weil man die Möglichkeit der Entstehung und Entwicklung neuer Suchmethoden und anderer geeigneter Vorstellungen über die Arbeit von ETI nicht ausschließen kann. Unter diesem Blickwinkel können die Analysen eines Forschungsgebietes »Paläovisitologie« als eine Suche nach ETI in einer Reihe mit der Suche nach ihren Signalen (SETI) betrachtet werden.

Die Notwendigkeit einer wissenschaftlichen Untersuchung

Um die Hauptfrage der Untersuchungen im Bereich der Paläovisitologie (die Suche nach Spuren eines Paläobesuches) angehen zu können, wird es zunächst notwendig sein, Beschlüsse über das weitere Vorgehen zu fassen. Dies erfordert in erster Linie die Ausarbeitung einer Methode, die uns hilft, ein A_o-System zu finden und zu identifizieren. Dazu wiederum ist die Bildung eines theoretischen Modells nötig, das unter der Prämisse eines Paläobesuches geschaffen wird und entsprechende zu erwartende Spuren fordert. Die »Paläovisitologie« (Prä-Astronautik) kann somit als eine wissenschaftliche Richtung angesehen werden, deren Hauptziel das Auffinden von Beweisen für einen tatsächlichen Paläobesuch und seine Erforschung ist.

In welchem Maße haben diese Gedanken nun Bedeutung für die weitere Diskussion? Wir können sagen, daß sowohl die Gegner als auch die Befürworter dieser Hypothese die Frage in diesem Ausmaß (bislang) nicht gestellt haben und auch nicht zu stellen brauchen. Beide, Gegner wie Befürworter, vereint nämlich das Problem des Paläobesuches; denn das Ergebnis aus der Annahme der Hypothese ist, daß die Idee eines Paläobesuches grundsätzlich anerkannt wird und somit erforschbaren Charakter erhält. Andererseits: Lehnt ein Autor diese Hypothese ganz ab, streicht er damit das gesamte Problem des Paläobesuches, da er im Rahmen dieser Hypothese kein Problem erkennt, beziehungsweise es als unbedeutend ansieht. Als Beispiel eines solchen Vorgehens kann unserer Meinung nach der Artikel von B. N. Pauowkin gelten, aus dem ein unvorbereiteter Leser nur mißtrauisch hinsichtlich der Frage »Außerirdischer« werden kann.

Außerdem muß man berücksichtigen, daß die Untersuchungen über einen möglichen Paläobesuch unterschiedliche Grade der Hypothesenbestätigung aufweisen. Selbst wenn es sich herausstellen sollte, daß alle Ausführungen der Befürworter dieser Hypothese falsch sind, so schließt dies nicht die Notwendigkeit der wissenschaftlichen Untersuchung des Problems des Paläobesuches aus, da es objektiv gesehen existiert.

Es ist kein Zufall, daß wir die Notwendigkeit der wissenschaftlichen Erforschung unterstreichen. Denn es ist unbestritten, daß bislang ein Bruch zwischen den Untersuchungen über dieses Problem und der Wissenschaft besteht: Man befaßt sich zwar mit dem Problem, aber in einem eher vorwissenschaftlichen Stadium und im wesentlichen getragen von Enthusiasten. Wissenschaftler kritisieren die Hypothese, stellen ihr aber andererseits keine positive Ausarbeitung gegenüber, bzw. nehmen eine abwartende Position ein. W. I. Avinsky stellte zum Beispiel fest, die Hypothese enthalte ein Vakuum, das durch das Fehlen von wissenschaftlich begründeten Arbeiten zu diesem Thema entstanden sei.

Darüber, daß das Problem noch nicht zum Gegenstand wissenschaftlicher Untersuchungen geworden ist, sagt auch die Anzahl der Veröffentlichungen etwas aus. Es genügt, aus den 192 oben erwähnten sowjetischen Arbeiten zu diesem Thema eine Analyse zu erstellen, um zu dem Ergebnis zu kommen, daß nur fünf von ihnen, das heißt weniger als 3 Prozent, einem streng wissenschaftlichen Grundsatz folgen. Andererseits ist jedoch festzuhalten, daß der in der Wissenschaft vorhandene analytische Apparat für die Erforschung des Problems eines Paläobesuches vollkommen ungenügend ist. Es ist offensichtlich, daß jede mögliche Spur eines Paläobesuches insbesondere eine Tatsache der irdischen Geschichte darstellt. In diesem Sinne, in dieser Breite, unterliegen alle »verdächtige« Fakten der Untersuchung durch die bereits bestehenden Methoden der historischen Disziplinen. Aber in diesen Spuren wird auch ein neuer Inhalt liegen, den es zu erforschen gilt. Bislang wurde er von den historischen Wissenschaften noch nicht in ihr Gedankenmodell miteinbezogen, da er ja nichts Irdisches, sondern etwas Außerirdisches darstellt. Es ist klar, daß ein neues Objekt auch neue Methoden zu seiner Untersuchung erfordert. Im ganzen gesehen muß für die Suche und die Analyse von Spuren eines Paläobesuches eine komplexe Methode erarbeitet werden, die auf den gesammelten Erfahrungen und neuen, den astrosoziologischen Besonderheiten des Problems entsprechend, aufgebaut sein muß.

Wie Paläovisitologie künftig arbeiten muß

Die Untersuchung eines Faktums, von dem ein Zusammenhang mit einem Paläobesuch vermutet werden kann, das also entsprechend »verdächtig« ist, sollte aus zwei Teilen bestehen:
1. Rekonstruktion des Ursprungszustandes des Objektes,
2. Bestimmung des rekonstruierten Objektes.
Der zweite Schritt wird durch einen Vergleich des rekonstruierten Objektes mit zwei »Maßstäben« erreicht:
a) einem Vergleich mit dem System A_0,
b) einem Vergleich mit dem gesamten Komplex des vorhandenen Wissens über ähnliche irdische Objekte und Erscheinungen.
Bis heute gibt es bei uns noch keine begründeten und effektiven Modelle hinsichtlich der Beurteilung eines möglichen außerirdischen Objektes, es gibt auch noch keine Methoden vergleichender Analysen. Es wurde einfach noch kein entsprechender Versuch gemacht. Die bisherigen Verfahren zum Nachweis eines Paläokontaktes, die von den Befürwortern dieser Hypothese verwendet werden, enthalten grundsätzlich bereits Methoden zur Identifikation, sie sind aber noch zu

ungenau. Zudem zeichnen sie sich durch das häufige Ignorieren traditioneller Methoden aus. Im Gegensatz dazu stützen sich die Kritiker der Hypothese ausschließlich auf diesen letzten Punkt. Trotzdem haben sich letztlich Ansätze zu einer komplexen Analyse ergeben, wenngleich die beiden sich gegenüberstehenden Seiten unterschiedliche Kriterien für die Beurteilung eines Faktums anwenden. Es ist darum nicht verwunderlich, wenn einige Autoren davon überzeugt sind, es gebe keine Spuren Außerirdischer, und andere die Auffassung vertreten, diese Spuren seien in übergroßem Maße vorhanden, es existiere sogar eine ganze Kette von entsprechenden Indizien.

Jegliche Erörterung dieses Problems wird aber letztlich nur auf einer theoretisch-methodischen Grundlage möglich sein, das heißt auf der Grundlage und im Rahmen eines Paläobesuches als einer gemeinsamen wissenschaftlichen Richtung.

In den bisherigen Veröffentlichungen ist die Beurteilung »der Hypothese von den Außerirdischen« nicht eindeutig. Die Befürworter sind bestrebt, Spuren dieses Besuches zu finden, das heißt, den Paläobesuch selbst zu beweisen. Warum dieser Besuch aber stattgefunden hat, ist ihnen nicht bekannt. Dieser Mangel in der Argumentation tritt insbesondere stark in westlichen Publikationen hervor (J. Bergier, J. F. Blumrich, E. v. Däniken, W. R. Drake, P. Kolosimo, P. Krassa, B. le Poer Trench, E. Norman, R. Charroux u. a.).

Daneben gibt es aber durchaus das Bestreben einiger Autoren, das Thema rein wissenschaftlich zu bearbeiten, und auf diesem Wege sind bereits einige bemerkenswerte Fortschritte erreicht worden (W. I. Avinsky, J. S. Lisewitch, E. Guerrier, R. Temple, z. T. I. Sänger-Bredt).

Wir sind jedoch davon überzeugt, daß *nur* die Anhebung des wissenschaftlichen Niveaus und die Zuwendung des »professionellen« Wissenschaftlers zu diesem Problem die Frage eines Paläobesuches *nicht* beantworten kann, nicht solange, wie man im traditionellen Rahmen des Streites zwischen Gegnern und Befürwortern bleibt. Die Überzeugung jeder Seite, über eindeutige Beweise zu verfügen, entspricht eigentlich nicht dem derzeitigen Stand in der Erforschung des Paläobesuches. Denn das Problem des Paläobesuches selbst steht durchaus noch nicht fest, und es zeichnen sich im Moment noch keine zuverlässigen Mittel zu seiner Lösung ab. Im Grunde genommen steht dem nur *ein* Hindernis im Wege, nämlich die Frage über die »Richtigkeit« oder »Nichtrichtigkeit« der Hypothese selbst, so daß den Forschern nichts anderes übrig bleibt, als Indizien für ihre Richtigkeit zu suchen oder sie zu kritisieren. Daraus folgt vorrangig die Notwendigkeit einer Umorientierung in den Untersuchungen hinsichtlich der Ziele und Aufgaben der Paläovisitologie und der praktischen Arbeiten, die zur Schaffung einer theoretisch-methodologischen Grundlage führen sollen. Nur auf dieser Grundlage wird es möglich sein, die Suche und die Bestimmung nach und von Indizien erfolgversprechend zu betreiben.

Nichtsdestotrotz gibt es bereits Fakten, deren Erforschung schon jetzt zur Entwicklung solcher Methoden beitragen kann. Dazu gehört unter anderem das komplexe Wissen einiger afrikanischer Stämme (Dogon) über das Weltall und einen Besuch von dort; es gibt glaubwürdiges ethnologisches Material, das bis heute nicht erklärbar ist. Solche und andere Indizien dürften bei einer intensiven Erforschung zweifellos zum Aufbau eines theoretischen Schemas der Paläovisitologie beitragen.

Methodik und Modus der Kritik zur Prä-Astronautik

von Prof. Dr. Pasqual S. Schievella,
New York (USA)

Kritische Einwände gegen die Prä-Astronautik erfolgen grundsätzlich nach zwei Methoden: entweder wird die Hypothese oder ein Teil von ihr aufgrund unverstandener Einzelpunkte, falscher Daten und unzureichender Informationen angegriffen, oder der Angriff richtet sich gegen einzelne Vertreter dieser Hypothese. Was sind die Motive einer solchen Vorgehensweise? Warum werden Indizien, die von der Prä-Astronautik vorgelegt wurden, nicht als solche anerkannt? Mit welcher Berechtigung wird die Hypothese als »irrational« bezeichnet? Der Autor geht diesen Fragen nach und fordert die Kritiker auf, nicht mit zweierlei Maß zu messen, sondern objektiv das vorhandene Material wissenschaftlich zu überprüfen.
Prof. Dr. Pasqual S. Schievella, geb. 1914, ist Professor für Philosophie am New York Institute of Technology, USA. Er ist Herausgeber des »Journal of critical Analysis« und des »Journal of Pre-college Philosophy«. Von ihm liegen zahlreiche Publikationen zu verschiedensten Bereichen der philosophischen, religionswissenschaftlichen und historischen Forschung vor.

299

Daß extraterrestrische Intelligenzen in alten Zeiten die Erde besuchten und den Gang der menschlichen Geschichte beeinflußten, ist im Grundsatz eine alte Hypothese, die durch die Bücher Erich von Dänikens und anderer erneut ins Licht der Öffentlichkeit geraten ist. Ich stehe dieser Hypothese sehr offen gegenüber. Das Thema meines Beitrages ist jedoch eine Kritik – eine Kritik am Verhalten der Kritiker, insbesondere der wissenschaftlichen Kritiker im weitesten Sinne.

Als eine historische Hypothese sollte die Prä-Astronautik, beziehungsweise sollten ihre wesentlichen Punkte durch eine strenge wissenschaftliche Überprüfung getestet werden. Leider ist dies nicht geschehen. Statt dessen haben Wissenschaftler aus allen Bereichen sowohl diese Hypothese als auch ihre Befürworter (insbesondere den Schweizer Autor Erich von Däniken) mit Beschimpfungen und Verunglimpfungen angegriffen. Diese Angriffe wurden sehr häufig mit völlig irreführenden Begründungen und einem »Appell zur Rationalität« geführt. Nicht minder beeinträchtigend wirkt sich das Schweigen einiger Fachleute aus, obwohl sie zahlreiche Indizien dieser Hypothese kennen. Dieses Schweigen wie auch die Angriffe der Kritiker machen deutlich, daß eine neutrale wissenschaftliche Beurteilung der Prä-Astronautik in unmittelbarer Zukunft – leider – noch nicht erwartet werden kann.

Es sollte vielleicht gleich zu Anfang bemerkt werden, daß diese Untersuchung über die »Irrationalität der Wissenschaftler« nicht zu verstehen ist, als hätte ich mangelndes Vertrauen in diese Wissenschaft. Im Gegenteil – ich bin begeisterter Anhänger der Wissenschaft. Aber eben darum bin ich so enttäuscht von dogmatischen Wissenschaftlern, welche die Glaubwürdigkeit der Wissenschaft dadurch zerstören, daß sie mehr für sich beanspruchen, als sie letztlich erbringen können, und der Hypothese der Prä-Astronautik jene Aufmerksamkeit und Überprüfung verweigern, der sie bedarf.

Es gehört eigentlich zum Allgemeinwissen, daß es sowohl möglich als auch wahrscheinlich ist, daß intelligente Wesen irgendwo im Universum existieren. Sogar Kritiker der Prä-Astronautik widersprechen dem nicht. Etwas anderes zu behaupten wäre ein Rückfall ins Mittelalter, als man noch glaubte, die Erde sei der Mittelpunkt des Kosmos und der Mensch die Krone der Schöpfung.

Der Historiker Will Durant vertritt in seiner »Story of Civilization« die Meinung, daß wir nicht notwendigerweise die Nachkommen der primitiven Kulturen sein müssen, die Archäologen und Anthropologen unseren Vorfahren zubilligen. Diese These in Verbindung mit all den von der Wissenschaft noch nicht geklärten Rätseln unserer Vergangenheit läßt die Möglichkeit zu, daß außerirdische Weltraumfahrer einst unsere Erde besuchten. Kein Argument – insbesondere *nicht* die Problematik interstellarer Raumfahrt in Anbetracht der unermeßlichen Distanzen zwischen den Sternen – hat bewiesen, daß höhere

Intelligenzen nicht das vollenden könnten, von dem wir aufgrund einer erst auf wenige Jahrhunderte zurückblickenden wissenschaftlichen Theorie und Technologie behaupten, es sei unmöglich! Nein – es ist möglich und sogar wahrscheinlich, daß außerirdische Intelligenzen einst die Erde besuchten. Dies kann nicht von vornherein in Abrede gestellt werden. Denn mit gleicher Berechtigung müßte man dann daran zweifeln, daß es eine Evolution gegeben hat (ein Punkt, der die Frage auftreten läßt, wofür eigentlich *kein* Beweis erbracht werden könnte) oder daß eine solche Evolution nur auf der Erde stattgefunden hat oder daß es außer uns keine Intelligenzen im Universum gibt oder daß wir ein *absolutes* Wissen über all diese Dinge hätten und so weiter. Sicherlich würden selbst »erleuchtete« Forscher solche mittelalterlichen Ideen kaum aufrechterhalten können.

Überprüfungsmöglichkeiten der Prä-Astronautik

Genauso wenig wie wir die Möglichkeit einer Evolution auf der Erde oder im All verleugnen oder behaupten, über ein absolutes Wissen hinsichtlich unserer Vergangenheit zu verfügen, genauso müssen wir die Möglichkeit anerkennen, daß technologisch hochentwickelte Zivilisationen im Universum entstanden und uns in ferner Vergangenheit besucht haben können.

Dann aber ist die Hypothese der Prä-Astronautik letztlich möglich. Es muß jedoch erwähnt werden, daß diese Hypothese bei einer Überprüfung nicht den strengen Regeln und Gesetzen naturwissenschaftlicher Analysen unterworfen werden kann. Überprüfungsmethoden zur Prä-Astronautik müssen in erster Linie jenen gleichen, die in den Sozialwissenschaften, der Psychologie oder der Anthropologie verwendet werden. Hier formale strenge Regeln zu verlangen wäre, etwas zu erwarten, was schlicht unmöglich ist. Man sollte also davon ausgehen können, daß Wissenschaftler aller Bereiche das von der Prä-Astronautik vorgelegte Material extrapolieren, da sie selbst die Extrapolation als eine Art Beweis anerkennen, die eine weitere Entwicklung in der Wissenschaft zuläßt.

Die Hypothese der Prä-Astronautik erklärt Erscheinungen, die von traditioneller Seite bisher keine ausreichende Deutung erfahren haben. Es ist für die Hypothese durchaus nicht von Nachteil, wenn Kritiker Irrtümer und Fehler in ihr feststellen. Aber als Ganzes genommen sind die bisher gefundenen Punkte und Argumente überzeugend, daß es in ferner Vergangenheit Eingriffe außerirdischer Intelligenzen in die Geschicke der Menschheit gegeben hat.

Die Hypothese der Prä-Astronautik weicht ein wenig von den bisherigen Vorstellungen und Aufzeichnungen unserer Geschichte ab. Die

Hypothese verlangt aber auch nur eine »Bestätigung« der überlieferten Daten durch Korrelation mit solchen Informationen über unerklärliche und nicht-zeitgemäße technische Artefakte und Ereignisse in ferner Vergangenheit. Die meisten Indizien, welche die Prä-Astronautik bisher vorgetragen hat, können als logisch betrachtet werden, sowohl hinsichtlich möglicher und wahrscheinlicher Ereignisse, die uns Historiker und die Verfasser religiöser Schriften der alten Zeit überlieferten, als auch in bezug auf antike Artefakte, die nicht im Einklang mit dem vermuteten Wissensstand und der Fähigkeit unserer fernen Vorfahren stehen. Betrachtet man all dies als ein zusammenhängendes Gebilde beschreibbarer Daten, ergibt sich daraus zwangsläufig die Notwendigkeit eines weiteren einzuführenden Faktors in das bisherige Geschichtsbild: die Intervention außerirdischer Intelligenzen. Denn die Beschreibungen in antiken Dokumenten, verbunden mit empirischen Daten, schwächen ganz erheblich das Argument, unsere Vorfahren seien allein für solche Artefakte verantwortlich. Sie lagen jenseits ihrer sprachlichen und technischen Möglichkeiten, auch jenseits ihrer Vorstellungen überhaupt.

Es ist also an der Zeit, diese faszinierenden Rätsel zu lösen. Die in der Sprache der Antike niedergelegten Aufzeichnungen über solche Ereignisse ermöglichen uns durch die weiter entwickelte Sprache und das Wissen unserer Tage neue Ausblicke und Denkmodelle.

Wenn wissenschaftliche und religiöse Institutionen es erlaubten und Regierungen oder Stiftungen es finanzierten, könnten Forscher solche Daten aus der ganzen Welt in einem Computerprogramm miteinander vergleichen, um Gemeinsamkeiten zwischen empirischen Beschreibungen über »Götter aus dem All« festzulegen oder festzustellen, ob es sich dabei – wie viele Kritiker meinen – um nichts anderes als die Ausgeburt verrückter Gehirne oder lebhafter Phantasie handelt. Solche Computerprogramme, eine vergleichende Sprachforschung, Übersetzungen antiker Schriften, Konzepte und Beschreibungen, letztlich auch Artefakte, die in Museen gefunden, an archäologischen Fundstellen entdeckt oder in historischen und religiösen Dokumenten verzeichnet sind, sollten entscheiden können, ob vor-wissenschaftliche Menschen mit einer technisch nicht oder nur wenig entwickelten Sprache tatsächlich dazu in der Lage waren, diese Dinge zu »erfinden«, oder ob wir es hier mit Überresten einer extraterrestrischen Einflußnahme zu tun haben.

Die meisten Einwände gegen die Hypothese der Prä-Astronautik stammen im Grunde von einer kleinen Anzahl Wissenschaftler, die behaupten, es gäbe nicht den »Schimmer eines Beweises«, der die Hypothese stützen könnte. Sie selbst, so heißt es, würden die eigenen Theorien unter Bewcis stellen – der Theoretiker der Prä-Astronautik hingegen sei weit davon entfernt, dies verwirklichen zu können. Ich möchte diese Kritiker daran erinnern, daß es viele Arten von Beweisen gibt: nicht nur empirische, beobachtbare, experimentelle oder induktive, sondern auch theoretische, logische, mathematische, hypothetische, deduktive, statistische und dokumentarische. Diese verschiedenen Formen gelten für viele kritische und fundamentale Untersuchungen innerhalb der Wissenschaft selbst. Der die Prä-Astronautik vertretende Theoretiker hat nicht weniger Berechtigung, sie zu verwenden, als der traditionelle Wissenschaftler. Selbstverständlich müssen sie unmittelbar oder mittelbar verifizierbar sein und einem verständlichen Modell relevanter Fakten, Theorien und Hypothesen angehören. Bis zu einem Grad, an dem wir diese Elemente zusammenhängend und ohne inneren Widerspruch zueinander vorliegen haben, bis zu diesem Grad können wir den berechtigten Anspruch erheben, über Indizien, Beweise und Wissen zu verfügen.

Die Verantwortung des Wissenschaftlers

Ein bewußtes Ignorieren dieser verschiedensten Arten von Beweisen ist aber gerade der *modus operandi* all jener Wissenschaftler, die Dogmatismus und Vorurteile statt wissenschaftlicher Offenheit bevorzugen. Wollen sie wirklich behaupten, es gäbe keine Wahrheit und kein Wissen außer jenem, daß in den Naturwissenschaften gefunden wird? Würden sie behaupten, es gäbe nicht den »Schimmer eines Beweises«, daß Präsident Lincoln im Ford-Theater von Washington erschossen wurde, weil niemand mehr lebt, der es gesehen hat? Würden sie die Dokumente in Frage stellen, die uns darüber Auskunft geben, wie Alexander Fleming das Penicillin entdeckt hat, oder jene, daß Julius Cäsar Rom regierte? Solches Wissen kann nicht durch naturwissenschaftliche Methoden verifiziert werden, durch Experimente oder unfälschbare Daten.

Natürlich muß Wissenschaft ihre Suche nach Wahrheit objektiv führen. Aber *Wissenschaft* ist nicht gleich *Wissenschaftler*. Die letzteren sind weit davon entfernt, unfehlbare Wesen oder auch nur objektiv zu sein, einige wenige sind sogar unredlich und empfänglich für Träumereien von der wissenschaftlichen Allmacht, auch wenn sie zugeben, dabei lediglich zu spekulieren. Sie vergessen leicht, daß die derzeitigen Errungenschaften der Wissenschaft nur wenig mehr als ein embryonales Stadium auf dem Weg zur Wahrheit darstellen. Indem sie sich selbst auf den Thron der Unfehlbarkeit heben, möchten sie damit andeuten, daß sie allein den Schlüssel zu den Geheimnissen des Universums besitzen. Damit aber zeigen sie die schlimmste Art von Engstirnigkeit, indem sie nicht bereit sind zuzugeben, daß es Probleme gibt, die eben nicht durch das Studium subatomarer oder molekularer Strukturen zu lösen sind. Und auch dies muß gesagt werden: Technische Errungenschaften der

Wissenschaft werden oft mit einer Bestimmtheit vertreten, die den Laien dazu verführt zu glauben, die Erzeugnisse der Technologie – etwa das Fernsehen, nukleare Waffen, Weltraumfahrt – wären ausreichende Beweise dafür, daß das, was Wissenschaftler sagen, *in ipso* wahr sei. Die Angriffe und negativen Reaktionen religiöser Institutionen sind – im Hinblick auf ihr besonderes Interesse – leicht verständlich. Aber man sollte doch von der wissenschaftlichen Welt eine offenere Haltung erwarten. Soweit sie sich bis heute damit beschäftigt hat, besitzt das ganze leider den Beigeschmack von Dogmatismus. Dogmatismus aber führt immer zu Widersprüchen, Zweideutigkeiten und sinnleeren Standpunkten. Dies ist aber nicht angebracht und nicht der Fall im Hinblick auf die Hypothese der Prä-Astronautik.

Wenn Wissenschaftler ihren moralischen Charakter und ihre Ethik in der Verantwortung sehen, darauf aufmerksam zu machen, was rational und was irrational ist, dann sollte dies nicht in einer herabsetzenden Weise geschehen. Wenn sie die Prä-Astronautik angreifen, müssen sie gleichfalls auch das Hohepriestertum des Irrationalismus selbst angreifen: Politik, Religion und die Wissenschaft. Und: In einer humanistischen Gesellschaft sollte Wissenschaft in erster Linie Ideen kritisieren, nicht deren Vertreter. Sie sollte nach wissenschaftlichen Methoden streben – nicht zum Postulat von Dogmen. Wissenschaftler aller Bereiche täten gut daran zuzugeben, daß die Theoretiker der Prä-Astronautik ein Recht haben, die gleiche Art von Beweisen vorzulegen wie die traditionelle Wissenschaft selbst. Sie täten gut daran, die vorgebrachten Indizien und Daten mit derselben Objektivität zu untersuchen, die sie selbst zu verwenden behaupten. Sie sollten sich mit Untersuchungen befassen, nicht mit Vorverurteilung und Denunziation. Und sie würden gut daran tun, ihr Interesse, ihre Methoden, ihre Techniken, ihre Moral und ihre finanziellen Mittel in eine seriöse Forschung einzubringen, die unser historisches Wissen mit der Hypothese der Prä-Astronautik zu verbinden sucht.

Ein Rätsel der Osterinsel gelöst

Oder: Zur destruktiven Informationspolitik einiger öffentlicher Medien

von Dr. Gene M. Phillips, Chicago (USA)

In den öffentlichen Medien wird – leider noch immer! – der Eindruck erweckt, Prä-Astronautik sei eine völlig unwissenschaftliche Methode, Einblick in die Geschichte der Menschheit zu gewinnen. Interessanterweise wird dabei, insbesondere in entsprechenden Fernsehsendungen, häufig ebenfalls äußerst unwissenschaftlich vorgegangen. Angriffspunkt ist zumeist die Person Erich von Dänikens als bekanntesten Vertreters der Prä-Astronautik. Darüber hinaus wird oft mit Fakten und Argumenten gearbeitet, die zumindest sehr fragwürdig sind. Im folgenden Artikel wird auf eine derartige Sendung eingegangen, die im amerikanischen und einigen angelsächsischen Fernsehprogrammen lief. Ähnliche Beispiele könnten jedoch auch aus dem Bereich der Bundesrepublik Deutschland angeführt werden.

Dr. Gene M. Phillips, geb. 1926, studierte Jura und ist Anwalt in Chicago, USA. Er gründete 1974 die »Ancient Astronaut Society« und ist seit jener Zeit deren Präsident.

Im Februar und März 1978 wurde in den Vereinigten Staaten von der
»Public Broadcasting Service«-Station im Rahmen der dort laufenden
»Nova«-Serie eine neunzigminütige Fernsehsendung ausgestrahlt.
Unter dem Titel »Die Sache mit der Prä-Astronautik« gesendet, wird
der Beitrag im folgenden vereinfacht »Nova-Programm« genannt (1).
Das Nova-Programm hatte ein offensichtliches und eindeutiges Ziel,
nämlich die außerordentliche Popularität Erich von Dänikens und der
Prä-Astronautik in ein denkbar schlechtes Licht zu setzen. Man brachte
zu diesem Zweck v. Dänikens Theorien – zunächst überblickartig, im
späteren Verlauf in ausgewählten Punkten. In jedem dieser Fälle wurde
dem Zuschauer eine knappe Aussage über v. Dänikens Ansicht vermittelt, um diese dann in einer sehr ausführlichen Gegenrede zu kritisieren
– gewöhnlich durch die Stellungsnahme einer bekannten Persönlichkeit.
In allen Fällen war v. Däniken letztlich der Verlierer; die althergebrachte wissenschaftliche Stellung behielt immer die Oberhand.
Daß das Nova-Programm darauf ausgelegt war, die öffentliche Meinung gegen von Däniken und die Prä-Astronautik einzunehmen, ist
mehr als nur Spekulation – es ist eine Tatsache. So wurden zum
Beispiel Pressemitteilungen verbreitet, lange bevor die Sendung durch
den Äther ging, um auf diese Weise die Einschaltquoten zu erhöhen.
Eine dieser Mitteilungen ging dahin, Erich von Däniken behaupte, die
Erde sei von Außerirdischen besucht worden und große Menschen-
mengen verfolgten seine Vorträge, die »eine Stimmung religiöser Heils-
erwartung erzeugen. Verständlich: die Leute sind bereit, ihn über die
Götter predigen zu hören – auch wenn es sich dabei um falsche Götter
handelt.«
Und in der gleichen Pressemitteilung weiter: »Was steckt hinter der
enormen Popularität von v. Dänikens Theorien – in sich selbst ein
Phänomen? Diese Frage bewegt sich in dem manchmal sehr schmalen
Bereich zwischen Science-fiction und Wissenschaft: Warum haben so
viele Menschen diese verschwommenen Hypothesen in blindem Glauben angenommen? Und kann solch unkritische Haltung die rationale
Wissenschaft behindern?« (2)
Da haben wir es: Erich von Dänikens Theorien könnten »die rationale
wissenschaftliche Erforschung behindern«! – Die eigentlich sehr objek-
tive Nova-Serie wird zu einem Manipulationsinstrument gegenüber den
Gedanken und Meinungen des Zuschauers. Pflichtgetreu nahmen die
Vertreter der Presse den ausgeworfenen Köder auf und brandmarkten
v. Däniken als »Betrüger«, als »Scharlatan«, als »Lügner« und sogar als
»professionellen Kriminellen«. (3)
Aber damit nicht genug: Ein eigenes Heft (»Lehrer-Führer für das
Nova-Programm«) wurde vorbereitet und an die Schulen verschickt,
um die Lehrerschaft auf die Sendung aufmerksam zu machen. Der
Führer enthielt eine Zusammenfassung des Programms, Kommentare

für die Lehrer, Vorschläge zu Aktivitäten für Studenten und Diskussionspunkte – alles eindeutig verfaßt, um die Lehrerschaft gegen von Däniken und seine Theorien einnehmen zu können. Durch den Führer zieht sich wie ein roter Faden der Appell, bei der »Beurteilung der Beweise eine wissenschaftliche Haltung« zu bewahren, und die Warnung gegen »Irrationalismus im Zusammenspiel mit faszinierenden Theorien«. Die Botschaft ist unzweideutig: belichtet werden v. Dänikens »Verdrehungen« der Tatsachen und seine Unfähigkeit, »präzise Fakten in seinem Buch« vorweisen zu können; und das Nova-Programm will die wissenschaftliche Wahrheit darlegen.

Ein Beispiel: die Osterinsel

Dieser Artikel kann leider nur einen Gesichtspunkt der Diskussion des Nova-Programms – die Osterinsel – untersuchen. Dabei muß man sich immer der Intention dieser Sendung bewußt sein, die Wert darauf legt, »wissenschaftliche Methoden« bei der Erforschung anzuwenden und exakte, stichhaltige und nachprüfbare Fakten zu bieten.
Ich sah das Nova-Programm der PBS-Station (Chicago) am 10. März 1978. Viele der Orte, die im Laufe der Sendung aufgesucht wurden, habe ich selbst betreten, und es war für mich bald klar, daß die Sendung genau in jener Art und Weise agierte, die man Erich von Däniken vorwarf: Da gab es verdrehte Tatsachen, ungenaue Angaben, Fehldeutungen, vage Vermutungen und Unterstellungen. Ich war insbesondere an dem Beitrag über die Osterinsel interessiert. Damals hatte ich diesen Ort noch nicht besucht, hatte aber AKU-AKU gelesen, Thor Heyerdahls Bericht über die Expedition von 1955/56 (5). Viele der »Fakten« über die Osterinsel, die das Nova-Programm brachte, waren für mich verwirrend, so daß ich eine Abschrift der Sendung für weitere Studien bestellte (6).
Der Moderator begann den Beitrag über die Insel wie folgt: »v. Däniken stellt viele Fragen zu den Statuen auf der Osterinsel: Wer schnitt die Figuren aus dem Stein? Wer bearbeitete sie? Wie wurden sie modelliert, poliert und aufgestellt? Wie wurden sie ohne Räder über mehrere Meilen transportiert? Und wie führten sie das alles durch? Seine Folgerung ist, außerirdische Astronauten seien im Spiel gewesen« (Abschrift, S. 13).
Der Moderator stellt sodann den norwegischen Forscher Thor Heyerdahl als Osterinsel-Fachmann vor und richtet an ihn die Frage, ob die Statuen wirklich noch immer ein ungelöstes Rätsel darstellten.
Heyerdahls Antwort: »Nein, wir wissen tatsächlich, wer sie gemacht hat, wann sie sie machten, warum sie sie machten, wie sie sie machten und sogar, wann sie aufhörten, sie zu machen. Es ist eine Tatsache, daß

sie von den Vorfahren der heute auf der Insel lebenden Einwohner hergestellt wurden, und nach Ihrer Überlieferung können sie sich auch daran erinnern, wie ihre Ahnen es bewerkstelligten. *Sie taten es vor unseren eigenen Augen, sie meißelten eine Statue aus dem Stein und stellten sie auf.* Es schien zunächst eine langwierige Prozedur zu werden, aber sie begossen die Statue während der Arbeit mit Wasser, *und nachdem sie die harte Außenschale des Gesteins durchbrochen hatten, ging die Arbeit viel schneller vorwärts.*« (Abschrift, S. 13–14). Thor Heyerdahl ist ein Forscher, kein Vertreter der exakten Wissenschaft. So kann ihm verziehen werden, bei der Überprüfung der Dänikenschen Argumente nicht die »wissenschaftliche Methode« angewendet zu haben. Wenn er sagt: »Wir wissen tatsächlich«, wer die Statuen machte, und es sei »eine Tatsache«, daß die Figuren von den Vorfahren der heutigen Insulaner angefertigt worden seien, wäre es besser gewesen zu sagen, daß es sich dabei um von den meisten Archäologen anerkannte *Theorien* handelt. Es sind Vermutungen, Schlußfolgerungen, die aus ziemlich schwachen »Beweisen« gezogen wurden. In Wahrheit *weiß* niemand, was wirklich vor langer Zeit auf der Osterinsel geschah.

Nicht verziehen werden können Heyerdahl jedoch jene beiden Aussagen, die weiter oben zur Verdeutlichung hervorgehoben wurden. Zum einen behauptet er, er sei Zeuge gewesen, wie die Insulaner »eine Statue aus dem Stein meißelten und aufstellten«. Bedauerlicherweise ist dies nicht die Wahrheit. Die Insulaner meißelten *keine Statue* aus dem Fels. Was sie vor Heyerdahls Augen in den Felsen schnitzten, waren die Umrisse einer Figur, reliefartig in die Wand gehauen, aus der die wirklichen Statuen einst geschnitten wurden. Heyerdahls »Statue« konnte nicht aufgestellt werden, einfach, weil es sich nicht um eine Statue handelte, sondern lediglich um deren Umrisse, und weil sie sich noch immer im Felsen befindet.

Heyerdahl schaute dabei zu, wie die Insulaner eine Statue aufstellten – aber es war eine umgekippte Originalfigur, nicht eine, die sie selbst zuvor aus dem Felsen gemeißelt hatten!

Ich bin überzeugt, daß es *nicht* Heyerdahls Absicht war auszudrücken, er meine, die Insulaner hätten ein und dieselbe Statue herausgemeißelt und aufgestellt, sondern daß sie die eine bearbeiteten und die andere aufrichteten. Wenn dem so ist, sollte er jedenfalls darauf achten, sich genauer auszudrücken – insbesondere in einer Sendung, die von Däniken hinsichtlich »eindeutiger Verdrehung« und der »Unterlassung präziser Fakten« (Lehrer-Führer für das Nova-Programm) kritisiert. Die zweite unterstrichene Aussage in Heyerdahls Zitat bezieht sich auf die weitaus schneller vorangegangenen Meißelarbeiten der Insulaner, nachdem »die harte äußere Schale des Gesteins« durchbrochen war. In seinem Buch AKU-AKU geht Heyerdahl ebenfalls auf die Härte des

Gesteins ein. Er führt dazu aus, daß frühere Annahmen über die Dauer bis zur vollständigen Herausmodellation einer Figur irrigerweise viel zu kurz angesetzt gewesen wären:»Sie hatten den gleichen Fehler gemacht wie wir selbst und andere vor uns – nämlich die Härte des Gesteins nach der äußeren Schale beurteilt. Niemand von uns hatte eingestandenermaßen das gemacht, was die ersten Spanier bereits getan hatten: mit der Axt so tief in eine Statue geschlagen, bis die Funken sprühten. Die Figuren sind im Inneren, unter der äußeren Oberfläche, unglaublich hart, und genauso ist das Gestein an jenen Stellen, an die noch kein Regenwasser gelangen konnte.« (AKU-AKU, S. 121).
Wem also sollen wir glauben? Dem Heyerdahl von 1957, der schreibt, die Außenseite des Gesteins sei weicher als das Innere, oder dem Heyerdahl des Nova-Programms, der behauptet, die äußere Rinde sei härter?
Der Moderator betont sodann, daß keine hochentwickelte Technik nötig gewesen sei, um die Statuen aus den Felsen zu schneiden, sondern lediglich primitive Faustkeile. Heyerdahl zeigt daraufhin dem Fernsehzuschauer einen solchen Faustkeil und erklärt:»Diese Keile benutzten sie, um die Figuren herauszumeißeln.« (Abschrift, S. 14) Doch zum wiederholten Male: Dies ist eine *Theorie,* keine Tatsache!

Wie die Öffentlichkeit manipuliert wird

An diesem Punkt des Nova-Programms wird der Zuschauer nun zum Zeugen eines makabren Scherzes: Während der Moderator sagt:»... bereits nach wenigen Tagen zeigten sich die Umrisse der Statue« (Abschrift S. 14), also über jene »Statue« spricht, die die Insulaner für Heyerdahl aus dem Felsen meißelten, wird auf dem Bildschirm eine *echte* Statue in noch unfertigem Zustand gezeigt – nicht diejenige, die Heyerdahl mit Faustkeilen in Angriff nehmen ließ. Der Moderator sagt freilich nicht ausdrücklich, daß die gezeigte Statue die von den Insulanern bearbeitete sei, aber der Zuschauer muß zwangsläufig zu dieser Auffassung gelangen. Durch eine entsprechende Moderation war also eindeutig die Folgerung gegeben, die gezeigte Statue müsse die von Heyerdahl und seinen Leuten bearbeitete sein.
Während ich das Nova-Programm sah, wurde mir klar, daß die gezeigten Bilder irreführend wirken mußten. Ich erinnerte mich an das Foto der aufgerichteten Statue in AKU-AKU, aber dies war nicht diejenige, die von Heyerdahl in Arbeit genommen worden war. Als die Sendung zu Ende war, holte ich meine Ausgabe des Buches aus dem Schrank und fand schnell jenes Foto, das vom Nova-Programm gezeigt wurde, als sei darauf die von Heyerdahls Leuten mit Faustkeilen herausgemeißelte Figur abgebildet. Die Unterschrift des Bildes aber machte deut-

Abb. 74: Original-Moai in noch unfertigem Zustand.

lich, daß es sich dabei – wie ich vermutet hatte – um eine echte, noch unfertige, ursprüngliche Statue handelte. Mein Interesse war geweckt. Wenn die im Nova-Programm gezeigte Statue ganz offensichtlich nicht die von Heyerdahls Leuten herausgemeißelte war – wie sah diese dann wirklich aus? Obwohl AKU-AKU »reich illustriert, mit 32 farbigen Fotoseiten« versehen ist, findet sich nirgends Heyerdahls »Statue«. Ich fragte mich, warum? Ich begann erneut, jene Stelle des Buches zu lesen, in der Heyerdahl sein »Experiment« beschreibt: wie die Insulaner für ihn eine Statue meißelten (AKU-AKU, S. 114-121). Heyerdahl erkundigte sich beim Bürgermeister der Insel, einem Nachkommen der »Langohren« (ethnische Insulanergruppe auf der Osterinsel), der aber eher dem geläufigen Bild eines »Schlitzohres« entsprach, ob er eine Statue mit den auf der Insel gefundenen Faustkeilen herstellen dürfe. Die Antwort: »Sie können es versuchen, Señor. Wie groß soll die Statue denn werden?« – »Oh, von mittlerer Größe, fünfzehn oder zwanzig feet (etwa 3 bis 4 Meter) hoch.« Daraufhin wurde vereinbart, daß sechs der Langohr-Nachfahren mit der Arbeit an der Statue beginnen sollten. Eine geeignete Stelle am Felsen wurde ausgewählt, und die Arbeit nahm ihren Anfang. »Am dritten Tag zeichneten sich die Umrisse des Riesen bereits deutlich ab«, schreibt Heyerdahl auf Seite 120. Aber ebenfalls am dritten Tage kamen die Insulaner mit »geschwollenen Fingern« zu ihm und machten deutlich, daß sie unmöglich weitermachen könnten. Die Arbeit am

Abb. 75: Der von Thor Heyerdahl aus dem Felsen gehauene Moai-Umriß.

»Experiment« wurde eingestellt. Folglich gibt es keine je von Heyerdahl herausgemeißelte *Statue;* lediglich die Umrisse einer Figur sind in das Felsgestein geschlagen worden. Aber die Frage bleibt: wie stellt sich das in Wirklichkeit dar?

Aus seinem »Experiment« schloß Heyerdahl, daß alle mehr als 1000 Statuen der Osterinsel von den Ureinwohnern unter Zuhilfenahme von Faustkeilen aus dem Fels getrennt und bearbeitet worden sind. Von Däniken widersprach dem – er folgerte, daß das »Experiment« genau das Gegenteil beweise: die meist völlig fehlerfreien Statuen könnten nämlich unmöglich durch solche Faustkeile entstanden sein. Aus AKU-AKU gewinnt der Leser den unzweideutigen Eindruck, daß Heyerdahl davon ausging, seine Leute könnten mit ihren primitiven Werkzeugen eine vollständige Figur aus dem Felsen meißeln, und daß lediglich die Unerfahrenheit im Umgang mit dem Material sie am Weitermachen hinderte. Im Nova-Programm jedoch deutet Heyerdahl an, das »Experiment« sei lediglich durchgeführt worden, um die Zeit abschätzen zu können, die zur Herstellung einer vollständigen Statue benötigt würde – nicht, *ob* dies überhaupt möglich sei. Heyerdahl: »Wir gingen für nur drei Tage hinaus, um einen Eindruck zu gewinnen, und es war einfach für die Archäologen herauszufinden, daß selbst die größte Statue innerhalb eines Jahres fertig sein würde« (Abschrift, S. 14). Diese Aussage ist angefüllt mit einer Reihe von Fragezeichen. Zunächst: die Andeutung, es sei keine Frage, daß die Statuen mit

Faustkeilen hergestellt werden konnten und daß es das erklärte Ziel der 3-Tage-Aktion gewesen sei, abschätzen zu können, wieviel Zeit man insgesamt benötigen würde. Zweitens, daß diese Abschätzung *einfach* zu erreichen sei, und drittens, daß »die Archäologen« diese Abschätzung gemacht hätten. Der Gebrauch des Plurals in diesem Zusammenhang deutet an, mehr als ein Archäologe habe diese Aussage gemacht. Insgesamt waren an der Expedition von 1955/56 vier Archäologen beteiligt, aber nach AKU-AKU (S. 121) machte nur *einer* von ihnen eine entsprechende Angabe. Die anderen diesbezüglichen Kommentare stammten vom Bürgermeister, von einigen der Helfer und von Heyerdahl selbst.

Wie auch immer – in seiner Aussage des Nova-Programms folgert Heyerdahl, daß »sogar die größten Statuen innerhalb eines Jahres vollendet sein würden«. In AKU-AKU jedoch betont er ausdrücklich, die Voraussage für ein Jahr beträfe eine »mittelgroße Statue«, an der zwei Gruppen rund um die Uhr arbeiten müßten. – Sind dies die »präzisen Fakten« des Nova-Programms?

Der Moderator führt weiter aus, E. v. Däniken behaupte, die Osterinsel sei zu unfruchtbar, um genügend Nahrung für eine große Anzahl von Menschen liefern zu können – oder auch Holz für die Herstellung großer Hebel. Und wörtlich:»Heyerdahl jedoch fand eine Fülle von Beweisen für beides.« (Abschrift, S. 14). Der Zuschauer wird leider nicht in das Geheimnis der Heyerdahlschen Beweise eingeweiht, denn Heyerdahl selbst läßt diesen Punkt unerläutert. Dafür stellt der Moderator erneut die folgende Aussage als Tatsache dar: »Die Wälder der Insel wurden von Bränden und der Landwirtschaft zerstört. Zu der Zeit aber, als die Figuren entstanden, gab es große Mengen an Holz, um daraus Hebel herzustellen.« (Abschrift, S. 15)

Das ist wirklich unfaßbar! Aufgrund der Aussage, die Wälder der Insel seien von Feuer und der Landwirtschaft vernichtet worden, muß der Zuschauer schließen, es habe vor langer Zeit tatsächlich Wälder auf der Osterinsel gegeben. In Wirklichkeit aber gibt es *keinen einzigen Beweis* dafür, weder auf der Osterinsel selbst, noch in der Literatur darüber. Und natürlich gibt es auch keinerlei Hinweise auf irgendwelche Waldbrände oder Rodungen. Es ist eine Tatsache, daß das Land von Anfang an für die Schafzucht benutzt wurde. Die Insel ist nichts anderes als die Spitze eines erloschenen Vulkans mit einer sehr dünnen Bodenbedeckung und einer spärlichen Vegetation, die sich aus Gräsern und einigen Eukalyptusstauden zusammensetzt, die vor 50 Jahren hierher gebracht wurden. Es ist ausgesprochen lächerlich und bezeichnend für den Moderator, selbstsicher zu behaupten, es habe einst »auf der Insel große Mengen an Holz« gegeben. Die Insel wurde im Jahr 1722 entdeckt – wie also kann irgend jemand »wissen«, wie es dort aussah, als die Statuen hergestellt wurden? Sogar Heyerdahl deutet an, es könne an die 1000 Jahre gedauert haben, bis alle Statuen fertig waren. Dies ist ein gutes Beispiel für die »Verdrehung« von Fakten, mit denen das Nova-Programm so freimütig umgeht und die die Sendung zu einem Meisterstück der Irreführung und Fehldeutung machen.

Die Überprüfung

Ich mußte fünf Jahre warten, um das Rätsel der Heyerdahlschen Statue lösen zu können. Im September 1983 besuchte ich zusammen mit anderen Mitgliedern der »Ancient Astronaut Society« die Osterinsel. Wir verbrachten drei Tage auf der Insel – genügend Zeit, um alles Wichtige in Augenschein nehmen zu können. Wir durchstreiften den Rano Raraku, den Vulkankrater, aus dessen Wänden die Figuren geschnitten wurden und in dem sich noch immer Hunderte von ihnen in allen denkbaren Zuständen der Fertigstellung finden lassen. Wir sahen auch die halbvollendete Statue, die das Nova-Programm als jene zeigte, die von Heyerdahls Leuten bearbeitet worden sei (Abb. 76). Als wir bereits dabei waren, den Krater wieder zu verlassen, erinnerte ich unseren einheimischen Führer daran, daß wir noch immer nicht Heyerdahls Statue gesehen hätten. Er deutete auf den Außenrand des Kraters und meinte: »Es ist dort oben, aber man braucht 15 bis 20 Minuten, um hinaufzusteigen – es ist sehr steil. Sind Sie sicher, daß Sie das wirklich auf sich nehmen wollen?«

Ich machte ihm deutlich, daß für mich diese Statue das wichtigste Objekt auf der ganzen Insel sei, und so begannen wir, auf dem losen Boden und dem schlüpfrigen Gras den Krater hinaufzuklettern.

Wir erreichten schließlich den Punkt, den uns unser Führer von unten gewiesen hatte, und ich sah zwei makellose Statuen, nebeneinander auf dem Bauch liegend, vor mir auf dem Boden. Ich war verwirrt. Dies konnte unmöglich das sein, was Heyerdahl in AKU-AKU beschreibt. Ich fragte unseren Führer erneut, und er deutete auf einen Felsen in unserer unmittelbaren Nähe. Ich schaute unmittelbar auf die Wand – aber ich konnte nirgends eine Statue erkennen. Ich schritt die Wand auf und ab und stand schließlich in einem Winkel zu ihr, aus dem ich das einfache Relief einer in den Fels geschlagenen Figur erkennen konnte, die nur wenig Ähnlichkeit mit den berühmten Statuen der Osterinsel erkennen ließ (Abb. 77). Ich mußte unwillkürlich lachen.

Nur wenige Menschen haben die Möglichkeit, die Osterinsel, diesen »einsamsten Punkt der Welt«, zu besuchen. Und von diesen wenigen dürfte nur eine Handvoll das Privileg besessen haben, das Ergebnis von Heyerdahls »Experiment« zu betrachten, das eine so große weltweite Diskussion auslöste. Es ist schade, daß es keinen Ersatz für eine Beobachtung aus erster Hand gibt. Und es ist noch weitaus bedauerli-

313

cher, daß die Nova-Serie, die sich selbst als erzieherisch betrachtet, so manipulierend, so die Tatsachen verdrehend und so irreführend auf den Zuschauer einwirken kann.

Das »Eisberg-Paradoxon«

Prä-Astronautik in der wissenschaftlichen Literatur

von Ulrich Dopatka, Zürich (Schweiz)

Inwieweit eigentlich haben Gedanken über einen Kontakt mit außerirdischen Kulturen in der Vergangenheit der Menschheit schon Eingang in die wissenschaftliche Literatur gefunden? In vielen öffentlichen Medien – insbesondere im Fernsehen – wird häufig der Eindruck erweckt, dies alles sei kein Thema für die wirkliche Forschung. Dieses Buch und – wie der Autor des folgenden Beitrages zeigt – auch die neuere wissenschaftliche Literatur sind ein Beweis dafür, daß dieser Eindruck täuscht. Nicht ohne Grund hat U. Dopatka hier eine zum Teil etwas »schnodderige« Sprache verwandt, um auf diese Weise bewußt einen Gegenpol zur (zuweilen nicht nur von Außenstehenden) sehr schwer lesbaren und damit schwer verständlichen wissenschaftlichen Literatur zu setzen. Ulrich Dopatka, geb. 1951, ist Diplom-Bibliothekar an der Universitätsbibliothek Zürich, Schweiz. Er ist Mitglied verschiedener literarischer Vereinigungen und mehrerer naturwissenschaftlicher oder historischer Gesellschaften. Als Autor des »Lexikon der Prä-Astronautik« (1979) schuf er erstmals einen lexikalischen Überblick über das weitreichende Thema des Besuchs aus dem All.

Nikolaus Vogt, Dozent an der Universität München (Sternwarte): Bei der».. .Frage nach der Existenz von außerirdischen Lebewesen, vor allem intelligenten Lebewesen... handelt es sich um eine naturwissenschaftliche Frage, die allerdings eine enge, interdisziplinäre Zusammenarbeit erfordert. Aspekte der Astronomie, der Physik, Informationstheorie und Kybernetik müssen berücksichtigt werden, aber auch solche aus der Biologie, Biochemie und Neurophysiologie, der Paläontologie, Anthropologie und Archäologie (sic!), der Geschichtsforschung und der Soziologie...« (1)

Es tut sich etwas unter der Oberfläche, hinter den Türen von Instituten und Seminaren. Das Thema»außerirdische Intelligenz« in seiner ganzen Bandbreite ist seit einigen Jahren von der Wissenschaft angenommen worden und hat Einlaß gefunden in ihre Kreise. Dabei sind die Debatten um prinzipielle Grundfragen, ja sogar die Diskussion um die Methodik der Forschung, um»Strategie und Taktik«, zum guten Teil längst abgehandelt. Interdisziplinär, darauf liegt die Betonung, wurde in Theorie *und* Praxis das heiße Eisen nicht nur aus der Glut geangelt, sondern bereits geschmiedet.

Das ist gut so! Nur – der interessierte Außenstehende weiß von diesen Aktivitäten kaum etwas...

Aus der ihm zugänglichen populären Literatur erkennt er die Brisanz des Themas, liest aber auch vom Kampf jener Autoren um Anerkennung oder Rehabilitation ihrer riskanten Gedanken in akademischen Kreisen. Um nicht in Frustration und Apathie zu verfallen, braucht es bei diesen Schriftstellern unter sehr dickem Fell viel»Rückgrat«. Wird zudem in Medien – Stichwort: Televisions-Zeitalter – von sogenannten Kompetenzen das Thema Exobiologie (im weitesten Sinne) öffentlich verballhornt, entsteht in weiten Bevölkerungskreisen ein Eindruck von Pseudowissenschaftlichkeit und Irrationalität der Thematik. Argumente für das»Unmögliche« zu sichern wird oft als Kampf gegen Windmühlen verpönt. Aber: Was uns diese Spitze des Eisberges weismachen will, entspricht nicht der Wirklichkeit unter der Oberfläche moderner Forschung!

Kein Gelehrter ist so weltfremd, um nicht selber zu wissen, daß abschätzige Äußerungen über»kleine grüne Männer« oder einen»Dänikenismus« neupotemkinsche Architektur klassischer Prägung sind. Wem sonst aber ist bekannt, daß sogar Symposien über Aspekte der Forschung nach außerirdischem Leben, interstellarer Raumfahrt und so weiter stattfinden? Welcher Autor, der Mühe hat, sein populärwissenschaftliches Sachbuch irgendwo veröffentlichen zu können, weiß, daß namhafte Verlage wie Pergamon Press, Oxford; University Science Books; University College Press; MIT-Press, Cambridge; Reidel, Dordrecht und so weiter Bücher von Wissenschaftlern auf den Markt bringen, die das ganze Panorama des Themas behandeln?

Wer weiß schon, daß bereits Ergebnisse vorliegen – von eindeutig extraterrestrischen Mikroorganismen-Proben in Meteoriten bis zu neuartigen Kalkulationen über die Geschichte außerirdischer Superzivilisationen und ihre exponentielle Verbreitung in einer Galaxis (d. h. die Erde, ihre Kulturen, waren nie isoliert!). Punkte, von denen in der Öffentlichkeit immer wieder behauptet wird, sie seien schlichtweg Hypothesen.

Eine Menge Behauptungen, die Belege verlangen.

Wie, fragt sich an dieser Stelle der Leser, ist dieses Mißverhältnis, dieser »eiserne Vorhang« im Reich der Information möglich (– zum Entsetzen jedes Bibliothekars, am Rande vermerkt...)?

Welcher Art sind die Ergebnisse, die in Kongressen und Forschungsprogrammen erarbeitet werden?

Und vielleicht die bedeutendste, hintergründigste Frage: Warum wird bewußt oder unbewußt von einer Vielzahl namhafter Wissenschaftler Wert auf die Beibehaltung des Status quo zwischen Fach- und Populärwissenschaft gelegt, was den Informationsfluß auf diesem Bereich betrifft?

Der Reihe nach...

Vorwürfe der genannten Art kontert ein Insider der Bildungsfront mit mitleidigem Lächeln: Wozu die Aufregung? Man könne doch jederzeit beziehen und lesen, was veröffentlicht sei. Nehmen wir ihn beim Wort und sehen uns einige Beispiele an:

- The Quest for Extraterrestrial Life / by Donald Goldsmith et al., University Science Books, cop. 1980, DM 46,50
- Life in the Universe / by William A. Gale et al., Westview Press – Symposia series, cop. 1979, DM 63,40
- Extraterrestrials – Where are they? / by M. H. Hart and B. Zuckermann, Pergamon Press, cop. 1982, DM 69,20
- Proceedings of the Open Meeting of the Working Group of Space Biology / by R. Holmquist, Committee on Space Research et al., Pergamon Press, cop. 1980, DM 72,45
- Proceedings of the Conference »Life in the Universe« / by John Billingham, NASA Aimes Research Center et al., MIT Press, cop. 1981, DM 80,80
- Comets and the Origin of Life / by Cyril Ponnamperuma et al., Reidel, cop. 1981, DM 92,25
- Strategies for the Search for Life in the Universe / by Michael D. Papagiannis, International Astronomical Union, Commissions 16, 40, 44, Reidel, cop. 1980, DM 92,40
- Communication with Extraterrestrial Intelligence / by John Billingham and Rudolf Pesek, Pergamon Press, cop. 1979, DM 130,—
- Origin of Life / by Yecheskel Wolman et al., Reidel, cop. 1981, DM 152,15

- Interstellar Molecules / by Brian H. Andrew, International Astronomical Union, Commissions 14, 34, 40, Reidel, cop. 1980, DM170,40.

Sind dem Leser die Preise dieser »jedermann zugänglichen« Veröffentlichungen aufgefallen, bedingt durch die bei wissenschaftlichen Werken üblichen geringen Auflagenzahlen? Und selbst wenn sich der Durchschnittsbürger einmal eine solche Monographie leisten oder über den Leihverkehr der nächsten Bibliothek kommen lassen würde: Nichts wäre gewonnen. Wissenschaftliche Vorbildung nämlich erst ist der Schlüssel zum Verständnis einer solchen Schrift. Das gilt oft selbst für die zum Teil vorhandenen ›Abstracts‹, Kurzfassungen; und daß die Quellen in der Regel in Englisch sind, versteht sich von selbst. Die Hoffnungslosigkeit, hier Fundgrube und Anregung für eigene Gedanken zum Großthema Exobiologie zu finden, beginnt sogar noch früher: Wie gelangt man an die Quellenangaben? Kleinere Bibliotheken verfügen nicht über den bibliographischen Apparat oder einen Datenbankanschluß, um hier wirkungsvoll zu helfen. Ganz zu schweigen vom Zugriff auf Zeitschriftenliteratur, die weltweit auf Datenbanken ausgezogen wird. Und wie fruchtbar ist die Reise zur nächsten Universitätsbibliothek, wenn man dort die Tricks und Kniffe, Informationen aus Katalogen herauszuholen, nicht beherrscht oder der (stets) helfende Bibliothekar Schwierigkeiten hat, sich in die Fragestellung seines Klienten hineinzudenken; so tatsächlich öfters geschehen, wie mir berichtet wurde.

Moderne Überlegungen zum ETI-Problem

Für jeden, der sich dennoch nicht abschrecken läßt oder die Probe aufs Exempel machen möchte, seien hier einige erstaunliche Erkenntnisse und Projekte, auf die er stoßen würde, kurz umrissen:
Auch wenn die galaktische Kommunikation nicht an die Technologie unserer Radioteleskope gebunden sein dürfte, beweisen doch die jüngst entwickelten Techniken das gesteigerte Interesse auf diesem Sektor, Ergebnisse zu erlangen; dahinter verbirgt sich eine berechtigte Hoffnung. Unter der Leitung des Physikers Paul Horowitz (Cambridge, Mass.) kreierte die NASA das Projekt einer computergesteuerten Suche und Dechiffrierung kosmischer Frequenzen, die alle bisherigen Lauschprogramme in den Schatten stellt. Leider hat der US-Senat die erforderlichen 12 Millionen Dollar für das neue, 128 000 Frequenzen parallel analysierende SETI-Projekt (12, 13) vorerst auf Eis gelegt. 1000 Sternenregionen im Radius von 80 Lichtjahren wären dabei besonders unter die Lupe genommen worden – zusätzlich zur Durchmusterung des gesamten Himmels. Die Zurückhaltung der Politiker wird nicht endgültig sein . . . In der populären Literatur, in Presse und

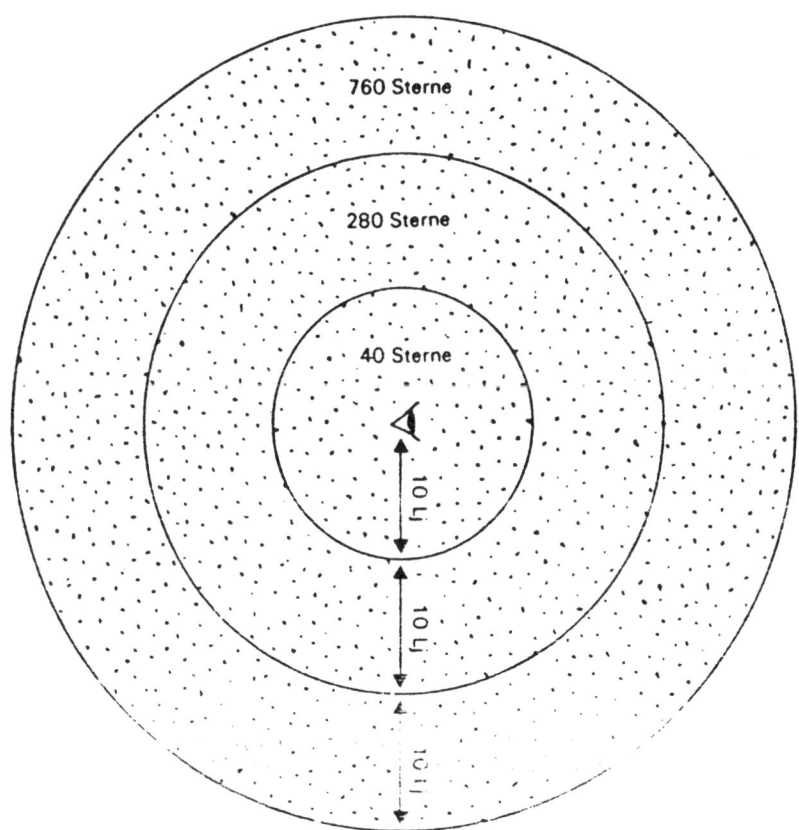

760 Sterne

280 Sterne

40 Sterne

10 Lj

10 Lj

10 Lj

Abb. 76: Wachsende Zahl potentieller interstellarer Expeditions-Ziele bis zu einem Raumradius von 30 Lichtjahren.

Funk, wird nur gelegentlich von diesem oder jenem Projekt verlautbart – bislang aber gab es schon 13 dieser Unternehmen! Ein intellektueller Umbruch von viel größerer Tragweite zeichnet sich in der Beurteilung der sogenannten »Konzeption einer interstellaren Kolonisation« ab. Salopp gesagt, ist eine Besiedlung unserer Galaxis selbst mit »dampfgetriebenen Raumfregatten« in kosmisch gesehen allerkürzester Frist möglich. Die Logik, die sich hinter dieser (»evident-theoretischen«) Feststellung verbirgt, ist von einer Explosionskraft, die das beständige Gerede gewisser Fernsehprofessoren von einer Isolation unserer Zivilisation in Raum und Zeit entlarvt *und außerdem den Spieß umdreht:* Die der Philosophie zugedachten *fremden* Zivilisationen, in ihrer Entstehungszeit unserer Welt voraus, werden plötzlich flügge. Sie könnten sich längst, als *eine einzige,* galaktisch verbreitet haben und die

319

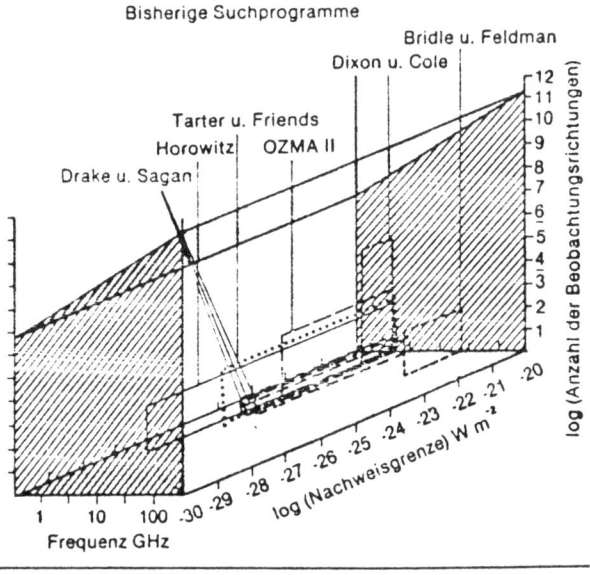

Bisherige Suchprogramme

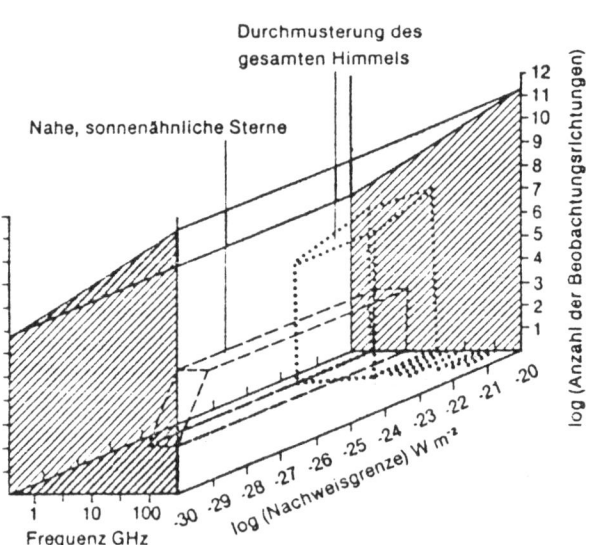

Neu vorgeschlagenes Suchprogramm

Abb. 77: ETI-Suchprogramme im »kosmischen Heuhaufen«. Oben: bereits durchgeführte Projekte; unten: zukünftige Programme, die einen um 10fach größeren Raum abdecken.

Datum	Beobachter	Radio-teleskop (m)	λ (cm)	Anzahl der Sterne	Nachweis-grenze (Watt m⁻²)
1960	Drake	26	21	2	10^{-21}
1968	Troiskii und Mitarb.	14	32	12	$2 \cdot 10^{-21}$
seit 1970	Troiskii	Dipol	16,30,50	gesamter Himmel	?
1972	Verschuur	43	21	10	$1,7 \cdot 10^{-23}$
1972	Verschuur	91	21	3	$5 \cdot 10^{-24}$
1972—76	Zuckermann und Palmer	91	21	670	$5 \cdot 10^{-24}$
seit 1972	Bowyer u. Mitarb.	26	variabel	zufällige Richtungs-auswahl	10^{21}
seit 1972	Kardashev	Dipol	?	gesamter Himmel	?
seit 1973	Dixon und Cole	53	21	gesamter Himmel	$1,5 \cdot 10^{-21}$
seit 1974	Bridle u. Feldmann	46	1,3	70	10^{-22}
1975—76	Drake und Sagan	305	12, 18, 21	mehrere Galaxien	10^{-24}
1977	Tarter und Friends	91	18	200	10^{-24}
1978	Horowitz	305	21	185	10^{-27}

Abb. 78: SETI-Projekte von 1960 bis 1978.

Milchstraße physiognomisch und *noologisch* geprägt haben, was die geistige Identität betrifft.
Die vorliegenden Werte beruhen auf einem naheliegenden Modell: Mutterplanet A besiedelt B, von B (und ebenfalls A) wird C besiedelt – während C Planet D in Angriff nimmt, hat A Planet E und F, Planet B vielleicht schon G und H angepeilt ... Vielen ist das als »Schachbrett-Syndrom« bekannt (das Märchen von den Weizenkörnern ...), anderen als Exponentialfunktion aus der Mathematik. Im Radius von 10 Lichtjahren finden sich 40 Sterne, bei 20 Lichtjahren sind es schon deren 280, bei 30 schon 760, in 40 Lichtjahren 1480 Sterne, viele von ihnen Ziele für Expeditionen, bei denen die Geschwindigkeit der Raumschiffe nachrangig ist. Die Zahl wächst mit dem Quadrat des Radius jeder Schicht: in 5 bis 10 Millionen Jahren wäre die Galaxis besiedelt (4, 5, 6).
Selbstverständlich gibt es die Fremden, selbstverständlich werden sich

schon *vor* der irdischen andere Zivilisationen entwickelt haben, selbstverständlich betreibt eine technologische Kultur früher oder später Raumfahrt – ergo . . . selbstverständlich gilt der oben genannte Effekt. Was 1976 vorsichtig theoretisiert wurde, etabliert sich heute als Grundstimmung: In Abständen von rund $7,5 \cdot 10^6$ Jahren könnten statistisch Außerirdische die Erde betreten haben – 650 Besuche auf Planet Nr. 3, System Solar, oder wie immer sie es nannten (7)!

Scheuklappen scheinen aus der Mode gekommen zu sein; das gilt nicht allein für »bewußtseinserweiternde Theorien«, sondern auch für die Überprüfung sichergeglaubter Forschungsergebnisse, zum Beispiel der mit der C-14-Methode gewonnenen Werte. Es ist kein Sakrileg mehr, an dieser auf der Messung radioaktiver Kohlenstoff-Isotope beruhenden Methode vorgeschichtliche Zeugnisse zu datieren, zu zweifeln. Das Modell unserer Vorgeschichte, die Kulturenfolge und so weiter, könnte zeitlich völlig neu eingestuft werden. Archäologische Lehrbücher, Datierungen und Zahlenwerte werden längst neu geordnet und überarbeitet . . .

Schlußfolgerungen zur Extraterrestrier-Thematik dringen trotz der Faszination des Themas bisher leider nur spärlich durch. Vielleicht ist es gerade dieser Ausblick, die Brisanz, die davor abschreckt, bekannt zu werden? Unterstellen wir dies, was für negative Folgen hätte eine publikumsfreundliche Haltung eigentlich?

Wir kommen der Lösung dieser Frage näher, wenn wir den Charakter, die Art wissenschaftlicher oder technologischer Erkenntnisse analysieren: Neuerungen und intellektuelle Synthesen *an sich* sind nämlich keineswegs geheimhaltungsbedürftig, von militärischen und wirtschaftspolitischen Gründen einmal abgesehen. Sie sind in jedem Fall Weiterentwicklungen, »Kinder« bestehender Erfindungen und Gedankenmodelle. Durch diese Ableger wird die ausgetüftelte Systematik, die Gedankenpyramide der Wissenschaft, nicht erschüttert. Es geht einfach darum, neue Stockwerke aufzusetzen oder leere Schubladen in diesem System zu füllen. Pyramide sagten wir . . . Architekturkritiker reden oft vom Elfenbeinturm.

Ein Paradigma-Wechsel steht bevor

Völlig anders liegt der Fall, wenn sich allmählich Ideen, Theorien bewahrheiten, die *mit dem bestehenden System nicht abzudecken sind,* beziehungsweise es bis zur Unkenntlichkeit verändern. Von der Pyramide zur Sphinx war es nie ein weiter Weg.

Solche Totalrevisionen haben es in sich; es sind die »Supernovas« der Geschichte unserer Zivilisation. Systemtheoretiker und Philosophen nennen es »Paradigma-Wechsel« (Änderung eines Gedankenmodells,

-musters). Dem Leser sagt der Begriff »Wandel eines Weltbildes« mehr. Jeder kennt bestimmt zwei oder drei solcher Zeitenwenden. Die Einführung der heliozentrischen Weltsicht oder der kartesischen Logik (nach dem Philosophen Descartes = Cartesius) à la Newton; eine Logik übrigens, die bis Mitte unseres Jahrhunderts alle Bereiche von Wissenschaft, Wirtschaft und täglichem Leben durchdrang: »Prinzip Analytik«, Lösung der Fragen und Probleme durch Detaillierung. Beispiele aus jüngerer Geschichte für Mutationen im Weltbild sind die Relativitätstheorie und damit zusammenhängend und ebenso bedeutend die Quantenlogik der modernen Physik.

Müller, Smith und Dupont mögen sich wundern, aber wankt oder kippt ein bisheriger Wissenshorizont, muß sich auch die Einstellung zum Leben, zur Religion, zur Kultur, zu den Mitmenschen anpassen. Ein sozio-psychologischer Schock, der unter Umständen durch ein An-sich-und-der-Welt-Zweifeln zum Ausdruck kommt. Innere Werte müssen aufgegeben werden, und man wird für einen größeren Erkenntnisradius empfänglich werden müssen. Wer aber steht schon leichten Herzens zu Irrtümern, wer kann sie unkompliziert abschütteln? Genauso verhält es sich mit der Frage nach unseren kosmischen Nachbarn und ihren Tätigkeiten.

Der theoretische Aspekt (es gibt sie zwar, aber sie sind unnahbar) ist längst kein Thema mehr. Allmählich wird es zur Gewißheit: Kosmische Entfernungen zählen nicht, die Geschehnisse im Universum sind ineinander verwoben wie der Naturkreislauf im Biotop eines Schrebergartens. Kurz: Sie waren nicht nur da, sondern es gibt einen (wechselseitigen) Einfluß. Die Prä-Astronautik tastete sich ursprünglich anhand von Indizien zu diesem Schluß vor. Seit einigen Jahren macht die nobelpreisverdächtige Theorie der Synergetik (Wissenschaft der Selbstorganisation und des Zusammenhanges in allen Bereichen der Natur und Soziologie) durch das Dogma der Nicht-Isolation von Systemen aller Art Furore (10, 11, 12, 13). Die von den Wissenschaftlern I. Prigogine und H. Haken eingeleitete Trendwende kann ihre Qualitäten wiederum auf Entdeckungen in der subatomaren Physik gründen und fing damit ursprünglich den Ball auf, den die Quantenphysik ins Spiel brachte (14). Die regelmäßige Strukturierung in der Entwicklung von abiologischen Gebilden, biologischen Formen und ganzen Sozietäten (für Mathematiker das Stichwort »Hüll-Kurve«) beschreibt nicht nur den Mechanismus der zunehmenden Komplexität, sondern *beweist,* daß die Vermehrung der Negentropie (und die Verminderung der Entropie) eine Zivilisation zur »Eroberung« des Kosmos treiben *muß.* Diese Folgerung, welche die Quantenphilosophie nahelegt, konkretisiert die Philosophie der Synergetik durch interdisziplinäre Verknüpfungen (15). Wohlgemerkt: wir haben es hier mit einer evidenten, auf Mathematik und Experiment beruhenden Disziplin zu tun, nicht mit Geistesakroba-

tik (16). Es würde mich nicht wundern, wenn die Prä-Astronautik als ein Bereich der Synergetik eingerichtet würde – es gibt sogar Hochrechnungen der im Kosmos entstandenen »Negentropie-Quantitäten«, also der Zahl von Wesen mit ähnlich komplexer Struktur (besonders, was das Gehirn betrifft) wie die des Menschen. Das Ergebnis pulverisiert geradezu die alten Skeptiker: Der Kosmos wimmelt nicht nur von menschen(niveau)ähnlichen Wesen, sondern beherbergt wahrscheinlich noch höherstrukturierte Wesenheiten, wobei man nicht nur an gehirnähnliche Strukturen denken sollte (17).
In die gleiche Kerbe schlägt auch das von Zeit zu Zeit lautwerdende Schlagwort vom »anthropischen Prinzip«. Alle physikalischen Konstanten, von der Gravitation bis zum Elektromagnetismus, sind so »dosiert«, daß Strukturen *wie wir Menschen* entstehen *müssen* (18, 19). Nur sind wir wahrscheinlich nicht die ersten...

Was demnächst geschehen wird

Der Gedanke, (»überlegenen«) Extraterrestriern »hautnah« zu sein, liegt manchen Wissenschaftlern sicher schwer im Magen, und im Falle eines allzu rasanten Paradigmawechsels wären sie auch noch gezwungen, über den Schatten ihres Studiums und des Inhalts ihrer Vorlesungen zu springen – denn *sie* waren es, die paradigmabildend wirkten. Die Unvermeidbarkeit des Bewußtseinswandels einsehend, ist man intuitiv froh über Verzögerungen einer (vor)-schnellen Popularisierung neuer Erkenntnisse: eine Zeitlupenphilosophie, die zwar kaum aktiv von ihren Koryphäen verordnet, jedoch durch die Passivität bei der Öffentlichkeitsarbeit gefördert wird. Hinzu stößt ein psychologisches Moment: Reden wir nicht um den heißen Brei herum – es wäre für viele allzu lautstarke Befürworter schmachvoll, zurückstecken zu müssen. Offiziell gilt ja noch das Axiom von der Unnahbarkeit der Außerirdischen. Doch sind sie längst schon von einer philosophischen zu einer physikalischen Größe aufgestiegen, so, als wenn plötzlich ein zentrales Thema von Gruselgeschichten, die Gespenster, faßbar geworden wäre. Nun, auf wissenschaftlichem Parkett wird man mit allen theoretischen Kniffen den 180°-Coup verifizieren können. Das Gewitter des anschließenden gegenseitigen Schulterklopfens wird jedoch außerhalb des Campus Trommelfelle kaum verletzen. Denn dort personifiziert die Öffentlichkeit diese folgenschwere Horizonterweiterung mit den verpönten, ach so pseudowissenschaftlichen Populärliteraten, die den *eigentlichen* Stapellauf in neue Denkkategorien vollzogen. Ihre »science-fiction«-haften Spekulationen und Interpretationen werden teils nicht nur aus dem Ozean der Phantasie gehievt und von aller Lächerlichkeit befreit, sondern der Mut, riskanten Gedanken Segel zu setzen und exotische Küsten anzukreuzen, wird ganz allgemein Aufwind erhalten. Wir dürfen an dieser Stelle jedoch nicht verallgemeinern und der Wissenschaft einen elitären Beigeschmack von Publikumsfeindlichkeit geben. Dem ist keinesfalls so. Es sind Ausnahmeerscheinungen anzuprangern, die jedoch im Falle von Exobiologie und Prä-Astronautik vermehrt auftreten. Unter jenen, Informationen nur flüsternd verstreuenden Forschern gibt es auch solche, die womöglich eine anerkennenswerte Motivation haben. Könnte es nicht sein, daß der Kulturschock einer ET-Konfrontation (der alte »Götter-Schock« aus den Mythen) durch eine bedächtige, dosierte Informationspolitik gemildert wird? Auf jeden Fall wird sich die Wahrheit letztlich Bahn brechen, das Thema ist nicht »out«, wie Neuerscheinungen beweisen (20). In einem umfassenden Werk, dessen Autor systematisch allen Pseudowissenschaftlern vom Schlage Uri Geller an den Kragen gehen will (21), sucht man die Prä-Astronautik vergeblich: Vermutlich, weil sachlich die Aussage dieser Theorien nicht ad absurdum geführt werden kann. Ganze Bibliographien (22) bestärken unsere Vermutung: Wir sitzen auf dem richtigen Schiff, und... es kommt eine starke Brise auf.

»Es muß nicht, aber es kann . . .«

Prof. Hermann Oberth (Feucht, BR Deutschland) im Gespräch
mit Walter-Jörg Langbein (Lüdge-Niese, BR Deutschland)

Wenn es einen großen wissenschaftlichen Vor-Denker dieses Jahrhun-
derts gibt, einen Mann, der erst nach vielen leidvollen Erfahrungen seine
Ideen bestätigt sehen konnte, so sicherlich Hermann Oberth. 1923 legte
er mit seinem Buch »Die Rakete zu den Planetenräumen« einen der wohl
bedeutendsten Beiträge für das erst lange Zeit später anbrechende »Raum-
fahrtzeitalter« nieder (der erste künstliche Erdsatellit wurde 1957 gestar-
tet). In den zwanziger Jahren zum Teil vernichtend kritisiert, wurde
seine Vorstellung von der Rakete als Träger bemannter und unbemann-
ter Nutzlasten ins Weltall geradezu ein Musterbeispiel für die im Laufe
der Geschichte häufig zu beobachtende Erfahrung einer sich nur lang-
sam gegen den herrschenden Zeitgeist durchsetzenden richtigen
Erkenntnis. Wie denkt ein solcher Mann, der mit Recht als »Vater der
Raumfahrt« gilt, über Prä-Astronautik? Walter-Jörg Langbein hatte Gele-
genheit, für dieses Buch mit Hermann Oberth darüber zu sprechen.
Prof. Prof. Dr.-Ing. h. c. Dr.-Ing. E. h. Dr. h. c. Hermann Oberth, geb.
1894, arbeitete seit 1910 über den Rückstoßantrieb und im Zweiten
Weltkrieg an der deutschen Raketenentwicklung. Sein 1923 erschienenes
Werk »Die Rakete zu den Planetenräumen« enthält die mathematisch-
physikalischen Grundlagen des Raumfahrtgedankens. Zusammen mit
seinem Schüler Wernher von Braun arbeitete er in den Jahren 1955–58 in
den USA an der Vorbereitung zur dortigen Weltraumfahrt. Heute lebt

Hermann Oberth über neunzigjährig in Feucht bei Nürnberg. Ihm zu Ehren wurde die »Deutsche Raketen-Gesellschaft« 1963 in »Hermann-Oberth-Gesellschaft« umbenannt.

Walter-Jörg Langbein, geb. 1954, studierte Theologie an der Universität Erlangen und ist heute als freier Schriftsteller und Journalist tätig.

Langbein: Herr Oberth, Sie gelten als »Vater der Raumfahrt«. Was ist Ihre Ansicht: Wird auch auf Planeten anderer Sonnensysteme Raumfahrt betrieben?

Oberth: Zunächst einmal müßte sich auf anderen Planeten intelligentes Leben entwickelt haben – und das ist sehr wahrscheinlich. Wenn diese Intelligenz nicht mehr in den technischen »Kinderschuhen« steckt, ist es sehr wohl denkbar, daß es auch anderswo zur Entwicklung der Raumfahrt kam.

Langbein: So daß es im All wesentlich ältere Zivilisationen als auf der Erde geben könnte?

Oberth: Das ist durchaus möglich. Solche Zivilisationen könnten uns haushoch überlegen sein, auch auf technischer Ebene – auch und gerade, was die Raumfahrttechnik angeht.

Langbein: Wie war das eigentlich bei Ihnen? Wann fingen Sie an, sich mit Raumfahrt zu befassen?

Oberth: Als Knabe las ich die Bücher von Jules Verne: »Von der Erde zum Mond« und »Reise um den Mond«. Die Sache interessierte mich, und ich kam nicht mehr davon los. Damals war ich so um die elf Jahre alt. Im Physik-Unterricht mußten wir dann die Fallgesetze berechnen. Ich errechnete den größten und den kleinsten Wert der Geschwindigkeit, die ein fallender Stein annehmen wird. Jedenfalls kam ich in beiden Fällen zu dem Ergebnis, daß Verne mit seiner Angabe von 10000 Metern pro Sekunde nicht recht hatte.

Langbein: Und dabei hatten Sie ja keine unmittelbaren Vorgänger, keine Literatur wissenschaftlicher Art ...

Oberth: Nein, ich mußte alles selbst errechnen und mir ausdenken. 1908 hatte ich die Idee, Raketen als Vehikel ins All einzusetzen, 1909 schlug ich den Bau einer künstlichen Zentrifuge vor, um Beschleunigungen und erhöhte Schwerkraft zu erzeugen.

Langbein: Da waren sie gerade 15 Jahre jung! Kannten Sie damals eigentlich Ihre frühen Vorgänger in der Geschichte der Raumfahrt, Konrad Haas zum Beispiel ...

Oberth: Nein, von seiner Arbeit erfuhr ich erst vor wenigen Jahren. Aber er entwarf schon 1529 in Siebenbürgen dreistufige Raketen.

Langbein: Kannten Sie die Flugzeughandschrift des Melchior Bauer aus dem Jahre 1765?

Oberth: Nein, auch die kannte ich damals noch nicht.

Langbein: Gab es jemanden, mit dem Sie über Ihre Vorstellungen, Ihre Pläne und Projekte reden konnten?

Oberth: Leider kaum. Ich habe mit wenigen Leuten gesprochen über das, was ich damals dachte.

Langbein: Und Verständnis hätte man Ihnen wohl auch kaum entgegengebracht ...

Oberth: Eben. Das ist der Grund, warum ich mir schnell abgewöhnt hatte, zu fragen, ob mich jemand versteht.

Langbein: 1921 legten Sie den theoretischen Grundstein zur Raumfahrt. Wie war die Reaktion der Wissenschaft darauf?

Oberth: Man war einstimmig dagegen! Keiner hielt Raumfahrt für möglich.

Langbein: 1923 erschien dann Ihr erstes Buch: »Die Rakete zu den Planetenräumen«.

Oberth: Ich hatte es als Doktorarbeit gedacht. Aber die Universität Heidelberg lehnte sie ab. Damals hatte ich die Theorie entwickelt, daß nur Raketenflug die einzige Möglichkeit des Raumfluges überhaupt ist.

Langbein: Die Wissenschaftler lehnten ab – wie reagierten die Laien?

Oberth: Lassen Sie es mich so sagen: Durch das Buch war mir auf dem Umweg über das Publikum die Ehrendoktorwürde angetragen worden. Aber ich lehnte ab.

Langbein: Wie argumentierten denn Ihre Gegner damals? Was brachten Sie gegen Sie vor?

Oberth: Alles mögliche. Nur hatte keiner ein Argument, daß wirklich aus seinem Fachgebiet stammte. Ich ging mit der Sache zum Patentamt. Als Antwort bekam ich zu hören: das Teil gibt es schon dort und jenes Teil findet schon da Anwendung in der Technik.

Langbein: War das eine Enttäuschung für Sie?

Oberth: Nein, eigentlich nicht. Meine Gegner hatten mir bis dahin entgegengehalten, daß das alles nicht machbar sei. Jetzt konnte ich so das Gegenteil beweisen. Flüssigkeitspumpen waren eben schon in Betrieb. Es gab auch schon die Kreiselsteuerung usw.

Langbein: Sie antworteten auf öffentliche Angriffe? Wurde das gedruckt?

Oberth: Nicht immer. Wenn es die Zeitungen nicht für nötig hielten . . .

Langbein: Das alles zeigt verblüffende Parallelen zur Situation der Prä-Astronautik heute. Wieso immer wieder diese zum größten Teil doch völlig unbegründete Ablehnung neuen Gedanken gegenüber?

Oberth: Weil die Durchschnittsgelehrten überhaupt gegen alles Neue sind. Um es überspitzt auszudrücken: Sie befinden sich hinsichtlich der wissenschaftlichen Erkenntnis in der Lage einer Gans gegenüber ihrem Futter: nur um Gottes Willen nicht noch mehr!

Langbein: Glauben Sie, daß die Theorie der Prä-Astronautik überhaupt vertretbar ist?

Oberth: Ja, durchaus. Sie ist ernst gemeint und grundsätzlich vertretbar. Es wurde schon sehr eifrig auf diesem Gebiet geforscht. Im Grunde wird doch nichts anderes zu beweisen gesucht, als daß es auf der Erde einmal eine Intelligenz gegeben hat, die höher entwickelt war als die unsrige. Es gibt erstaunliche Hinweise auf enormes Wissen vor Jahrtausenden. Soweit ich weiß, existieren Vermutungen dahinge-

330

hend, daß die Mauern von Jericho mit Sprengstoff zertrümmert wurden. In anderen antiken Überlieferungen finden wir ebenfalls Hinweise auf Pulver und Bomben. Das war damals alles »Bastelarbeit« von reinen Rezepteuren, die der Sache auf die Dauer nicht gewachsen waren. Ihr Wissen geriet in Vergessenheit.

Langbein: Woher stammen diese Erkenntnisse?

Oberth: Die können schon von den alten Ägyptern stammen. Auch Mose ist ja am ägyptischen Königshof aufgewachsen und hatte Zugang zu den dortigen Bibliotheken. Zu wenig Leute wußten aber wirklich davon, als daß es sich über längere Zeit hätte halten können.

Langbein: Könnte dieses Wissen ursprünglich von Außerirdischen stammen, die in grauer Vorzeit auf der Erde landeten?

Oberth: Es muß nicht, aber es kann...

Teil IV
Ausblicke und Möglichkeiten

Zur Möglichkeit der Kontaktaufnahme mit außerirdischen Intelligenzen

von Dr. Duncan Lunan, Irvine
(Schottland)

Welche Möglichkeiten haben wir, mit außerirdischen Intelligenzen Kontakt aufzunehmen? Zweifellos ist es das billigste und einfachste Verfahren, einfach den Himmel nach Radiosignalen abzuhorchen und auf ein Zeichen aus dem All zu hoffen. Aber für die fernere Zukunft deuten sich noch andere Möglichkeiten eines Direkt-Kontaktes an, die unter bestimmten Voraussetzungen durchführbar sein sollten.

Der Autor des vorliegenden Beitrages ist ebenfalls davon überzeugt, daß es in der Vergangenheit zumindest einen Besuch von außerhalb der Erde gegeben hat – auch wenn er einen unmittelbaren Eingriff, wie er von anderen Mitarbeitern dieses Buches angenommen wird, nicht zugestehen will. Das gesteckte Ziel aber ist das gleiche: einen Hinweis auf diesen einstigen Kontakt zu finden und so verstärkte Bemühungen in die Wege zu leiten, mit außerirdischen Intelligenzen in eine Verbindung treten zu können.

Dr. Duncan Lunan studierte Sprachen und Philosophie, Astronomie und Physik. Er ist Gründungsmitglied der Schottischen Gesellschaft für astronautische Forschung und hat verschiedene Bücher zum Thema eines interstellaren Kontakts veröffentlicht.

335

Wir wissen heute, daß nahegelegene Sterne in einer annehmbaren Zeitspanne erreichbar sind. Dies haben uns die Studien zum »Projekt Daedalus« gezeigt. Ein wichtiges Bestandteil des Antriebssystems ist dabei Helium 3, das in beinahe unerschöpflicher Menge auf dem Planeten Jupiter vorkommt. Welche Technologie ist jedoch für eine bemannte Raumfahrt notwendig? In den letzten Jahren gab es hitzige Diskussionen über die Möglichkeit von riesigen, freifliegenden Weltraumkolonien. Prof. Gerard O'Neill von der Princeton University hat sogar schon fertige Konstruktionszeichnungen, Baupläne mit detaillierten Berechnungen und den dazugehörigen Kostenvoranschlägen ausgearbeitet, und es wurde eine eigene Gesellschaft, die L5-Society, gegründet, die sich dieser Ideen annimmt. O'Neill wollte die kilometergroßen Wohnraumschiffe im Erdorbit zusammenbauen und einem Satelliten gleich um den Blauen Planeten kreisen lassen. Diese Idee lieferte den Zündfunken für eine noch viel phantastischere: Die O'Neillsche Weltraumstadt wird einfach mit gewaltigen Antriebsaggregaten versehen. Dann könnte man nämlich ohne weiteres das Jupitersystem anfliegen und den Riesenplaneten mit seinen vielen Monden als neuen, unvorstellbar reichen Rohstofflieferanten heranziehen. Jupiter ist jedoch von einem sehr starken Strahlungsgürtel umgeben. Die herkömmlichen Schutzschirme unserer heutigen Raumschiffe würden uns nur unzureichend vor der Strahlenintensität schützen, und wir könnten kaum weiter als bis zu Callisto, dem äußersten der vier Galileischen Monde, vordringen. Die Kolonien jedoch, die O'Neill vorschweben, haben starke Schutzschirme, und wir können somit dem Riesenplaneten wesentlich näher kommen und zumindest auf den vier Galileischen Monden Rohstoffe abbauen. Dort ließe sich dann ohne weiteres eine Ausgangsbasis für die Helium-3-Gewinnung errichten.

Einmal an diese Gedanken gewöhnt, erscheint es uns nicht mehr allzu utopisch, die von O'Neill vorgeschlagenen Weltraumkolonien, mit Daedalus-Antriebsaggregaten bestückt, in einer immer größer werden-den Anzahl durch unser Sonnensystem kreuzen zu sehen. Damit setzt gleichzeitig eine Entwicklung ein, durch die ein Großteil der Menschheit den Weltraum als ihre natürliche Heimat zu empfinden beginnt. Unser Planetensystem ist von einem großen Hof von Kometen umgeben, der wenigstens bis zur Hälfte der Entfernung zum nächsten Fixstern reichen soll. Prof. Freeman J. Dyson vom Institut für fortgeschrittene Studien in Princeton befürchtet für die zukünftige Entwicklung, daß unsere Gesellschaft durch einen Institutionalisierungsprozeß innerlich versteinert, daß also eine technisch sehr hochstehende Zivilisation so organisiert sein wird, daß sie in sich erstarrt und infolge ihrer Unbeweglichkeit mit auftretenden Problemen einfach nicht mehr fertig wird. Durch eine Kolonisierung des Kometensystems mit Weltraumkolonien entfernen sich die einzelnen »Welten« von der Zentralregierung auf der Erde, und ihr Konflikt- und Problemlösungspotential gewinnt wieder an Beweglichkeit, und es wird eine andere Sozialstruktur entstehen, die mit den Erstarrungsproblemen fertig werden wird. Wenn unsere Weltraumkolonien erst einmal Entfernungen bis jenseits der Plutobahn erreicht haben, so ist es gar nicht so unwahrscheinlich, daß sie ihren Weg zu den Sternen fortsetzen und versuchen, dem Gravitationsbereich der Sonne zu entkommen. Wenn jetzt etwa auch Alpha Centauri ein eigenes Kometensystem hat, dann wäre es nur mehr ein kleiner Schritt, zwischen diesen beiden Systemen überzuwechseln. Aber selbst wenn es solch bequeme kosmische Steigbügel nicht gibt, wären diese Reiseentfernungen für eine Gesellschaft, wie wir sie uns vorstellen, nicht unbedingt außerhalb des Denkbaren. Unterstellen wir einmal, diese Kolonien könnten 1 Prozent der Lichtgeschwindigkeit erreichen, und es würde vom äußersten Punkt des Kometensystems noch 200 Jahre bis Alpha Centauri dauern. Das wäre für die Bewohner unserer Weltraumkolonien keine unmögliche Aufgabe: Im Gegenteil! Es ist nur logisch, anzunehmen, daß diese Kolonien Planeten ansteuern, um sich mit Rohstoffen zu versorgen und somit die Weiterexistenz ihrer Kultur zu gewährleisten. Immer neue Kolonien würden dann entstehen und den interstellaren Raum durchkreuzen. Schließlich sind wir an einem Punkt angelangt, wo sich die Menschheit über die ganze Galaxis ausbreitet. Selbst wenn durch diesen Expansionsprozeß Kontakte mit anderen raumfahrenden Zivilisationen zustande kämen, würde es bei einer Reisegeschwindigkeit von 1 Prozent der Lichtgeschwindigkeit Millionen Jahre dauern, ehe wir unsere Milchstraße auch nur einigermaßen gründlich erforscht hätten. Eines steht unter diesen Vorzeichen jedenfalls fest: Wenn es da »draußen« intelligentes Leben gibt, würden wir früher oder später in Kontakt damit kommen.

Kritik an der Green-Bank-Gleichung

Wann könnte ein solcher Kontakt frühestens stattfinden? Es geistert immer wieder eine Zahl von etwa einer Million hochtechnisierter Zivilisationen in unserer Milchstraße durch die Veröffentlichungen. Diese Zahl ist das Ergebnis der sogenannten Drake- oder Green-Bank-Gleichung. Dabei zeigt der letzte, sogenannte L-Faktor die durchschnittliche Lebensdauer einer technologischen Zivilisation an. Beträgt nun diese durchschnittliche Lebensdauer nur einige hundert Jahre, so schrumpft die Anzahl solcher Kulturen zu einer bestimmten Zeit in der Milchstraße auf eine sehr geringe Zahl zusammen – vielleicht ergibt das nur eine einzige.

Wenn jedoch der L-Faktor einen Wert von zehn Millionen annimmt, schaut das Ergebnis viel erfreulicher aus. Dann gibt es nämlich etwa eine Million kontaktfähiger Zivilisationen zu der betrachteten Zeit. Jetzt ist aber dieser L-Faktor mit zehn Millionen Jahren genauso groß wie die Zeitspanne, die eine Zivilisation mit ihren beweglichen Weltraumkolonien benötigt, um die gesamte Milchstraße zu bevölkern. Tatsache ist dann aber, daß es nur eine Zivilisation gab und nicht eine Million.

Die Green-Bank-Gleichung hat jedoch einen Pferdefuß mit diesem L-Faktor. Mit der Einführung einer derart ungewissen Größe hängt diese ganze Gleichung in der Luft. Aber auch die dazwischenliegenden Parameter wie die Anzahl der je Jahr in der Milchstraße neu entstandenen sonnenähnlichen Sterne oder der Anteil mit Planetensystemen und so weiter sind mit Zahlen festgelegt worden. Gerade diese Größenangaben sind aber nur Schätzwerte – das geben Drake und seine Kollegen auch freimütig zu. Eines ist auch klar: Diese Faktoren müssen einen bestimmten, genau definierten Zahlenwert haben. Das Problem dabei ist nur, daß wir ihn nicht kennen!

Die Drake-Gleichung hat noch einen Nachteil. Sie ist nämlich statisch, es bleiben also die Auswirkungen einer Ausbreitungspolitik gänzlich unberücksichtigt. Diese Gleichung geht von der Annahme aus, die einzelnen Zivilisationen in unserer Milchstraße gehen – aus welchen Gründen auch immer – getrennt unter, gleichzeitig kommen aber neue hinzu, da ja wieder neue Sterne entstehen.

Die Drake-Gleichung ist somit für eine tatsächliche Beschreibung der Zustände im All wenig geeignet.

Man kann auch einen anderen Weg einschlagen und sich diesem Problem zubewegen. Unsere Milchstraße umfaßt etwa 200 Milliarden Sterne, die man ganz grob in zwei Klassen einteilen kann: In Population I und Population II. Damit meint man eine Gruppe von Objekten, die hinsichtlich ihres Alters, ihrer chemischen Zusammensetzung und ihrer räumlichen Anordnung in der Milchstraße einander ähnlich sind. Die Population II wird von älteren, dem Kern unserer Galaxis angehörenden Sternen gebildet. Unsere Sonne zählt zu den Sternen der Population I, die in den Spiralarmen der Milchstraße konzentriert sind und den galaktischen Kern umkreisen – diese Gruppe ist derzeit geeignet, intelligentes Leben hervorzubringen.

Das Verhältnis der Population-I-Sterne zu den Population-II-Sternen ist nicht genau bekannt. Wir können nur von Schätzungen aufgrund der Beobachtungen anderer Galaxien ausgehen. Um die Rechnung zu vereinfachen, unterstellen wir ein Verhältnis von 50 zu 50. Es gibt somit 100 Milliarden Population-I-Sterne. Davon liegt etwa die Hälfte in den in Frage kommenden Spektralklassen und besitzt möglicherweise Planeten.

Wieviele in den Weltraum vordringende Zivilisationen können nun unabhängig voneinander entstehen, ehe sie miteinander in Kontakt treten oder aufeinander aufmerksam werden? Diese Zahl schätze ich auf etwa 50000 – daraus ergibt sich eine durchschnittliche Entfernung zwischen den einzelnen Zivilisationen von 1000 Lichtjahren. Bei dieser Entfernung ist es ziemlich wahrscheinlich, daß die eine weltraumfahrende Zivilisation auf die Tätigkeiten der anderen aufmerksam wird.

Welche Möglichkeiten haben wir?

Aber wie sollen wir uns bemerkbar machen? Da gibt es eine Reihe von denkbaren Möglichkeiten. Im Gravitationsbereich unserer Sonne, aber weit jenseits des Pluto, finden wir genügend interstellare Materie, die wir vielleicht verdichten könnten, um daraus neue Sterne entstehen zu lassen. Ein Vorschlag, der tatsächlich von einem Mitglied der Britischen Interplanetarischen Gesellschaft gemacht wurde. Adrian Berry ging in seinem Buch sogar noch einen Schritt weiter und schlug vor, daß eine genügend weit fortgeschrittene technische Zivilisation sogar in der Lage sein könnte, Schwarze Löcher zu bauen und als Energiequelle oder für interstellaren Raumflug zu verwenden.

Diese auffälligen Manipulationen bleiben dann jedoch für nahegelegene Kulturen nicht unbemerkt. Diese werden ihre Raumschiffe aussenden, um zu klären, was da los ist. Damit erwecken wir vielleicht mehr die Aufmerksamkeit anderer Intelligenzen als mit irgendwelchen Radiosignalen, die im endlosen Nichts ungehört verhallen.

Fassen wir kurz die theoretischen Annahmen unseres Gedankenmodells zusammen: Wir haben 50 Milliarden Sterne mit Planeten, die möglicherweise intelligentes Leben hervorbringen – das entspricht höchstens 50000 Zivilisationen, die irgendwann beginnen, in den Weltraum vorzudringen, und mit anderen Intelligenzen Kontakt aufnehmen wollen. Natürlich unterstellen wir ihnen das nötige Interesse und eine uns ähnliche Motivation. Ihnen muß also auch der Wissensdrang eingepflanzt sein, das Weltall zu erforschen, die große Frage zu lösen, ob sie allein im Weltall sind oder nicht.

Um alle für Entstehung von Leben in Frage kommenden Sterne anzufliegen, übernimmt jene Zivilisation im Durchschnitt eine Million Sterne. Irgendwann wird es dann einmal so weit sein, daß die gesamte Milchstraße erforscht und katalogisiert ist, auch wenn dieses Wissen nicht zentral gespeichert, sondern auf mehrere Zivilisationen aufgeteilt ist – aber es ist vorhanden! Wie lange wird die Erforschung dauern? Werfen wir einen Blick auf die Zahlen. Jede Zivilisation hat eine Million Sterne zu überprüfen. Nehmen wir zunächst an, daß bereits mit Überlichtgeschwindigkeit gereist werden kann. Wenn jede Kultur etwa

1000 Raumschiffe unterhält und jedes davon einen Stern pro Jahr besucht, so wäre das Projekt in 1000 Jahren abgeschlossen und die ganze Milchstraße erforscht.

Jetzt ergibt sich ein interessanter Ausblick: Das Alter der Milchstraße wird auf zehn bis neunzehn Milliarden Jahre geschätzt, unser eigenes Sonnensystem besteht aber erst seit etwa 4,5 Milliarden Jahren. Gleichzeitig wissen wir, daß unsere Sonne noch verhältnismäßig jung ist. Alpha Centauri zum Beispiel wird auf neun Milliarden Jahre geschätzt – schon ein betagter Herr im Vergleich zu unserer noch taufrischen Sonne. Diese gewaltigen Altersunterschiede zwingen zu einer faszinierenden Schlußfolgerung: Entweder sind wir eine der ersten weltraumfahrenden Kulturen in unserer Galaxis – gehören also zu den ersten 50000 Zivilisationen – oder wir wurden bereits einmal besucht und sind deshalb eine »geschützte Art«.

Kosmische »Leuchtfeuer«

Wenn wir jedoch keine überlichtschnellen Antriebe unterstellen und zu den vorhin erwähnten Weltraumkolonien zurückkehren, sieht die Sache anders aus. Nehmen wir einmal an, die Menschheit hat bereits einige hundert Jahre damit verbracht, in den Weltraum vorzustoßen. Einige nahe gelegene Sterne wurden bereits besucht, und ein paar dienen als Basis für die sich ausbreitende Menschheit. Unser nächster Schritt ist voraussehbar: Wir wollen etwas ganz Auffälliges und Spektakuläres unternehmen, um die Aufmerksamkeit möglicher Zivilisationen in einem Umkreis von tausend Lichtjahren zu erregen. Für unseren Nachbarn in 1000 Lichtjahren Entfernung sind unsere Versuche nicht unbemerkt geblieben. Jahrhunderte, nachdem wir unser kosmisches Leuchtfeuer gesetzt haben, erreicht uns eine unbemannte Raumsonde dieser fernen Kultur. Jetzt bewegen wir uns in Richtung Heimat dieser Sonde; denselben Schritt unternehmen unsere kosmischen Freunde. Es wird sicherlich 50000 bis 100000 Jahre dauern – schließlich kommen die Weltraumkolonien nicht so schnell vorwärts –, ehe der erste Gesicht-zu-Gesicht-Kontakt stattfindet. Aber wenn in der Zwischenzeit die andere Kultur ebenfalls ein Leuchtfeuer gesetzt hat, blieb das wahrscheinlich anderen extraterrestrischen Kulturen ebenfalls nicht unbemerkt; diese werden dann wiederum entsprechende Schritte unternehmen. Diese Leuchtsignale sind der Anfang einer Kettenreaktion – immer mehr kosmische Zeichen beginnen aufzuflammen.
Unterstellen wir einen solchen Prozeß, so werden die angenommenen 50000 Zivilisationen in einer maximalen Zeitspanne von einer viertel Million Jahren miteinander verkehren – entweder über Signale oder visuell, also von Angesicht zu Angesicht. Im Vergleich zu dem Alter

unserer Milchstraße ist diese Zeitspanne gar nicht so astronomisch groß.

Was folgt nun daraus? Wir sind entweder eine der ersten Zivilisationen in unserer Galaxis, oder es flammen bereits einige Leuchtfeuer im All auf, die unsere Astronomen bisher nur noch nicht entdecken konnten. Schließlich besteht noch eine dritte Möglichkeit: Wir sind bereits besucht und als »geschützte Gattung« bezeichnet worden.

Sollte sich jedoch die Menschheit in der Zukunft nicht entschließen, selbst Leuchtfeuer zu setzen, und nur eine Ausbreitungspolitik – wie die anderen Kulturen auch – verfolgen, läuft das Szenario anders ab: Jede Kolonie unternimmt nur eine, *ihre* Reise, aber wenn sie am Ziel angelangt ist, startet sie eine weitere Kolonie und so weiter. Es ergibt sich somit eine Lage, in der die Anzahl der besuchten Sterne arithmetisch zunimmt, und jeder Teil der Galaxis wird in etwa 100000 Jahren irgendwann von jemandem besucht werden. Wenn nur alle Kolonien für immer ihre Reise fortsetzen und wieder neue Kolonien bauen, sobald sie einen Stern erreicht haben, steigt die Anzahl der besuchten Sterne geometrisch an, und wir erforschen die Galaxis natürlich in einer kürzeren Zeitspanne.

Fünf Möglichkeiten

Wenn wir zu einer abschließenden Schlußfolgerung kommen wollen, so eröffnen sich fünf Alternativen, von denen eine zwingend zutreffen muß:

1. Wir sind eine der ersten 50000 Weltraumfahrt betreibenden Zivilisationen in unserer Galaxis. Entspricht diese Aussage der Wahrheit, so sieht es augenblicklich für eine Kontaktaufnahme mit anderen Intelligenzen nicht gerade rosig aus.

2. Die Galaxis befindet sich bereits in der Leuchtfeuerphase, die wir lediglich bis jetzt noch nicht wahrgenommen haben. Die Gründe dafür können vielfältiger Natur sein. Vielleicht ist zur Zeit in unserer näheren Umgebung kein solches Leuchtfeuer gesetzt, vielleicht fehlt es uns an der richtigen Technologie, um sie orten zu können. Schließlich befinden wir uns auf dem Gebiet der Radioastronomie noch in den Kinderschuhen.

3. Alle technologischen Zivilisationen kommen über eine Verständigung durch Radio-Signale nicht hinaus. Bis wir jedoch Signale auffangen können, kann sehr viel Zeit vergehen. Schließlich müssen Tausende Sterne abgehorcht werden.

4. Die einzelnen Kulturen gehen unter, ohne sich ins Weltall auszubreiten. Eine solche Annahme – trifft sie zu – läßt sich leider nicht prüfen, da niemals ein Kontakt, egal welcher Art, zustandekommt.

5. Wir wurden bereits einmal besucht und sind eine »geschützte Art«. Wenn das der Fall ist, so müßte doch theoretisch irgendein Hinweis dafür zu finden sein. Wir müssen ihn nur suchen!

Während das gesamte wissenschaftliche Establishment die äußerst zeitaufwendige und sehr kostspielige Suche nach Radio-Signalen extraterrestrischer Intelligenzen unterstützt und befürwortet, wartet eine weitaus einfachere Lösung, endlich aufgegriffen zu werden. Versuchen wir doch einmal zu überprüfen, ob unsere Erde in grauer Vergangenheit besucht wurde. Es ist interessant: Gerade gegen diese Alternative opponieren einige Wissenschaftler mit keiner geringen Heftigkeit.

Viele Autoren, gerade der Prä-Astronautik, vertreten die Ansicht, daß wir bereits besucht wurden und daß dieser Besuch für die Entwicklung auf der Erde nicht ohne Folgen geblieben ist. Ich habe mich gründlich mit diesem Gedankengut auseinandergesetzt und bin schlußendlich nicht von dieser Idee überzeugt worden. Vielmehr habe ich den Eindruck, daß die Art von Zivilisation, wie ich sie hier zur Diskussion stelle, sich niemals in die Entwicklung eines anderen Planeten einmischen würde. Sie würde eine sich entwickelnde Kultur wie die unsere ziemlich unangetastet belassen und uns den Status einer »geschützten« Gattung verleihen.

Wenn es diese Besucher wirklich gegeben hat, so mußten sie auch voraussehen, daß eines Tages jemand wie ich zu solchen Überlegungen kommt. Ist es dann noch sinnvoll, den Status einer geschützten Rasse aufrecht zu erhalten? Sicher nicht! Es muß deshalb innerhalb unseres Einflußbereichs einen Hinweis für die Existenz unserer ehemaligen Besucher geben. Wie kann dieser Hinweis beschaffen sein? Was wir also wirklich suchen, ist ein unanfechtbarer Beweis, ein Artefakt unzweifelhaft außerirdischen Ursprungs. Bei den vielen Verflechtungen unseres Gedankenspiels ist eine andere Form des Beweises weder gerechtfertigt noch sinnvoll. Wurden wir wirklich in grauer Vorzeit besucht, so haben diese Wesen unsere zukünftige Entwicklung vorausgesehen und irgendwo einen schlüssigen Beweis niedergelegt.

Vielleicht handelt es sich um irgendeine Informationskassette, die auf unserem Planeten vergraben oder in eine Erdumlaufbahn gebracht wurde. Vom logischen Standpunkt ist es jedoch wesentlich wahrscheinlicher, daß der Beweis an einem bestimmten Punkt auf der Erdoberfläche verborgen ist.

Wonach müssen wir suchen?

Gemeinsam mit einigen Kollegen machte ich mir Gedanken über die mögliche Beschaffenheit dieses Hinweises, und wir versuchten zu erarbeiten, wie sich ein einstiger Besuch unumstößlich beweisen ließe. Wir dachten an Artefakte wie Informationsspeicher, Monitore oder Kommunikationseinheiten. Weiter könnte es natürlich auch noch Objekte geben, die absichtlich vor uns verborgen werden, vielleicht Überwachungsanlagen, Systeme, die extraterrestrischen Zwecken dienen, von denen wir keine Ahnung haben. Genausogut könnte es aber auch Raumfahrzeuge geben, die aufgegeben und auf der Erde zurückgelassen wurden.

Informationsspeicher und ähnliche Geräte erschienen uns am wahrscheinlichsten und am leichtesten zu finden. Als wir jedoch von einigen Fachleuten erfuhren, wie hochtechnisierte Geräte aussehen, wenn sie einige Jahrtausende der lebensfeindlichen Erdoberfläche ausgesetzt waren, sah die Sache plötzlich ungünstig aus. Erosion, Wasser, Rost, all das klang nicht vielversprechend. Ein Fachmann von Rolls Royce erzählte mir, daß ein Raumschiff, das Tausende von Jahren an der Erdoberfläche zubringt, heute gar nicht mehr zu identifizieren wäre. Diese Überlegungen mündeten also in eine Sackgasse. Denn die ganze Erdoberfläche nach zweifelhaften Überresten abzusuchen, ist genauso sinnlos, wie die Sandkörner im Meer zählen zu wollen.

Objekte, die wir nicht finden, die also vor uns verborgen bleiben sollen, scheiden ebenfalls sofort aus. Nur Hinweise, die mit voller Absicht zurückgelassen wurden, um von uns bei Erreichung eines bestimmten technologischen Standards gefunden zu werden, lassen eine Suche erfolgreich verlaufen.

Es eröffnen sich nun vier Kategorien möglicher Hinweise:

Kategorie A: Das ist das Artefakt selbst, das wir suchen. Datenkapseln, Überwachungseinheiten, irgend etwas von dieser Art.

Kategorie B: Aufzeichnungen und Fotografien, die uns zu den Artefakten führen. Mit Hilfe einer verfeinerten Luft- und Satellitenfotografie werden wir unsere eigene Erde wesentlich besser kennenlernen, und die Möglichkeit, den Hinweis zu entdecken, nimmt dadurch beträchtlich zu. Zur Zeit jedenfalls ist das nur eine Sache des Zufalls.

Kategorie C: Hier geht es um folgende Annahme: Wenn der Besuch in historisch erfaßbaren Zeiten erfolgte, könnten vielleicht einige Faktoren in alten astronomischen Bauten und Strukturen enthalten sein. Entdecken wir zum Beispiel in Stonehenge astronomische Anordnungen, die mit dem zeitgenössischen Wissen von damals nicht vereinbar sind, so haben wir unter Umständen einen Fingerzeig vor Augen, der uns zu Kategorie A führt.

Kategorie D umfaßt alle von Menschen angefertigten Artefakte, alle Legenden und Mythologien, die einzelne Aspekte eines vergangenen Kontakts wiederspiegeln. Sämtliche von den Autoren der Prä-Astronautik zusammengetragenen Nachweise gehören in diese Kategorie. Aber gerade diese sogenannten »Beweise« müssen mit ganz besonderer Vorsicht genossen werden. Durch die Forschertätigkeit auf diesem

Gebiet bleiben wir in geographischen Gebieten und gewissen historischen Zeitspannen verhaftet und kommen nicht vorwärts zu Kategorie A. Ich will das an einem Beispiel verdeutlichen. Mein guter Freund George Sassoon wie auch ein anderer Autor, den ich ebenfalls gut kenne, sind davon überzeugt, in alten jüdischen Texten Hinweise für außerirdische Besuche gefunden zu haben. Beide schwören, sich getreu an die Texte gehalten zu haben – und trotzdem unterscheiden sich Ihre Deutungen vollständig. Gerade diese Schwierigkeiten lassen sich in der Kategorie D nicht verhindern, und ich bin mir ziemlich sicher, daß wir mit den derzeitigen Hinweisen den möglicherweise stattgefundenen Besuch außerirdischer Intelligenzen nicht unumstößlich beweisen können. Wir sollten unsere Energie vielleicht auf andere geographische Gebiete und historische Zeiten verlagern, um neue, schlüssigere Nachweise zu Tage zu fördern.

Diese Suche ist sicherlich sinnvoll, wenn die hier angestellten Schlußfolgerungen richtig sind. Dann nämlich müßte eine extraterrestrische Zivilisation existieren, deren Ziel einst die Erde war. Diese »prähistorischen Astronauten« haben jedoch nicht in die menschliche Entwicklung eingegriffen, sondern verhalten sich so lange abwartend, bis auch wir uns ins All ausbreiten und dadurch Mitglieder der »kosmischen Gemeinschaft« werden. Vielleicht erleben wir es noch, wie der Beweis für diese kühnen Gedanken gefunden wird.

Die Suche nach außerirdischen Artefakten (SETA)

von Dr. Robert A. Freitas jr., Sacramento (USA)

Wenn es uns technologisch überlegene Zivilisationen in den Weiten des Weltraums gibt, besteht die Möglichkeit, daß diese bereits eine interstellare Sonde in unser Sonnensystem entsandt haben. Bisher ist nichts dergleichen entdeckt worden, weshalb einige Forscher meinen, es könne folglich keine solchen Zivilisationen im Universum geben (sog. »Fermi-Paradoxon«).

Im folgenden Beitrag schlägt der Autor zur Klärung dieser Frage eine umfassend angelegte Suche nach solchen außerirdischen Boten vor (SETA = Search for Extraterrestrial Artifacts / Suche nach außerirdischen Artefakten). Diese Suche sollte mit dem Einsatz von Teleskopen, Radar, Infrarotdetektoren, direkten Sonden oder anderen Mitteln betrieben werden.

Dr. Robert A. Freitas jr. studierte Physik und Psychologie am Harvard Mudd College und Jura (Spezialisierung auf Weltraum-Recht) an der University of Santa Clara School of Law. Freitas beschäftigt sich insbesondere mit der Erforschung der Lagrangeschen Punkte und ist Mitarbeiter in mehreren NASA-Studiengruppen, die sich mit Projektstudien unbemannter Raumflugkörper befassen.

1. Die Artefakt-Hypothese

Das derzeitige wissenschaftliche Interesse an der Suche nach außerirdischer Intelligenz (Search for Extraterrestrial Intelligence = SETI) ist von der Erkenntnis motiviert, daß die Technologie für interstellare Kommunikation bereits zur Verfügung steht (1). In den beiden vergangenen Jahrzehnten sind viele Möglichkeiten der Suche nach interstellaren Funksignalen vorgeschlagen und tatsächlich durchgeführt worden (2–4). Die beiden wichtigsten Voraussetzungen für all diese Bemühungen sind, daß 1. fortgeschrittene außerirdische Intelligenzen im Universum existieren und daß 2. diese Intelligenzen zur Zeit versuchen, uns zu orten, zu untersuchen oder sogar mit uns in Verbindung zu treten.

In einem anderen Beitrag (5) habe ich angenommen, daß interstellare Raumschiffe bei extrasolaren Erforschungsflügen im allgemeinen elektromagnetische Wellen zur Übertragung von Daten benutzen werden. Derzeitige Einwände gegen die Existenz außerirdischer Intelligenzen – die im wesentlichen auf dem Fermi-Paradoxon (6–8) fußen – sind nicht haltbar (9), denn sie stützen sich auf die nicht prüfbare Annahme, Außerirdische oder ihre Artefakte seien in unserem Sonnensystem zur Zeit nicht anwesend. Unser Unwissen gegenüber einem möglichen Beweis für außerirdische Intelligenzen im Sonnensystem ist nur schwer verständlich. (Wie in 9 ausgeführt, muß deutlich gemacht werden, daß die UFO-Kontroverse keinen unmittelbaren Einfluß auf die hier betrachtete Frage hat.)

Im Hinblick auf das oben Gesagte und um das Fermi-Paradoxon der benötigten experimentellen Prüfung zu unterwerfen, begründe ich hiermit die Artefakt-Hypothese:

Eine technologisch hochentwickelte außerirdische Zivilisation hat ein Langzeit-Programm interstellarer Erforschung unter Zuhilfenahme der Entsendung stofflicher Artefakte durchgeführt.

Wenn die Hypothese richtig ist – es sei denn, dieses Vorhaben wurde erst in kürzester Zeit gestartet –, müßte ein Beweis dieser außerirdischen Erkundungstätigkeit innerhalb des Sonnensystems vorhanden sein, und dieser sollte bei entsprechender Anstrengung gefunden werden (10–11). Wenn auf der anderen Seite der Test durch entsprechende Beobachtungen und Untersuchungen die Hypothese widerlegt und die Argumente für eine physikalische Sonde nicht mehr als beweiskräftig betrachtet werden können, so wird die These über die Nicht-Existenz außerirdischer Intelligenzen zwingender.

2. Theoretischer Hintergrund

Die Natur eines sicht- und erkennbaren künstlichen Objekts hängt zum Teil von den unbekannten Motiven jener Außerirdischen ab, die es hierher sandten. Sonden, die nicht dazu bestimmt sind, von uns gefunden zu werden, dürften sich unserer Entdeckung tatsächlich vollständig entziehen. Man könnte sich auch vorstellen, daß sich eine solche Sonde nur unvollständig tarnt. Auf diese Weise kann bereits ein erster Test über die Technologie oder Intelligenz der beobachteten Spezies durchgeführt werden, ein Test, den diese Spezies erst bestehen muß, bevor eine Kommunikation mit dem Gerät gestattet wird. Die technologische Überlegenheit der aussendenden Zivilisation gewährleistet die Ergiebigkeit einer in dieser Form angelegten Mission und die Unmöglichkeit einer Entdeckung des Objekts bis zu einem Zeitpunkt, an dem die vorherbestimmten Bedingungen eines Kontaktes erfüllt sind. Da diese Bedingungen nicht von vornherein angegeben werden können, dürfte es im Moment keine Möglichkeit zum Aufspüren einer solchen Sonde geben. In einer anderen denkbaren Variante würde sich die Sonde verbergen, um durch geheime Überwachung des Zielsystems die militärische Sicherheit der Aussenderzivilisation zu gewährleisten. Auch in diesem Fall wäre aufgrund der technologisch begründeten Undurchdringbarkeit der Tarnung die Suche im in Frage kommenden Raum sinn- und erfolglos.

Aus all dem kann geschlossen werden, daß nur solche Objekte von uns auffind- und beobachtbar wären, die nicht Teil einer Politik der vollkommenen Geheimhaltung sind. Wirkliche Beweise werden wir nur dann erhalten, wenn die Sonde von Außerirdischen gesandt wurde, denen es gleichgültig ist, ob wir von ihrem Dasein wissen (12), oder die tatsächlich an einer Kommunikation mit uns interessiert, aber nicht oder nur bedingt bereit sind, diesen Kontakt selbst einzuleiten. Eine solche Vorgehensweise dürfte auf eine auf Sicherheit und Unaufdringlichkeit bedachte Beobachtung schließen lassen, ohne ein ausdrückliches Bemühen, die eigene Anwesenheit zu verbergen. Die Stationierungsorte für ein solches Objekt würden in einem solchen Fall strikt nach Gründen der Ergiebigkeit, der Überlebensfähigkeit und der umweltbedingten Risiken ausgewählt werden. Aufgrund dieser auf einem Vorsichtsprinzip beruhenden Annahmen kann gezeigt werden, warum es überhaupt zum Aufstellen des Fermi-Paradoxons kam. Deutlich macht dies unter anderem das Beispiel der vielen prä-technologisch ausgerichteten Menschen auf dieser Erde, die auch heute noch nur ein sehr beschränktes Wissen über die moderne Welt besitzen. Die weiter einschränkende Annahme, die außerirdische Tätigkeit sei vollkommen getarnt, führt wieder zur Lösung des Fermi-Paradoxons. Es gibt vier Arten der nicht-geheimen, möglicherweise beobachtbaren Artefakte:

2.1 Sternenmanipulation (Astroengineering)

Wenn eine auf umfangreiche Ausbeutung bedachte Zivilisation existiert oder je existiert hat, müßte das Sonnensystem vollständig umgewandelt sein (z. B. zur Herstellung gewaltiger Mengen an Erzeugungsfaktoren =»industry-forming«), und die Sonne selbst wäre ihres Brennstoffes beraubt. In diesem Falle wäre allein die Existenz der Menschheit ein negativer Beweis für eine solche Tätigkeit. Stephenson (14) schlägt vor, Plutos ungewöhnlicher Umlauf könnte ein Hinweis auf eine einstige außerirdische Manipulation sein, und Papagiannis (15) spekuliert, ob der Asteroidenring nicht ein gigantischer Schlackenhaufen sein könnte, der von einer extraterrestrischen Schwerindustrie zurückgelassen wurde.

Aber auch die Existenz der Saturnringe, exzentrische Kometen, die axiale Neigung des Uranus, Tritons rückwärtig gerichteter Umlauf, die ebenfalls gegenläufige Drehung der Venus, sogar die Evolution irdischen Lebens – all das könnte uns ähnliche »Beweise« liefern. Ohne nähere Informationen, die diese These erhärten würden, ist keine dieser Annahmen überzeugend, denn in allen Fällen liegen mehrere andere nüchterne Erklärungen vor. Kuiper und Morris (12) und Stephenson (16) argumentieren, der einzig plausible Grund für eine interstellare Mission sei der der reinen Wissenserweiterung (Wissenschaft verstanden als Ursprung des Wohlstandes), und Tipler (17) führt aus, daß eben diese Informationstheorie weitgehend von der modernen Ökonomie gestützt wird. All das zeigt die Unwahrscheinlichkeit großangelegter Plünderungsmaßnahmen außerirdischer Intelligenzen.

2.2 Sich-selbstreplizierende Artefakte

Sich-selbstreplizierende Maschinensysteme könnten im Sonnensystem existieren, das heißt Maschinen, die weitere interstellare Sonden erbauen und zu anderen Sternensystemen starten (Explorationsmotiv), die die Gewinnung und Verschiffung örtlicher Vorräte für eine materialbedürftige oder von einer »Energiekrise« bedrohte außerirdische Zivilisation organisieren (Ausbeutungsmotiv), die interstellare Archen (18, 19), Weltraumkolonien (15), bemannte interstellare Sonden (14) oder Stationen (20–21) auftanken, aufbauen, ausbessern, entwickeln, replizieren (Depot-Motiv) oder die für eine dauernde Stationierung im Sonnensystem vorgesehen sind (Kolonisationsmotiv). Liegt eine der oben beschriebenen Tätigkeiten vor, könnten wir darauf hoffen, Spuren derselben zu finden, einschließlich Überreste von Bauschutt oder Trümmern, paläomagnetische Anomalien, radioaktive Hotspots, zurückgelassene Maschinen oder Werkzeuge, aufgegebene Minen, Raketenteile von zerlegten replizierten Tochtersonden usw.

Obwohl im Prinzip nicht unmöglich, ist keine der oben angegebenen Tätigkeiten bisher beobachtet worden. Sich-selbstreplizierende oder selbstentwickelnde Sondenfabriken brauchen nur ein Dutzend oder weniger Abkömmlinge in jedem erreichten Zielsystem zu erzeugen, um die gesamte Galaxis in weniger als einem Dutzend Generationen zu erforschen (bei einer Frist von 10^2 bis 10^3 (= 100–1000) Jahren für die Fertigstellung einer Generation). Das wäre insgesamt nur 10^{-6} bis 10^{-7} (= 1/100000–1/10000000) mal das Alter der Erde – woraus sich für uns eine sehr kurze Beobachtungszeit ergäbe. Einzelne Kopiersysteme mögen bis zu 100 m im Durchmesser betragen, ein vollentwickeltes, repliziertes Fabriksystem zum Bau neuer Sonden braucht vermutlich 0,1 bis 1 km im Durchmesser nicht zu überschreiten. Dies ist grob 10^{-12} mal die Ausdehnung des Sonnensystems. Wenn sich die Suche bei diesem Typ von Sonden überhaupt auf mathematisch-logische Punkte begrenzen läßt, werden viele dieser Geräte, die im Laufe der Zeit hier eingetroffen sein mögen und noch immer irgendwie tätig sind, nur sehr schwierig aufzuspüren sein. Interplanetare, nicht-kopierfähige Subsonden, die von einer Fabrik gebaut und vielleicht in die Erdbahn entlassen wurden, sind wahrscheinlich einfacher zu entdecken als die Fabrik selbst.

Es gibt fernerhin einen guten Grund anzunehmen, daß keine forschenden, replizierfähigen Systeme in unser Sonnensystem entsandt wurden. Wenn Leben nicht überaus häufig verbreitet ist, werden die meisten Sternensysteme unbewohnt sein. Damit steigt der Wert der Menschheit als eine ungestörte Art, was zur Folge hätte, daß außerirdische Intelligenzen ihre selbstreplizierenden Sondenfabriken zunächst in offensichtlich unbewohnten Systemen stationieren würden und nur nicht-selbstreplizierende Forschungssonden in hoffnungsvollere Sternsysteme schickten. Auf diese Weise wird die Störung wertvoller eingeborener intelligenter Spezies vermieden, die später gezielt untersucht werden können.

Eine nicht auf Erforschung, sondern auf Ausbeutung ausgelegte Maschinerie hat fernerhin keinen Grund, ihre Tätigkeiten zu beenden. Aber nichts dergleichen ist beobachtet worden. Interstellare Großraumschiffe, die das Sonnensystem als Versorgungsdepot benutzen, würden einen nahezu unbeobachtbaren kurzen Zwischenaufenthalt einlegen, bevor sie zu ihrem heimatlichen Sternsystem zurückkehren. Kolonisationsschiffe, die über die Replikationstechnik verfügen, wären in der Lage gewesen, innerhalb von 10^4 Jahren den gesamten Asteroidengürtel (und genauso gut viele andere Körper) in massive »Sternenarchen« umzuwandeln (24). Folglich müßten der Gürtel und insbesondere seine größten Mitglieder wie Ceres und Pallas fehlen. Dies ist aber nicht der Fall. Die meisten entstehenden und sich auf die Umwelt auswirkenden Effekte würden entweder sehr kurzlebig oder sonst kaum von natürlichen Vorgängen zu unterscheiden sein. Sie wären folglich äußerst schwer zu entdecken. Die einzige Ausnahme wäre eine zurückgelassene Maschinerie von unbestreitbar außerirdischer Herkunft. Interstellare Archen sind notwendigerweise hochergiebige Systeme und werden eher wiederverwendet werden als ausgesonderte alte Maschinen. Eine replizierte interstellare Sondenfabrik wird aber, um die Herstellungszeit minimieren zu können, aus Gründen der Ergiebigkeit wiederverwendet. Replikative ausbeuterische oder kolonisierende Systeme sind durch ihre Nichtbeobachtung bereits ausgeschlossen und können folglich auch keine Wracks zurücklassen. Fehlkonstruktionen, künstliche Trümmer oder ähnliche Beweise sind unwahrscheinlich, wenn eine ausgereifte Technologie verwendet wird. Eine andere interessante Alternative sind biologische Markierungen. So ist die DNA als Träger extraterrestrischer Daten vorgeschlagen worden, da diese ein sehr geringmassiges, sich selbst-replizierendes Artefakt wäre (25, 28). Aber Versuche, eine mögliche »Viren-Botschaft« zu entschlüsseln, zeigten keinen Erfolg. Ferner sind solche Botschaften über kurze Zeitspannen instabil, sowohl aufgrund von Entartung als auch spontaner Kreuzung. Nur der genetische Code selbst, der am ehesten eine einfache Botschaft enthalten könnte (vielleicht 100 bits) bleibt über geologische Zeiträume hinweg stabil.

2.3 Passive Artefakte

Die einfachste Art eines passiven Artefakts sind Denkmäler, einschließlich inaktiver Blöcke oder Skulpturen, wie etwa der »extraterrestrial message block«, der sich im »National Air and Space Museum«, Washington, befindet (30). Weiterhin zählen zu dieser Kategorie Reflektoren, die optische Strahlen in Richtung des Übermittlers zurückstrahlen, gleichgültig, aus welcher Richtung diese Strahlen kommen (31), oder Isotopenbotschaften, die von Massenspektrometern empfangen werden können (28). Andere passive Artefakte könnten eingeschlossene Datenbanken enthalten (32) oder Markierungsbojen und Signalanlagen, um auf diese Weise Minerallagerstätten, Müllhalden und Ausrüstungsvorräte zu kennzeichnen oder um Navigations- oder Warnsignale zu übermitteln (22). Eine weitere denkbare Möglichkeit ist die des sehr hochentwickelten passiven Artefakts. Darunter könnte man sich ein Objekt vorstellen, das sich aus einer großen Anzahl verhältnismäßig einfacher (physikalisch wahrscheinlich kleiner) Sonden zusammensetzt. Ihr Zweck könnte einfach darin bestehen, die Existenz ihrer Hersteller bekanntzumachen, aber auch darin, eine eingeschränkte Kommunikation – eingespeichert in Form von Isotopenbotschaften –

zu ermöglichen. Wenn man einen Ring künstlicher Tektite auf der Erde oder dem Mond fände, wäre dies eine Möglichkeit, auf die Existenz außerirdischer Intelligenzen zu schließen, auf das Alter der Objekte und die Richtung ihres Fluges (33). Große Mengen solcher Objekte gleichen eine feindliche Umwelt aus und wären ein billiger Weg, Markierungen zu hinterlassen. Es ist jedoch unwahrscheinlich, passive Artefakte im Sonnensystem selbst beobachten zu können. Nur wenn sie Radiostrahlen aussenden würden, sichtbare Lichtsignale (oder andere auffällige Zeichen), wäre dies unzweideutig und würde zu ihrer Entdeckung führen. Diese Alternative kann jedoch ausgeschlossen werden, da nichts dergleichen bisher festgestellt werden konnte. Ein rein inaktives Gerät, lediglich betraut mit der Übermittlung von Daten an den Entdecker (76), das aber über keinerlei Sicherheitsvorkehrungen gegenüber schädlichen Umwelteinflüssen verfügt und keine selbstreparierenden Einheiten besitzt, wird vermutlich eine zu kurze Lebensdauer haben, um die vorbestimmte Mission zu erfüllen. Und schließlich: es ist sehr unwahrscheinlich, daß außerirdische Ingenieure, die in der Lage dazu waren, interstellare Entfernungen zu überwinden, lediglich ein passives Gerät zurückgelassen haben sollten, das ungeeignet ist, die dauernde Überwachung eines interessanten,»wertvollen«, bewohnten Sternensystems zu gewährleisten.

2.4 Aktive Sonden

Eine Sonde ist ein beobachtendes physikalisches Gerät, das Berichte über diese Beobachtung an den Absender zurückschickt. Eine andere mögliche Funktion ist die der Wechselwirkung mit den unter Beobachtung stehenden Wesen (z. B. einer planetaren Intelligenz), entweder, um sie verschiedenen Prüfungen zu unterziehen und ihre Reaktion darauf auswerten zu können, oder, um ihre Entwicklung in irgendeiner Weise beeinflussen zu können. Eine solche Beeinflussung mag positiv motiviert sein (34) oder aber auch nicht (35). Die Anforderungen, die mit der Überwachung eines ganzen Sonnensystems und der Nachrichtenlieferung an die Aussenderzivilisation verbunden sind, schließen reine biologische Sonden aus. Dennoch kann nicht ausgechlossen werden, daß diese als Subsonden unter der Kontrolle eines mechanischen Systems tätig sein könnten.
Um ihr eigenes Überleben zu gewährleisten, müssen Sonden aktiv und in der Lage dazu sein, sich selbst reparieren zu können – nicht, sich selbst replizieren zu können, wenngleich die Möglichkeit einer Maschine zur Selbstreplikation in der Logik der Selbstreparatur miteingeschlossen ist. Zur Selbstreparatur unfähige Sonden wären von

unzulänglicher Lebensdauer und würden nicht gesendet werden. Eine Zivilisation, die in der Lage dazu ist, ein Programm gründlicher interstellarer Erkundung durchzuführen, und dabei Fahrzeuge benutzt, die mit großen Kosten zu bauen und zu starten sind und die nach ihrer Ankunft gewaltige komplexe Aufgaben erfüllen müssen, dürfte in der Automatiktechnik ein sehr umfassendes Wissen besitzen. Die NASA hat bereits sich-selbsttestende und -reparierende (STAR = self testing and repairing) Computer für Missionen in den interstellaren Raum – etwa für die 100-Jahre-Mission des Daedalus-Projekts – im Modell untersucht. Eine jüngst veröffentlichte NASA-Studie geht davon aus, daß sich selbst-reparierende, selbstneugestaltende und sogar sichselbstreproduzierende Raumfahrzeuge eine der wichtigsten technologischen Aufgaben um die Jahrtausendwende sein werden. Wie Lofgren (39) gezeigt hat, können selbstreparierende und selbstreplizierende automatische Systeme eine theoretisch unbegrenzte operationale Lebensspanne besitzen. Technologisch erfahrene außerirdische Intelligenzen sollten dazu in der Lage sein, sehr langlebige, sich-selbstreparierende Maschinensysteme zu konstruieren.

Die Einwirkungen unfallverursachender Umwelteffekte – sowohl während des Fluges als auch am Ziel – sind unwahrscheinlich, weil solche Effekte vorgesehen und vermieden werden können. »Verbrauchssonden« wie LUNAR RANGER (40) können durch die Selbstreparatur ausgeschlossen werden. Ebenso sind Aufschlagssonden unwahrscheinlich, denn es dürfte wohl sinnlos sein, eine Sonde lichtjahreweit auf die Reise zu schicken, nur, damit sie in einer Zerstörung endet. Zum Aufschlag bestimmte Subsonden können dagegen angenommen werden. Bemannte Sonden sind weniger ergiebig als automatische, sie sind unwahrscheinlich für langangelegte Untersuchungen. Verstärker- und Übertragungsstationen (vielleicht als Teil eines galaktischen Kommunikationsnetzes), Telemetriestationen und rein erzieherisch wirkende Datenbanken (über ein gegebenes Trigger-Signal oder ein Initial-Ereignis) sind durchaus nicht unvereinbar mit der Vorstellung von einer aktiven, zur Selbstreparatur fähigen Sonde. Wahrscheinlich erfüllen einige dieser Sonden sehr viele Funktionen. In jedem Fall aber müßten wir sie alle auf sehr ähnliche Weise beobachten können.

Aktive, sich-selbstreparierende, interstellare Sonden bilden die wahrscheinlichste Klasse von ETI-Sonden innerhalb des Sonnensystems. Dieses Ergebnis erlaubt uns, ein besonderes Beobachtungsprogramm zu planen, um experimentell die Richtigkeit der Artefakt-Hypothese zu überprüfen.

3. Wo sollen wir suchen?

Unser durch die Umlaufbahn des Pluto begrenztes Sonnensystem besteht aus über 260 000 AE^3 meist leerem interplanetarem Raum und 10^{11} km^2 planetarer oder planetoider Oberfläche. Um die Artefakt-Hypothese bestätigen zu können, müßte theoretisch dieser gesamte Raum nach außerirdischen Sonden abgesucht werden. Glücklicherweise können die meisten Gegenden wegen der äußerst niedrigen Wahrscheinlichkeit eines dortigen Artefakt-Standortes logisch ausgeschlossen werden, so daß sich der Umfang der Suche nach extraterrestrischen Sonden (SETA) auf vernünftige Verhältnisse verringern läßt. Clarke (41) und Bracewell (42) schlagen eine Aufgabenteilung zwischen Sender und Empfänger vor. Demnach wäre es Aufgabe des Senders, eine Sonde auf eine hyperbolische Bahn des Zielsystems zu bringen und Aufgabe des Empfängers, diese Sonde zu entdecken, einen Dialog zu beginnen oder die Sonde einzufangen. Aber selbst wenn diese Sonde bis zum Erreichen des Solarsystems in einem Jahr von 10 Prozent der Lichtgeschwindigkeit auf die solare Fluchtgeschwindigkeit abbremst, würde die benötigte Reaktionsenergie (bezogen auf eine 1-Tonnen-Rakete und in Form einer Punktquelle der Solarspektrumsstrahlung ausgestrahlt) als ein Objekt mit einer Helligkeit von +24 bei 100 AE und als ein Objekt mit einer Helligkeit von +19 in einer Entfernung von 10 AE erscheinen. Nur im Extremfall wäre eine Entdeckung möglich. Die kleinste denkbare Geschwindigkeit in einem heliozentrisch-hyperbolischen Umlauf ist die der intramerkurialen Solar-Fluchtgeschwindigkeit, etwa 0,1 AE/Tag. Bei einem bestens reflektierenden, 10 m^2 großen Körper (etwa der GEODSS-Prototypen zum Vorstoß in den Asteroidengürtel) liegt der Schwellen-Entdeckungsradius bei 0,01 AE. Das Objekt wird diesen Raum in weniger als fünf Stunden durchkreuzen, und das bedeutet eine mittlere Wahrscheinlichkeit von $7 \cdot 10^{-5}$ für die Entdeckung. Bei den Möglichkeiten des Weltraumteleskops liegt diese Schwellengrenze bei 2 AE, eine Sphäre, die die Sonde in nicht mehr als einem Monat durchfliegen würde. Bremst die Sonde dagegen nicht ab, würde sich der Zeitraum einer möglichen Entdeckung auf wenige Minuten verringern. Das wäre natürlich nahezu hoffnungslos, selbst wenn die Sonde Radiosignale aussendet. Aber die Bedeutung und die Qualität von Daten, die die Erbauer einer interstellaren Flyby-Sonde erhalten, ist sehr begrenzt (44), und die Vorstellung, eine Sonde würde auf ihrem Weg zu anderen Sternen an einem Sonnensystem nur kurz vorbeifliegen, ergibt wenig Sinn in Anbetracht der enormen Entfernungen, die zur Erreichung des Sonnensystems überwunden werden müssen (45). Flyby-Sonden können folglich für Langzeitmissionen und zur Überwachung als ungeeignet ausgeschieden werden.

Nach der Abbremsung und einer ersten Überprüfung des Zielsystems wird eine zur Selbstreparatur fähige aktive Sonde zunächst einen bestens geeigneten Standort für die eigentliche Mission wählen. Dieser Standort muß dem Objekt die Möglichkeit geben, bedeutende Erscheinungen überwachen und nach Leben und intelligenten Arten suchen zu können. Ein solcher Ort schließt eine heliozentrische Umlaufbahn, planetozentrische Umlaufbahnen und Oberflächenstandorte ein. Unter Berücksichtigung der »Prinzipien der Wirtschaftlichkeit« (5) muß das Artefakt den einfachst möglichen Mechanismus aufweisen, der für die Durchführung einer solchen Mission nötig und in der Lage dazu ist, durch Langlebigkeit und Gefahrenabwendung die Wahrscheinlichkeit des Erfolges zu maximieren. Folglich muß der im Rahmen eines SETA-Projektes abzusuchende Raum im Einklang mit zwei Kriterien (11) stehen, die gutdefinierte Beobachtungsfolgen haben:

1. Fähigkeit zu beständiger Überwachung der Umwelt, wahrscheinlich, um intelligentes Leben zu kontrollieren oder zu entwickeln.
2. Maximale Lebensspanne des Artefakts unter gleichzeitiger minimaler Komplexität.

Wir wissen heute, daß der einzige Ort im Sonnensystem, auf dem seit Äonen Leben existiert, die Erde ist – wenngleich primitives Leben auch anderswo, etwa auf Mars, Titan oder Jupiter entstanden sein könnte, möglicherweise unter Verwendung einer exotischen Biochemie (46–48). Diese anderen Planeten sind zweifellos sehr interessant. Die Erde ist aber sicherlich die exotischste und komplexeste Welt, so daß unser Planet ein Hauptziel einer beständigen Überwachung darstellen würde. Im Hinblick auf die technische und wissenschaftliche Fähigkeit der Hersteller muß angenommen werden, daß die Sonde die außergewöhnliche Stellung unseres Planeten erkannt und eine Stellung in seiner Nähe bezogen hat. Kriterium 1) verlangt die Stationierung des Artefakts entweder in einer Umlaufbahn um Erde oder Mond oder in einer Bahn, die es regelmäßig nahe genug zur Erde bringt, um eine angemessene periodische Überwachung zu gewährleisten. Standorte auf der Erdoberfläche sind unwahrscheinlich, weil diese die Möglichkeiten der Sonde zur ununterbrochenen Überwachung der gesamten Umwelt einschränken würden. (Auch wenn die Hauptsonde nicht in unmittelbarer Nähe der Erde stationiert wurde, hat sie wahrscheinlich permanente Beobachtungs-Subsonden in unsere Nachbarschaft entsandt. Diese müßten dann mit dem hier vorgeschlagenen Suchprogramm entdeckt werden.)

Kriterium 2), das eine größtmögliche Lebensspanne verlangt, bedeutet den Versuch des Artefakts, so viel Zeit wie möglich in Regionen mit geringen Umweltgefahren zu verbringen (z. B. minimale Hochenergiepartikel-Intensität, geringe elektrische und magnetische Felddichte und minimale Gefahr durch Mikrometeoriten- und Trümmereinschläge).

Dies schließt die Stationierung von Sonden in planetaren Magnetosphären oder Ringsystemen aus. Fernerhin muß das Artefakt Zugang zu einer hinreichend großen Energiemenge haben. Selbsterhaltende Systeme, die Energie zur Datenverarbeitung, für Selbstreparaturen, Bahn- und Fluglagekontrollen und zur interstellaren Datenübermittlung liefern, sind unwahrscheinlich. Ein bordinterner Fusionsreaktor ist nicht auszuschließen, aber vermutlich wird das Artefakt Sonnenenergie auffangen. Folglich muß es in der Nähe der Sonne stationiert werden. Diese Bedingung, genauso wie Kriterium 1), schließt alle äußeren Planeten als Standorte aus. Auch dürften Bahnen mit einem intramerkurischen Aphel instabil sein und müssen abgelehnt werden. Allein die Pointing-Robertson-Anziehungskraft kann Körper mit einem Durchmesser von 100 m über geologische Zeiträume hinweg verschwinden lassen (49). Da das Artefakt mit größter Wirksamkeit operieren sollte, sind langangelegte stabile Parkbahnen (größer 10^6 Jahre) solchen Umlaufbahnen, die zur Erhaltung der Stellung ständig Antriebsenergie verbrauchen, vorzuziehen. Dies schließt die meisten heliozentrischen Umlaufbahnen aus.

Weiterhin benötigt eine sich-selbstreparierende Sonde tatsächlich nur Solarenergie, um einer entstehenden oder sich aufbauenden strukturellen oder materiellen Entropie entgegenzuwirken. Einzelne Teile bedürfen nur dann eines Ersatzes, wenn sie durch Impaktsplitter oder Entgasungen beschädigt oder durch Unfälle oder Abkoppeln ausgefallen sind.

Ein Minimum an organisatorischer und operationaler Komplexität erfordert zudem, daß sich das Artefakt nicht selbst an Standorten stationiert, die von ihm den Bau größerer Außenkonstruktionen (etwa Hauptproduktionsfabriken) (24) verlangen könnten. Vermutlich würde nur ein Artefakt der Replikationsklasse sich selbst auf einer planetaren Oberfläche installieren, und zwar mit der Absicht, einen eigenen Abwehrschirm, Kommunikationsgeräte, Subsonden (44), Transport- und Startmechanismen und eine selbstkonstruierte Produktionsfabrik zu errichten. Eine solche Operationsmethodik ist aber für interstellare Missionen eines aktiven Artefakts kaum geeignet, da sich leicht Fehler in den gesamten Plan einschleichen würden. Auch Kriterium 2) spricht weitgehend gegen die Stationierung des Artefakts auf einem planetaren oder planetoiden Körper. Ein solcher Himmelskörper besitzt eine Fluchtgeschwindigkeit, zu deren Überwindung zusätzliche Triebwerkssysteme bereitstehen müßten. Eine vorhandene Atmosphäre verlangt fernerhin komplexe Erhaltungssysteme für einen andauernden Schutz vor beeinträchtigenden chemischen, biologischen, thermischen, erosiven, hydrologischen, klimatischen und – unabhängig von der Atmosphäre – auch geologischen Ereignissen. Schließlich verhindern Rotation, Wolken und elektromagnetische Erscheinungen einen dauernden

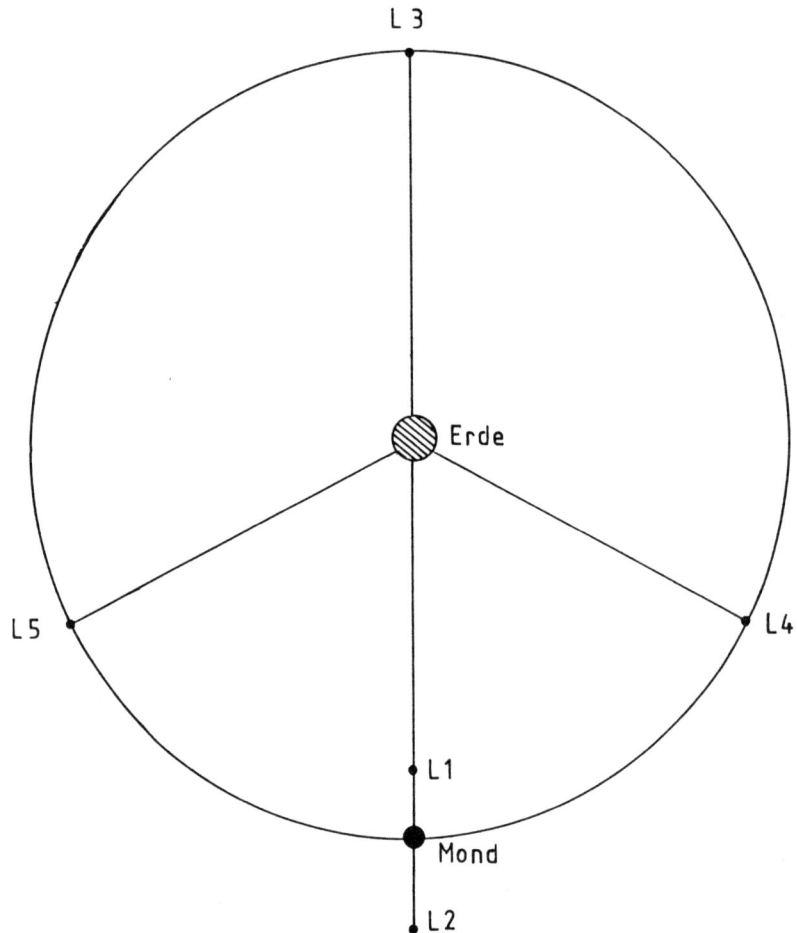

L 3

Erde

L 5

L 4

L 1

Mond

L 2

Abb. 79: Die fünf Lagrangeschen Punkte im Erde-Mond-System.

Empfang von Sonnenenergie und stehen damit im Widerspruch zu der Aufgabe des Artefakts, Beobachtungen vorzunehmen und Berichte darüber an den Absender zu übermitteln.

Einige Faktoren dürften bei der Ausarbeitung des SETA-Projektes nur eine untergeordnete Rolle spielen. So ist zum Beispiel die Stärke der kosmischen Strahlung im gesamten Sonnensystem gleich (mit Ausnahme der Bereiche innerhalb planetarer Magnetosphären). Auch die Geschwindigkeit des Sonnenwindes verändert sich nur unmerklich im Bereich zwischen 1–5 AE, wobei die Ionentemperatur um den Faktor 2 fällt und die mittlere Ionendichte umgekehrt proportional nach dem

Quadratgesetz abnimmt (50). Der Meteoritenfluß ändert sich um ein bis drei Größenordnungen im gleichen heliozentrischen Abstand (5), sogar weniger innerhalb der Orbitalregionen, die hier von Interesse sind. Schließlich sind vorläufige Umlaufbahnen ankommender Sonden vernachlässigbar. Denn Antriebssysteme, die für interstellare Flüge geeignet sind, werden vermutlich auch dazu in der Lage sein, kleine orbitale Flugkorrekturen vorzunehmen, etwa die Angleichung an die Ekliptik nach oder während der Schlußabbremsung.

Das mögliche Volumen des für die Suche nach außerirdischen Artefakten bedeutsamen Raumes kann folglich auf fünf unterschiedliche Orbitalklassen verringert werden (11):

1. Geozentrische Umlaufbahnen zwischen zwei erdzentrierten konzentrischen Sphären mit Radien zwischen 70000 und 326400 km;
2. Selenozentrische Umlaufbahnen (Mond als Mittelpunkt) zwischen 3000 und 58100 km lunarer Höhe;
3. stabile synodische Librationsbahnen im Erde-Mond-System (Lagrangesche Punkte L4 und L5);
4. Erde-Mond-Halobahnen nahe den Lagrangeschen Punkten L1 und L2; und
5. Sonne-Erde L4/L5-Lagrange-Bahnen.

Dies sind die Punkte, an denen wir mit unserer Suche nach außerirdischen Artefakten beginnen sollten.

Zusätzlich gibt es einige weniger wahrscheinliche Kategorien von planetenkreuzenden und anderen Umlaufbahnen, die sich vielleicht als brauchbar für Langzeit-Parkbahnen außerirdischer Automaten erweisen könnten. Wetherill (52) hat gezeigt, daß die die Erde passierenden Asteroidengruppen Aten, Apollo und Amor orbitale Lebensspannen in der Größenordnung von 10^7–10^8 Jahren besitzen, wobei hier Körper mit einem Durchmesser größer 100 Meter und einer mengenmäßigen Anzahl größer 10^5 bewertet werden. Eine besonders interessierende Umlaufbahn ist die des Asteroiden 1685 Toro um Erde und Venus, der sich bis auf $9 \cdot 10^6$ km zweimal alle acht Jahre unserem Planeten nähert und auf diese Weise stabilisiert zu werden scheint (53, 54). Diese Stabilität besteht vermutlich seit etwa 5000 Jahren, und es wird angenommen, daß die durch die Gravitation des Mars verursachte Störung eine obere Librationsgrenze von $3 \cdot 10^6$ Jahren setzt. Andere, sich der Erde nähernde Librationsasteroiden wie 887 Alinda sind ebenfalls studiert worden (56). Die Suche nach stabilen Umlaufbahnen zwischen Erde und Venus (57) ist ebenso vorgeschlagen worden wie ein kreisförmiger Orbit bei 0,85 AE, insbesondere für die Zwischenlagerung radioaktiver Abfälle (58–59). Allerdings beruht die angenommene Stabilität von 10^6 Jahren auf der Basis früherer numerischer Experimente (60). Aktuelle Forschungen hinsichtlich der Frage von Asteroiden umkreisenden Satelliten (mögliche Stabilität etwa 10^4 bis 10^7 Jahre)

(61–62) könnten eine mögliche Bedeutung für ein SETA-Projekt im intramarsianischen Raum haben. Allgemein kann aber gesagt werden, daß Objekte in einer die Erdbahn lediglich kreuzenden, heliozentrischen Umlaufbahn zu viel Zeit zu weit von der Sonne und der Erde verbringen und so eine kürzere Lebensspanne besitzen werden als Objekte in geozentrischen, selenozentrischen oder Lagrangeschen Orbits. Es ist jedenfalls unwahrscheinlich, daß sie lange genug überlebt haben, um von uns entdeckt zu werden.

4. Der Stand der Forschung

Vorbereitende SETA-Programme bezüglich drei der möglichen Stationierungsorte (10, 63) haben bis heute negative Ergebnisse erbracht, aber die Arbeit ist längst nicht abgeschlossen.
Eine zukünftige unmittelbare optische Suche muß es sich zur allerersten Aufgabe machen, die äußerst großen Lücken in den Beobachtungsaufzeichnungen zu schließen, die durch die Verwendung von an den Boden gebundenen Instrumenten entstanden sind (64). Wir müssen uns darüber im klaren sein, daß das Auffinden einer kleinsten wahrscheinlichen Sonde in einer geozentrischen, selenozentrischen oder einer Erde/Mond-Lagrangeschen Bahn die Suche nach einem Objekt mit einer Lichtstärke zwischen +27 und +28 bedeutet. Dies aber erfordert den Einsatz eines Weltraumteleskops (65) oder einer ähnlichen Technologie. Selenozentrische Sonden könnten einfacher durch die Verwendung eines auf oder in der Nähe des Mondes stationierten Teleskops entdeckt werden. Das geplante 300-inch-Very-Large-Space-Telescope (VLST) (66) würde die sichere Entdeckung von nur 10 bis 20 Metern durchmessenden, geringreflektierenden Artefakten erlauben, die in der Sonne-Erde-Langrange-Bahn geparkt sind. Der Einsatz von nur an die Erdoberfläche oder die Umlaufbahn gebundenen Instrumenten würde vermutlich kein Ergebnis erzielen. Dennoch, ein großes Weltraumteleskop mit einer Grenzhelligkeitserfassung von +29, stationiert in der Sonne-Erde-Lagrange-Bahn (L4/L5) dürfte eine erfolgreiche Suche nach kleinen Artefakten über einen Zeitraum von etwa 10 Jahren am lohnendsten erscheinen lassen. Radar- und Infrarotbeobachtungen (11) bieten nur wenig signifikante Verbesserungen gegenüber einer visuell ausgerichteten Suche.
Einige wenige in der Vergangenheit gemachte Vorschläge haben größeres Gewicht auf die Beobachtung der Radio- oder Lichtfolgesendungen eines Objekts gelegt als auf das Objekt selbst. Bracewell (67) führte aus, die gutbekannte Erscheinung der langverzögerten Echos (LDE = long delay echos) sei genau von dem Typ, den man als ein Rufsignal einer außerirdischen, in einer Erdumlaufbahn stationierten und zur

Kommunikation bereiten Sonde erwarten dürfe. Lunan (68) berichtet, verschiedene, auf den Daten von Stormer (69) und van de Pol (70) beruhende »LDE-Botschaften« entschlüsselt zu haben. Lawton und Nen (71) führten dagegen eine Serie von LDE-Experimenten durch und folgerten daraus, daß die reflektierten Signale rein physikalischer Natur waren. Später regten sie jedoch an (72), Radio-Rufsignale zu wahrscheinlichen Sondenstellungen zu übermitteln, um bei dort geparkten Sonden eine Reaktion hervorzurufen. Kardashev berichtete, »codierte Signale« aus Bereichen innerhalb des Sonnensystems erhalten zu haben (73), aber westliche Fachleute glauben, die Signale auf die eines US-Geheimsatelliten oder auf Energieentladungen in der Magnetosphäre zurückführen zu können (74). Kuiper und Morris (12) schlugen das Abhören der Radiokommunikation zwischen außerirdischen Sonden im Solarsystem und ihren extrasolaren Aussendern vor. Aber auch sie räumten ein, daß die Signale über ein so großes Frequenzspektrum verteilt sein könnten, daß sie selbst mit den modernsten Antennen nur sehr schwer zu entdecken wären.

5. Zusammenfassung und Schlußfolgerungen

Die Artefakt-Hypothese geht davon aus, daß eine höherentwickelte außerirdische Zivilisation ein Langzeitprogramm der galaktischen Erforschung durchgeführt hat, und zwar mit Hilfe der Versendung materieller Artefakte. Vier Hauptklassen von nichtgeheimen, beobachtbaren Artefakten stehen als Möglichkeiten zur Verfügung, um die Hypothese experimentell beweisen zu können: Sternenmanipulations-Aktivitäten, sich-selbstreplizierende Artefakte, passive Sonden und aktive Sonden. Von diesen vier Klassen ist nur die der aktiven, sich selbst-reparierenden Sonden die wahrscheinlichste, und zwar sowohl was ihre Existenz selbst als auch ihre Beobachtung innerhalb des Sonnensystems betrifft.
Glücklicherweise erfordert die Suche nach fremden Forschungssonden nicht die Durchkämmung des gesamten Sonnensystems. Rational gefertigte Artefakte werden sich selbst einen Standort wählen, von dem aus sie ständig die Welt überwachen können, die Leben trägt oder intelligentes Leben entwickelt und an dem sie zudem eine größte Lebensspanne bei einem Minimum an Komplexität erwarten dürfen. Fly-by-Sonden sind unwahrscheinlich, so daß sich der potentiell abzusuchende Raum auf fünf Orbitalklassen reduziert, einschließlich geozentrischer, selenozentrischer, Erde-Mond-L4/L5-Bahnen, dem Erde/Mond-L1-L2-Halo und der Sonne-Erde-L4/L5-Bahn.
Der derzeitige Beobachtungsstand für jede dieser Orbitalklassen ist

ungenügend. Vorbereitende Arbeiten haben begonnen, aber sie sind noch weit von einem endgültigen Abschluß entfernt. Zukünftige unmittelbare optische Suchprogramme sollten zunächst die große Lücke in den Beobachtungsaufzeichnungen schließen. Dies kann unter Verwendung erdgebundener Instrumente, des Weltraumteleskops, von Mondoberflächenteleskopen und direkten Sonden geschehen. Auch andere Methoden sind denkbar, um außerirdische Radiokommunikationen, die von unserem Sonnensystem in andere Systeme übermittelt werden, abzuhorchen oder abzufangen.

Spuren der Aktivität außerirdischer Intelligenzen auf den Planeten und Monden des Sonnensystems?

von Johannes Fiebag, Würzburg
(BR Deutschland)

Wenn es Besuche aus dem All im Laufe der Erd- und Menschheitsgeschichte gegeben hat, muß es Hinweise darauf nicht nur in Form von überlieferten Mythen, Bildern, Bauten und so weiter geben, sondern auch eindeutige Beweise in Form hinterlassener Datenkapseln. R. Freitas hat als erster ein umfassendes Programm vorgeschlagen (SETA), nach solchen Beweisen Ausschau zu halten. Dieses Vorhaben bezieht sich jedoch im wesentlichen auf unbemannt zur Erde gesandte Sonden, die auf bestimmten Parkbahnen stationiert worden sein müßten.
Hat es aber bemannte Besuche, insbesondere in historischer Zeit, gegeben, ist auch eine Deponierung auf den Planeten und Monden des Sonnensystems und der Erde selbst nicht auszuschließen. Im folgenden Beitrag wird auf diese Möglichkeit eingegangen und die Frage gestellt, ob durch die bemannte und unbemannte Raumfahrt der vergangenen Jahrzehnte bereits irgendwelche Hinweise in dieser Richtung entdeckt werden konnten.
Johannes Fiebag, geb. 1956, ist Diplom-Geologe und Doktorand an der Universität Würzburg. Neben Geologie/Paläontologie studierte er Physik und Geographie. Sein besonderes Interesse gilt seit Jahren der Planetenforschung; auch die Promotionsarbeit umfaßt ein planetologisches Thema.

»Wir nehmen an«, hatten Philip Morrison und Giuseppe Cocconi, zwei Initiatoren der Green-Bank-Konferenz 1959 geschrieben,»daß sie vor langer Zeit eine Nachrichtenverbindung eingerichtet haben, die wir unsererseits eines Tages entdecken werden, und daß sie geduldig vom Sonnensystem her auf Antwort warten, die ihnen anzeigt, daß eine neue Gesellschaft in die Gemeinschaft der Vernunftwesen eingetreten ist.«

Heute, 25 Jahre danach, ist es uns leider noch immer nicht gelungen, Zugang zu dieser Nachrichtenverbindung zu finden. Aber das sollte kein Grund sein, pessimistisch alle SETI-Programme als nutzlos zu bewerten. Wir haben zwar weder durch das Projekt OZMA noch mit anderen durchgeführten oder zur Zeit laufenden Radio-Suchvorhaben »Kontakt zu den Sternen« bekommen. Andererseits aber hat es in diesem Vierteljahrhundert einige Entdeckungen, Überlegungen und Schlußfolgerungen gegeben, die uns zeigen, daß es tatsächlich eine reelle Möglichkeit gibt, eines Tages dem »Galaktischen Nachrichten-club« beizutreten. Wann dies sein und wie dieser Schritt erfolgen wird, wissen wir allerdings nicht, und jegliche Spekulation darüber muß zwangsläufig in die Irre führen.

Grundsätzlich – dies ist in diesem Buch bereits mehrmals angeklungen – gibt es zwei Möglichkeiten:

a) Es gelingt uns, mit Hilfe der Radioastronomie Botschaften fremder Zivilisationen aufzufangen, sie zu erkennen, zu entschlüsseln und eine Antwort auf den Weg zurück zu schicken.

b) Wir finden in unserem Sonnensystem ein von einem außerirdischen Besuch zurückgelassenes Artefakt oder eine Sonde, die uns entweder Informationen über die Besucher beziehungsweise Aussender gibt oder die Möglichkeit, über ein entsprechendes Gerät Kontakt mit diesen aufzunehmen. In diesen Gesichtspunkt muß auch die Möglichkeit eines erneuten Besuchs der Erde durch extraterrestrische Intelligenzen mit eingeschlossen werden.

Es wurde bereits darauf verwiesen (vgl. R. Freitas), daß die Suche nach Radiosignalen zwar eine denkbare, jedoch wenig erfolgverspre-chende Methode ist, Kontakt zu außerirdischen Zivilisationen zu finden. Dennoch darf man solche Programme nicht außer acht lassen. Auch wenn viele Zufallfaktoren eintreten müßten, ein Signal von außerhalb des Sonnensystems zu entdecken und zu entschlüsseln, könn-ten wir irgendwann doch Glück haben.

Trotzdem: wenn es technisch ausgerichtete Superzivilisationen im Kos-mos und unserer Galaxis gibt, werden sich diese auch der Möglichkeit der interstellaren Raumfahrt bedienen. Das Alter des Universums wird heute auf etwa 20 Milliarden Jahre geschätzt. Mit etwa fünf Milliarden Jahren ist unsere Sonne somit ein Stern der zweiten oder dritten Generation, das heißt, es hat vermutlich schon vor Milliarden Jahren in unserer Galaxis Zivilisationen gegeben, zu einer Zeit, als unsere Sonne noch nicht geboren war. (»Wir müssen davon ausgehen, daß die meisten Lebensformen, die die zivilisatorische Schwelle überschritten haben, höher entwickelt sind als wir«, Frank D. Drake, 1960.) Versuchen wir einmal, uns eine Kultur vorzustellen, deren technologische Entwicklung nicht nur – wie bei uns – einige Jahrhunderte, sondern etliche Jahrhunderttausende oder gar Jahrmillionen angedauert hat und die noch immer besteht. Wenn eine solche Zivilisation kritische Momente ihrer Entwicklung (etwa das Problem der Selbstzerstörung durch Krieg oder die Vernichtung der Umwelt, wie wir sie im Moment erleben) übersteht, dürfte sie zu Aktionen in der Lage sein, deren Vorstellung selbst erfahrenen Science-fiction-Schriftstellern Schwierigkeiten bereiten würde. Generationsraumschiffe sind dabei vermutlich nur der Anfang einer ins All gerichteten Entwicklung. Wenn es also zumindest eine solche Superzivilisation in unserer Galaxis gegeben hat oder gibt, müßte sie irgendwann auch in die Regionen dieses Sonnensystems vorgestoßen sein. Unsere Welt wurde vermutlich aufgenommen, kartographiert, katalogisiert – und vergessen...? Das ist mehr als unwahrscheinlich. Wenn der erste Besuch nicht gerade in eine sehr frühe Zeit fiel (d. h. vor mehr als 3,6 Milliarden Jahren), als es noch keine Anzeichen von eigenständigem Leben auf unserem Planeten gab, wird es entweder zurückgelassene automatische Beobachter und/oder gelegentliche Stippvisiten gegeben haben. Man kann natürlich fragen, welches Interesse eine Superzivilisation daran haben sollte, die Lebensentwicklung auf irgendeinem fremden Planeten zu studieren, da sie derartige Beobachtungen sicherlich schon hinreichend oft viel früher gemacht hat. Aber so einfach liegt das Problem nicht. Die natürliche Entwicklung einer Lebewelt ist ein Vorgang, der sich über mehrere Milliarden Jahre erstreckt und auf jeder geeigneten Welt sicherlich in anderen Bahnen verläuft. Wenn wir der oder den Superzivilisationen im All auch nur ein geringes Maß an wissenschaftlichem Interesse unterstellen, dürfen wir wohl mit Recht davon ausgehen, daß sie auch unsere Erde nach ihrer Entdeckung nicht haben »links liegen lassen«, sondern bedacht gewesen sein werden, die sich auf ihrer Oberfläche abspielenden biologischen und evolutionären Vorgänge zu studieren, möglicherweise sogar in irgendeiner Weise (d. h. durch gezielte genetische Eingriffe) zu manipulieren.

Spuren, die wir finden können

Carl Sagan hatte 1963 geschrieben: »Wenn es ungefähr eine Million Welten in der Galaxis gibt, die derartige Errungenschaften aufzuweisen haben, werden sie sich ungefähr in tausend Jahren einmal untereinander besuchen. Daraus folgt, daß in der Vergangenheit sicherlich schon mehrmals Kundschafterschiffe die Erde erreicht haben – vielleicht 10 000mal während der gesamten Erdgeschichte.« Dies würde bedeuten, daß wir statistisch alle 4 bis $6 \cdot 10^4$ Jahre mit einem Besuch rechnen dürften. Allerdings ist anzunehmen, daß sich die Besuche in einer Zeit häufen werden, die für die Beobachter besonders interessant ist: nämlich dann, wenn sich auf dem entsprechenden Planeten nicht nur Leben, sondern *intelligentes,* also sich selbst bewußtes Leben zu entwickeln und zu stabilisieren beginnt. Wann dieser Zeitpunkt eintritt, darüber können unbemannt zurückgelassene Sonden berichten, die entweder in einer Umlaufbahn oder – als Subsonden – auf der planetaren Oberfläche stationiert sind. Damit löst sich auch ein Paradoxon, das in der Argumentation gegen die Prä-Astronautik immer wieder auftaucht: die Frage nämlich, warum sie »ausgerechnet jetzt«, also zu »unserer Zeit« gekommen sind. Sie waren sicherlich auch schon früher hier und haben automatische Beobachter zurückgelassen, die ihnen die »richtige Zeit« anzeigten.

Man braucht dabei gar nicht so pessimistisch zu sein wie Loren Eisely (1957): »Später, als man die unüberbrückbaren Zeiträume erkannte, fragte man sich, ob nicht schon vor langer Zeit einer ihrer Kundschafter auf der Erde eingetroffen war: eingegraben im Sumpfschlamm dampfender Wälder der Kohlezeit; glänzende Geschosse, über die nur fauchende Reptilien krochen; mit hochsensiblen Instrumenten, die nichts zu berichten wußten.« Auch die »Kundschafterschiffe«, die uns im Karbon oder einem anderen frühen Erdzeitalter erreichten, *hatten* etwas zu berichten: die Existenz von Leben auf unserer Erde, Leben, das in einer Entwicklung begriffen war, die eines fernen Tages zur Bewußtwerdung und Intelligenz der Individuen führen konnte. Sehr treffend hat dies 1960 der amerikanische Astronom Ronald N. Bracewell ausgedrückt: »Es ist wohl nur logisch, wenn man davon ausgeht, daß höher entwickelte Zivilisationen unbemannte und voll automatisierte Kundschafter zu vorher ausgesuchten Sternensystemen ins All schicken, um geduldig das zivilisatorische Erwachen fremder Lebensformen auf anderen Planeten abzuwarten.«

Es müßte also tatsächlich Spuren solcher Besuche auf der Erde geben, insbesondere dann, wenn einige davon in historische Zeit fielen. Die Gegner der Prä-Astronautik argumentieren ja gerade in diese Richtung: Wenn sie hier waren, müßten wir ihre Hinterlassenschaft finden! Diese Anschauung ist sicherlich richtig, trifft aber nur unter einer Bedingung zu: Wenn diese Hinterlassenschaft absichtlich deponiert wurde und wir sie finden *sollen!* Freilich kann man nicht gänzlich ausschließen, daß irgendwann einmal auch das Raumschiff einer Superzivilisation abstürzt, daß ein fremder Astronaut seinen »Taschenrechner« hat liegen lassen oder der angefallene Müll einfach über Bord gekippt wurde. Aber derartige Entdeckungen wären reine Zufallsfunde, und wir können nur schwerlich auf sie bauen. Man muß sich auch über die Unwahrscheinlichkeit im klaren sein, daß ein »Schraubenzieher«, ein »außerirdischer Gummistiefel« oder dergleichen eine längere Zeit überdauert. Auf unserem Planeten sind es insbesondere die klimatischen Verhältnisse (bei großen Zeiträumen treten auch die geologischen hinzu), die einen solchen Fund nahezu ausschließen lassen. Die meisten Besuche werden in Zeiten gefallen sein, die sehr lang zurückliegen, und mit zunehmendem Alter wird die Überlieferung solcher Artefakte immer schwieriger. Doch selbst in historischer Zeit verlorengegangene Gegenstände dürften im Regelfalle nur wenig Chancen haben, von uns entdeckt zu werden.

Es gibt alles in allem drei Kategorien von Artefakten auf unserer Erde, die von uns gefunden werden können. Die erste wären derartige unabsichtlich zurückgelassene, verlorengegangene, vergessene oder einfach unbrauchbar gewordene Geräte oder Teile von Geräten. Die Chance, sie zu finden, besteht, ist aber sehr gering.

In die zweite Kategorie könnte man bewußt (und zwar in historischer Zeit) zurückgelassene Gegenstände einordnen, die einzelnen Menschen oder Menschengruppen übergeben wurden (in diesen Bereich fällt zum Beispiel die »Manna-Maschine«), ohne daß damit eine unmittelbare Botschaft für spätere Zeiten verbunden gewesen ist. Die Wahrscheinlichkeit, derartige Geräte oder Teile davon zu finden, ist ungleich höher als für die erste Art, weil sich Hinweise auf solche Artefakte in alten Texten, Überlieferungen, Bildern und so weiter verbergen können.

Zur dritten Kategorie schließlich zählen in historischer oder prä-historischer Zeit auf der Erde oder im Sonnensystem zurückgelassene Datenträger, die uns zu einem bestimmten, von den Besuchern festgelegten Zeitpunkt über deren Anwesenheit, deren Motive oder einfach deren Existenz informieren sollen. Solche Artefakte werden an logisch erfaßbaren Punkten hinterlegt worden sein, Punkte, die zum einen eine Zerstörung, zum anderen eine zu frühzeitige Entdeckung weitgehend ausschließen. Die Möglichkeit, derartige Datenträger zu finden, dürfte derzeit von allen angeführten Arten die größte Wahrscheinlichkeit besitzen.

Wir wollen jedoch alle denkbaren Varianten ausschöpfen und betrachten, das heißt, insbesondere der Frage nachgehen, ob es nicht bereits heute irgendwelche Hinweise oder Beobachtungen gibt, die zur Auffindung eines Artefaktes der oben beschriebenen drei Kategorien führen könnten. Die Vertreter einer »Im-All-gibt-es-kein-Leben«-Ansicht führen bei ihrer Argumentation ins Feld, es gebe keine außerirdischen Intelligenzen, andernfalls wären sie längst hier gewesen und hätten ihre Spuren hinterlassen. Diese Spuren seien jedoch nirgends zu finden (sog. »Fermi-Paradoxon«).

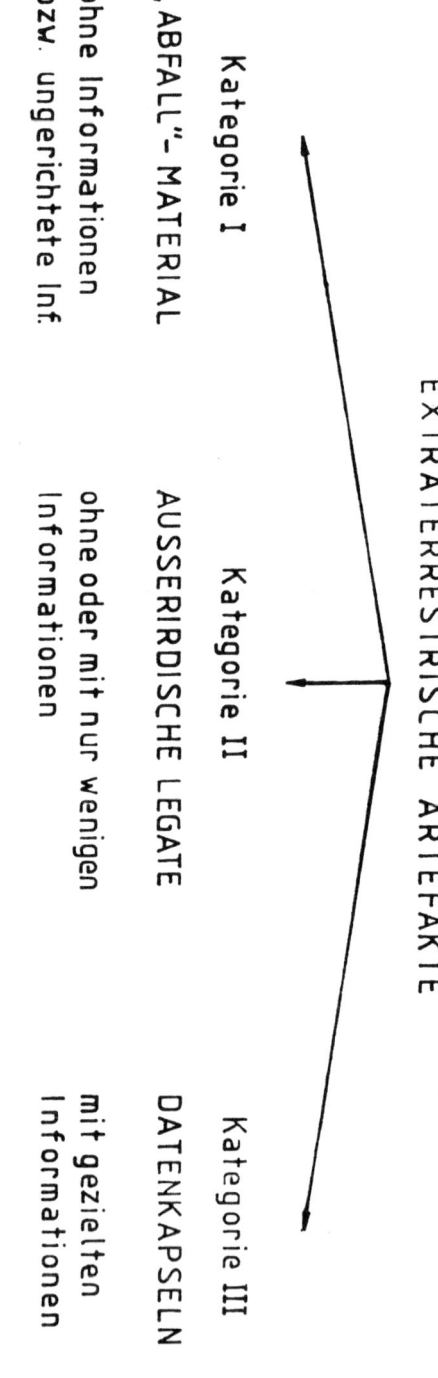

EXTRATERRESTRISCHE ARTEFAKTE

Kategorie I
„ABFALL"- MATERIAL

ohne Informationen
bzw. ungerichtete Inf.

Kategorie II
AUSSERIRDISCHE LEGATE

ohne oder mit nur wenigen
Informationen

Kategorie III
DATENKAPSELN

mit gezielten
Informationen

Abb. 80: Einteilung der von uns auffindbaren extraterrestrischen Artefakte in drei Hauptgruppen.

366

Warum eigentlich nicht? Möglicherweise ist es so, wie Pauwels und Bergier 1962 schreiben:»Vielleicht liegen die Beweise offen vor unseren Augen, und wir sind nur nicht fähig, sie als solche zu erkennen.« Vielleicht ist es so, vielleicht liegt es aber auch nur daran, daß bis heute niemand den ernsthaften Versuch gemacht hat, danach zu suchen.

Stationierungsorte

Das Artefakt muß, um als außerirdischer Gegenstand erkannt zu werden, insbesondere zwei Eigenschaften erfüllen:
1. Es muß seine Entstehung zweifelsfrei der Technik einer hochstehenden Zivilisation verdanken, und
2. es muß mit absoluter Sicherheit ausgeschlossen werden können, daß diese Technik terrestrisch ist und unserer Zeit entspringt.

Bewußt hinterlegte Datenkapseln mit eingespeisten Informationen dürften demnach am leichtesten zu identifizieren sein. Dies träfe vor allem dann zu, wenn sie außerhalb der Erde gefunden werden. Etwas schwieriger wird es sich bei Artefakten der beiden anderen Kategorien gestalten, aber auch hier kommt es auf die besondere Art des Gegenstandes an. Eine Manna-Maschine ist sicherlich einfacher einem extraterrestrischen Ursprung zuzuschreiben als ein einfacher Schraubenschlüssel, der zufällig im Dschungel Amazoniens gefunden wird. Diese Einschränkung gilt aber wiederum nur für Artefakte aus einer verhältnismäßig jungen Epoche. Ein Schraubenschlüssel in einem Sandstein des Kambriums oder auch nur des erdgeschichtlich sehr jungen Tertiärs wäre ein zweifellos einwandfreier Beweis – es ist nur fraglich, ob wir damit auch tatsächlich etwas anfangen könnten. Wir wüßten dann zwar, daß»sie« hier waren, aber nicht, wer sie waren, woher sie kamen und was sie hier wollten. Worauf wir unsere Aufmerksamkeit also im wesentlichen richten müssen, sind absichtlich zurückgelassene Datenspeicher, die uns Informationen über die Besucher vermitteln können oder sogar den mittelbaren oder unmittelbaren Kontakt mit ihnen ermöglichen.

Wo könnte ein solcher Datenträger deponiert worden sein? R. Freitas hat in seinem Beitrag planetare Oberflächen weitgehend ausgeschlossen. Dies ist angebracht, wenn wir es
a) mit unbemannten Sonden und
b) mit Datenträgern, die für lange Zeiten deponiert werden,
zu tun haben. Gehen wir hingegen von einem erst»kürzlich« stattgefundenen Besuch aus (sagen wir vor 10^2 bis 10^4 Jahren), müssen wir auch die absichtliche Stationierung auf der Erde oder einem der Planeten und Monde des Sonnensystems näher in Betracht ziehen.

Wo also sollen wir suchen? Wir können schlecht jeden Quadratzentimeter der Erdoberfläche umgraben, die Tiefseeböden geophysikalisch absuchen, die Urwälder durchforsten und die Eisschichten der Antarktis abtragen – nur um schließlich festzustellen, daß die Botschaft an uns in einer ganz anderen Form hinterlassen und Datenträger gewählt wurden, die wir uns heute kaum oder gar nicht vorstellen können. Es gibt Spekulationen darüber, ob vielleicht die DNS als ein solcher Datenträger funktionieren könnte – aber das ist im Moment noch nicht verifizierbar.

Nein, wenn ein solcher absichtlich hinterlassener Beweis existiert, dann dürfte er von uns nur dann gefunden werden, wenn wir ihn auch als solchen erkennen können. Es ist anzunehmen, daß er von uns zu einer Zeit entdeckt werden soll, in der wir selbst in etwa den technologischen und kulturellen Stand erreicht haben, den die extraterrestrische Zivilisation besaß, als sie das Gerät hinterließ. Dieser Moment ist heute. Denn in diesen Augenblicken haben wir selbst die ersten Schritte hinaus ins All gewagt. (Wobei wir aber auch über die Frage nachdenken müssen, ob es *nur* technische Aspekte sind, die hierbei eine Rolle spielen, oder nicht auch oder vielleicht sogar ausschließlich ethisch-moralische – dann allerdings würden wir zum gegenwärtigen Zeitpunkt nicht sonderlich gut abschneiden.)

Es existieren einige Punkte auf unserer Erde, die sich vielleicht als geeignete Standorte anböten: die Pole zum Beispiel. Allerdings ergibt sich dabei die Schwierigkeit, daß auch diese im Laufe der Erdgeschichte gewandert sind. Vor geologisch sehr langer Zeit an den damaligen Polen hinterlegte Datenträger wären heute mitten in Zentralafrika oder Australien zu finden – immer unter der Voraussetzung freilich, sie haben diese lange Zeit heil überstanden. Eine andere Möglichkeit wären geographisch hervorstechende Punkte, etwa der höchste Berg der Erde, die größte Tiefe, der Kältepol, ein Punkt am Äquator (aber welcher?) und so weiter. Bisher jedoch haben wir weder am Mount Everest noch sonstwo irgend etwas Auffälliges bemerkt. Wobei allerdings eingeräumt werden muß, daß bis zum heutigen Tag auch niemand danach gesucht hat.

Wurde der Datenträger in historischer Zeit hinterlassen, ist auch nicht auszuschließen, daß sich diese Hinterlassenschaft in einem künstlichen Bauwerk oder unterhalb desselben befindet – etwa in oder unter den Pyramiden von Gizeh, den Pyramiden von Teotihuacan in Mexiko, in oder unter einem Tempel, einem antiken Bauwerk und so weiter. Doch diese Möglichkeit läßt auch eine Gefahr offenkundig werden: das Objekt könnte zu früh entdeckt, nicht oder falsch verstanden, absichtlich oder unabsichtlich zerstört, religiös zweckentfremdet (in diesem Zusammenhang muß wiederum an die Manna-Maschine erinnert werden; es sollte aber auch einmal gefragt werden, was der sogenannte »heilige schwarze Stein« der Kaaba in Mekka oder der »Zauberspiegel« im buddhistischen Heiligtum von Ise, Insel Honschu/Japan, wirklich ist), als »militärisches Geheimnis« eingestuft oder sonstwie der heutigen, unmittelbaren Beobachtung entzogen werden. Warum sollte man ein solches unnötiges Risiko eingehen?

Hinweise auf dem Mond?

Die Deponierung eines Artefakts der Kategorie III auf unserer Erde ist folglich nicht unbedingt auszuschließen, aber auch nicht sehr wahrscheinlich. Etwas günstiger sieht es da auf einigen der anderen Planeten und Monde unseres Sonnensystems aus, denn die Gefahr einer zu frühzeitigen Entdeckung besteht dort nicht. Im Gegenteil: der Datenträger kann erst dann gefunden und erkannt werden, wenn wir selbst Raumfahrt betreiben und in der Lage dazu sind, die enthaltene Botschaft zu entschlüsseln. Zudem herrschen auf den meisten der in Frage kommenden Welten ganz andere, für eine Deponierung wesentlich günstigere Umweltbedingungen als auf der Erde mit ihren aktiven geologischen Vorgängen und dem aggressiv wirkenden Klima. Insbesondere der Mond als nächster Himmelskörper würde sich als Stationierungskandidat eignen. Geologisch ist er seit mehr als drei Milliarden Jahren weitgehend »tot«, es gibt keine Atmosphäre und kein Wasser. Lediglich die Gefahr von Meteoriteneinschlägen muß bedacht werden. Aber die allermeisten der auf dem Mond vorhandenen Krater sind sehr alt und entstammen der Anfangszeit des Sonnensystems, als noch große Mengen an »loser« Materie durch den Raum zogen.

Die Frage ist nun, ob auf dem Mond irgendwelche Hinweise auf eine solche Stationierung existieren. Es gibt einige Beobachtungen aus älterer und neuerer Zeit, die sich vielleicht in diese Richtung deuten ließen, etwa die sogenannten »moonblinks«. Es ist zu vermuten, daß es sich dabei um Vulkanausbrüche oder aus dem Mondboden austretende leuchtende Gase und Lava handelt. Kann aber völlig ausgeschlossen werden, daß sich darunter nicht auch ein optisches Signalgerät für die Bewohner des Blauen Planeten befindet? Ein solches Signal müßte in periodischem Abstand aufleuchten, um die Aufmerksamkeit auf sich zu lenken. Dies ist bisher allerdings nicht beobachtet worden. Aber vielleicht ist die Signalgabe sehr langperiodisch, und die Beobachtungszeit hat bisher noch nicht ausgereicht, um eine unnatürliche Regelmäßigkeit festzustellen.

Andere als künstlich bezeichnete Strukturen auf dem Mond könnten vielleicht auf Beobachtungsfehler zurückzuführen sein, denn sie sind später nie wieder aufgefunden worden. Im Jahr 1869 berichtete der Astronom Mädler zum Beispiel, nahe dem Krater Fontanelle eine vollkommen viereckige Einfriedung gesehen zu haben. Jeder der vier geraden Wälle sei etwa 104 km lang und bei einer Höhe von schätzungsweise 80 bis 120 Metern 1,6 km breit gewesen. Andere Astronomen dieser Zeit, etwa Webb und Nelson, beobachteten sie eigenen Angaben zufolge ebenfalls. Nelson berichtete, die Mauer im Nordwesten sei später verschwunden, statt dessen hätte er dort eine auffällig aufgetürmte Masse, ungefähr 32 km von der Einfriedung entfernt, gesehen. Am 26. November 1956 entdeckte Robert Curtiss im Nordwesten des Kraters Fra Mauro ein helleuchtendes Kreuz; und von den Astronomen John O'Neill, H. P. Wilkins und Patrick Moore wurde im Jahr 1953 so etwas wie eine gigantische Brücke im Mare Crisium gesehen. Mit dem Beginn des zunächst unbemannten Mondfluges hatte die Wissenschaft neue Möglichkeiten, unseren Nachbarn im All zu erforschen. Am 6. November 1966 wurde die amerikanische Raumsonde LUNAR ORBITER II auf die Reise zu unserem Trabanten geschickt. Eines der von ihr aufgenommenen Fotos vom Westrand des »Meeres der Ruhe« zeigt mehrere eigenartige Objekte, die später als »Blairsche Spitzen« bekannt werden sollten. Aber diese »Obelisken« sind bei näherer Betrachtung nichts anderes als – durch die Wirkung von Sonne und Schatten ins rechte Licht gesetzte – geologische Formationen. Bestimmte Strukturen in Kratern auf der Mondrückseite, Rillen, die sich anscheinend im rechten Winkel kreuzen, wurden als mögliche unterirdische Basis einer von Zeit zu Zeit den Mond als Zwischenstation benutzenden außerirdischen Zivilisation betrachtet. Doch auch hier zeigt sich – im Vergleich mit ganz ähnlichen Strukturen in anderen Bereichen – der völlig natürliche Ursprung: es handelt sich um tektonische Verwerfungen, die zuweilen »künstlich« anmutende Erscheinungen hervorrufen können.

Trotz allem gilt der Mond auch weiterhin als geeigneter Stationierungskandidat eines außerirdischen Artefakts. Wir haben zwar bis heute keinen eindeutigen Hinweis dafür gefunden, das schließt aber nicht aus, daß er nicht doch vorhanden ist. Auch hier gilt das bereits weiter vorn Gesagte: es hat bisher niemand ernsthaft danach gesucht.

Die Rätsel des Mars

Und auf den anderen Planeten? Zunächst fallen wohl sämtliche Welten aus unseren Überlegungen, die keine feste Oberfläche besitzen, also Jupiter, Saturn, Uranus und Neptun. Eine Stationierung auf Merkur, dem sonnennächsten Planeten, ist sehr unwahrscheinlich, ebenso auf der Venus (hier insbesondere wegen der klimatischen Bedingungen). Geeignet hingegen erscheint der Mars.

Unser »Roter Nachbar im All« galt seit jeher als aussichtsreichster Kandidat eines lebentragenden Planeten außerhalb der Erde. Die

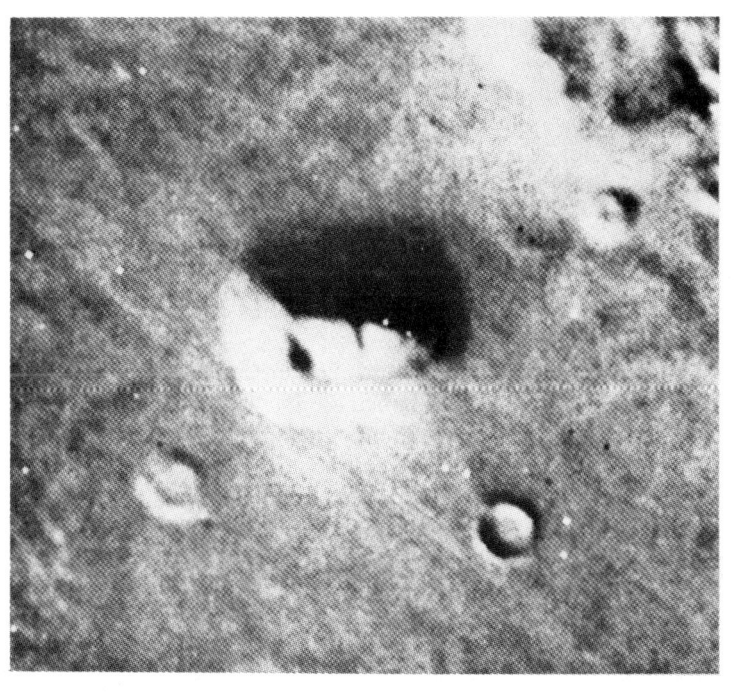

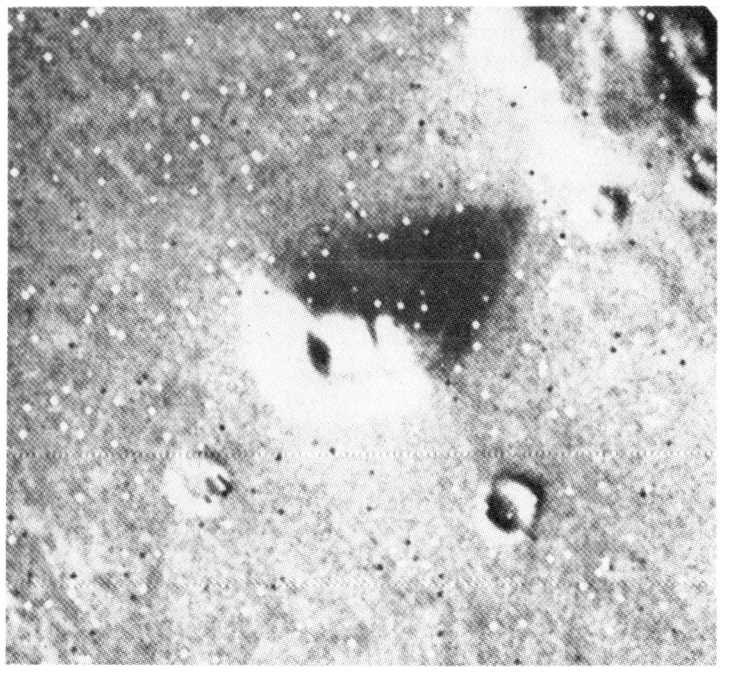

Abb. 81: Die beiden VIKING-Fotos des sogenannten »Marsgesichts«.

Entdeckung der sogenannten »Marskanäle« (wie wir heute wissen: eine optische Täuschung) durch den Astronomen Schiaparelli beflügelte bis hinein in die Mitte unseres Jahrhunderts die Phantasie von Wissenschaftlern und Laien. Man glaubte an eine Marszivilisation, an intelligente Marsbewohner, die aufgrund einer globalen Wüstenkatastrophe das zum Leben benötigte Wasser von den Polkappen bis in die Äquatorzonen des Planeten leiteten. Aber spätestens seit den ersten MARINER-Aufnahmen und den späteren ausgezeichneten Fotos der VIKING-Orbiter wissen wir, daß es mit einer an Sicherheit grenzenden Wahrscheinlichkeit kein intelligentes Leben auf dem Mars gibt, noch jemals gegeben hat.

Dennoch ist die Existenz von sehr primitiven Organismen weiterhin nicht völlig auszuschließen. Zwar haben die Bodenuntersuchungen der beiden VIKING-Lander keine eindeutige Bestätigung gebracht, zumindest aber lassen die Untersuchungen auf eine »exotische Chemie« schließen – was immer man sich darunter vorstellen mag. Wenigstens in einer sehr frühen Zeit, das heißt vor einigen Milliarden Jahren, als es noch freies Wasser auf dem Mars gab (heute ist dies in den Polkappen und im Boden als Eis gebunden), könnte es primitive Lebensformen gegeben haben. Ausgedehnte Flußsysteme und andere, auf die Tätigkeit von Wasser zurückzuführende Oberflächenstrukturen zeigen ein völlig anderes Klima zu dieser Zeit an, bei dem die Durchschnittstemperaturen über 0° C gelegen haben müssen. Dies aber wären für die Entwicklung einer organischen Lebewelt ideale Bedingungen.

Zudem müssen wir bedenken, daß die beiden VIKING-Sonden nur jeweils zwei, örtlich sehr begrenzte Punkte der Marsoberfläche untersucht haben. Es gibt andere Stellen (etwa im Vallis Marineris, einem gigantischen Grabenbruchsystem mit einer Tiefe bis zu 6000 Metern), an denen sich aufgrund des dort herrschenden höheren Luftdruckes und günstigerer Temperaturverhältnisse vielleicht Mikroben gehalten haben könnten. Wir kennen Bakterien von der Erde, die unter extremsten Umweltbedingungen, bei Temperaturen weit unter dem Gefrierpunkt, an den glühenden Kraterrändern aktiver Vulkane, unter vollständigem Luftabschluß und anderen exotischen Gegebenheiten ohne weiteres zu überleben vermögen. In einem von den APOLLO-12-Astronauten vom Mond zurückgebrachten Teil der Sonde SURVEYOR II hatten Bakterien über zwei Jahre lang sogar den Bedingungen des Weltraums standgehalten.

All dies zeigt, daß auch auf dem Mars – trotz der bisherigen negativen Ergebnisse – sehr primitives Leben existieren könnte. Eine endgültige Antwort auf diese Frage werden wir jedoch erst dann erhalten, wenn wir ein umfassendes Such- und Analyseprogramm auf unserem planetaren Nachbarn starten können, sei es bemannt oder unbemannt. Derartige Missionen sollten dann auch versuchen, ein weiteres Rätsel des Mars zu lösen, das seit den Aufnahmen der Viking-Orbiter durch die spekulative Literatur geistert: das sogenannte »Marsgesicht«. Zwischen Kratern und Bergen der südlichen Cydonia-Region scheint ein monumentales menschliches Antlitz hinauf zu den Sternen zu blicken, seit ewigen Zeiten den Stürmen des Roten Planeten ausgesetzt, stumm darauf wartend, von uns entdeckt zu werden. Zwei amerikanische Computerspezialisten, Vincent di Pietro und Gregory Molenaar, haben in jahrelanger Arbeit und unter Zuhilfenahme eines Computers versucht, die künstliche Natur dieses »Gesichts« nachzuweisen. Dabei gelang es ihnen sogar – durch bestimmte Farbveränderungen und besondere Heraushebungen – zuvor nicht sichtbare Einzelheiten, insbesondere im Auge, deutlich zu machen. Aber obwohl dieses Gesicht von allen Strukturen, die bisher auf dem Mond und anderen Planeten als Hinweise auf künstliche Eingriffe gedeutet wurden, sicherlich das faszinierendste und beeindruckendste Objekt ist, handelt es sich aller Wahrscheinlichkeit nach doch um eine natürliche Bergformation, die durch den Einfluß des Sonnenlichts, die Wirkung des Schattens und die Stellung des Orbiters das Aussehen eines Gesichts verliehen bekam.

Bestimmte Strukturen auf dem Mars wurden als »Pyramiden« gedeutet (es handelt sich jedoch wahrscheinlich um riesige Sanddünen), und andere verglich man mit den Mauern der Inkas (zweifellos nichts anderes als tektonische Kreuzlinienmuster). Wieder andere zeigen angeblich riesige »Ackerflächen«, doch auch diese können leicht als auf tektonischen Ursprung zurückgehend betrachtet werden.

Da es auf dem Mars selbst nie eigenständig entwickeltes intelligentes Leben gegeben hat, könnten solche Strukturen nur von Besuchern außerhalb des Sonnensystems angelegt worden sein. Das wiederum ist aber sehr unwahrscheinlich. Man muß sich einmal überlegen, was es für außerirdische Raumfahrer heißen würde, auf dem Mars oder wo auch immer kilometerdurchmessende und mehrere hundert Meter hohe künstliche Strukturen zu errichten: Planung, Vorbereitung, Durchführung, all das würde Unsummen an Kosten und einen Aufwand an Zeit bedeuten, den man zweifellos für weit wichtigere Zielsetzungen verwenden könnte, etwa unmmittelbar hier auf der Erde. Wozu auch ein solch gigantisches Unternehmen, wenn weit einfachere Mittel – nämlich optische oder auf Radiowellengrundlage sendende Signalgeber – die gleiche Aufgabe erfüllen können: unsere Aufmerksamkeit zu erregen. Nicht auszuschließen sind dagegen Strukturen, die man als zerstörte oder verlassene unter- oder oberirdische Stationen, Depots, Landeplätze, Bergwerke und so weiter deuten könnte. Bisher haben wir dergleichen jedoch nicht entdeckt. Enttäuschungen wie diese sollten uns aber nicht resignieren lassen: bisher sind erst etwa 20 Prozent aller VIKING-Aufnahmen ausgewertet. Wer will wissen, was der Mars nicht noch alles an Überraschungen für uns bereit hält?

373

Im Reich der Riesenplaneten

Jenseits des Mars liegen die großen Gasplaneten mit ihren Monden. Durch die Aufnahmen der beiden VOYAGER-Sonden I und II sind wir erstmals dazu in der Lage gewesen, einen Blick auf Jupiter, Saturn und ihre Begleiter zu werfen. Das Uranus-System wird 1986 von VOYAGER II erreicht werden. Leider haben wir aber auch dort bisher nichts entdecken können, was auf die Anwesenheit außerirdischer Besucher schließen läßt. Allerdings nimmt mit zunehmender Entfernung von der Erde auch die Wahrscheinlichkeit ab, dort auf Zwischendepots, Stationen oder ähnliches zu stoßen. Da der vorrangige Zielpunkt unseres Planetensystems die Erde gewesen sein wird, dürfte man entsprechende Einrichtungen vermutlich in der näheren Umgebung (sprich: Mond, Mars, Asteroidengürtel) angelegt haben, aber wohl kaum im Jupiter-System oder noch weiter draußen. Völlig auszuschließen ist aber auch dies nicht. Jede denkbare Variante muß in Betracht gezogen und untersucht werden, bevor man ein abschließendes Urteil fällen kann.

Vielleicht verbirgt sich hinter einem der vielen kleinen Monde des Jupiter oder Saturn eine außerirdische Sonde (bis zur VOYAGER-Mission galt beispielsweise der Saturn-Mond Phoebe aufgrund seiner exzentrischen Umlaufbahn als ein solcher Kandidat; tatsächlich handelt es sich jedoch, wie bei den anderen fotografierten Kleinstmonden, um einen unregelmäßig geformten Gesteinsbrocken). Vielleicht gibt es künstliche Strukturen auf Mimas, Enceladus, Ganymed oder Callisto. Eine Stationierung auf Titan, dem größten der Saturn-Monde, ist dagegen wieder äußerst unwahrscheinlich, da aufgrund der dichten Atmosphäre die bekannten klimatischen Einwirkungen auftreten würden. (Titan gilt aber – neben Mars und bestimmten Jupiter-Atmosphärenschichten – als denkbarer Träger primitiven Lebens.) Wenn dort draußen überhaupt irgend etwas existiert, dann vielleicht eine Art Relais- oder Verstärkerstation, die Signale von Sonden aus der näheren Umgebung der Erde auffängt, verstärkt und gezielt an die Aussenderzivilisation abstrahlt.

Zusammenfassend kann wohl gesagt werden, daß die bisherige Raumfahrt zum Mond und den Planeten keine eindeutigen Hinweise auf die ehemalige oder noch vorhandene Existenz sowohl eingeborener intelligenter Arten als auch extraterrestrischer Besucher aus den Räumen jenseits unseres Sonnensystems erbracht hat. Es gibt einige Strukturen, die einer näheren Untersuchung bedürfen, auch wenn bisher nahezu alles dafür spricht, daß es sich um natürliche Formationen handelt (z. B. »Marsgesicht«).

Sternenarchen und der »Venusmond«

R. Freitas hat in seinem Beitrag darauf hingewiesen, daß unser Sonnensystem für »Sternenarchen« oder auch für andere große Kolonisationsraumschiffe, Generationsraumschiffe, selbstreplizierfähige Robotsysteme und so weiter als Zwischenstation dienen könnte. Ein solcher Aufenthalt, beispielsweise um Rohstoffe und Energie zu »tanken«, wäre verhältnismäßig kurz und damit kaum beobachtbar. Dennoch liegen einige Aufzeichnungen vor, die mit derartigen Vorgängen vielleicht in einem Zusammenhang stehen könnten, Aufzeichnungen über »Himmelskörper« in unserem Sonnensystem, die jeweils nur einmal oder wenige Male gesehen wurden und dann für immer verschwanden. Leider sind wir heute nicht oder nur schwerlich dazu in der Lage zu entscheiden, ob es sich dabei lediglich um Beobachtungsfehler einer noch ungenügend entwickelten astronomischen Technik oder um tatsächliche Objekte handelte, die wieder verschwanden und damit eine Verifizierung unmöglich machten. Insofern stellen diese Beobachtungen keinen Beweis dar, weil sie heute weder in der einen noch in der anderen Richtung überprüfbar sind. Immerhin besteht aber die Möglichkeit, daß wir es zumindest bei einigen der beobachteten und von den damaligen Astronomen für »Monde« oder »Kleinplaneten« gehaltenen Objekte mit »Sternenarchen« oder ähnlichem zu tun hatten.

So haben beispielsweise bis zum Jahr 1892 mehrere, zum Teil sehr berühmte Astronomen die Beobachtung eines Venus-»Mondes« gemeldet (wie wir heute wissen, besitzt dieser Planet keinen Trabanten). Die erste Aufzeichnung liegt aus dem Jahr 1672 vor, als der italienische Astronom Cassini etwa zehn Minuten lang einen Himmelskörper in der Nähe der Venus zu sehen vermochte. Am 18. August 1686, sechzehn Jahre später, gelang es ihm erneut, eine 15minütige Beobachtung zu machen. Folgt man Cassinis Aufzeichnungen, so hatte der Mond einen Umfang von rund einem Viertel der Venus, also 3000 km im Durchmesser. Er soll sich in einer Entfernung von drei Fünftel des Venusdurchmessers befunden und die gleichen Phasen wie der Planet selbst gezeigt haben. Allerdings sind diese Zahlenangaben mit einiger Skepsis zu betrachten, da genaue Messungen bei einer so kurzen Beobachtungsdauer nicht möglich sind. Dennoch gilt Cassini als einer der berühmtesten Astronomen seines Jahrhunderts. Er entdeckte den Roten Fleck auf dem Jupiter und die Teilung des Saturnringes (Cassinische Teilung).

Fünfzig Jahre danach, am 23. Oktober 1740, gelang es erneut, einen »Mond« der Venus zu beobachten. Diesmal war es der englische Astronom John Short, der für seine Sichtung etwa eine Stunde zur Verfügung hatte. Auch er berechnete einen sehr großen Durchmesser von etwa 4108 km.

Neunzehn Jahre später, 1759, war es der deutsche Astronom Andreas Mayer aus Greifswald, der diesen »Mond« eine halbe Stunde lang sah. 1761 konnte er von einem Mitglied der französischen Limoges-Gesellschaft am 3., 4., 7. und 11. März beobachtet werden. Noch im gleichen Monat erfolgten weitere Sichtungen in Frankreich, und im Juni, Juli und August in Kopenhagen. Zu dieser Zeit schlug Friedrich der Große vor, den »Venustrabanten« nach dem französischen Gelehrten d'Alembert zu benennen.

Aber erst nach weiteren sieben Jahren, am 3. Januar 1768, beobachtete der Kopenhagener Astronom Christian Horrebow den Himmelskörper erneut. Dann verschwand er für fast 120 Jahre und tauchte erst 1886 wieder auf. Es war der Astronom Houzear, der ihn nach der ägyptischen Göttin des Wissens »Neith« taufte. »Neith« zeigte sich daraufhin aber nur noch ein einziges Mal: dem bekannten Astronomen Edward E. Barnard (nach ihm ist ein Stern im Ophiochus benannt, und er entdeckte auch den fünften Jupitermond) im Jahre 1892. Seither ist »Neith« nie wieder aufgetaucht und hat sich weder von unseren modernen Teleskopen noch von den Kameras der Venussonden aufspüren lassen.

Indes – »Neith« ist kein Einzelfall. Am 26. März 1857 entdeckte der französische Astronom Lescarbault einen »Planeten« innerhalb der Merkurbahn. Er hatte ihn bei seinen Sonnenforschungen vor der Scheibe unseres Zentralgestirns vorbeigleiten sehen. Er berechnete die Masse auf ein Siebzehntel der des Merkur, seine Umlaufzeit auf neunzehn Tage und seinen Durchmesser auf 285 km. Lescarbault nannte ihn »Vulkan«. Seine Beobachtungen wurden von der Akademie der Wissenschaften in Paris anerkannt, und Napoleon III. verlieh ihm die Auszeichung der Ehrenlegion. Aber bereits kurze Zeit später verblich der astronomische Ruhm Frankreichs, denn »Vulkan« war unauffindbar verschwunden. Erst 1878, achtzehn Jahre später, wurde er von dem amerikanischen Astronom James Watson erneut gesehen. Und fast hundert Jahre danach, 1966 und 1970, gelang es dem Astronomen Henry Courten, den »Planeten« während einer Sonnenfinsternis auf fotografischen Platten festzuhalten und einen Durchmesser von weniger als 800 km zu berechnen. Aber seither hat sich »Vulkan« nicht wieder gezeigt.

»Neith« und »Vulkan« verhalten sich genau so, wie man dies von in unregelmäßigen Abständen das Sonnensystem anfliegenden »Sternenarchen« erwarten darf: plötzliches Auftauchen, eine Umlaufbahn in Sonnennähe, beziehungsweise um einen verhältnismäßig sonnennahen Planeten, kurze Aufenthaltsdauer und erneutes, plötzliches Verschwinden.

Dies wäre eine *mögliche* Erklärung. Die Beobachtungen beziehungsweise die Aufzeichnungen darüber reichen nicht aus, um eine weitergehende Feststellung treffen zu können. Vielleicht haben wir Glück, und »Neith«, »Vulkan« oder ein anderes derartiges Objekt zeigen sich irgendwann den verbesserten Teleskopen unserer modernen Observatorien oder gar dem in Kürze für eine Deponierung in einer Erdumlaufbahn vorgesehenen Weltraumteleskop. Dann werden wir vielleicht dazu in der Lage sein, dieses Problem besser beurteilen zu können als heute.

Hinweise im Asteroidengürtel?

Bei der zukünftigen unbemannten Erforschung des Sonnensystems wird auch und vor allem der Asteroidengürtel zwischen Mars und Jupiter eine bedeutende Rolle spielen. Dies unter anderem wegen der dort erwarteten Rohstoffvorkommen, insbesondere an Metallen. Noch immer ist nicht ganz geklärt, wie es zur Entstehung dieses Ringes kam. Grundsätzlich gibt es zwei Auffassungen:

a) der heutige Ring besteht aus Bruchstücken, die einst einen aus unbekannten Gründen zerbrochenen Planeten bildeten,

b) das Material des Rings stammt noch aus der Anfangszeit des Sonnensystems und hatte nie Gelegenheit, sich zu einem Planeten zusammenzuballen.

Beide Meinungen werden letztlich erst bei einer unmittelbaren Untersuchung überprüft werden können, wenngleich neuere Forschungen eher auf die zweite Möglichkeit hinweisen. Sollte es dort tatsächlich einmal einen Planeten gegeben haben, und nach der Titius-Bodeschen-Regel müßte das eigentlich der Fall sein, so liegt seine Zerstörung schon etliche Milliarden Jahre zurück. Eine Explosion in jüngerer Zeit, wie einige Autoren dies annehmen, kommt nicht in Frage. In diesem Fall müßten wir sowohl auf dem Mars als auch auf den Monden des Jupiter, auf unserem Mond und nicht zuletzt auf der Erde eine ganze Reihe geologisch sehr junger Meteoritenkrater haben. Dies ist aber nicht der Fall. Einschlagstrukturen wie der Arizona-Krater (Entstehung vor 25 000 Jahren), das Nördlinger Ries oder das Steinheimer Becken (Entstehung vor 14,7 Millionen Jahren) stammen zwar aus dem Känozoikum; aber wir müßten eine starke Häufung zu einem geologisch sehr kurzen Zeitraum beobachten können, sowohl hier auf der Erde als auch auf den anderen Nachbarwelten des geborstenen Planeten. Dies können wir jedoch nicht.

Dennoch böte der Asteroidengürtel nicht nur für unsere Raumfahrt ein lohnendes Ziel. Gerade dort könnten Depots angelegt, Minen zum Abbau hochwertiger Metalle in die Planetoidenkörper getrieben oder sogar eine Datenkapsel für uns stationiert worden sein. Geologische Katastrophen und klimatische Einwirkungen fallen hier gänzlich aus,

zudem gibt es Asteroidengruppen, die sich in bestimmten Zeitintervallen der Erde nähern (z. B. die Apollo-Objekte) und hinter denen sich eine außerirdische Sonde vielleicht getarnt haben könnte. Die Max-Planck-Gesellschaft plant in Zusammenarbeit mit amerikanischen Stellen drei unbemannte Vorhaben für die neunziger Jahre: einen automatischen Marsrover, einen Lander für den Saturnmond Titan und eine Sonde, die verschiedene Planetoiden im Materiegürtel zwischen Mars und Jupiter anfliegen soll. In Planung ist auch noch das amerikanische Galileo-Vorhaben, ein Jupiter-Orbiter, der vom Shuttle aus gestartet wird, später in eine Umlaufbahn um den Riesenplaneten einschwenkt und insbesondere die Monde im einzelnen aufnehmen soll.
Missionen wie diese könnten zufällig zur Entdeckung außerirdischer Hinterlassenschaften führen. Aber wäre es nicht an der Zeit, gezielt auf die Suche nach solchen Boten unendlich ferner Welten zu gehen? Die bisherigen SETI-Radioprogramme können und dürfen nur einen Anfang und nur einen Teil dieser Suche darstellen. Der amerikanische Astronom Michael Papagiannis hat 1982 sehr treffend dazu festgestellt: »Wir würden für zukünftige Generationen eher dumm aussehen, wenn wir fortfahren würden auf fernen Sternen zu suchen, während die Antwort hier, direkt in unserem Sonnensystem, zu finden war.«
Die Technik des ausgehenden 20. Jahrhunderts erlaubt es uns, diese Suche aufzunehmen: hier auf der Erde und draußen im Sonnensystem. Gezielte, aufeinander abgestimmte Programme wären nötig, um letztlich zu einem klärenden Erfolg – oder Mißerfolg – zu kommen. Natürlich können wir Glück haben und durch Zufall auf ein Artefakt der drei weiter vorn beschriebenen Arten stoßen. Aber wir sollten uns nicht auf »Zufälle« verlassen. Wenn sie hier waren – und es deutet einiges darauf hin –, haben sie etwas hinterlassen, etwas, was wir finden können, wenn wir es finden wollen: »Wir nehmen an«, hatten Morrison und Cocconi vor 25 Jahren geschrieben, »daß sie vor langer Zeit eine Nachrichtenverbindung eingerichtet haben, die wir unsererseits eines Tages entdecken werden, und daß sie geduldig vom Sonnensystem her auf Antwort warten, die ihnen anzeigt, daß eine neue Gesellschaft in die Gemeinschaft der Vernunftwesen eingetreten ist.«
»Sie« warten irgendwo da draußen – vielleicht schon seit Jahrmillionen. Wann werden wir uns als *Vernunftwesen* erweisen? Wann werden wir uns melden...?

Nachwort

von Erich von Däniken, Feldbrunnen
(Schweiz)

Dr. h. c. Erich von Däniken ist mit insgesamt zwölf seit dem Jahr 1968 erschienenen Büchern der populärste Vertreter und eigentliche Begründer der Prä-Astronautik. Anders als seine Kritiker es ihm vorwerfen, hat er nie den Anspruch erhoben, Wissenschaftler zu sein oder wissenschaftlich zu arbeiten. Das Bestreben Erich von Dänikens war es hingegen immer gewesen, die wissenschaftliche Welt mit – zugegebenermaßen unbequemen – Fragen auf Widersprüche, ungelöste Rätsel und Geheimnisse unserer Vergangenheit hinzuweisen und zu deren Lösung ein neues Denkmodell anzubieten. Dies ist ihm sicherlich gelungen, und das vorliegende Buch ist eine erste positive Antwort darauf. Erich von Däniken erhielt für seine umfangreichen Arbeiten in Südamerika am 12. Februar 1975 von der Universidad Boliviana, Bolivien, die Würde eines Ehrendoktors verliehen.

Meine Theorie:
1. In vorgeschichtlichen Zeiten erhielt die Erde mehrmals Besuch von außerirdischen Wesen.
2. Diese unbekannten Wesen schufen die menschliche Intelligenz durch eine gezielte, künstliche Mutation aus der Gattung der damals existierenden Hominiden.
3. Die Erdbesuche fremder Wesen fanden ihren Niederschlag in alten Religionen, Sagen, Legenden, Märchen. Ebenso in gewissen Kultgegenständen und Bauten.

Ich vertrete diese Theorie in der Öffentlichkeit seit 1954. Damals erschienen die ersten Zeitungsartikel aus meiner Feder. Die Theorie hat sich in 12 Büchern niedergeschlagen (1). Ein objektiver Beweis für diese Theorie ist bis heute nicht erbracht. Ich habe keine außerirdischen Gegenstände auf der Erde entdeckt, keine extraterrestrische Mumie in Spiritus vom andern Stern aufgestöbert. Weshalb nicht? Dürfte man nicht annehmen, Außerirdische hätten auf unserem Planeten Abfälle zurückgelassen? Vielleicht einen Schraubenzieher oder ein defektes Fahrzeug? Haben nicht Russen und Amerikaner Spuren auf dem Mond zurückgelassen? Wo sind die objektiven Spuren der Außerirdischen?
Ein Blick auf unsere Planetenoberfläche zeigt, daß die Chancen, derartige Spuren zu lokalisieren, äußerst gering sind. Zwei Drittel der Planetenoberfläche bestehen aus Wasser, der Rest ist Eis (Pole), Wüsten und große, von zum Teil undurchdringlicher Vegetation überwucherte Gebiete. Unter Wasser, an den Polen und in den Wüsten ist eine gezielte Suche nach außerirdischen Artefakten vorerst nicht zu verwirklichen. Und in den Grünzonen wäre jedes Überbleibsel, ob klein oder groß, vollständig überwachsen. Es würde sich dem Auge sowenig anbieten wie etwa die Städte der Maya im Dschungel von Guatemala. Den außerirdischen Besuchern waren diese Gegebenheiten bekannt. Daher stellte sich für sie vermutlich die Frage: wie hinterlassen wir einer späteren, technisch fortgeschrittenen Menschheit einen Beweis unseres Hierseins?
Welcher Art, von welcher Beschaffenheit, könnte ein derartiger Beweis sein? Ein Computer? Eine Bilderschrift? Eine mathematische Mitteilung? Eine Verschlüsselung in den Genen der Chromosomen? Von welcher Beschaffenheit die Hinterlassenschaft der Außerirdischen auch gewesen sein mag, sie standen vor dem Problem der »Verpakkung«. Eine Bilderschrift – beispielsweise – konnte nicht »irgendwo« deponiert werden: in einem Tempel, einem Grab, auf einer Bergspitze. Die außerirdischen Besucher wußten, daß Kriege über die Menschheit herzogen, daß heilige Gebäude zerstört werden würden, daß Bakterien und Vegetation ihre Hinterlassenschaft zerfressen, Erdbeben und

Überflutungen sie zerstören konnten. Zudem mußten sie sich bemühen, den Beweis in einer Form anzulegen, daß er nur in die Hände derjenigen Generation geriet, die auch in der Lage war, die Information auszuwerten. Wenn beispielsweise die Soldaten Julius Cäsars auf ein außerirdisches Objekt gestoßen wären, hätten sie selbst dann nichts mit ihm anfangen können, wenn die Information in lateinischer Sprache vorgelegen hätte. Zu Zeiten eines Julius Cäsar waren den Menschen Begriffe wie ›Weltraumfahrt‹ fremd. Sie verstanden noch nichts von genetischen Experimenten, Zeitverschiebungseffekten, Triebwerken und interstellaren Entfernungen. Daher mußten die Außerirdischen vermeiden, daß ihr Beweis, ihre Hinterlassenschaft, zufälligerweise von der falschen Generation entdeckt würde.

Wie ist das Problem lösbar?

Wir haben im Rahmen der ANCIENT ASTRONAUT SOCIETY (2), einer gemeinnützigen Gesellschaft, die sich mit meiner Theorie auseinandersetzt, verschiedene Modelle diskutiert. Liegt die Botschaft der Außerirdischen in den menschlichen Genen verschlüsselt? Diese Frage muß von der zukünftigen Gen-Technologie beantwortet werden. Haben die Außerirdischen auf irgendeinem unserer ›toten‹ Nachbarplaneten eine Botschaft deponiert? Diese Frage kann von der zukünftigen Raumfahrt, der Erforschung unseres Sonnensystems, beantwortet werden. Bekannt sind seltsam anmutende Felsformationen im Innern des Kraters Kepler (NASA-Foto Nr. 67-H-201) sowie pyramidenähnliche Gebilde im Krater Lubinicky (NASA-Foto Nr. 72-H-1387) auf dem Mond. Der amerikanische Autor George H. Leonard hat darüber publiziert (3). Bekannt sind ferner die eigenartigen Felsformationen, die von Bildauswertern als ›Marsgesicht‹ und ›Marspyramide‹ bezeichnet wurden (4). Ob es sich bei den hier erwähnten Gebilden um natürliche geologische Formationen oder um künstliche Bauten handelt, ist bis heute nicht eindeutig geklärt worden.

Ließen die Fremden Spuren im Asteroidengürtel zurück? Diese Meinung vertrat am 33. Kongreß der ›International Astronautical Federation‹ in Paris Prof. Papagiannis, Astronom an der Boston University (5). Hinterließen die außerirdischen Besucher irgendwelche Satelliten in unserem Sonnensystem, die Botschaften weiterleiten, Radio- und Fernsehprogramme aufnehmen oder Atombombentests registrieren? In diesem Zusammenhang verötfentlichte der britische Astronom Duncan Lunan eine ausführliche Studie (6).

Deponierten die Fremden ihre Botschaft in winzigen Satelliten, die in extremen Bahnen unsere Planeten umkreisen? Dazu ermittelte der amerikanische Astronom John P. Bagby (7).

Gibt es irgendwelche Punkte auf der Erde, die sich aus logischer und mathematischer Sicht als Versteck für eine Hinterlassenschaft von Außerirdischen anbieten? Zum Beispiel die geographischen Pole? Der

Schwerpunkt der Kontinente? Ein Felsendom am Aquator? Ein seit Jahrtausenden geheiligter und verehrter Platz irgendeiner Religion? Alle hier aufgezeigten Varianten haben eines gemeinsam: sie sind versteckt, man muß sie suchen. Sie sind so angelegt, daß sie nicht zufälligerweise in die Hände der falschen Generation geraten. Sie sind so ausgerichtet, daß weder Bakterien noch Kriege, noch Erdbeben oder Überflutungen sie restlos zerstören können. Wenn aber außerirdische Besucher vor Jahrtausenden irgend etwas in diesem Sinne deponierten, mußten sie zusätzlich darum besorgt sein, daß dann diejenige Generation der Zukunft, die es einst angehen würde, überhaupt auf den Gedanken kam, danach zu suchen: Was ich nicht weiß, macht mich nicht heiß... Niemand sucht einen Schatz im Acker des Nachbarn, wenn er nicht Gründe für die Annahme hat, daß der Schatz existieren könnte. Die Außerirdischen mußten demnach bewußt Indizien streuen, die eine spätere technologische Gesellschaft zur Fragestellung zwingen würde: Erhielten wir Besuch aus dem Weltall? Müßte nicht irgendwo ein objektiver Beweis verborgen liegen?

Genau da stehen wir heute! Ich habe in meinen Büchern unzählige Indizien vorgelegt, die zu eben dieser Fragestellung zwingen. Die außerirdischen Besucher streuten ihre Hinweise oft absichtsvoll, denn sie wollten, daß diese Hinweise spätere Generationen zum Nachdenken zwingen. Sie wollten, daß ihre Erscheinung und ihre Erdaufenthalte in die mystischen und heiligen Bücher Eingang fanden. Sie wußten, daß die Nachfahren jener primitiven Menschen, die sie besucht hatten, einst selbst in ein technologisches Zeitalter geraten würden, einst selbst fliegende Schiffe und »Barken«, Raumanzüge und Helikopter bauen würden. Spätestens dann müßte es diesen Nachfahren wie Schuppen von den Augen fallen, weil sie nämlich jetzt – und erst jetzt! – zu erkennen vermögen, daß die heiligen Texte in Wirklichkeit *nicht* über Gotteserscheinungen, über Naturereignisse oder irgendwelchen Stammes-Hokuspokus berichteten, sondern im Kern wahre Begebenheiten enthalten. All dies, gemeinsam mit seltsamen Bauwerken, heiligen Gerätschaften und Figuren, müßte früher oder später zu der Fragestellung führen: Erhielten wir Besuch aus dem Weltall? Wo ist der Beweis?

Ich behaupte nicht, alle Indizien in meinen Büchern seien gut und richtig. Oft verhielt ich mich möglicherweise zu voreilig, war zu begeisterungsfähig. Dennoch bleibt ein großer Stamm sehr guter und schwer widerlegbarer Indizien übrig. Sie sollten uns helfen, nach der objektiven Hinterlassenschaft der ›Götter‹ zu fahnden.

Nachdem das Projekt SETI bis heute erfolglos blieb, sollte parallel zu SETI ein Projekt SETA in Angriff genommen werden. SETA steht für »Search for Extraterrestrial Artifacts«. Im Beitrag von R. Freitas und im JOURNAL OF THE BRITISCH INTERPLANETARY SOCIETY (8) ist vorgeschlagen worden, nach außerirdischen Gegenständen in unserem Sonnensystem zu forschen. Außerirdische – so ist argumentiert worden – hätten vielleicht Spuren auf anderen Himmelskörpern oder unmittelbar in unserem Sonnensystem zurückgelassen. Dieser Meinung schließe ich mich an, nur muß SETA selbstverständlich auch die Erde erfassen. Es scheint mir absurd anzunehmen, außerirdische Wesen hätten sich möglicherweise im Asteroidengürtel oder auf einem anderen Planeten unseres Systems getummelt, es dabei aber tunlichst vermieden, auf dem einzigen Planeten, auf dem Leben in allen Variationen blühte, Spuren zu hinterlassen. Es gibt genügend Ansatzpunkte auf der Erde, um SETA vor der eigenen Haustür anrollen zu lassen.

Was ist zum Beispiel mit den Überresten der geheimnisvollen Bundeslade der Israeliten? Diese Reste sollen sich, folgt man den mythologischen Überlieferungen, heute noch tief im Boden unter der Marienkathedrale der äthiopischen Stadt Axum befinden. Was ist mit der Kaaba, dem heiligen »Stein« der Moslems, der von Erzengel Gabriel zur Erde gebracht worden sein soll? Was ist mit dem unerklärlichen ›Metallspiegel‹, den die Sonnenkönigin Amaterasu im Jahre 660 v. Chr. dem Gründer des japanischen Kaiserreiches, Jimmu Tenno, schenkte? Der Spiegel befindet sich heute noch, in viele Schichten von Tüchern verpackt, im inneren Schrein des Tempels der Stadt Ise auf der Insel Honschu.

Was melden uns die rätselhaften Megalithkulturen von England, Schottland, Malta? Welche Botschaft steckt hinter den Tausenden und Abertausenden von Menhiren, die in der französischen Bretagne in geordneten Reihen aufgestellt sind? Welche prähistorische Macht erbaute die gigantischen, megalithischen und unterirdischen Labyrinthe, die sogenannten Chinkanas, unter der peruanischen Stadt Cuzco? Obwohl zumindest ein Eingang zu diesen ungeheuerlichen Gewölben unmittelbar unter der Kirche Santo Domingo bekannt ist, wird nichts zu ihrer Erforschung getan. Was für rätselhafte, mächtige Bauten standen einst oberhalb der Inkafestung Sacsayhuaman bei Cuzco? Heute findet man an den Berghügeln nur noch polierte und geschliffene, dann wieder ausgehöhlte Felsen mit seltsamen Strukturen. Ich habe darüber in »Reise nach Kiribati« ausführlich geschrieben.

Warum legten Menschen verschiedener Kulturen, die untereinander nicht in Kontakt standen, gigantische Bodenzeichnungen an, die in ihrer Gesamtheit nur aus der Luft erkennbar sind? Die weltberühmte Ebene von Nazca mit ihren Scharrzeichnungen und pistenähnlichen Gebilden ist nicht der einzige Ort auf diesem Globus, an dem Menschen ›Zeichen für die Götter‹ schufen. Es gibt eine große Anzahl weiterer Figuren an der peruanischen und chilenischen Küste. In der Nähe der südamerikanischen Stadt Mollende – 400 Kilometer Luftlinie von Nazca – bis hinein in die Wüsten und Gebirge der chilenischen

Provinz Antofagasta findet man große Markierungen an Schrägwänden, deren Sinn und Zweck bislang nicht geklärt werden konnte. Darunter »roboterähnliche« Figuren von 121 Metern Höhe. Südöstlich von Los Angeles (USA), unweit des Städtchens Blythe am Colorado-Fluß, liegen große, in den Boden gescharrte Figuren von Menschen und Tieren. Vom Colorado-Fluß bis hinunter nach Mexiko, doch auch von den Rocky Mountains bis zu den Appalachen, liegen rund 5000 sogenannte ›Bilderhügel‹, ›Indian-Mounds‹ genannt. Sie haben die Formen von Bisons, Vögeln, Schlangen, Bären und Eidechsen. Die künstlich zusammengeschütteten Hügel dienten oft – nicht immer – als Gräber, waren aber wie die Scharrzeichen der Ebene von Nazca in ihrer Gesamtheit nur aus der Luft als Bilder erkennbar. Auch menschliche Figuren wurden in Hügelform angelegt, oft als Geröllhügel, wie beispielsweise jene des White-Shell-Province-Parks, 200 Kilometer nordöstlich von Winnipeg (Manitoba, Kanada). Selbst die ausgedehnten Lavafelder der Sonorawüste, Mexiko, sind mit riesigen, gegen den Himmel gerichteten Zeichen versehen.

Das Phänomen dieser Zeichen aber bleibt nicht auf den amerikanischen Kontinent beschränkt. Es scheint, als ob einst eine internationale Gilde von Scharrzeichnern die Kontinente bereiste.

In der englischen Grafschaft Berkshire liegt bei Uffington das berühmte ›weiße Pferd‹. Es hat eine Länge von 110 Metern und ist aus dem hügeligen Kreideland durch Abheben von Rasenziegeln entstanden. Das Pferd wird auf etwa 2000 Jahre geschätzt. Ebenfalls in England liegt der 70 Meter hohe ›lange Mann von Wilmington‹ (Sussex) sowie der 66 Meter messende ›Riese von Cerne Abbas‹ (Dorset). Damit nicht genug: selbst in der ausgetrockneten Wüste von Saudi-Arabien, 200 Meilen südlich von Tabuk, ist eine gigantische, rund 800 Meter hohe Figur in den Boden geritzt und mit Steinen ausgelegt worden. Sie zeigt ein pyramidenförmiges Dreieck, das in der Spitze zu einem Kamin ausläuft, der in fünf gleichmäßige Sektoren unterteilt ist. Der ›Kamin‹ trägt einen großen, schwarzen Ring, dessen Durchmesser größer ist als der Pyramidensockel. Im Zentrum des Ringes liegt ein großer schwarzer Punkt. Niemand weiß, wer das Gebilde in diesem völlig lebensfeindlichen Gebiet zusammentrug und weshalb dies geschah. Eines aber ist unbestritten: Die Zeichnung ist nur aus großer Höhe erkennbar.

Was ist mit den unzähligen Legenden, Mythen und heiligen Schriften der Menschheit, die von einem Besuch ›himmlischer Wesen‹ berichten? Weshalb ignorieren wir diese Zeugnisse? Weshalb beachtet die Altertumsforschung sie nicht und überläßt sie lediglich der Theologie? Luis Navia hat in seinem Beitrag eine Geschichte erzählt, die sich so zugetragen haben könnte, als es zum erstenmal zu einer Begegnung zwischen außerirdischen Besuchern und unseren Vorfahren kam (vgl.

S. 23/24). Ist das Beispiel sinnlos, töricht, grotesk? Könnte sich etwas Derartiges nicht ereignen? Würden Menschen ganz anders reagieren? Die Gegenwart beweist eindeutig, daß sich Menschen *genauso* verhalten! Im 20. Jahrhundert verbleiben nur wenige Reservate dieses Planeten, die keine Berührung mit unserer Technologie hatten. Diese Rückzugsgebiete vereinzelter Stämme liegen vorwiegend in den Urwäldern Südamerikas, seltener in Afrika (Kalahari) und insbesondere in der westpazifischen Inselwelt Melanesiens und Mikronesiens. Ulrich Dopatka (10) belegte eindrücklich, daß diese Völker sich bei ihren ersten Kontakten mit unserer Technologie nicht grundlegend anders verhielten, als der erfundene Fall unserer Steinzeitmenschen im Beispiel Navias. Auch läßt sich lückenlos beweisen, daß in historischen Zeiten die primitivere Kultur, insbesondere wenn sie keine Technologie in unserem Sinne kannte, in der höheren Kultur etwas ›Göttliches‹ verehrte. Einige interessante Fälle für diese Behauptung hat U. Dopatka publiziert:

»Die Lebensumstände auf der winzigen, melanesischen Insel Tanna sind, an unserem technologischen Standard gemessen, primitiv. Das Eigenartigste an diesen Menschen ist ihre Religion. Sie konzentriert sich ausschließlich auf eine geheimnisvolle Gestalt, einen Gott, den sie ›John Frum‹ nennen und der natürlich nicht unter ihnen weilt. Die Insulaner tragen Tätowierungen auf ihrer Haut, die sie selbst nicht lesen können: USA. Sie versichern, vor langer Zeit habe sie der König eines fernen Landes – Amerika – besucht; der Gott habe sich John Frum genannt und habe versprochen, eines Tages zurückzukommen und ihr armseliges Leben zu verbessern.

Frum muß ein Amerikaner gewesen sein, der offenbar nach Tanna verschlagen wurde und dem es gelang, ein gutes und bedeutungsvolles Verhältnis zu den Eingeborenen zu entwickeln. Er lehrte sie einiges und schenkte ihnen ein paar Münzen, Geldscheine, einen Helm und andere Kleinigkeiten. Er gab ihnen sogar ein Foto, das entweder ihn selbst oder jemand anders darstellte. Nach Meinung der Insulaner bedeutet USA soviel wie ›Gelobtes Land‹. Gott Frum kannte die Geheimnisse der Natur, er unterrichtete die Eingeborenen über Blitz und Schall, über Wind und Himmelszeichen. Auch kannte er offensichtlich einige Heilmittel gegen Krankheiten. Vor allem aber war er anders als die Insulaner: er war größer, hatte hellere Haut, sprach seltsam und pflegte merkwürdige Gewohnheiten. Wie NATIONAL GEOGRAPHIC (11) berichtete, fanden Besucher neuerer Zeit auf Tanna eine ganze Nation vor, die auf die Rückkehr ihres Gottes John Frum wartete. Innerhalb weniger Jahrzehnte war eine neue Religion entstanden. Was spricht also dagegen, daß unsere Vorfahren sich nicht ganz ähnlich verhielten, als höhere, ihnen überlegene Wesen auftauchten?

Am 16. Oktober 1978 strahlte BBC-London in ihrer Dokumentarserie PANORAMA einen Film aus, in dem ein Raketenstart in Zaire, Afrika, gezeigt wurde. Die Kamera schwenkte auf eine Gruppe von Schwarzen, die die Vorgänge bestaunten. Ein Dolmetscher fragte sie, was sie von dem Treiben hielten. Ein Eingeborener antwortete: ›Das sind unsere mächtigen Freunde, die Feuer zu den Göttern schicken!‹ – Wer weiß: Wenn die Männer der Weltraum-Firma längst wieder abgerückt sind, wird sich dann ein ›Raketenkult‹ entwickeln?

Als Ethnologen zum erstenmal den Stamm der Tasaday auf den Philippinen mittels Helikopter besuchten, warf sich eine alte Frau zitternd auf den Boden und verbarg ihr Gesicht. Der Rest des Stammes bestaunte das himmlische Ungetüm aus sicherer Entfernung. Nach den ersten, zaghaften Kontaktnahmen schmuggelten die Wissenschaftler ein Tonbandgerät in die Wohnhöhle einer Tasaday-Sippe und registrierten die Reaktion auf ihren Besuch. Auf ›dem Ding, das die Stimme stiehlt‹, wie die Tasaday es später nannten, drückten sie Ehrfurcht vor dem ›großen Vogel‹ aus, der ihnen viele wertvolle Geschenke gebracht hatte. Sie waren der Meinung, daß sie stets von neuem in den Genuß der feinen, fremden Dinge gelangten, sofern sie sich mit den Bewohnern des ›großen Vogels‹ gut stellten.«

Das Beispiel der Tasaday belegt eindrücklich: Angst und Neugierde sind die beherrschenden Gedanken beim ersten Kontakt mit einer fremden Technologie. Die technischen Geräte versucht man aus Begriffen der bekannten Umwelt zu identifizieren. So wird bei den Indianern eine Dampflokomotive zum ›Feuerroß‹ und ein Telegrafendraht zum ›singenden Draht‹. Papuas in Neu-Guinea nannten das erste Wasserflugzeug ›Teufel, der vom Himmel herniederflog‹, und den ersten vorbeiziehenden Dampfer beschrieben sie mit den Worten: ›Dort zieht Gott Tibud Anut und raucht eine lange Zigarre.‹

Nicht selten versuchten Naturvölker, technische Konstruktionen der höheren Zivilisation zu imitieren. Frank Hurley registrierte bei seiner Neu-Guinea-Expedition in den zwanziger Jahren, daß die Einwohner des Dorfes Kaimari das Flugboot, mit dem er dort aufgetaucht war, bald als Spielzeug bis ins Detail naturgetreu nachgebaut hatten. Es tauchte in allen Hütten auf. Im östlichen Teil des Hochlandes von Neu-Guinea wurde schon zu Beginn der zwanziger Jahre die Errichtung von primitiven ›Funkanlagen‹ der Insulaner beobachtet. Bambusantennen sollten Telegrafen der Persian Oil Company darstellen und zur Verbreitung der Nachricht dienen, daß endlich paradiesische Zustände eingetreten seien, in welchen es gratis ›Cargo‹ gebe. Dieser Gedanke, vermehrt in den Besitz von Cargo (Ware) zu kommen, spornte sogar dazu an, Flugplätze und Landeplätze für imaginäre Götter in den Dschungel zu roden. Man wollte den fliegenden Wesen Gelegenheit verschaffen, hernieder zukommen, und man hatte ja mit eigenen

Augen erlebt, daß dazu Pisten notwendig waren. So entstand auf einer kleinen Insel Neu-Guineas, nahe dem Ort Wewak, ein kompletter Geisterflughafen der Einheimischen. Sie hatten beobachtet, wie japanische Besatzungssoldaten vorgegangen waren und imitierten nach dem Abzug der Fremden ihr Gebaren. All dies im zwanzigsten Jahrhundert!

Einen sehr eindrücklichen Fall moderner Mythenentstehung erlebte die venezuelanische Ethnologin L. Barcelo. Frau Barcelo studierte den Indio-Stamm der Pemon aus dem Gran-Sabana-Gebiet Venezuelas. Nach der Überlieferung der Pemon war ihr Kulturbringer, ein Gott namens Chiricavai, nach einem Aufenthalt unter ihnen zu den Sternen zurückgekehrt. Doch irgendwann wollte er wiederkommen. Als Frau Barcelo neuere Zeichnungen der Pemon-Indianer studierte, stellte sie zu ihrer Verblüffung fest, daß die Indios in den Himmelsbereich ihres Gottes Chiricavai ein fremdes Objekt eingezeichnet hatten, welches auf früheren Malereien nicht vorhanden war. Sie erkundigte sich beim Oberpriester nach der Bedeutung dieses Objektes, und er meinte lakonisch: ›Das sind die Russen.‹ Was hatte die Indianer dazu verleitet, ›die Russen‹ in den himmlischen Bereich ihres Gottes zu verlegen? Irgendwoher hatte ein Stammesangehöriger vernommen, ›die Russen‹ hätten einen Satelliten – ein himmlisches Gefährt – ins Weltall geschickt. Nun glaubten die Pemon, sie könnten über ›die Russen‹ ihrem alten Gott Chiricavai eine Nachricht zukommen lassen. Also verfaßten die drei Schreibkundigen des Stammes einen Brief an ›die Russen‹, den sie zur Weiterleitung einem Missionar übergaben. Dies ist wohl eines der kuriosesten Dokumente im Verhalten von Naturvölkern der Technik gegenüber: ein Brief an ›die Russen‹ mit einer Nachricht an den Gott Chiricavai.

Übrigens läßt sich dieses Verhalten von technisch ›zurückgebliebenen‹ Kulturen gegenüber einer überlegenen Machtdemonstration auch im sogenannten historischen ›Entdeckungszeitalter‹ belegen.

›Sie begrüßten uns, als ob wir vom Himmel kämen‹, notierte Kolumbus in sein Bordbuch nach der Landung auf einer der Bahama-Inseln. Seine spanischen Nachfolger Cortez und Pizarro nützten dieses offensichtliche Mißverständnis schamlos aus, wobei ihnen zusätzlich noch der Glaube der Azteken und Inkas half, welche ausgerechnet zur Ankunftszeit der Konquistadoren ihre Götter Quetzalcoatl und Viracocha zurückerwarteten.

Als der englische Kapitän James Cook auf Tahiti landete, hielten ihn die Insulaner für den zurückgekehrten Gott Rongo, welcher ihr Inselparadies auf einem Wolkenschiff verlassen haben soll. Die nordamerikanischen Indianer Virginias empfingen Walter Raleigh triumphal, und selbst Cabral, der Entdecker Brasiliens, konnte sich vor den Huldigungen der Küstenbewohner kaum retten.

Schade, daß es damals keine Fotoapparate und Tonbänder gab! Die Geschichts- und Religionsforschung hätte eine andere Richtung eingeschlagen, und selbst die Psychologen müßten wohl einsehen, daß ihre modernen Deutungen über das Verhalten von Primitiven viel zu weit hergeholt und eigentlich recht lächerlich sind. Das Verhalten, das wir heute bei solchen Kulturkonfrontationen beobachten, war vor Jahrtausenden nicht anders. Psychologische Verschleierungen lichten keinen Nebel, sondern zielen in weitem Bogen an der wissenschaftlich erstrebenswerten Wahrheit vorbei.

Ich bin oft gefragt worden, weshalb Außerirdische hier gelandet sein sollen. Was war der Zweck ihrer Reise? Weshalb kamen sie ausgerechnet jetzt, weshalb ausgerechnet zu uns?

Über das ›ausgerechnet jetzt‹ zu spekulieren ist unsinnig, denn das ›jetzt‹ ist für uns erst zum Bewußtsein geworden, seit der Homo sapiens existierte. Wären Außerirdische – beispielsweise – vor zehn Millionen Jahren hier gewesen und hätten damals durch gezielte, künstliche Mutation ein intelligentes Wesen geschaffen, so hätte dieses Wesen sich *damals* gefragt: Weshalb ›ausgerechnet jetzt‹? Ähnliches gilt für das ›ausgerechnet wir‹. Da wir zur Zeit keinen Kontakt mit anderen intelligenten Lebensformen im Universum haben, kann man nicht sagen, ›ausgerechnet wir‹ seien von einer technisch hochentwickelten außerirdischen Zivilisation besucht worden. In Wahrheit können wir nicht wissen, wieviele andere Sonnensysteme bereits von diesen Außerirdischen inspiziert wurden.

Weshalb sollten sie es getan haben? Ich kenne 28 mögliche Antworten. Welche die richtige ist, kann zur Zeit nicht beurteilt werden. Ich vermute allerdings, daß einer der zwingenden Gründe darin liegt, das Universum zu besiedeln, sich auszubreiten und dadurch Kommunikation im Universum zu ermöglichen. Dr. Taube von der eidgenössischen Hochschule in Zürich hat Berechnungen darüber angestellt, wie lange es dauern würde, um unsere Galaxis zu besiedeln. Die errechneten Ergebnisse (14) liegen bei fünf Millionen Jahren, sind also verblüffend niedrig. Ähnliche Berechnungen wurden vom deutschen Astronomen N. Vogt von der Universität München angestellt (15).

Zwei Hauptfragen blieben bislang unbeantwortet: Weshalb sollen Außerirdische menschenähnlich sein, und: Widerspricht meine Theorie der Darwinschen Evolution?

Der angesehene britische Astrophysiker Sir Fred Hoyle vertritt in seinem Buch »Evolution aus dem All« (14) und auch in einem Beitrag dieses Buches die Meinung, weder das Leben noch die Intelligenz seien auf der Erde entstanden. Hoyle meint, der Mensch sei das Wiederauftauchen einer früheren intelligenten Lebensform. Diese fremde Intelligenz habe sich in eine Art Baukasten zerlegt, dessen grundlegende Bausteine im gesamten Raum verteilt worden seien. Dieser Baukasten habe die biologischen Grundstoffe enthalten, aus denen das Leben, wie wir es kennen, zusammengesetzt ist. Als dieser molekulare oder biologische ›Baukasten‹ auf der Erde eintraf, ging er in einer ganz bestimmten, vorgezeichneten Weise auf, ähnlich wie aus dem Samen einer Frucht nur eine ganz bestimmte Frucht werden kann.

Nobelpreisträger Francis Crick, Entdecker der DNS-Doppelhelix, vertrat die Meinung, herkömmliche Weltraumschiffe seien zu langsam, um eine Galaxis mit Leben zu kolonisieren. Crick (15): »Wäre es da nicht besser, Organismen zu schicken, die diese sehr lange Reise überleben würden, die leicht zu transportieren wären und in einem Urzeitozean gedeihen würden? Dafür wären Bakterien am besten geeignet. Weil sie so winzig sind, könnte man sehr viele schicken. Sie bleiben bei sehr tiefen Temperaturen fast unbegrenzt lebensfähig, und es gäbe eine große Chance, daß sie sich in der Suppe eines primitiven Ozeans leicht vermehren würden. Vielleicht ist es kein Zufall, daß die frühesten fossilen Organismen, die wir bisher entdeckt haben, genau diesem Typ von Leben entsprechen.«

Was hat dies mit der Frage zu tun, ob Außerirdische menschenähnlich seien?

Irgendeine intelligente Lebensform im Universum bildete sich als erste. Rein theoretisch könnten auch wir selbst diese erste Lebensform sein, wären da nicht die unübersehbaren Indizien, die von einem Besuch Außerirdischer sprechen. Diese erste Lebensform schickte ›Lebensbomben‹ mit Milliarden und Abermilliarden von Lebenskeimen in alle Richtungen der eigenen Galaxis. Viele dieser ›Bomben‹ erreichten kein Ziel, ziehen von Ewigkeit zu Ewigkeit durchs All oder verglühen in einer Sonne. Andere erreichen einen geeigneten Planeten, auf dem sich nach dem evolutionären Prinzip Wesen ›nach ihrem Ebenbilde‹ entwickeln müssen. Das Ganze gibt sich weiter nach dem Schneeballsystem. Unendlich, unaufhaltsam.

Der Ursprung des Lebens ist daher nicht auf der Erde zu finden. Wir sind ›Ableger‹ eines anderen Systems. Damit erledigt sich die Frage von ›gleich und gleich‹ von selbst.

Diese moderne Betrachtungsweise schließt nun keineswegs aus, daß es im Universum von fremden Lebensformen wimmeln kann, die wir uns selbst in der kühnsten Phantasie nicht vorstellen können. Nur: die ›Lebenskeime‹ derartig fremder Lebewesen wären auf unserer Erde nicht aufgegangen, hätten sich nicht entwickeln können.

Und die Darwinsche Lehre?

Irgendwann in den vergangenen Jahrhunderttausenden landete zum erstenmal ein außerirdisches Raumschiff bei uns. Aus den bereits vorhandenen Hominiden, die sich nach dem Darwinschen Prinzip entwickelt hatten, nahmen die Außerirdischen ein Exemplar. Diesem ›Urmenschen‹ entnahmen sie eine Zelle, veränderten diese genetisch und ließen sie in einer Nährlösung bis zum Ei auswachsen. Alles Vorgänge, die heute bereits in unseren gentechnischen Laboratorien geschehen. Das Ei wurde einem weiblichen Exemplar derselben Gattung künstlich eingepflanzt: Das Weibchen gebar nach einigen Monaten ein Kind. Dieses Kind hat nun sämtliche Merkmale des ursprünglichen Hominidenstammes, nur erwarb es durch die gezielte, künstliche Mutation noch etwas Zusätzliches, das den Eltern abging: die Intelligenz. Vielleicht die Möglichkeit zur Sprache, die Möglichkeit, Informationen zu speichern und jederzeit wieder in Informationen umzusetzen; was ihm gegenüber den anderen Stammesangehörigen einen gewaltigen Vorteil verschaffte. Natürlich müßte dieses Experiment mindestens zweimal durchgeführt worden sein, um eine Population aufzubauen, wahrscheinlich sogar mehrmals und an mehreren Orten der Erde. Womit wir wieder mitten in der Überlieferung wären, bei der Legende von ›Adam und Eva‹, die in abgewandelter Form in nahezu allen Kulturkreisen auftaucht.

Das hier entwickelte Modell widerspricht weder der Evolutionstheorie noch der religiösen Überlieferung. Die Darwinsche Lehre stimmt sicher im großen und ganzen. Doch das ›missing link‹, das fehlende Bindeglied, war nicht ›Selektion und Anpassung‹, sondern eine gezielte, künstliche Mutation.

Würde unsere Wissenschaft endlich anfangen, das außerirdische Element ernsthaft in ihre Überlegungen miteinzubeziehen, wären viele Rätsel lösbar: die der Lebensentstehung und Intelligenzwerdung, sowie die der religiösen Überlieferungen, wonach ›Gott‹ den Menschen ›nach seinem Ebenbilde‹ geschaffen habe.

Dieses Buch ist ein Schritt in die richtige Richtung.

390

Teil V
Anhang

Quellenhinweise und Anmerkungen

Peter und Johannes Fiebag: Prä-Astronautik – Definition, Struktur und Methodologie
Copyright © by Autoren.
Quellen:
1. Navia, L. E.: Unsere Wiege steht im Kosmos; Wien/Düsseldorf 1976, S. 188
2. Ancient Astronaut Society: 6. Weltkonferenz; München 1979
3. Ruppe, H. O.: Philosophische Gedanken zur AAS-Hypothese; Ancient Skies, Nr. 6/1983

Mit freundlicher Genehmigung des Autors und der AAS geben wir an dieser Stelle den Beitrag auszugsweise wieder:

Die AAS-Hypothese möchte ich vorerst so formulieren:

Im Laufe der Erdentwicklung wurde unser Heimatplanet zumindest einmal von zumindest einer extraterrestrischen Zivilisation zur richtigen Zeit besucht; dabei wurde die Entwicklung zum Menschen hin wesentlich beeinflußt.

Ist diese Hypothese Wahrheit? Diese Frage führt sogleich zu neuen Fragen: Was ist Wahrheit? Damit sind wir im Kerngebiet der Philosophie, zumindest ihrer abendländischen Prägung. Thales fragte vor zweieinhalb Jahrtausenden nach dem Urgrund allen Geschehens; Plato, Aristoteles, Kant... die Reihe der bedeutenden Denker ist groß, und doch konnten sie nur Teilerkenntnisse aufdecken. Ich will hier nicht tiefer eindringen: Wir kommen mit dem naiven »Wahrheit = Wirklichkeit« aus (D. Göbel: Das Abenteuer des Denkens, Econ 1982).

Also: ist die Hypothese historische Wirklichkeit? Fragen wir bescheidener: ist sie überhaupt möglich?

Dazu scheinen drei Voraussetzungen nötig zu sein:

1. Zumindest eine genügend hochentwickelte extraterrestrische Zivilisation existierte *zur gleichen Zeit*. Ohne Zweifel ist das möglich; eine Denkrichtung unserer Zeit ›versteht‹ die Grundlagen des Kosmos durch das ›anthropische Prinzip‹: dieses besagt, daß die naturgesetzlichen Grundlagen im Universum so sind, daß Menschen möglich werden. Diese Aussage ist fraglos zutreffend. Es wird den Laien überraschen, daß sich aus dieser Aussage tiefgreifende Schlußfolgerungen über das Wesen des Kosmos ergeben (G. Gale: The anthropic principle, Scientific American, Dez. 1981). Wir dürfen folgern: Weil unser Universum sehr groß und in seinen erkennbaren Strukturen recht homogen ist, kann sich die Entwicklung zu einer Zivilisation hin mehr als einmal ereignet haben.

2. Interstellare Raumfahrt ist möglich. Die Entwicklung raumfahrt-

technischer Gedanken während der letzten zwei Jahrzehnte läßt
diese Aussage als wahrscheinlich erscheinen (H. O. Ruppe: Raumfahrt, Bd. 1 und 2, Econ 1980 und 1982).
3. Wenn sie existiert und dazu im Stande ist, kann eine extraterrestrische Zivilisation entsprechend der Hypothese der Prä-Astronautik handeln.
Damit ist gezeigt worden, daß die Hypothese möglich ist. Doch nun
kommen drei ernst zu nehmende Einwände:
A. Die meisten über die Entwicklung des Menschen Forschenden
sind der Meinung, daß die Hypothese nicht nötig ist.»Ockhams
Rasiermesser« (oder auch Newtons»Hypothesis non fingo«) führt
unter dieser Voraussetzung der ›Denkökonomie‹ zur Ablehnung
komplizierterer Hypothesen, die nicht mehr leisten, als einen
bereits geklärten Sachverhalt auch zu klären.
B. Wenn in der Tat Zivilisationen im Kosmos gleichsam Ableger
voneinander sind, so muß es doch zumindest eine ›erste Zivilisation‹ geben, die ohne äußere Befruchtung entstanden ist. Das folgt
aus unserem Wissen vom endlichen Alter des Universums. (Es
könnte sogar mehrere solcher ›erster Zivilisationen‹ geben, die
ihrerseits vielleicht zumindest teilweise über die Hypothese der Prä-
Astronautik zu verschiedenen ›Familien‹ führen.) Wenn das aber
überhaupt möglich ist, dann ist kein Grund erkenntlich, der die
Hypothese der Prä-Astronautik notwendig macht.
C. Nach Popper muß eine überhaupt wissenschaftlich genannte
Hypothese möglich und widerlegbar sein.
Die Hypothese der Prä-Astronautik ist aber in der genannten
Formulierung grundsätzlich nicht widerlegbar, weil keine ihrer drei
Voraussetzungen als falsch beweisbar ist (das wird durch die Größe
des Kosmos praktisch garantiert).
Diese drei Einwände bringen mich zu einer neuen, wissenschaftlich
haltbaren Formulierung der Hypothese der Prä-Astronautik:
Prämisse: Im Laufe der Erdentwicklung wurde unser Heimatplanet
niemals von einer extraterrestrischen Zivilisation besucht; dement-
sprechend gibt es keinen Einfluß einer extraterrestrischen Zivilisation auf die Entwicklung zum Menschen hin.
Zielsetzung der Prä-Astronautik: zu beweisen, daß die Prämisse
falsch ist.
Die Beweise sind durch Ausdauer, Fleiß, Wissen und eine gute
Portion Glück zu finden. Wird ›der Beweis‹ auch nach angemesse-
ner Zeit (da sollte man großzügig sein: ein Jahrhundert vielleicht)
nicht gefunden, wird die Zielsetzung aufgegeben sein.
Immerhin wurden bereits Indizien aufgedeckt, die zum gesuchten
Beweis führen könnten; es ist nicht auszuschließen, daß Raumfahrt
bei der Suche helfen kann.

4. Navia, L. E.: Astro-Archäologie und Wissenschaft; AAS- 6. Weltkonferenz München 1979
5. Schievella, P. S.: Proof, Science and the Ancient Astronaut Hypothesis; Ancient Skies, 1977/4,2
6. Schindler, H.: Astro-Archeology and Legendry; Ancient Skies 1975/2,4
7. Schanz, G.: Methodologie der BWL; Köln 1975
8. Friedrichs, J.: Theorie und Hypothese; Methoden empirischer Sozialforschung, Opladen 1980
9. Stegmüller, W.: Probleme und Resultate der Wissenschaftstheorie und analytischen Philosophie, Wissenschaftliche Erklärung und Begründung; Bd. I, Berlin u. a. 1969, S. 360 ff.
10. vgl.:
   a) Becker, W. und Hübner, K. (Hrsg.): Objektivität in der Natur- und Geisteswissenschaft; 1978
   b) Diederichsen, U.: Einführung in das wissenschaftliche Denken; Düsseldorf 1970
   c) Giesen, B. und Schmid, M. (Hrsg.): Theorie, Handeln und Geschichte; Hamburg 1975
   d) Rüsen, J. und Süssmuth, H. (Hrsg.): Theorie in der Geschichtswissenschaft; Düsseldorf 1980
11. Dilthey, W.: Einleitung in die Geisteswissenschaften; Gesammelte Schriften, Bd. II, Leipzig-Berlin 1923
12. Popper, K. R.: Falsche Propheten; Berlin 1958
13. Schmidt, J.: Studium der Geschichte; München 1975

Luis E. Navia: *Prä-Astronautik und Wissenschaft*
Der Beitrag beruht auf einem Vortrag gleichen Titels auf der 6. Weltkonferenz der AAS in München 1979. Copyright © by AAS und Autor.

Philip A. Ianna: Planeten jenseits des Sonnensystems
Copyright © by Autor. Aus dem Englischen von Johannes Fiebag.

Zwischenbericht 1: Leben auf den Eismonden?
Quelle: Charles R. Pellegrino: Suche nach der Ursuppe; OMNI 1/85

Harry O. Ruppe: *Zur Möglichkeit interstellarer Raumfahrt*
Der Beitrag beruht auf zwei Vorträgen (»Interstellarer Flug – wann?« und »Zum Anliegen der Ancient Astronaut Society – aus meiner Sicht«), gehalten auf den Weltkonferenzen der AAS 1979 in München und 1982 in Wien. Copyright © by Autor.
Fußnoten:
1. Vom Jupiter stammend.
2. Es handelt sich um große Planeten, vergleichbar »unserem« Jupiter.

Sämtliche Beobachtungen sind fragwürdig. Eine Klärung könnte das astronomische Weltraumteleskop bringen. Optische Riesenfernrohre sind – ähnlich ensprechenden Radioastronomiegeräten – auch aus vielen Einzelspiegeln aufzubauen. In den USA wird gegenwärtig – für erdgebundene Anwendung – solch ein Typ mit 25 m effektivem Durchmesser untersucht; auch solche Geräte könnten diese Frage klären.

3. Zuerst eine meiner Meinung nach optimistische Schätzung: Anzahl der Planeten im Milchstraßensystem mit lebensfreundlichen Bedingungen: 10 Millionen; durchschnittlicher Abstand: 110 Lichtjahre. – Von diesen könnten Intelligenzen tragen: 4,5 Millionen, statistisch voneinander 140 Lichtjahre entfernt. Nun zur unteren Grenze: einer – unsere Erde – in der ganzen Galaxis. Selbst in diesem pessimistischsten Fall gibt die große Anzahl der Milchstraßensysteme Anlaß zur Hoffnung, daß wir im Gesamtkosmos nicht allein sind – doch wer weiß?

4. Extra-Sensory Perception, außersinnliche Wahrnehmung.

5. Hat durchschnittlich jede zehnte Galaxis eine technische Zivilisation, dann ergibt das im Kosmos noch immer zehn Milliarden.

Zwischenbericht 2: *Interstellare Raumfahrt mit Hilfe der Einstein-Rosen-Brücke?*
Quellen:
Berry, A.: Die eiserne Sonne; Düsseldorf 1981
Buttlar, J. v.: Die Einstein-Rosen-Brücke; München 1982

Sir Fred Hoyle und Chandra Wickramasinghe: *Leben aus dem All*

Zwischenbericht 3: *Die »blaue Sonne« und der Ursprung des Lebens*
Quelle:
Fahr, Hans-Jörg: Am Anfang war die Sonne blau; »bild der wissenschaft«, Feb. 1984

Francis Crick: *Gelenkte Panspermie*

Zwischenbericht 4: *Das Problem der Faunenschnitte*
Quellen:
Achtnich, T.: Fremde Welt der Ediacara-Fauna; Die Zeit, 10. 5. 1984
McKerrow, W. S.: Paläoökologie; Kosmos-Verlag Franckh, Stuttgart 1981

Wladimir I. Avinsky: *Außerirdische Intelligenzen auf unserem Planeten?*
Copyright © by »Moscow News«. Aus dem Englischen von Johannes Fiebag.

Zwischenbericht 5: *Jahrtausende alte Astronauten-Darstellungen?*
Quellen:
Däniken, E. v.: Reise nach Kiribati; Düsseldorf 1981
Dopatka, U.: Lexikon der Prä-Astronautik; Düsseldorf 1979
Krassa, P.: Als die gelben Götter kamen; München 1973

Khalil Messiha: *Flugzeugmodelle im alten Ägypten*
Copyright © by Autor. Aus dem Englischen von Johannes Fiebag.

Zwischenbericht 6: *Flugzeugmodelle im alten Südamerika*
Quellen:
Däniken, E. v.: Aussaat und Kosmos; Düsseldorf 1972
Dopatka, U.: Lexikon der Prä-Astronautik; Düsseldorf 1979
Museum of Natural History, USA: Gold of El Dorado; New York 1979

Reinhard Habeck, Peter Krassa und Walter Garn: *Elektrizität im alten Ägypten und anderen antiken Kulturen*
Copyright © by Autoren.
Quellen:
Berlitz, C.: Das Bermuda-Dreieck; Wien-Hamburg 1975
Bergmann, L. und Schäfer, C.: Lehrbuch der Experimentalphysik (Bd. 2); Berlin 1961
Brunés, T.: Energien der Urzeit; Zug 1977
Dopatka, U.: Lexikon der Prä-Astronautik; Düsseldorf 1979
Ehlebracht, P.: Haltet die Pyramiden fest!; Düsseldorf 1980
Helck, W. und Eberhard, O.: Kleines Wörterbuch der Ägyptologie; Wiesbaden 1970
Helck, W. und Eberhard, O.: Lexikon der Ägyptologie (Bd. 1 und 2); Wiesbaden 1979
Kees, H.: Schlangensteine und ihre Beziehung zu den Reichsheiligtümern; Leipzig 1922
Kohlenberg, K.: Enträtselte Vorzeit; München-Wien 1970
König, W.: Im verlorenen Paradies – Neun Jahre Irak; Baden/Wien 1940
Krassa, P. und Habeck, R.: Licht für den Pharao; Luxemburg 1982
Küpfmüller, K.: Einführung in die theoretische Elektrotechnik; Berlin-Heidelberg 1957
Pauwels, L. und Bergier, J.: Aufbruch ins dritte Jahrtausend; Bern-München 1962

Posener, G. (Hrsg.): Knaurs Lexikon der ägyptischen Kultur; München-Zürich 1978
Roth, A.: Hochspannungstechnik; Wien 1950
Zeitschriften:
Habeck, R.: Elektrizität im Altertum; Ancient Skies 2/1980 und Magazin 2000 3/1981
Keul, A.: Hochspannung für den Pharao; Präsent Nr. 39, Innsbruck 1981
Krassa, P. und Habeck, R.: Licht von den Göttern; Esotera Nr. 10, Freiburg 1982
O. A.: Knisternde Funken; Der Spiegel Nr. 40, Hamburg 1978

Zwischenbericht 7: Der »Computer von Antikythera«
Quellen:
Dopatka, U.: Lexikon der Prä-Astronautik; Düsseldorf 1979
Krassa, P. und Habeck, R.: Licht für den Pharao; Luxemburg 1982

Dileep Kumar Kanjilal: *Fliegende Maschinen und Weltraumstädte im antiken Indien.*
Copyright © by Autor. Aus dem Englischen von Johannes Fiebag.
Fußnoten:
1. Rv. 1.11.1; 1.25.6; 4.36.1–2.
2. Yaj. 17.59.
3. Rv. 1.25.111; 1.30.18–20; 1.34.8–9; 1.47.1–42; 1.52.1–2; 1.11.1.
4. Rv. 1.182.4–9; 4.44.1–5; 5.62.7; 5.73.3.
5. Rv. 1.117.1–25; 1.119.3.
6. Rv. 4.45.1; 4.43.1–5; 4.44.1–5.
7. Rv. 1.182.4–9; 1.183.3.
8. Sâyana on Rv. 5.61.1–4.
9. Rv. 4.36.1–2; 1.12.1.
10. Rv. 1.119.3.
11. Rv. 1.34.1–2.
12. Rv. 1.84.2–4; 1.182.49.
13. Rv. 1.84.2–4.
14. Rv. 1.30.18–20.
15. Rv. 1.116.1–25.
16. Rv. 1.181.3–4.
17. Râmâyana Baroda Edn. 3.35.6–7; 3.42.7–9; 3.47.6; 3.30.12; 4.47.10; 4.48.25–37; 4.61.32; 4.62.6; 4.75.23; 4.121.10–30; 4.123.1.55.
18. Mahâbhârata. B. O. R. I. Edn. Âdiparvan. ch. 63.11–14 & ch. 57.13–14.
19. Ib. Vanaparvan. ch. 43.8–10, 28.
20. Ib. Sabhâparvan. ch. 11.1–4.

21. Ib. Vanaparvan. ch. 9.25–61; ch. 3.168–170; ch. 181.33.38; ch. 200.50–60; ch. 207.6–8; Adiparvan. ch. 43.8–10; ch. 134 f. n. 301; ch. 57.13–14.
22. Ib. Vanapravan. chs. 168.169 und 173.
23. A Stanford University Project of National Inquirer: Latana USA Nov. 1975.
24. Ib. Chs 15.16, 23 & 24 beschreibt den Luftkampf zwischen Śâlva und Krischna.
25. Bhâgavatapurâna Sk. 10. ch. 77.1–37.
26. Mahâbhârata. B. O. R. I. odn. Vanapravan. ch. 43.7–12.
27. Ib. Dronaparvan. ch. 202.80–82; ch. 183 & Dronaparvan ch. 22.
28. Ib. śalyaparvan. ch. 15.
29. Ib. Dronaparvan. ch. 163 and Bhismaparvan ch. 54.
30. Ib. Udyogaparvan. ch. 117.18–24.
31. Ib. Udyogaparvan. ch. 118.19–21.
32. Rv. 1.181.3–4; 1.180.2.
33. Jâtaka. Übersetzt von Rhys Davids. Nos 487.524.544.
34. Raghuvamśam. Canto XIII.
35. Arthaśâstra. chs. 2.74; 2.27; 7.71; 2.23 und 7.70 Mysore Univ. Pub. 1960.
36. Kathâsaritsâgar 43.7.21.40; 7.8.42; 9.22.
37. Ib.
38. Journal of the Aeronautical Society of India, May 1960, p. 25.
39. Mahâbhârata. B. O. R. I. Edn. Âdiparvan. ch. 66.
40. Sam. Su. Ch. 49.1–15. G. O. S.
41. Siehe 17.
42. Śâsvatakośa. No. 205; Amarakośa 41 & 2.25.
43. Amarakośa. 2.25.
44. Vedic Index. Vol. II.p. 132.
45. Rv. 1.101.4 and Tai.Sam. 4.4.6.4. and Rv. 1.3.11 & Tai.Sam 1.6.1.2.
46. Râmâyana. Baroda Edn. 4.18.3–7.
47. Visnupurâna 1.15.
48. Vrhatsamhitâ 33.5.
49. Patañjali sutra 2.3.13 in Keilhorn Vol. I. 449.

Zwischenbericht 8: *Raumfahrttechnische Beschreibung in der Bibel*
Quellen:
Blumrich, J.: Da tat sich der Himmel auf; Düsseldorf 1973
Dopatka, U.: Lexikon der Prä-Astronautik; Düsseldorf 1979

Laszalo Toth: *Die technische Interpretation des Palenque-Reliefs*
Copyright © by Autor.
Quellen:
1. Feyman: Mai fizika.
2. Mielke, H.: Raketentechnik – eine Einführung.
3. Ruz Lhuiller, Alberto: El templo de las inscripciones Palenque.
4. Nándor, Várkonyi: Sziriat oszlopai.
5. Ramayana – Mahabharata.
6. Fiebag, Johannes: Rätsel der Menschheit; John-Fisch Verlag, Luxemburg 1982.
7. Däniken, Erich von: Besucher aus dem Kosmos; Econ-Verlag, Düsseldorf 1975.
8. Ervin, Baktay: India müvészete.
9. National Geographic 1975, XII.
10. Inter Press Magazin 1976, V.
11. Inter Press Magazin 1977, IV.
12. Univerzum, 1977/8.
13. Kuzmiscsev, V. A.: A Maja papok titkai.
14. Világa, Természet: 1983/10.
15. Univerzum 1973/7.
16. Technika 1978/2.
17. Müszaki élet 1977/IX.
18. Élet és Tudomány 1972/39.

Zwischenbericht 9: *Fluggeräte auf alten Reliefs und Zeichnungen*
Quellen:
Dopatka, U.: Lexikon der Prä-Astronautik; Düsseldorf 1979

Friedrich Egger: *Die Entwicklung eines Rotationskolbenmotors aus einem Maya-Schriftzeichen.*
Der Beitrag geht auf einen Vortrag auf dem 2. Weltkongreß der AAS in Zürich 1975 zurück. Copyright © by AAS.

Zwischenbericht 10: *Der »Tolteken-Motor«*
Quellen:
Fiebag, J.: Rätsel der Menschheit; Luxemburg 1982

Josef F. Blumrich: *Die Suche*
Copyright © by Autor.
Quellen:
1. A. Nur und Zvi ben Avraham: Lost Pacifica Continent; Nature, vol. 270, no. 5623, pp. 41–43, Nov. 3, 1977
2. A. N. u. Z. ben Avraham: Speculations on Mountain Building and the Lost Pacifica Continent: J. Phys. Earth, 26, Suppl., 21–37, 1978

3. A. Nur und Zvi ben Avraham: Volcanic Gaps and the Consumption of a seismic Ridge in South America; Geol. Soc. of Amerika, memoir 154, 1981
4. T. Chase: Sea Floor Topography of the Eastern Pacific; National Marine Fisheries Dept., 1968
5. J. F. Blumrich: Kasskara und die Sieben Welten; Econ-Verlag, Düsseldorf 1979
6. E. v. Däniken: Der Tag, an dem die Götter kamen; C. Bertelsmann, München 1984
7. J. F. Blumrich: Da tat sich der Himmel auf; Econ-Verlag, Düsseldorf 1973
8. F. Waters: Das Buch der Hopi; Diederichs-Verlag, Düsseldorf-Köln 1980

Zwischenbericht 11: *Die Pyramide von Cuicuilco*
Quellen:
Siebenhaar, W.: Gelehrtenstreit um die Pyramide von Cuicuilco; Ancient Skies, 1984/3

Hans Schindler: *Tiahuanaco und das Sonnentor*
Der Beitrag geht auf einen Vortrag auf dem 2. Weltkongreß der AAS in Zürich 1975 zurück. Copyright © by AAS.

Zwischenbericht 12: *Puma-Punku – Rätsel aus Stein*
Quellen:
Blumrich, J.: Kasskara und die Sieben Welten; Wien und Düsseldorf 1979
de la Vega, G.: Primera Parte de los Commentarios Reales; Madrid 1723
Däniken, E. v.: Reise nach Kiribati; Düsseldorf 1981
Stübel, A. und Uhle, M.: Die Ruinenstätte von Tiahuanaco im Hochland des alten Peru; Leipzig 1892

Carlos M. Bandeira: *Der kosmische Ursprung altamerikanischer Kulturen*
Copyright © by Autor. Aus dem Englischen von Johannes Fiebag.
Quellen:
Baldus, Herbert (Delection and Introduction): Estórias e Lendas dos Indios – Antologia Ilustrada do Folclore Brasileiro; Livraria Literart Editora, Rio de Janeiro 1960
Vilas Boas, Orlando e Claudio: Xingú – Os Indios, seus Mitos; Zahar Editores, Rio de Janeiro 1970
Baity, Elizabeth Chesley: A América antes de Colombo; Livraria Itatiáia Ltda, Belo Horizonte, Brasilien 1961

400

Coe, Michael D.: Os Maias; Thomes & Udson, Collection – Ancient peoples and places, Cambridge University, England 1968
Reiche, Maria and Dr. Paul Kosok: The Nazca Lines; Estudes 1970
Bandeira, Carlos Manes: Inscrições Rupestres do Nordeste; Coletânea and Estudes, The Press Publications, Rio de Janeiro 1969
Bandeira, Carlos Manes: Paleografia Brasileira; Coletânea and Estudes, Conferences, Rio de Janeiro 1974
Eydoux, Henry-Paul: A procura dos Mundos Perdidos; Librairie Larousse, Paris and Edições Melhoramentos, São Paulo, Brasilien 1967
Bandeira, Carlos Manes: Estudos Paleográficos da Calha Amazônica; Separata, Estudes and Conferences, Rio de Janeiro 1970
Ebecken de Araujo, Hernani: Einstein, Espaço e Tempo; Moura Editores, Rio de Janeiro 1965
Caso, Alfonso: La Religion de Los Astecas; Mexico 1963
von Martius, C. F. Phillippe: Viagem ao Brasil – Vol. II; Colção Brasiliana, São Paulo, Brasilien 1950
Peret, João Américo: Os Indîgenas do Xingú; Estudes and Conferences, Rio de Janeiro 1974

Zwischenbericht 13: *Nazca: Landebahnen in den Anden?*
Quellen:
Däniken, E. v.: Beweise; Düsseldorf 1977
Dopatka, U.: Lexikon der Prä-Astronautik; Düsseldorf 1979
Fiebag, J.: Rätsel der Menschheit; Luxemburg 1982

Rex Gilroy: *Pyramiden und Steinsetzungen in Australien*
Copyright © by AAS. Aus dem Englischen von Johannes Fiebag.

Zwischenbericht 14: *Menschliche Fußabdrücke – 140 Millionen Jahre alt*
Quellen:
Däniken, E. v.: Beweise, Düsseldorf 1977
Dopatka, U.: Lexikon der Prä-Astronautik; Düsseldorf 1979
Fiebag, J.: Rätsel der Menschheit; Luxemburg 1982

Rudolf Kutzer: *Feststellungen und Gedanken zur Osterinsel*
Copyright © by Autor

Zwischenbericht 15: *Rollride – Ein Steinzeit-Sender*
Quellen:
Däniken, E. v.: Reise nach Kiribati; Düsseldorf 1981
Fiebag, P.: Der Steinzeit-Sender von Rollride; Ancient Skies 1980/2
Zegarzewski, S.: Ultraschall vor 4000 Jahren?; Hessisch-Niedersächsische Allgemeine vom 9. 10. 1979

Petr Bohac: *Waren Schießpulver und Sprengstoffe in der Antike bekannt?*
Copyright © by Autor

Quellen:

Breuer, H.: Kolumbus war Chinese; Societäts-Verlag 1970

Ceram, C. W.: Entdeckung des Hethiter-Reiches; Verlag Buch und Welt, Klagenfurt 1955

Dana, J. D. und Dana, E. S.: The System of Mineralogy; J. Wiley and Sons Inc., New York 1951

Diels, H.: Fragmente der Vorsokratiker; 2. Auflage, Berlin 1907–1910

Diels, H.: Antike Technik; Neudruck O. Zeller, Osnabrück 1965

Feldhaus, F. M.: Geschichtsblätter für Technik, Industrie und Gewerbe; S. 338, 1916

Feldhaus, F. M.: Kulturgeschichte der Technik; Otto Salle, Berlin 1928

Feldhaus, F. M.: Die Technik der Antike und des Mittelalters; Akad. Verlagsgemeinschaft, Potsdam 1931

Foss, C.: Rom und Byzanz, Archäologie in Wort und Bild; Verlag Kunstkreis Luzern 1977

Lehmann, J.: Die Hethiter; C. Bertelsmann Verlag, München 1975

Liebig, J. von: Chemische Briefe; Leipzig und Heidelberg 1865

Lippmann, E. von: Beiträge zur Geschichte der Naturwissenschaften und der Technik; Springer Verlag, Berlin 1923

Lippmann, E. von: Beiträge zur Geschichte der Naturwissenschaften und der Technik; Band II, Verlag Chemie GmbH, Weinheim 1953

Lippmann, E. von: Entstehung und Ausbreitung der Alchemie; Springer Verlag, Berlin, Band 1 – 1919, Band 2 – 1931

Marshall, A.: Explosives, Vol. 1 (History and Manufacture), J. A. Churchill, London 1917

Partington, J. R.: A History of Chemestry; Macmillan & Co. Ltd., London 1970

Postage, N.: Die ersten Imperien, Arch. in Wort und Bild; Verlag Kunstkreis Luzern 1975

Prinzler, H. W.: Pyrobolia; VEB Deutscher Verlag für Grundstoffindustrie, Leipzig 1981

Romocki, S. J. von: Geschichte der Explosivstoffe; R. Oppenheim, Berlin 1895

Strube, W.: Der historische Weg der Chemie; VEB Deutscher Verlag für Grundstoffindustrie, Leipzig 1981

Wendt, H.: Der Affe steht auf; Rowohlt Verlag, 1971

Wussing, H.: Geschichte der Naturwissenschaften, Aulis Verlag, Leipzig 1983

Zizka, V. J.: Prometheove a Ikarove; Mlada Fronta, Prag 1972

Zwischenbericht 16: *Die Kristall-Schädel von Mittelamerika*
Quellen:
Krassa, P. und Habeck, R.: Licht für den Pharao; Luxemburg 1982
Mercurio, E.: Rätsel um den Kristall-Schädel von Lubaantun; Ancient Skies 1981/4

Peter Fiebag: *Beschreibung eines außerirdischen Relikts in der mittelhochdeutschen Parzivalsage*
Copyright © by Autor.

Quellen:
1. Sassoon, G. und Dale, R.: Die Manna-Maschine; Rastatt 1979
2. vgl. u. a.: Hilka, A.: Der Percevalroman (Li Contes Del Graal), Halle 1932
3. Piper, P.: Wolfram von Eschenbach – Parzival (I und II); Stuttgart 1890
4. Diez, F.: Etymologisches Wörterbuch der romanischen Sprachen; Bonn 1887
5. Mergell, B.: Der Gral in Wolframs Parzival; München 1970
6. Bumke, J.: Wolfram von Eschenbach; München 1970
7. Jung, E.: Die Gralslegende in psychologischer Sicht; Zürich und Stuttgart 1960
8. Wolf, W.: Der Phönix und der Gral; 1950
9. Gelbhaus, S.: Über den Parcival Wolframs von Eschenbach (mhd. Dichtung in ihrer Beziehung zur biblisch-rabbinischen Literatur 3); Frankfurt 1980
10. Faugère, A.: Les Origines orientales du Graal; Göppingen 1981
11. Hauk, A. (Hrsg.): Real-Encyklopädie für protestantische Theologie und Kirche (Bd. 17); Leipzig 1906
12. Scholem, G.: Von der mystischen Gestalt der Gottheit; Zürich 1962
13. Goetz, H.: Der Orient der Kreuzzüge in Wolframs Parzival; Archiv für Kulturgeschichte 1, 1967
14. Kolb, H.: Munsalvaesche; München 1963
Weiterführende Literatur:
Baron, R. d.: Die Geschichte vom Heiligen Gral; Stuttgart 1958
Charpentier, J.: Die Templer; Stuttgart 1956
Charpentier, L.: Macht und Geheimnis der Templer; Olten 1978
Golther, W.: Parzival und der Gral; Stuttgart 1925
Hertz, W.: Parzival von Wolfram von Eschenbach; Stuttgart und Berlin 1906
Kühmel, J.: Wolfram von Eschenbach – Parzival; Göppingen 1971
Sandkühler, K.: Christian de Troyes – Perceval oder die Geschichte vom Gral; Rastatt 1963
Simrock, K.: Parzival von Wolfram von Eschenbach; Stuttgart 1861
Stapel, W.: Parzival; München und Wien 1977

sowie:
Fiebag, J. und Fiebag, P.: Die Entdeckung des Heiligen Grals; Luxemburg 1984

Zwischenbericht 17: *Sirius-B – Rätsel um einen Stern*
Quellen:
Temple, R.: Das Sirius-Rätsel; Frankfurt a. M. 1977

Wladimir W. Rubtsov / Juriy N. Morosow: *Das Problem des »Paläobesuchs« – Eine Beurteilung des aktuellen Standes*
Der Beitrag geht auf einen Vortrag zurück, den beide Autoren auf dem 1980 in Kaluga, UdSSR, abgehaltenen Symposium »Die Ideen K. E. Ziolkowskys und das wissenschaftliche Problem extraterrestrischer Zivilisationen« gehalten haben. Copyright © by Autoren. Aus dem Russischen von Nelly Schäfer.
Quellen:
Avinsky, W. I.: Das Problem der kosmischen Paläokontakte im Lichte der Ideen Ziolkowskys; Ziolkowsky-Symposium 1975
Agrest, M.: Kosmonauten des Altertums; 1961
Arutunow, S. A.: Altertümliche sowjetische Ethnographie; Nr. 3/1977
Botschafter des Wissens; 1930
Lisewitch, J. S.: Thesen aus den Vorträgen der 6. wissenschaftlichen Konferenz; Leningrad 1974
Lisewitch, J. S.: Sowjetische Ethnographie; Nr. 2/1976
Nikitin, E. P.: Fragen der Philosophie; Nr. 8/1966
Panowskin, B. N.: Die Erde und das All; Nr. 6/1973
Panowskin, B. N.: Nature; Nr. 10/1977
Rubtsov, W. und Morosow, J.: Auf der Erde und im Wasser; 1978
Däniken, E. v.: Beweise; Düsseldorf-Wien 1977
Dopatka, U.: Lexikon der Prä-Astronautik; Düsseldorf-Wien 1979
Ford, C.: The Book of the Damned; Boni and Liveright Inc., 1919
Griaule, M. und Dieterlen, G.: Le Renard Pâle. Tome 1, fasc. 1, Paris 1965
Guerrier, E.: Essai sur la cosmogonie des Dogon – L'Arche du Nommo; Paris 1975
Krassa, P.: Gott kam von den Sternen; Freiburg 1974
Navia, L. E.: Unsere Wiege steht im Kosmos; Wien-Düsseldorf 1976
Sänger-Bredt: Spuren der Vorzeit; Düsseldorf-Wien 1972
Schievella, P. S.: Proof, Science and the Ancient Astronaut Hypothesis; Ancient Skies, 1977, 4/2
Schwartzman, D. W.: The Absence of Extraterrestrials on Earth and the Prospects for CETI; Icarus, 1977, 32/4
Temple, R. K. G.: The Sirius Mystery; London 1976

Pasqual S. Schievella: *Methodik und Modus der Kritik zur Prä-Astro-nautik*
Der Beitrag beruht auf einem Vortrag »The irrational Response of Scientists to the Ancient Astronaut Hypothesis«, gehalten auf der 10. Weltkonferenz der AAS in Chicago 1983. Copyright by AAS.

Gene M. Philips: *Ein Rätsel der Osterinsel gelöst*
Der Beitrag erschien unter dem Titel »One Easter Island Mystery solved« in »Ancient Skies«, amerik. Ausgabe, Vol. 10, No. 4, Sept./ Okt. 1983. Copyright © by Autor und AAS. Aus dem Englischen von Johannes Fiebag.
Fußnoten:
1. Die Sendung wurde in Großbritannien und anderen Common-wealth-Ländern im Rahmen der »Horizon«-Serie ausgestrahlt.
2. Nova-Pressemitteilung vom 8. März 1978
3. The Boston Globe, 28. Februar 1978 – New York Post, 4. März 1978 – The Baltimore Sun, 8. März 1978 – The Indianapolis News, 9. März 1978 – The Cleveland Plain Dealer, 16. März 1978.
4. A Teacher's Guide to Nova, A guide to the classroom use of the Nova television series of PBS, Februar-März 1978. Erschienen bei WGBH, Boston.
5. AKU-AKU wurde ursprünglich 1957 in Norwegen veröffentlicht. Die englische Ausgabe erschien 1958 in London, die amerikanische Ausgabe 1958 bei Rand McNally. Die Paperback-Ausgabe wurde 1960 bei Pocket Books veröffentlicht. Alle Seitenangaben in diesem Artikel beziehen sich auf die letztgenannte Paperback-Ausgabe.
6. Abschrift von NOVA: »The Case of the Ancient Astronauts«, veröffentlicht 1978 bei WGBH Educational Foundation.

Ulrich Dopatka: *Das »Eisberg-Paradoxon« – Prä-Astronautik in der wissenschaftlichen Literatur*
Copyright © by Autor.
Quellen:
1. Vogt, N.: Gibt es außerirdische Intelligenz? Naturwissenschaftliche Rundschau; 36. Jg., H. 5., 1983, S. 201.
2. Für Signale Außerirdischer empfangsbereit; Associated Press, 14. 3. 1983.
3. Vogt, N.: ... (s. o.), S. 205.
4. Reeves, H.: Woher nährt der Himmel seine Sterne: die Entwick-lung des Kosmos und die Zukunft des Menschen; Basel 1983, S. 268f.
5. Taube, M.: ... (s. o.), S. 9.34ff.
6. Vogt, N.: ... (s. o.), S. 207.
7. Wertz, J. R.: The human analogy and the evolution of extraterre-

strial civilizations; Journal of the British Interplanetary Society, Vol. 29, nos. 7–8, 1976.

8. Wilder-Smith, A. E.: Die Naturwissenschaften kennen keine Evolution; Basel 1982, S. 102 ff.
9. Reeves, H.: ... (s. o.), S. 222 ff.
10. Haken, H.: Synergetik: eine Einführung; Berlin 1982.
11. Jantsch, E.: Die Selbstorganisation des Universums; München 1979.
12. Ebeling, W. und Feistel, R.: Physik der Selbstorganisation und Evolution; Berlin-Ost, 1982.
13. Reinbothe, H. und Krauss, G.-J.: Entstehung und molekulare Evolution des Lebens; Jena 1982.
14. Capra, F.: Wendezeit; Bern 1983, S. 97 ff.
15. Jetschke, G.: Prinzipien der spontanen Strukturbildung und Biologie; Biologische Rundschau, Bd. 21, H. 2, 1983, S. 73 ff.
16. Grossmann, S.: Chaos – Unordnung und Ordnung in nichtlinearen Systemen; Physikalische Blätter, Vol. 39, No. 6, Juni 1983, S. 139 ff.
17. Harrison, D.: Entropie and the number of sentient beings in the universe; Speculations in science and technology, Vol. 5, No. 1, 1982, S. 43 ff.
18. Breuer, R.: Das anthropische Prinzip; Wien 1981.
19. Wagoner, R. V.: Cosmic horizons; San Francisco 1982.
20. Rood, R. T. and Trevil, J. S.: Are we alone? – the possibility of extraterrestrial civilizations; New York 1983.
21. Gardener, M.: Kabarett der Täuschungen – unter dem Deckmantel der Wissenschaft; Berlin 1981.
22. Sable, M. H.: Exobiology – a research guide; Brighton, MI 1978

Quellen:

1. Cocconi, G. and Morrison, P.: Searching for interstellar communications; Nature, 184, 844–846 (1959)
2. Oliver, B. M. and Billingham, J. (Eds.): Project Cyclops: A Design Study of a System for Detecting Extraterrestrial Intelligent Life; revised edition, NASA CR-114445, 1973
3. Morrison, P., Billingham, J. and Wolfe, J. (Eds.): The Search for Extraterrestrial Intelligence, SETI; NASA SP-419, 1977
4. Billingham, J. (Ed.): Life in the Universe; MIT Press, Cambridge, Massachusetts, 1981
5. Freitas, R. A. jr.: The case for interstellar probes; JBIS, 36, 490–495 (1983)
6. Hart, M. H.: An explanation for the absence of extraterrestrials on Earth; Quart. J. Roy. Astr. Soc., 16, 128–135 (1975)
7. Tipler, F. J.: Extraterrestrial intelligent beings do not exist; Quart. J. Roy. Astr. Soc., 21, 267–281 (1980)
8. Hart, M. H. and Zuckermann, B. (Eds.): Extraterrestrials: Where Are They?; Pergamon Press, New York 1982
9. Freitas, R. A. jr.: Extraterrestrial intelligence in the Solar System: Resolving the Fermi Paradox; JBIS, 36, 496–500 (1983)
10. Freitas, R. A. jr. and Valdes, F.: A search for natural or artificial objects located at the Earth-Moon libration points; Icarus, 42, 442–447 (1980)
11. Freitas, R. A. jr.: If they are here, where are they? Observational and search considerations, Icarus, 55 (1983)
12. Kuiper, T. B. H. and Morris, M.: Searching for extraterrestrial civilisations, Science, 196, 616–621 (1977)
13. Freitas, R. A. jr.: Terraforming Mars and Venus using machine self-replicating systems (SRS); JBIS, 36, 139–142 (1983)
14. Stephenson, D. G.: Extraterrestrial cultures within the Solar System?; Quart. J. Roy. Astr. Soc., 20, 422–428 (1978)
15. Papagiannis, M. D.: Are we alone, or could they be in the Asteroid Belt?; Quart. J. Roy. Astr. Soc., 19, 277–281 (1978)
16. Stephenson, D. G.: Models of interstellar exploration; Quart. J. Roy. Astr. Soc., 23, 236–251 (1982)
17. Tipler, F. J.: Extraterrestrial intelligence: The debate continues; Phys. Today, 35, 3, 34–38 (1982)
18. McCall, R. and Asimov, I.: Our World in Space; New York Graphic Society, Ltd., Greenwich, Connecticut, 1974
19. Matloff, G. L.: Utilization of O'Neill's Model I Lagrange point colony as an interstellar ark; JBIS, 29, 775–785 (1976)
20. De San, M. G.: Hypothesis on the Origin of UFOs; Editecs, Bologna, Italy, 1979
21. De San, M. G.: The ultimate destiny of an intelligent species –

everlasting nomadic life in the Galaxy; JBIS, 34, 219–237 (1981)

22. Foster, G. V.: Non-human artifacts in the Solar System; Spaceflight, 14, 447–453 (1972)

23. Freitas, R. A. jr.: A self-reproducing interstellar probe, JBIS, 33, 251–264 (1980)

24. Freitas, R. A. jr. and Gilbreath, Wm. P. (Eds.) Advanced Automation for Space Missions: Final Report; NASA CP-2255, 1982

25. Edie, L. C.: Messages from other worlds, Science, 136, 184 (1962)

26. Kross, R. D.: Space messengers, Science, 136, 913–914 (1962)

27. Crick, F. H. C. and Orgel, L. E.: Directed panspermia; Icarus, 19, 341–346 (1973)

28. Marx, G.: Message through time, Acta Astronautica, 6, 221–225 (1979)

29. Yokoo, H. and Oshima, T.: Is bacteriophage phi-X174 DNA a message from an extraterrestrial intelligence?; Icarus, 38, 148–153 (1979)

30. Dooling, D.: Speculating on Man's neighbours; Spaceflight, 17, 231–232, 240 (1975)

31. Anderson, C. W.: A relic interstellar corner reflector in the Solar System?; Mercury, 3, Sep.-Oct., 2–3 (1974)

32. Saunders, M. W.: Databank for an inhabited extrasolar planet; Purpose, indication, and installation; JBIS, 30, 349–358 (1977)

33. Bracewell, R. N., Personal communication, 1982

34. Clarke, A. C.: 2001 – A Space Odyssey; New American Library, New York, 1968

35. Benford, G.: In the Ocean of Night; Dell, New York 1977

36. Clarke, A. C.: Rendezvous with Rama; Ballantine, New York 1973

37. Avizicnis, A., Gilley, G. C., Mathur, F. P., Rennels, D. A., Rohr, J. A. and Rubin, D. K.: The STAR (Self-Testing-And-Repairing) computer: An investigation of the theory and practice of fault-tolerant computer design; IEEE Trans, Comp., C-20, 1312-1321 (1971)

38. Grant, T. J.: Project Daedalus: The computers, in A. R. Martin (Ed.), Project Daedalus – The final report on the BIS starship study; JBIS, Interstellar Studies Supplement, London, England, S. 130–142, 1978

39. Lofgren, L.: Kinematic and tessellation models of self-repair, in E. E. Bernard and M. R. Kare (Eds.), Biological Prototypes and Synthetic Systems, Volume 1; Plenum Press, New York, 342–369, 1962

40. Roosen, R. G.: Personal communication, 1982

41. Clarke, A. C.: An optimum strategy for interstellar robot probes; JBIS, 31, 438 (1978)

42. Bracewell, R. N.: Manifestations of advanced civilizations, in J.

Billingham (Ed.), Life in the Universe; MIT Press, Cambridge, Massachusetts, 343–350, 1981

43. Taff, L. G.: An new asteroid observation and search technique; Publ. Astron. Soc. Pac., 93, 658–660 (1981)

44. Martin, A. R. (Ed.): Project Daedalus – The final report on the BIS starship study; JBIS, Interstellar Studies Supplement, London, England 1978

45. Pagagiannis, M. D.: Could we be the only andvanced technological civilization in our galaxy? in H. Noda (Ed.): Origin of Life; Proceedings of the 5th International Conference on the Origin of Life, April, 1977, Kyoto, Japan, Center for Academic Publications, Tokyo, 583–595, 1978

46. Ponnameruma, C. and Molton, P.: The prospect of life on Jupiter; Origins of Life, 4, 32–44 (1973)

47. Sagan, C. and Lederberg, J.: The prospects for life on Mars: A pre-Viking assessment; Icarus, 28, 291–300 (1976)

48. Feinberg, G. and Shapiro, R.: Life Beyond Earth; William Morrow, New York 1980

49. Weidenschilling, S. J.: Iron/silicate fractionation and the origin of Mercury; Icarus, 35, 99–111 (1978)

50. Van Allen, J. A.: Interplanetary particles and fields; Sci. Amer., 233, 3, 160–173 (1975)

51. Dohnanyi, J. S.: Interplanetary objects in review: Statistics of their masses and dynamics; Icarus, 17, 1–48 (1972)

52. Wetherill, G. W.: Steady state populations of Apollo-Amor objects; Icarus, 37, 96–112 (1979)

53. Ip, W. H. and Mehra, R.: Resonances and libration of some Apollo and Amor asteroids with the Earth; Astron. J., 78, 142–147 (1973)

54. Danielson, L.: The orbital resonances between the asteroid Toro and the Earth and Venus; The Moon and the Planets, 18, 265–272 (1978)

55. Williams, J. G. and Wetherill, G. W.: Physical studies of the minor planets, XIII. Long-term orbital evolution of 1685 Toro; Astron. J., 78, 510–515 (1973)

56. Janiczek, P. M., Seidelmann, P. K. and Duncombe, R. L.: Resonances and encounters in the inner Solar System, Astron. J. 77, 764–773 (1972)

57. Shoemaker, E. M. and Helin, E. F.: Earth-approaching asteroids as targets for exploration, in D. Morrison and C. Wells (Eds.): Asteroids: An Exploration Assessment; NASA Conference Publ., 2053, 245–256, 1978

58. Burns, R. E., Causey, W. E., Galloway, W. E. and Nelson, R. W.: Nuclear Waste Disposal in Space; NASA Technical Paper 1225, 1978

59. Priest, C. C., Nixon, R. F. and Rice, E. E.: Space disposal of nuclear wastes; Astronautics and Aeronautics, 18, 26–35 (1980)
60. Birn, J.: On the stability of the planetary system; Astron. Astrophys., 24, 283–293 (1973)
61. Donnison, J. R.: The satellite of Herculina; Mon. Not. Roy. Astr. Soc., 186, 35P-37P (1979)
62. Van Flandern, T. C., Tedesco, E. F. and Blinzel, R. P.: Satellites of asteroids, in T. Gehrels (Ed.): Asteroids; University of Arizona Press, Tuscon, 443–465, 1979
63. Valdes, F. and Freitas, R. A. jr.: A search for objects near the Earth-Moon Lagrangian points; Icarus, 53, 453–457 (1983)
64. Bagby, J. P.: Natural Earth satellites; JBIS, 34, 289–293 (1981)
65. Bahcall, J. N. and Spitzer, L. jr.: The Space Telescope; Sci. Amer., 247, 40–51 (1982)
66. Dooling, D.: Giant orbiting telescopes considered for 1990s; Star and Sky, 2, 8, 8–14 (1980)
67. Bracewell, R. N.: Communications from superior galactic communities; Nature, 186, 670–671 (1960)
68. Lunan, D.: Man and the Stars; Souvenir Press, London 1974
69. Stormer, C.: Short wave echoes and the Aurora Borealis; Nature, 122, 681 (1928)
70. Van der Pol, B.: Short wave echoes and the Aurora Borealis; Nature, 122, 878–879 (1928)
71. Lawton, A. T. and Newton, S. J.: Long delay echoes: The search for a solution; Spaceflight, 16, 181–187 (1974)
72. Lawton, A. T. and Newton, S. J.: Long delayed echoes – the trojan ionosphere; JBIS, 27, 907–920 (1974)
73. A galactic sputnik?; Spaceflight, 16, 105 (1974)
74. Belitsky, B.: CETI in the Soviet Union; Spaceflight, 19, 193, 196 (1977)
75. Wolfe, J. H., Edelson, R. E., Billingham, J., Crow, R. B., Gulkis, S., Olsen, E. T., Oliver, B. M., Peterson, A. M., Seeger, C. L. and Tarter, J. C.: SETI – The search for extraterrestrial intelligences: Plans and rationals, in J. Billingham (Ed.): Life in the Universe; MIT Press, Cambridge, Massachusetts, 391–415, 1981
76. Sagan, C. (Ed.): Murmurs of Earth: The Voyager Interstellar Record, Ballantine, New York 1978

Johannes Fiebag: *Spuren der Aktivität außerirdischer Intelligenzen auf den Planeten und Monden des Sonnensystems?*
Quellen:
Drake, F.: Intelligent life in space; New York 1960
Fiebag, J.: Rätsel der Menschheit; Luxemburg 1982

Freitas, R.: The Search for Extraterrestrial Intelligence; Journal of the British Interplanetary Society, Vol. 36/1983
Gunn, J.: Die Horcher; München 1983
Kolosimo, P.: Sie kamen von einem anderen Stern; Wiesbaden 1970
Langelaan, G.: Die unheimlichen Wirklichkeiten; Berlin 1976
Di Pietro, V. und Molenaar, G.: Unusual Martian Surface Features; Glenn Dale, Maryland, USA 1982
Sagan, C. and Shklovskij, I. S.: Intelligent Life in the Universe; Holder-Day Inc., 1966

Erich von Däniken: *Nachwort*
Copyright © by Autor.
Quellenverzeichnis:

1. Däniken, Erich von: Erinnerungen an die Zukunft; Düsseldorf 1968
   Däniken, Erich von: Zurück zu den Sternen; Düsseldorf 1969
   Däniken, Erich von: Aussaat und Kosmos; Düsseldorf 1972
   Däniken, Erich von: Meine Welt in Bildern; Düsseldorf 1973
   Däniken, Erich von: Erscheinungen; Düsseldorf 1974
   Däniken, Erich von: Beweise; Düsseldorf 1977
   Däniken, Erich von: Erich von Däniken im Kreuzverhör; Düsseldorf 1978
   Däniken, Erich von: Prophet der Vergangenheit; Düsseldorf 1979
   Däniken, Erich von: Reise nach Kiribati; Düsseldorf 1981
   Däniken, Erich von: Strategie der Götter; Düsseldorf 1982
   Däniken, Erich von: Der Tag, an dem die Götter kamen – 11. August 3114 v. Chr.; München 1984
2. ANCIENT ASTRONAUT SOCIETY, Deutschsprachige Sektion, CH-4532 Feldbrunnen/Schweiz
3. Leonard, George H.: Somebody else is on our Moon; New York 1976
4. Di Pietro, Vincent and Molenaar, Gregory: Unusual Martian Surface Features; Glenn Dale, Maryland, USA 1982
5. Papagiannis, Michael D.: The Need to explore the Asteroid Belt; 33rd Congress of the International Astronautical Federation, Sept. 27–Oct. 2, 1982, Paris
6. Lunan, Duncan: Man and the Stars; London 1974
7. Bagby, John P.: Terrestrial Satellites: Some direct and indirect evidence; Icarus, Nr. 10/1969
8. Freitas, Robert A. jr.: The Search for extraterrestrial Artifacts (SETA); Journal of the British Interplanetary Society, Vol. 36, p. 501–506, 1983
9. Navia, Luis E.: Das Abenteuer Universum; Düsseldorf 1977
10. Dopatka, Ulrich: Cargo-Kulte; Vorgestern – Heute – Gestern; Ancient Skies, Nr. IV, 4. Jahrg., 1980, Feldbrunnen/Schweiz

11. Müller, K.: Tanna awaits the coming of John Frum; National Geographic, Mai 1974
12. Taube, M.: Evolution of Matter and Energy; Killwangen, Schweiz 1982
13. Vogt, N.: Gibt es außerirdische Intelligenzen?; Naturwissenschaftliche Rundschau, Mai 1983, Stuttgart
14. Hoyle, Fred und Wickramasinghe, N. C.: Evolution aus dem All; Berlin 1981
15. Crick, Francis: Das Leben selbst; München 1983

Bildquellennachweis

In deutscher Sprache liegen von den hier beteiligten Autoren folgende Publikationen zum Thema vor:

Blumrich, J. F.: DA TAT SICH DER HIMMEL AUF, Düsseldorf 1973; KASSKARA UND DIE SIEBEN WELTEN, Düsseldorf 1979

Crick, F.: DAS LEBEN SELBST, München 1983

Däniken, E. v.: ERINNERUNGEN AN DIE ZUKUNFT, Düsseldorf 1968; ZURÜCK ZU DEN STERNEN, Düsseldorf 1969; AUSSAAT UND KOSMOS, Düsseldorf 1972; MEINE WELT IN BILDERN, Düsseldorf 1973; ERSCHEINUNGEN, Düsseldorf 1974; BESU-CHER AUS DEM KOSMOS, Düsseldorf 1975; BEWEISE, Düssel-dorf 1977; E.V.D. IM KREUZVERHÖR, Düsseldorf 1978; PRO-PHET DER VERGANGENHEIT, Düsseldorf 1979; REISE NACH KIRIBATI, Düsseldorf 1981; STRATEGIE DER GÖTTER, Düssel-dorf 1982; DER TAG, AN DEM DIE GÖTTER KAMEN, Mün-chen 1984

Dopatka, U.: DAS SPIEGELBILD DER GÖTTER, Bonn 1975; LEXIKON DER PRÄ-ASTRONAUTIK, Düsseldorf 1979

Fiebag, J.: RÄTSEL DER MENSCHHEIT, Luxemburg 1982

Fiebag, J. & P.: DIE ENTDECKUNG DES HEILIGEN GRALS, Luxemburg 1984

Hoyle, F. & Wickramasinghe, C.: DIE LEBENSWOLKE, Frankfurt 1981; EVOLUTION AUS DEM ALL, Berlin 1983

Hoyle, F.: DAS INTELLIGENTE UNIVERSUM, Frankfurt 1985

Krassa, P.: ALS DIE GELBEN GÖTTER KAMEN, München 1973; GOTT KAM VON DEN STERNEN, Freiburg 1974; FEUER FIEL VOM HIMMEL, Luxemburg 1981

Krassa, P. & Habeck, R.: LICHT FÜR DEN PHARAO, Luxemburg 1982

Krassa, P.: UND KAMEN AUF FEURIGEN DRACHEN, Wien 1984

Krassa, P. & Farkas, V.: LASSET UNS MENSCHEN MACHEN, München 1985

Langbein, W.: ASTRONAUTENGÖTTER, Luxemburg 1979

Navia, L.: UNSERE WIEGE STEHT IM KOSMOS, Düsseldorf 1976; DAS ABENTEUER UNIVERSUM, Düsseldorf 1977

Oberth, H.: DAS GEHEIMNIS DER URANIDEN, Wiesbaden o. D.

Ruppe, H.: DIE GRENZENLOSE DIMENSION RAUMFAHRT, Bd. I und II, Düsseldorf 1980/82

Schindler, H. & Vestenbrugg, E.: EINGRIFFE AUS DEM KOS-MOS, Freiburg 1971

Danksagung

Als Herausgeber sind wir zuallererst all jenen zu Dank verpflichtet, die als Autoren an diesem Sammelwerk mitgearbeitet haben. Daneben gilt unser Dank aber auch zahlreichen Personen, die sich um eine Vermittlung oder um die Beschaffung von Unterlagenmaterial und Fotos bemüht haben. Einige seien hier stellvertretend für viele genannt: Wolfgang Siebenhaar, Nelly Schäfer (für die Übersetzung aus dem Russischen), Walter Förster, Henning Schmiedl, Ralf Lange, Armin Schrick, Eduardo Chaves, unser Bruder Matthias sowie Herr Dr. Kosiek für seine Arbeit als Lektor. Dank auch all jenen, die durch ihr stetes Interesse am Fortgang unserer Arbeit dieses Vorhaben unterstützten.

Personen- und Sachverzeichnis

SACHVERZEICHNIS

VERZEICHNIS GEO- UND ETHNOGRAPHISCHER BEGRIFFE

421

423

PERSONENVERZEICHNIS

425

MYTHISCHE UND
LEGENDÄRE PERSONEN

Aufruf

an Wissenschaftler, Forschergruppen, Seminare, Institute, Universitäten, wissenschaftliche Gesellschaften und interessierte Laien

Wir haben in diesem Buch zum ersten Mal versucht, Prä-Astronautik und verwandte Gebiete einer wissenschaftlichen Analyse zu unterziehen und entsprechend darzustellen. Dennoch kann das vorliegende Buch nur ein allererster Schritt in Richtung auf eine weitreichende Untersuchung der hier angesprochenen Hypothese sein. Als Herausgeber möchten wir Sie deshalb bitten, zu diesem Themenkreis Stellung zu nehmen. Senden Sie uns

● Ihre Kritik (Welche Punkte sehen Sie in diesem Buch nicht ausreichend bewertet? Was erscheint Ihnen nicht korrekt genug dargestellt? Was könnte man anders besser veranschaulichen?)

● Ihre Vorstellungen (Wie sollte Prä-Astronautik künftig arbeiten? Welche Möglichkeiten gibt es, interdisziplinär, an Hochschulen, Instituten und Forschungsgesellschaften, die Hypothese zu überprüfen? Wie könnten solche Projekte finanziert werden?)

● Ihre Anregungen und Pläne für weitere konkrete wissenschaftliche Arbeiten.

Wir werden die uns erreichenden Zuschriften koordinieren und gegebenenfalls Kontakte untereinander herstellen, denn es erscheint uns gerade im Bereich der Prä-Astronautik von Bedeutung, daß Forscher unterschiedlichster Fachrichtung die Möglichkeit zur Zusammenarbeit erhalten.

Unsere Adresse: Johannes und Peter Fiebag
Seesener Landstr. 13
D-3410 Northeim 1

Das neue Programm bei HOHENRAIN

Erik von Kuehnelt-Leddihn

GLEICHHEIT ODER FREIHEIT?
Demokratie – ein babylonischer Turmbau?
488 Seiten, gebunden, DM 48,–

Der innere Gegensatz von Gleichheit und Freiheit wird tiefgründig behandelt und die Frage einer freiheitlicheren Staatsform untersucht: Das Grundlagenwerk zur notwendigen Staatsreform!

Bernard Willms (Hrsg.)

HANDBUCH ZUR DEUTSCHEN NATION in 3 Bänden
Band 1: Geistiger Bestand und politische Lage
Etwa 460 Seiten, Ganzleinen, Subskriptionspreis bei Abnahme des Gesamtwerks DM 42,–, ab 1. 1. 1987 DM 49,80

Dieser erste Band des dreibändigen Sammelwerkes vereinigt grundlegende Beiträge anerkannter Wissenschaftler zur Lage Deutschlands und zu den Erfordernissen und Möglichkeiten seiner Zukunft: Das Standardwerk zur deutschen Frage! Bitte Sonderprospekt anfordern.

Jean Raspail

DAS HEERLAGER DER HEILIGEN
Eine Vision – »Das provokative Buch«
Etwa 300 Seiten, broschiert, DM 32,–

Das in vier Sprachen bisher in über 2 Millionen Exemplaren verbreitete Buch schildert in romanhafter Vision den Ansturm der Völker der Dritten Welt auf Europa: Millionen Asiaten landen in Südfrankreich. Die schreckliche Zukunft Europas?

Wolfram Hormann

BIOLOGIE UND POLITIK
Der Staat am Steuer der Evolution
Band 5 der Reihe FORUM, 160 Seiten, kart., DM 16,80

Moderne Politik ist ohne biologische Bezüge nicht mehr möglich. Die notwendigen Zusammenhänge von Politik und Biologie werden allgemeinverständlich dargestellt.

Hans Burkhardt

GLEICHHEITSWAHN – PARTEIENWAHN
Massenpsychosen der Gegenwart
Band 6 der Reihe FORUM, 160 Seiten, kart., DM 16,80

Die Ideologie der Gleichmacherei gefährdet die Freiheit des Einzelnen wie die der Völker. Ein erfahrener Psychologe zeigt die geistigen Hintergründe dieser falschen Ideologie auf.